Erika Zabanoff

Nutzenorientierte
Konsumvorstellungen Vierzehnjähriger
als Potenzial ökonomischer Bildung

Ökonomische Bildung

herausgegeben von

Prof. Dr. Dietmar Krafft
Prof. Dr. Gerd-Jan Krol
Prof. Dr. Christian Müller

Institut für Ökonomische Bildung,
Westfälische Wilhelms-Universität Münster

sowie

Dr. Michael Schuhen

Zentrum für ökonomische Bildung (ZöBiS),
Universität Siegen

Band 9

LIT

Erika Zabanoff

Nutzenorientierte Konsumvorstellungen Vierzehnjähriger als Potenzial ökonomischer Bildung

Eine empirische Untersuchung

LIT

Umschlagbild: © Winfried Schönfeld

Bibliografische Information der Deutschen Nationalbibliothek
Die Deutsche Nationalbibliothek verzeichnet diese Publikation in der
Deutschen Nationalbibliografie; detaillierte bibliografische Daten sind
im Internet über http://dnb.d-nb.de abrufbar.
ISBN 978-3-643-13127-0
Zugl.: Siegen, Univ., Diss., 2015

© LIT VERLAG Dr. W. Hopf Berlin 2015
Verlagskontakt:
Fresnostr. 2   D-48159 Münster
Tel. +49 (0) 2 51-62 03 20   Fax +49 (0) 2 51-23 19 72
E-Mail: lit@lit-verlag.de   http://www.lit-verlag.de

Auslieferung:
Deutschland: LIT Verlag Fresnostr. 2, D-48159 Münster
Tel. +49 (0) 2 51-620 32 22, Fax +49 (0) 2 51-922 60 99, E-Mail: vertrieb@lit-verlag.de
Österreich: Medienlogistik Pichler-ÖBZ, E-Mail: mlo@medien-logistik.at
E-Books sind erhältlich unter www.litwebshop.de

Dank

Allen, die sich für die Entwicklung der vorliegenden Untersuchung interessiert und mich in unterschiedlicher Weise unterstützt haben, danke ich herzlich:

Meinem Betreuer am Zentrum für ökonomische Bildung in Siegen, Herrn Prof. Dr. Hans Jürgen Schlösser, für sein Vertrauen in die Leistungsfähigkeit des gewählten Untersuchungsansatzes;

Frau Olga Fuhrmann-Niesen für Vergleichsauswertungen im Rahmen der semantischen Analyse;

Frau Miriam Nowak (geborene Hillemann) für die Datenerhebung an den Schulen;

Herrn Dr. Michael Schuhen für seine verlässliche Hilfsbereitschaft und effiziente Organisation.

Herrn Prof. Dr. Michael Appel danke ich dafür, dass er mich in seiner früheren Funktion als wissenschaftlicher Koordinator der Lehr-Lernforschung an der Universität Siegen mit qualitativen Forschungsmethoden bekannt gemacht hat.

Aus dem privaten Umfeld danke ich vor allem folgenden Personen:

Frau Dr. Elvira Fischenich–Spengler für die inspirierende Begleitung des gesamten Entstehungsprozesses;

Frau Laura Schneider für die Anregungen zu einer zielgruppengerechten Formulierung der Aufgabe;

Herrn Winfried Schönfeld für die Anfertigung des Titelfotos;

Frau Ursula Zabanoff-Schneider für die Gelegenheit, das pädagogische Konzept des Situationsansatzes in seiner praktischen Umsetzung kennen zu lernen.

Inhalt

Inhalt

Inhalt

1 Einleitung

1.1 Problemstellung

In der vorliegenden Untersuchung werden Konsum bezogene Vorstellungen Vierzehnjähriger darauf hin analysiert, ob sich in ihnen Haltungen, Kenntnisse und Fähigkeiten zeigen, die als Ausprägungen von Verbraucherkompetenz gewertet werden können.

Die Verfasserin war als Politik- und Sozialwissenschaftslehrerin an einem Siegener Gymnasium in der Zeit von 2005 bis 2009 in einem Projekt der Siegener Lehr-Lernforschung an den Lehrstuhl für Wirtschaftsdidaktik der Universität Siegen abgeordnet.

Das Forschungsinteresse an den Konsum bezogenen Vorstellungen vierzehnjähriger Schülerinnen und Schüler hat sich aus der Beobachtung ergeben, dass einerseits das Verbraucherverhalten vieler Jugendlicher häufig kritisiert wird, dass andererseits dieselben Jugendlichen als Konsumenten aktiv und umworben sind.[1]

Die vorliegende Untersuchung ermittelt Schülervorstellungen aus Texten, die im Jahr 2006 verfasst wurden. Diese 494[2], im Anhang aufgeführten schriftlichen Aufgabenlösungen stammen von Mädchen und Jungen aus achten Klassen verschiedener Schulformen und wurden unmittelbar zu Schuljahresbeginn erhoben.

In ihren Lösungstexten präsentieren die Jugendlichen Haushaltspläne, die sie als Antwort auf einen simulierten Budgetierungsauftrag verfasst ha-

---

[1] Vgl. auch Näsman & von Gerber (2002): 153.
[2] Vgl. Zabanoff (2010): 105. In diesem Beitrag wird eine Gesamtzahl von 492 Schülerinnen und Schülern genannt. Die Differenz von zwei Texten erklärt sich daraus, dass sich erst nach dem Einrichten der elektronischen Datenbank herausstellte, dass zwei Texte aus den Originalfragebögen zunächst irrtümlich nicht in die Datenbank aufgenommen worden waren.

ben. Sowohl an der Zusammenstellung ihres Güterbündels angesichts einer induzierten Budgetrestriktion als auch an begleitenden Reflexionssignalen lassen sich Nutzenvorstellungen der Schülerinnen und Schüler erkennen.

Die vorliegende Studie vermittelt einen Einblick in diese Nutzenvorstellungen, ohne über das reale Verhalten der Schülerinnen und Schüler Auskunft zu geben. Sie zeigt vielmehr, über welches Lösungspotenzial für alltägliche Konsumentenentscheidungen die jungen Leute verfügen.

Die Untersuchung versteht sich als empirischer Beitrag zur Erforschung von Lernprozessen im Umfeld der ökonomischen Bildung. Sie greift Gegenstands- und Zielbestimmungen lebenssituativer Bildungskonzepte auf, in der Absicht, deren Nutzen für den Bereich der ökonomischen Bildung sichtbar zu machen.

1.2 Ausgewählte Forschungsergebnisse zur ökonomischen Bildung von Jugendlichen

1.2.1 Befunde zur Ausbildung ökonomischer Nutzenvorstellungen von Jugendlichen

Die Vorstellungen, die Jugendliche davon haben, was ihnen nützlich erscheint, beeinflussen ihr Kauf- und Sparverhalten. Diese Vorstellungen haben sich im gesellschaftlichen Umfeld der Mädchen und Jungen im Laufe ihres Lebens herausgebildet und unterliegen ständigen Modifikationen.

Kruber (1994) sieht nicht zuletzt in dem für viele Wirtschaftszweige bedeutenden Marketing auf dem Jugendmarkt in Folge der großen Kaufkraft von Kindern und Jugendlichen die „Gefahr zunehmender Orientierungslosigkeit im Konsumbereich"[3]. Als Gegenmaßnahme fordert er pädagogische „Hilfestellungen zur Gewinnung von Durchblick durch die Beeinflussungsmechanismen und bei der Entwicklung eines persönlichen Konsumstils"[4].

Individuelle Erfahrungen, vermittelt durch Geschlecht, soziale Schicht, ethische und nationale Kultur, prägen nach Furnham (2002) oft sehr stark die Art und Weise sowie den Zeitpunkt, zu dem junge Menschen ein Verständnis für die Bedeutung von Geld erwerben.[5] Auch für Ajello (2002)

---

[3]   Kruber (1994 b): 59.
[4]   Ebd.
[5]   Vgl. Furnham (2002): 56.

spielt bei der Entwicklung ökonomischer Konzepte die Beziehung zum sozialen Umfeld eine wichtige Rolle. Dazu gehören sowohl die Gesellschaft, in der ein junger Mensch lebt, als auch die soziale Schicht, zu der er gehört, mit ihren spezifischen Maßstäben, und schließlich die jeweils besonderen Chancen und Erfahrungen, die selbst innerhalb derselben Altersgruppe, derselben Schicht sowie desselben Wohnbezirks dazu führen können, dass Mädchen und Jungen über stärker entwickelte oder über einfachere ökonomische Vorstellungen verfügen.[6]

Bereits in Bezug auf das Kindesalter verweisen Näsman und von Gerber in einer 2002 vorgelegten empirischen Untersuchung über Drei- bis Sechsjährige in Schweden darauf, dass diese in ihrem Alltag indirekt an verschiedenen wirtschaftlichen Austauschbeziehungen teilnehmen. Aus der Annahme, dass das ökonomische Lernen in hohem Ausmaß auf Erfahrung beruht, folgern die Verfasserinnen, dass es für Pädagogen wichtig sei, zu wissen, welche Erfahrungen die Kinder in welchen Zusammenhängen gewinnen, und welches Verständnis sie daraus entwickeln.[7] Auch Roland – Lévy (2002) geht davon aus, dass Kinder mit Teilbereichen des Wirtschaftslebens vertraut sind und in Ansätzen darüber Bescheid wissen, wie es funktioniert.[8] Unter dem Begriff der „economic socialisation"[9] versteht sie den Prozess, in dem die Individuen wirtschaftliche Kompetenz erwerben. An der inhaltlichen Konkretisierung dieses Prozesses erkennt man, dass sie sich auf Verbraucherbildung bezieht, die die Alltagserfahrung der Kinder nutzt:

„This competence is gained through their experience of using money to purchase items, and also through the experience of negotiating exchanges of any kind, as well as persuading others to buy, exchange or sell a product."[10]

Hutchings, Fülöp & Van den dries (2002) drücken ihre Sorge darüber aus, dass Schule die ökonomischen Erfahrungen von Kindern und Jugendlichen nicht nutzt.[11]

---

[6]   Vgl. Ajello (2002): 64.
[7]   Vgl. Näsman; von Gerber (2002): 53.
[8]   Vgl. Roland-Lévy (2002): 17.
[9]   Roland-Lévy (2002): 18.
[10] Roland-Lévy (2002): 18.

Wie Schüler und Schülerinnen ihre Bedürfnisse und die Möglichkeiten zu deren Befriedigung wahrnehmen, hängt von ihrem sozialen Erfahrungsumfeld ab. Dabei spielen die wirtschaftliche Situation, die Bildung, die Werthaltungen und die Formen der Freizeitgestaltung innerhalb der Familie eine wichtige Rolle.[12] Für Vierzehnjährige gewinnt der Austausch mit Gleichaltrigen zunehmend an Bedeutung.[13] Die Schule ist der Raum, in dem, verbreiteter als in Vereinen, ein Großteil der Erlebnisse mit anderen Jugendlichen stattfinden. Dort wird in einem durch geteilte Medienerfahrung geprägten Erlebniskontext über Bedürfnisse und Konsumentscheidungen gesprochen.[14] Im gesellschaftlichen Lebensumfeld der Jugendlichen, das nicht nur durch unmittelbare Begegnung mit Familienmitgliedern, Freunden, Klassenkameraden, Erwachsenen in der Schule und in der Freizeit, sondern zusätzlich durch Kontakte in sozialen Netzwerken geprägt ist, entstehen die Nutzenkonzepte der Mädchen und Jungen, in denen sie ihre Bedürfnisse und Ressourcen in Zusammenhang bringen und Handlungsstrategien entwerfen.[15] Hier bilden sich Präferenzen heraus, hier werden Budgetrestriktionen und Handlungsoptionen verglichen. Hier machen die Jugendlichen Erfahrungen mit dem Versuch, ihre Bedürfnisse nach Anerkennung und Zugehörigkeit über den Konsum von Statussymbolen zu befriedigen. In diesem gesellschaftlichen Umfeld wird den Schülerinnen und Schülern durch den Vergleich von Güterausstattung, Freizeitaktivitäten und Konsummöglichkeiten die Ungleichheit von Einkommen und Vermögen ebenso vor Augen geführt wie darauf abgestimmte, unterschiedliche Handlungsstrategien. Die medial vermittelte Wirklichkeitsfiktion sowie die bei der Kommunikation in den sozialen Netzwerken ausgetauschte Realitätswahrnehmung beeinflussen als konstitutive Bestandteile des Lebensumfeldes der jungen Menschen deren Nutzenkonzepte.[16]

In diesem Prozess der Ausbildung ökonomischer Konzepte greift die

---

[11] Vgl. Hutchings, Fülöp & Van den dries (2002): 15.
[12] Vgl. Lange (2004): 168f.; vgl. auch Hurrelmann (2010): 322.
[13] Vgl. Harring (2007): 241.; vgl. auch Hurrelmann (2010): 322f., vgl. auch Ahava/ Palojoki (2004): 372f.
[14] Vgl. Hurrelmann (2010): 323f.
[15] Vgl. BITKOM (Hrsg.) 2014: 6; 15–17; 27f.
[16] Vgl. Wampfler (2014): 83; 87–89; 134–136.

Schule ein. In einem sozialen Raum, in dem immer mehr Kinder und Jugendliche zunehmend Zeit verbringen, können sowohl im als auch außerhalb des Unterrichts Lernprozesse in Gang gesetzt werden, die den Schülern und Schülerinnen die Gelegenheit bieten, sich Kenntnisse und Haltungen anzueignen, die ihnen dabei helfen, ihre Konsum bezogenen Nutzenpläne zu optimieren. Dazu gehört psychologisches Wissen über Bedürfniskategorien; dazu gehören auch Erklärungsansätze für Bestimmungsfaktoren unterschiedlicher Einkommen. Finanzwissen hat einen wichtigen Anteil in dem Gesamtpaket nützlicher Kenntnisse. Es impliziert Informationen über Gesetzmäßigkeiten bei der Preisbildung, über Marketingstrategien; nicht zuletzt über Opportunitätskosten. So wirkt nach Kruber (1994) „Wirtschaftserziehung"[17] sowohl auf die Präferenzen als auch auf die Entscheidungen, wobei die „Entscheidungskompetenz"[18] das Leitziel der Wirtschaftslehre darstellt. Die Deutsche Gesellschaft für ökonomische Bildung formuliert programmatisch: „Ökonomisch geprägte Kompetenzen sind für eine autonome Lebensführung unverzichtbar."[19] Diese Kompetenzen befähigen Jugendliche dazu, „sich in ökonomischen Lebenssituationen sicher zu orientieren, gesellschaftliche und ökonomische Entwicklungen angemessen zu beurteilen und sie verantwortlich im Bewusstsein der Konsequenzen mitzugestalten."[20] Für das öffentliche Bildungswesen wird die Forderung abgeleitet, „allen Heranwachsenden die gleiche Chance"[21] zu bieten, diese ökonomisch geprägten Kompetenzen zu erwerben.

Mädchen und Jungen machen als Mitglieder unserer marktwirtschaftlich organisierten Gesellschaft vielfältige Erfahrungen, in denen Urteils- und Handlungsfähigkeit gefordert werden. Es dürfte vorteilhaft für die Jugendlichen sein, sich, auf diesen Erfahrungen aufbauend, Kenntnisse anzueignen und Verhaltensspielräume zu erschließen, die ihre bisherigen Nutzenkonzepte klären, erweitern und Alternativen sichtbar machen. Furnham (2002) betont, dass die Bedeutung von Zeitpunkt sowie Art und Weise, zu denen Kinder und junge Menschen anfangen, Geld und die Funktionsweise

---

[17] Kruber (1994a): 49.
[18] Kruber (1994a): 46.
[19] Deutsche Gesellschaft für ökonomische Bildung (2004): 2.
[20] Ebd.
[21] Ebd.

5

der Wirtschaft zu verstehen, nicht zu unterschätzen ist. Für Eltern seien diese Fragen wichtig, weil sie ihren Kindern vernünftiges Verbraucherverhalten vermitteln möchten, für Schulen, weil sie Zeit und geeignete Methoden für das Unterrichten suchten, für Banken, weil sie junge Kunden, und für Regierungen, weil sie gebildete Bürger und Wähler gewinnen möchten.[22] Der Verfasser nennt die wachsende Kaufkraft von Kindern und Heranwachsenden als einen bedeutsamen Grund für die Bedeutung von „research on what young people (children and adolescents) know about and do with money"[23]

Auch Elvstrand (2002) verweist darauf, dass Kinder eine bedeutende Konsumentengruppe darstellen. Beträchtliche Summen würden jedes Jahr aufgewendet, um Waren wie Spielsachen, Kleidung, Musik und Sportartikel unmittelbar an Kinder zu verkaufen. Sie ergänzt, dass gleichwohl das Verständnis davon, wie Kinder über Themen denken, die sich auf Geld beziehen, begrenzt ist, und urteilt, dass die Überlegungen und Wahrnehmungen der Kinder selbst eine wichtige Erkenntnisquelle für Erzieher und Eltern darstellten und von daher Wert seien, erforscht zu werden.[24]

Die Schule könnte junge Menschen dabei unterstützen, sich neue Ressourcen für ein selbst bestimmtes Leben zu erschließen, womit ein Kernanliegen politischer Bildung in unserer Gesellschaft angesprochen ist. Hutchings u.a. (2002) verweisen darauf, dass die Forderung nach der Aufnahme ökonomischer Bildung in die Lehrpläne aus völlig unterschiedlichen Motiven unterstützt wird. Während es den einen darum gehe, Kindern mit dem Ziel von Chancengleichheit Fähigkeiten zu vermitteln, wollten andere Gruppen ökonomische Bildung dazu nutzen, Kindern mehr über kapitalistische Strukturen beizubringen und Ungleichheit als natürlich und akzeptabel erscheinen zu lassen.[25]

[22] Vgl. Furnham (2002): 55.
[23] Furnham (2002): 55.
[24] Vgl. Elvstrand (2002): 175.
[25] Vgl. Hutchings; Fülöp & Van den dries (2002): 8.

1.2.2 Beispiele empirischer Untersuchungen zu jugendlichem Konsumverhalten

Einige Studien berichten über Untersuchungen an Vorschulkindern in unterschiedlichen europäischen Gesellschaften. So identifiziert Furnham (2002) als maßgeblichen Einflussfaktor im Sozialisationsprozess, von denen es abhängt, wann und in welcher Weise junge Menschen ein Verständnis für die Bedeutung von Geld erwerben, die persönliche Erfahrung.[26] Auch Ajello (2002) hebt die Beziehung junger Menschen zu ihrem sozialen Umfeld hervor.[27] Näsmann/ von Gerber (2002) untersuchen, welches ökonomische Verständnis Kinder beim Ausgeben ihres Taschengeldes entwickeln.[28] Für Roland-Lévy (2002) erwächst Verbraucherbildung ebenfalls aus der alltäglichen Erfahrung mit den unterschiedlichen Einsatzmöglichkeiten von Geld.[29] Die genannten Forscherinnen begründen die Wahl qualitativer Verfahren überwiegend damit, dass sie es für wesentlich halten, die ökonomischen Vorstellungen von Kindern und Jugendlichen in deren eigenen Präsentationen zur Kenntnis zu nehmen. Bezogen auf viele quantitative Studien, kritisiert Justegard (2002): „Teenagers' relationships to work and money are discussed without their own voices ever being heard in any distinct way.[30] Elvstrand (2002) begründet die Entscheidung für offene Fragen damit, dass diese den Kindern beträchtliche Gelegenheit bieten, „to be active in the interview process and to describe their own economic experiences freely.“[31] Ihre methodische Entscheidung für Leitfaden gestützte Interviews begründet Hutchings (2002) damit, dass es ihr darum gehe, in unterschiedlichen Zusammenhängen „children's constructions of work“[32] sichtbar zu machen. Die zitierten Autorinnen haben das Denken von Kindern vom Kleinkindalter bis zum Teenageralter untersucht.

Empirische Untersuchungen zum Konsumverhalten Jugendlicher in Deutschland legten u. a. Lange (2004) und Lange/ Fries (2006) sowie Hur-

---

[26] Vgl. Furnham (2002): 56.
[27] Vgl. Ajello (2002): 64.
[28] Vgl. Näsman/ von Gerber (2002): 153.
[29] Vgl. Roland-Lévy (2002): 18.
[30] Justegard (2002): 193f.
[31] Elvstrand (2002): 176.
[32] Hutchings (2002): 84.

relmann u.a. (2010) vor. Die zuletzt genannte Studie stellt eine „Repräsentativbefragung von 2500 Jugendlichen und jungen Erwachsenen in der Altersspanne zwischen 17 und 27 Jahren"[33] dar, die in Zusammenarbeit mit dem Forschungsinstitut TNS Infratest Sozialforschung im Auftrag von MetallRente, dem gemeinsamen Versorgungswerk der Tarifparteien Gesamtmetall und IG Metall, durchgeführt wurde. Die Frage, mit der sich die Studie befasst, lautet: „Wie können Jugendliche und junge Erwachsene dafür gewonnen werden, sich Gedanken über ihre Altersvorsorge zu machen und entsprechende finanzielle Dispositionen zu treffen?"[34]

Die Studie von Lange/ Fries (2006) wurde vom Institut für Jugendforschung im Auftrag der SCHUFA HOLDING AG durchgeführt. Ihre methodische Grundlage ist „eine repräsentative Befragung von 1003 Kindern und Jugendlichen zwischen 10 und 17 Jahren sowie jeweils eines Elternteils"[35]. Anlass der Untersuchung war vor dem Hintergrund einer zunehmenden Verschuldung der Haushalte in Deutschland die Frage, ob auch „minderjährige Kinder und Jugendliche zunehmend in die Verschuldung und Überschuldung geraten."[36]

Die von Lange (2004) vorgelegte Studie zum „Jugendkonsum im 21. Jahrhundert" verfolgt als übergeordnete Ziele, die aktuell zu beobachtenden Konsummuster bei Jugendlichen zwischen 15 und 24 Jahre in der Bundesrepublik Deutschland zu analysieren und die Veränderung der jugendlichen Konsummuster zwischen 1990 und 2002 zu ermitteln.[37]

Alle drei Studien untersuchen die Finanzkompetenz jugendlicher Konsumentinnen und Konsumenten, kommen allerdings zu unterschiedlichen Ergebnissen. Lange (2004) bescheinigt drei Vierteln aller Jugendlichen, dass sie sich in „ihrem Kauf- und Konsumverhalten durchweg rational und marktkonform"[38] verhalten. Den Anteil von knapp 20 Prozent verschuldeten und sieben Prozent überschuldeten Jugendlichen hält der Autor nicht

---

[33] Hurrelmann/ Karch/ Gensicke (2010): 21.
[34] Hurrelmann/ Karch/ Gensicke (2010): 11.
[35] Lange/ Fries (2006): 4.
[36] Lange/ Fries (2006): 3.
[37] Vgl. Lange (2004): 18; 37.
[38] Lange (2004): 167.

für beunruhigend.[39] Nach seinem Verständnis wird das Konsumverhalten von Heranwachsenden am stärksten von der Herkunftsfamilie geprägt.[40] Sowohl ein demokratischer Erziehungsstil als auch eine aus Sicht der Kinder „sorgfältige Konsumerziehung"[41] ebenso wie ein „vorbildliches eigenes Konsumverhalten"[42] werden als Einflussfaktoren genannt. Eine „kritische Konsumerziehung im Rahmen eines umfassenden Wirtschaftsunterrichts in den Schulen"[43] fordert Lange nicht im eigenen Namen. Vielmehr stellt er diese Forderung aus der Sicht derjenigen als folgerichtig dar, für die eine Überschuldung von sieben Prozent der Jugendlichen zu hoch ist.[44] Die Untersuchung von Lange/ Fries (2006) bestätigt die positive Einschätzung der Finanzkompetenz der Jugendlichen sowie der maßgeblichen Rolle der Eltern.[45]

Hurrelmann zieht aus der von ihm geleiteten Studie im Hinblick auf die Finanzkompetenz der Jugendlichen kritischere Schlussfolgerungen als Lange und Fries. Zwar spricht er den untersuchten Jugendlichen die Bereitschaft zu, sich mit Fragen der finanziellen Vorsorge zu beschäftigen; allerdings fehlten ihnen „ganz offensichtlich die Kompetenzen und Kenntnisse in allen wichtigen Fragen der Vorsorge und Finanzen. Kompetenzen und Kenntnisse, die sie für ihr weiteres Leben aber unbedingt brauchen."[46] Hurrelmann sieht im Hinblick auf das im Zentrum der Untersuchung stehende Finanz- und Vorsorgewissen die meisten Eltern als überfordert an.[47] Zur Förderung der Wirtschafts- und Finanzkompetenz sei die Institution Schule unverzichtbar; gleichzeitig besitzt in den meisten Schulen nach Hurrelmann „die Vermittlung ökonomischer Kenntnisse und Kompetenzen einen sehr geringen Stellenwert."[48] Der Autor kritisiert die allgemein bildenden Schulen wegen des aus seiner Sicht mangelhaften Wirtschaftswissens vie-

---

[39] Vgl. Lange (2004): 167f.
[40] Vgl. Lange (2004): 168f.
[41] Lange (2004): 169.
[42] Ebd.
[43] Lange (2004): 172.
[44] Vgl. a.a.O.
[45] Vgl. Lange/ Fries (2006): 81.
[46] Hurrelmann (2010): 319f.
[47] Vgl. Hurrelmann (2010): 321f.
[48] Hurrelmann (2010): 325.

ler Lehrerinnen und Lehrer scharf. Die berufsbildenden Schulen, die er von dieser Kritik ausdrücklich ausnimmt, da sie die Wirtschaftskompetenz der Jugendlichen förderten, strahlen nach Ansicht des Verfassers nicht auf andere Schulformen aus. Als Argument verweist er darauf, dass erst in wenigen Bundesländern Fächerkombinationen mit Wirtschaft in den Lehrplänen verankert sind.[49]

1.2.3   Varianz von Wissensbegriffen im Diskurs der ökonomischen Bildung

Wenn Beck/ Wuttke (2005) beklagen, dass sich „das deklarative Wissen breiter Bevölkerungsteile" „angesichts wachsender globaler Vernetztheitsbedingungen als immer weniger tragfähig"[50] erweise, beziehen sie sich auf „ökonomische Basiskonzepte"[51], zu denen mikroökonomische, wie z.b. *Markt und Preis*, makroökonomische wie z.b. *Fiskalpolitik*, ebenso gehören wie Grundlagen (z.b. *Opportunitätskosten*) sowie Konzepte, die sich auf Internationale Beziehungen beziehen, wie z.b. *Zahlungsbilanz und Devisenkurse.*[52]

Von dieser Form deklarativen Wissens grenzen mehrere Autorinnen und Autoren unterschiedliche Formen von Alltagswissen ab. Wenn Näsman/ von Gerber (2002) ausführen, dass 3-6-Jährige in ihrem Alltag indirekt an verschiedenen wirtschaftlichen Austauschbeziehungen teilnehmen, schlussfolgern sie, dass ökonomisches Lernen in hohem Ausmaß auf Erfahrung beruhe.[53] Auch Roland-Lévy (2002) bezieht sich auf Alltagserfahrung, wenn sie ausführt, dass Kinder mit Teilbereichen des Wirtschaftslebens vertraut seien, und in Ansätzen darüber Bescheid wüssten, wie es funktioniert.[54]. Für Rosendorfer (2000) sind es das Taschengeld und die daran geknüpften Bedingungen, die dazu beitragen, dass Kinder den Umgang mit Geld lernen.[55] Smolka/ Rupp (2007) sehen die Verankerung von

---

[49]   Vgl. Hurrelmann (2010): 327–329.
[50]   Beck/ Wuttke (2005): 282.
[51]   Beck/ Wuttke (2005): 281.
[52]   Vgl. ebd; vgl. auch Beck (2000): 219.
[53]   Vgl. Näsman/ von Gerber (2002): 153.
[54]   Roland-Lévy (2002): 17.
[55]   Vgl. Rosendorfer (2000): 33.

Lernprozessen im Alltagsleben als eines von drei Definitionsmerkmalen informeller Bildungsprozesse an. Weitere Kennzeichen seien, dass diese Bildungsprozesse meist nicht intentional sind und den Beteiligten nicht bewusst sein müssen.[56]

Einige Autoren fordern die Verknüpfung von wirtschaftlichem Erklärungswissen mit Wissen, das aus der Alltagserfahrung entstanden ist. So konstatiert der Verfasser des Abschlussberichtes zum Modellversuch Wirtschaft an Realschulen in NRW (2010–2014), dass die Schülerinnen und Schüler sowohl in den Medien als auch in ihren realen Lebenszusammenhängen mit komplexen wirtschaftlichen Zusammenhängen der Wirklichkeit konfrontiert seien, „die sie häufig nur vordergründig wahrnehmen."[57] Als Aufgabe der ökonomischen Bildung sieht er es an, diese Zusammenhänge durchschaubar zu machen.[58] Die ökonomischen Grundkenntnisse von Kindern und Jugendlichen werden in diesem Abschlussbericht als defizitär eingeschätzt, wobei aus dem Kontext deutlich wird, dass der Begriff *ökonomische Grundkenntnisse* ein „grundlegendes Verständnis ökonomischer Phänomene und Zusammenhänge"[59] bezeichnet. Lange/ Fries benennen die Erziehung zu „marktwirtschaftlicher Finanzkompetenz"[60] als wichtiges elterliches Ziel. An den zur Konkretisierung aufgeführten Unterzielen wird deutlich, dass der Begriff „Finanzkompetenz" Haltungen, Einstellungen und Wissen beinhaltet: „An erster Stelle sollen die Kinder lernen, den Wert des Geldes zu schätzen. – Dann sollen die Kinder lernen, vorauszuplanen und das Geld einzuteilen. – An dritter Stelle steht die Sparsamkeit, gefolgt von guten Kenntnissen über Geldangelegenheiten."[61] Harring weist, bezogen auf den Umgang Jugendlicher mit den neuen Informationsmedien, die Begriffe *Kompetenzen* und *Wissen* ausdrücklich dem außerschulischen Bereich zu. Er führt aus, dass Jugendliche, „in vielen Bereichen, wie beispielsweise dem der neuen Informationsmedien [. . .] gegenüber erwachse-

---

[56] Vgl. Smolka/ Rupp (2007): 226.
[57] Ministerium für Schule und Weiterbildung des Landes Nordrhein-Westfalen (Hrsg.) (2014): 5f.
[58] Vgl. a.a.O.: 5.
[59] A.a.O.: 14.
[60] Lange/ Fries (2006): 25.
[61] Ebd.

nen Personen über höhere Kompetenzen"[62] verfügen und einen „enormen Wissensvorsprung"[63] aufweisen. Er fährt fort: „Diesen erwerben sie allerdings keineswegs an formellen Bildungsorten, wie z. B. der Schule, sondern vielmehr im Kontext von Freundschaftsbeziehungen im außerschulischen Bereich."[64]

1.2.4 Funktionszuweisungen an die Schule beim Erwerb ökonomischer Bildung

Die Verbraucherzentrale Nordrhein–Westfalen (2014) verweist in einer Stellungnahme auf das große Anliegen des Auf- und Ausbaus der präventiven Verbraucherbildung, die sie der Schule als Aufgabe zuordnet, indem sie ausführt: „Die immer komplexer werdende Konsumwelt, das Internet und die globale Wirtschaft verstärken die Notwendigkeit einer systematischen schulischen Verbraucherbildung."[65] Begründet wird die Forderung unter folgenden Aspekten: „Denn neben der empirisch belegten Tatsache, dass die Kenntnisse sehr gering sind, ist auch unbestritten, dass die Komplexität der Konsumwelt enorm gestiegen ist."[66]

Hurrelmann (2010) kritisiert einerseits den Mangel an wirtschaftlicher Kompetenz bei vielen Lehrkräften, erklärt jedoch auf der anderen Seite den Beitrag der Schulen für unverzichtbar, „wenn wir die Wirtschafts- und Finanzkompetenz in der jungen Generation konsequent fördern wollen."[67] Obwohl im Zusammenhang von Hurrelmanns Untersuchung die Vorsorge im Mittelpunkt steht, gilt seine Begründung, wie der Kontext verdeutlicht, auch für andere wirtschaftliche Herausforderungen. Besonders seine Unterscheidung zwischen Erfahrungswissen und Fachwissen erscheint interessant:

„Eltern und zu einem kleineren Teil auch Freunde und Bekannte stellen das primäre Erfahrungswissen zur Verfügung. Die Medien vermitteln Fachwissen nur

---

[62] Harring (2007): 241.
[63] Ebd.
[64] Ebd.
[65] Verbraucherzentrale Nordrhein – Westfalen (2014).
[66] Ebd.
[67] Hurrelmann (2010): 325.

sehr unsystematisch. Anbieter wiederum vermitteln Fachwissen in der Regel interessengebunden. Es fehlt eine gesellschaftliche Einrichtung, die in der Lage ist, dieses primäre Wissen durch präzises und detailliertes, sachkundig und neutral vermitteltes Fachwissen zu ergänzen. Das ist aber notwendig, um die Jugendlichen in die Lage zu versetzen, eigenständig und in klaren Umrissen einen angemessenen, auf die eigene Lebenssituation und die erwartbare Zukunft ausgerichteten Plan für die finanzielle Vorsorge zu entwerfen."[68]

Dass der Autor das in der Schule zu vermittelnde ökonomische Fachwissen instrumentell versteht, wird deutlich, wenn er die Auswirkungen der unterstellten ökonomischen Kompetenzdefizite von Lehrerinnen und Lehrern veranschaulicht:

„Ihre Schülerinnen und Schüler müssen erleben, dass ihnen als den wichtigsten Vertretern des Systems Schule die notwendigen Kompetenzen fehlen, um über einen ganz zentralen Bereich der Lebenswelt aufzuklären. Jede Schülerin und jeder Schüler befindet sich tagtäglich in Lebenssituationen, in denen er oder sie wirtschaftlich agiert – vom Berechnen der eigenen Geldquellen inklusive des Taschengelds über das Eröffnen eines Bankkontos und dessen Nutzung bis hin zum Kauf eines Computers. Die jungen Leute müssen sich das hierfür notwendige Wissen über das Verhältnis von Sparen und Ausgeben, über Preis und Wert der für sie wichtigen und begehrenswerten Ressourcen, über das Funktionieren der Bankgeschäfte und das Kosten-Nutzen-Verhältnis von Produkten selber aneignen."[69]

Die ständige Konferenz der Kultusminister der Länder (2013) nennt die in den letzten Jahren zunehmend gestiegene Kaufkraft von Kindern und Jugendlichen als einen wesentlichen Grund, der Verbraucherbildung erforderlich macht, da junge Menschen eine bevorzugte Zielgruppe für Unternehmen sowie deren Produktvermarktung ausmachten. Weiterhin wird der Erwerb von Kompetenzen für eine mittel- und langfristige Finanzplanung der Jugendlichen angesichts der großen Bedeutung der Probleme von Verschuldung, Überschuldung und Privatinsolvenzen als dringlich angesehen.[70]

 Wenn sich ökonomische Bildung in der Schule, wie es die zitierten Autoren fordern, erkennbar auf die Lebenssituation der Schülerinnen und Schüler ausrichtet, erfüllt sie eine wesentliche Voraussetzung dafür, ihre

---

[68] Ebd.
[69] Hurrelmann (2010): 328.
[70] Sekretariat der Ständigen Konferenz der Kultusminister der Länder (2013): 2.

Adressaten zu erreichen. Für den Fall dagegen, dass eine Erneuerung schulischer Verbraucherbildung nicht erfolgt, mahnen Ahava/ Palojoki (2004) das Risiko des Scheiterns an, indem sie in Bezug auf die Schülerinnen und Schüler ausführen:

„Their motivation to study consumer issues at school is poor, because they feel the substance of consumer education not corresponding to their lives. Because of this consumer education needs pedagogical renovation based on the needs of the adolescents and the special features of their consumerism."[71]

1.3   Zielsetzung der Untersuchung

Die vorliegende Untersuchung hat vor dem Hintergrund der skizzierten Diskussion über die Bedeutung ökonomischer Bildung im Kern die Beantwortung der folgenden Frage zum Ziel:

Zeigen die Konsum bezogenen Nutzenvorstellungen vierzehnjähriger Mädchen und Jungen, dass die Jugendlichen über Einstellungen, Kenntnisse und Fähigkeiten verfügen, die es ihnen im wirklichen Leben ermöglichen, ihren Nutzen als Verbraucher und Verbraucherinnen dauerhaft zu steigern?

Dazu werden schriftliche Äußerungen von vierzehnjährigen Schülerinnen und Schülern analysiert, in denen diese ihre individuellen Budgetpläne vorstellen und erläutern. Zur Aufstellung eines Haushaltsplans wurden sie durch eine Simulationsaufgabe aufgefordert, die im Methodenkapitel der vorliegenden Studie vorgestellt wird.

Von den Schülerantworten wird Aufschluss darüber erwartet, über welche, auf Konsum bezogenen Einstellungen und über welches Konsumentenwissen die Vierzehnjährigen zum Zeitpunkt der Erhebung verfügten. Dabei richtet sich das Interesse vor allem auch darauf, zu erkunden, welchen Nutzen sich die untersuchten Mädchen und Jungen vom Sparen sowie vom Konsumieren von Gütern und Dienstleistungen versprechen.

Als konstitutives und unterscheidendes Merkmal der vorliegenden Untersuchung wird ihre durchgängige Fokussierung auf die Binnensicht der teilnehmenden Schüler und Schülerinnen angesehen. Damit ist eine die Be-

---

[71]   Ahava/ Palojoki (2004): 371.

antwortung der Untersuchungsfrage überschreitende Zielsetzung der vorliegenden Studie in Bezug auf diejenigen verbunden, die in institutionellen und informellen Zusammenhängen mit der ökonomischen Bildung von Jugendlichen befasst sind.

Wünschenswert wäre es aus Sicht der Verfasserin, wenn die Unterrichtenden ökonomische Bildung als Antwort auf Fragen verstehen würden, die ihnen junge Menschen im Zusammenhang mit den wirtschaftlichen Entscheidungen stellen, die sie zu treffen haben. Eine solche Haltung wäre hilfreich für die Adressaten ökonomischer Bildung und zugleich zielführend für die Vermittler. Wenn Jugendliche erfahren, dass wirtschaftliches Wissen sie in ihrer Selbstwirksamkeit stärkt, werden sie es als Ressource nutzen.

Hierzu kann die vorliegende Untersuchung einen Beitrag leisten, indem sie über Nutzen orientierte Vorstellungen konsumierender Jugendlicher aus deren eigener Perspektive informiert.

Obwohl die Konsumvorstellungen von Vierzehnjährigen im Fokus der hier vorgelegten Studie stehen, reduziert sich die Zielperspektive, Ökonomische Bildung von den Adressaten her zu gestalten, nach Ansicht der Verfasserin nicht auf Verbraucherbildung. Auch in Bezug auf gesamtwirtschaftliche Zusammenhänge erscheint es wichtig, die Fragen der Jugendlichen als Ausgangspunkt zu betrachten, weil auf diese Weise ein Verständnis komplexer gesellschaftlicher Zusammenhänge gefördert wird, was besonders vor dem Hintergrund der in den PISA – Untersuchungen nachgewiesenen „Koppelung von sozialer Herkunft und erreichten Komptenzen"[72] bedeutsam ist. So verweisen beispielsweise Beck/ Wuttke darauf, dass mangelndes Verständnis von „gesamtwirtschaftlichen Gegebenheiten und Prozessen"[73] vorhersehbar zu „unangemessene[n] Übervereinfachungen, unzutreffende[n] Lagebeurteilungen, Undurchschaubarkeit und in der Folge Desinteresse und pauschale[n] Vorurteile[n]"[74] führe. Hurrelmann verweist darauf, dass Ohnmachtsgefühle entstehen, „wenn Menschen eine sie existenziell berührende ökonomische Krise nicht erklären können"[75].

---

[72] Ehmke/ Jude (2010): 231.
[73] Beck/Wuttke (2005): 282.
[74] Ebd.
[75] Hurrelmann (2010): 323.

Er sieht die Gefahr, dass „eine unaufgeklärte Wirtschafts- und Finanzkrise [...] schnell zu einer Krise des Vertrauens in die Funktionsfähigkeit des politischen Systems und damit der Demokratie"[76] mutieren könne. Diesen Zusammenhang spricht auch Krafft (2010) an:

„Es bedarf keiner näheren Begründung, dass ein demokratisches Staatswesen eine aktive Beteiligung der Bürger am politischen Geschehen voraussetzt. Wird über mangelnde Beteiligung geklagt, so kann man vermuten, dass Voraussetzungen für das Funktionieren der Demokratie fehlen. Solche Voraussetzungen können mangelnde Sachkompetenz, mangelndes kritisches Denkvermögen oder mangelndes politisches Interesse sein. Je mehr sich Politik zu Wirtschaftspolitik entwickelt, je dominierender dieser Bereich im Rahmen der politischen Entscheidungen des Staates wird, desto größere Sachkompetenz, kritisches Denkvermögen und Interesse an Wirtschaftsfragen müssen die Träger der Politik, seien sie Wähler oder Gewählte, entwickeln. (...) Das Problem ist nicht neu, doch Konsequenzen für die Wirtschaftswissenschaft und Bildungspolitik sind bislang ungenügend gezogen worden."[77]

Über die Beantwortung ihrer zentralen Untersuchungsfrage hinaus, die sich auf die Konsum bezogenen Nutzenvorstellungen vierzehnjähriger Jugendlicher richtet, möchte die Verfasserin mit der vorliegenden Studie das professionelle Selbstverständnis derjenigen ansprechen, die mit jungen Leuten arbeiten, um ihnen wirtschaftliches Wissen und Verständnis zu vermitteln. Wichtig erscheint es, dass Jugendliche als Adressaten ökonomischer Bildung die begründete Zuversicht entwickeln, dass sie von ihren Lehrerinnen und Lehrern tragfähige Antworten auf ihre wirtschaftlichen Fragen erhalten, und dass sie auf Hilfe bei der Lösung ihrer wirtschaftlichen Probleme bauen können.

---

[76] Ebd.
[77] Krafft (2010): 236f.

2 Untersuchungsbezüge

Im vorliegenden Kapitel werden theoretische Bezüge dargestellt, die aus Sicht der Verfasserin sowohl für die empirische Untersuchung der Konsumvorstellungen vierzehnjähriger Jugendlicher als auch im Hinblick auf die didaktische Verortung der Studie relevant sind.

Während die Studie im ersten Abschnitt in den fachwissenschaftlichen Zusammenhang der mikroökonomischen Haushaltstheorie gestellt wird, bezieht sich der zweite Abschnitt auf allgemeinpädagogische und fachdidaktische Vorstellungen über den Zusammenhang von Alltagserfahrungen und Lernprozessen.

2.1 Ökonomie des Verbraucherverhaltens

Im folgenden Abschnitt wird zunächst die Aufgabe vorgestellt, die die Schülerinnen und Schüler zu lösen hatten, um daran anschließend ausgewählte Aspekte der mikroökonomischen Theorie des Haushaltes zu skizzieren, die den fachwissenschaftlichen Bezugsrahmen der Untersuchung bildet. Daraufhin wird gezeigt, in welchen Modifikationen haushaltstheoretische Annahmen sowohl der Aufgabenstellung als auch den Lösungstexten der Schülerinnen und Schüler zu Grunde liegen. In diesem Zusammenhang wird der verwendete Nutzenbegriff beschrieben. Abschließend werden hypothetisch mögliche Indikatoren für ökonomische Kompetenz abgeleitet.

2.1.1 Aufgabenstellung

Die vorliegende Untersuchung analysiert fiktive Konsumenten-Entscheidungen jugendlicher Verbraucherinnen und Verbraucher sowie deren Bestimmungsgründe auf der Grundlage von Lösungstexten zu einer von der

Verfasserin konzipierten Aufgabe, die die jungen Menschen in eine hypothetische Entscheidungssituation stellt. Durch die Aufgabe, die – deutlich erkennbar – eine Geldverwendungssituation simuliert, sollen die Jugendlichen frei gestellt werden von dem Anspruch, dass ihre Entscheidungen ihrem realen Verhalten entsprechen müssen. Der Text lautet:

„Zum Abschluss[1] bitte ich dich, dich in die folgende Situation zu versetzen: Du hast vor kurzem 75,– Euro zum Geburtstag geschenkt bekommen. Dieses zusätzliche Geld kommt dir gerade recht, denn du hast sehr viele Wünsche: Auf jeden Fall hättest du gerne etwas Neues zum Anziehen. Dann möchtest du dir unbedingt ein aktuelles Computerspiel kaufen. Außerdem hast du vor, für deinen Führerschein etwas Geld zu sparen, denn deine Eltern wollen ihn dir nicht vollständig bezahlen. Auch möchtest du dir schon die ganze Zeit eine Handy-Karte auf Vorrat kaufen und mal wieder mit deinen Freunden ins Kino gehen. Jetzt überlegst du dir, wie du das Geld verwendest, und erkennst, dass die 75,– Euro nicht ausreichen, um dir alle deine Wünsche zu erfüllen. Schreibe auf, wie du versuchst, mit dem Geld möglichst viel zu erreichen, und begründe deine Entscheidung."[2]

Die Aufgabe knüpft in Bezug auf die vorgegebenen Ziele der Geldverwendung an den Lebensgewohnheiten der Schülerinnen und Schüler an, unabhängig davon, in welcher sozioökonomischen Lage sich die jungen Leute befinden. Sie fordert Jungen und Mädchen dazu auf, unter der Budgetrestriktion von 75,– Euro über ein Bündel von Einzelausgaben so zu entscheiden, dass ihnen der größtmögliche Nutzen entsteht. Ein entscheidendes Kriterium bei der Konstruktion der Ausgabenziele war, dass sich beide Geschlechter angesprochen fühlen sollten. Um die Nutzenorientierung hervor zu heben, wurden Formulierungen gewählt, die die Vorstellung von Wünschen transportieren sollten („Wünsche", „hättest du gerne", „möchtest du dir unbedingt ... kaufen", „möchtest du")[3]. Die Sparoption wurde mit dem Führerscheinerwerb verknüpft, also mit einem Ziel, das für 14-jährige Jugendliche in einem vorstellbaren Zeithorizont liegt, allerdings eine langfristige Orientierung zulasten gegenwärtigen Konsums erfordert.

---

[1]   Die Formulierung erklärt sich daraus, dass die Aufgabe zu lösen war, nachdem die Schülerinnen und Schüler zuvor einen Fragebogen ausgefüllt hatten.

[2]   Anhang: Text der Aufgabe.

[3]   Ebd.

Die Bedeutung des Sparziels sollte durch die Vorgabe betont werden, dass die Eltern den Führerschein nicht vollständig bezahlen würden.

Die Aufgabe fordert von den Schülern und Schülerinnen sowohl die Entscheidung über die optimale Verwendung des Betrags als auch, im Anschluss daran, eine Begründung für diese Entscheidung. Der Vorstellungskontext von Knappheit wird von zwei Seiten aus simuliert: Zunächst gibt die Aufgabe vor, dass „sehr viele Wünsche" existieren, die teilweise mit semantischen Signalen von Dringlichkeit formuliert sind[4], während das zur Verfügung stehende Budget so gewählt ist, dass den Schülerinnen und Schülern unmittelbar einsichtig werden sollte, dass es nicht möglich sein würde, alle Wünsche damit zu erfüllen. Die Vorgabe einer Auswahl von Geldverwendungszwecken erklärt sich forschungsmethodisch daraus, dass sowohl die Lösungen der Jugendlichen als auch die Bestimmungsgründe ihrer Entscheidungen in Bezug auf unterschiedliche Konzepte ökonomischen Denkens und möglicherweise unterscheidbare Stufen ökonomischer Kompetenz vergleichbar gemacht werden sollten.

2.1.2 Untersuchungsrelevante Aspekte der mikroökonomischen Theorie des Haushaltes

Der Haushaltstheorie folgend, die zweckrationales Handeln im Sinne des ökonomischen Prinzips unterstellt, wird der Nutzen als Maß der Bedürfnisbefriedigung durch Konsumgüter angesehen. Dabei verfolgt der „Haushalt durch den Einsatz seiner in Form von Produktionsfaktoren gegebenen Mittel das Ziel der Nutzenmaximierung"[5]. Oder in den Worten von Pindyck/ Rubinfeld: Rationales Konsumentenverhalten liegt dann vor, wenn es den Verbrauchern gelingt, „die Befriedigung zu maximieren, die sie mit dem ihnen zur Verfügung stehenden begrenzten Budget erzielen können."[6] Gustav Vogt betont im Zusammenhang mit dem ökonomischen Prinzip die Bedeutung der Entwicklung eines Bewusstseins für Opportunitätskosten. Neben dem Maximal- und dem Minimalprinzip besteht für ihn ein konstitutives Merkmal ökonomischen Rationalverhaltens darin, dass die Konsumenten

---

[4] Vgl. Anhang: Text der Aufgabe: „auf jeden Fall", „unbedingt".
[5] Schumann / Meyer / Ströbele (2007): 47.
[6] Vgl. Pindyck / Rubinfeld (2005): 127.

sich der Verzichtskosten bei ihren Wahlentscheidungen bewusst sind, die sich aus dem Verzicht auf ein Alternativgut ergeben. Die Opportunitätskosten werden in diesem Verständnis als ein wesentlicher Maßstab für die ökonomische Sinnhaftigkeit von Entscheidungen angesehen.[7]

Die Theorie des Verbraucherverhaltens beschreibt, wie Konsumenten zur Maximierung ihrer Befriedigung ihr Einkommen auf verschiedene Güter und Dienstleistungen aufteilen.[8] Der Terminus *Befriedigung* wird hier ähnlich wie der Begriff des *Nutzens* weitgehend synonym verwendet mit *Vorteil* und *Wohlergehen*.[9] Dieses Begriffsverständnis stützt sich auf die Beobachtung tatsächlichen Verhaltens, bei dem Menschen ihren Nutzen suchen, indem sie kaufen, was ihnen Vergnügen bereitet und vermeiden, was ihnen unangenehm ist.[10] Im Unterschied zum Begriffsverständnis bei den Ökonomen, die sich historisch zuerst mit der Erforschung des Grenznutzens beschäftigen, hat sich heute die Ansicht durchgesetzt, dass der Nutzen eine subjektive Empfindung reflektiert, die nicht in Zahlen zu erfassen ist.[11] Die ordinale Nutzentheorie zeichnet sich nach Vogt (2009) durch einen bescheidenen Anspruch aus: „Ich vergleiche die einzelnen Güter bzw. Güterbündel und sage, welches ich lieber, gleich gern oder weniger mag. Ich ordne sie nach meinen individuellen Nutzenvorstellungen, bilde somit eine Art Präferenzordnung."[12] Auch Paschke (2008) kennzeichnet den Nutzen als „rein individuelle Größe", abhängig von „dem Geschmack und den Präferenzen einer Person"[13]. In der Konsumtheorie entscheide der Konsument durch die Frage nach dem persönlichen Nutzen subjektiv über den Wert eines Gutes.[14] Bofinger (2003) betont den ordinalen Nutzenbegriff der Mikroökonomie, wenn er darauf hinweist, dass eine weiter rechts liegende Indifferenzkurve lediglich einen höheren Nutzen ausdrückt, dass aber die konkrete Nutzendifferenz zu einer weiter links verlaufenden Indifferenzkurve

---

[7]   Vgl. Vogt (2009): 12; 22.
[8]   Vgl. Pindyck / Rubinfeld (2005): 127.
[9]   Vgl. Pindyck / Rubinfeld (2005): 117.
[10] Vgl. a.a.O.
[11] Vgl. a.a.O.
[12] Vogt (2009): 54.
[13] Paschke (2008): 36.
[14] Paschke (2008): 84.

nicht erfasst werden kann.[15] Herdzina / Seiter (2009), die davon ausgehen, dass der Nutzen nicht eigenständig zu ermitteln sei, und die deshalb den Versuch, aus den tatsächlichen Kaufentscheidungen auf die Indifferenzkurve bzw. die Nutzenfunktion zurück zu schließen, als logisch fehlerhaft kritisieren, räumen trotz ihrer Bewertung der Nachfragetheorie als einer empirisch nicht überprüfbaren Theorie ein, dass Beobachtungen darauf hindeuteten, dass Haushalte in der Realität nutzenorientiert handeln.[16] Schumann/ Meyer/ Ströbele (2007) wenden sich gegen eine Einengung des Nutzenbegriffs auf das Wohlbefinden des Konsumenten, das sich ausschließlich an dem Verbrauch materieller Güter und Dienstleistungen orientiere, und postulieren die Möglichkeit der Einbeziehung altruistischen Handelns, indem sie argumentieren, dass ein Haushalt, der anderen hilft, „durch den Verzicht auf eigenen Konsum nicht notwendigerweise eine Nutzeneinbuße erleiden müsse"[17], sondern vielmehr aus der geleisteten Hilfe größeren Nutzen ziehen könne.

Eng verbunden mit dem Begriff des „Nutzens" sind in der Nachfragetheorie die Termini „Präferenz" und „Präferenzordnung", die allerdings bei verschiedenen Autoren inhaltlich teilweise unterschiedlich nuanciert werden. Nach Baßeler/ Heinrich/ Utecht (2002) bezeichnet die *Präferenzordnung* die Rangfolge, in die der Haushalt unterschiedlich zusammengesetzte Güterbündel bringt.[18] Ein ganz ähnliches Begriffsverständnis zeigt Frambach (2008), wenn er ausführt, dass Haushalte verschiedene Konsumpläne entsprechend ihrer Präferenzen in eine Reihenfolge bringen, die er als *Präferenzordnung* bezeichnet.[19] Nach Lancaster (1991) entscheidet der Konsument bei der Wahl zwischen zwei Güterbündeln nach seinen *Präferenzen* darüber, welches Bündel er vorzieht.[20] Anders als die angeführten Autoren verwendet Paschke (2008) den Begriff *Präferenzordnung* zur Bezeichnung einer nach Wichtigkeit geordneten Rangliste gewünschter Einzelgü-

---

[15] Bofinger (2003): 104.
[16] Vgl: Herdzina / Seiter (2009): 99: 100.
[17] Schumann / Meyer / Ströbele (2007): 13.
[18] Vgl. Baßeler / Heinrich / Utecht (2002): 117.
[19] Frambach (2008): 24.
[20] Lancaster (1991): 239.

ter.[21] Auch Bofinger (2003) bezieht den *Präferenzbegriff* auf Einzelgüter, wenn er Beispiele für Veränderungen des Nachfrageverhaltens gibt.[22]

Neben dem uneinheitlichen Bezug des *Präferenzbegriffs* auf Güterbündel oder Einzelgüter besteht eine weitere Verwendungsvariante darin, dass Präferenzen verstanden werden als bestimmte Lebenseinstellungen, die die Entscheidung über unterschiedliche Güterbündel bedingen: „Bequemlichkeit ist zum Beispiel eine Präferenz, aber auch Kostenbewusstsein, Sicherheit etc."[23] Siebert (2000) bezeichnet mit den Begriffen „Präferenzstrukturen des Konsumenten" oder – synonym verwendet – das „Präferenzsystem"[24] einen Einflussfaktor der nachgefragten Menge eines Gutes x neben dem Preis des Gutes x, dem Einkommen des Haushaltes und dem Preis des Substitutionsgutes als weiteren Faktoren der Güternachfrage. Als optimal sieht Frambach (2008) den Konsumplan an, der „angesichts des gegebenen Budgets den höchsten Platz in der Präferenzordnung einnimmt."[25] Er bezieht sich damit auf das Konzept der Indifferenzkurve als des geometrischen Ortes aller Güterkombinationen, die, so Vogt (2009), „nach der subjektiven Einschätzung des Käufers den gleichen Nutzen repräsentieren."[26] Nach Pindyck/ Rubinfeld (2005) stellt sie „sämtliche Kombinationen von Warenkörben dar, die einer Person das gleiche Befriedigungsniveau bieten."[27] Unter der Modellannahme der Nichtsättigung, die besagt, dass Konsumenten eine größere Menge eines Gutes immer einer geringeren Menge vorziehen und außerdem niemals zufrieden gestellt sind, werden unterschiedliche Befriedigungsniveaustufen durch eine Indifferenzkurvenschar dargestellt.[28] Dabei liegen auf einer Indifferenzkurve nach der Modellannahme der Vollständigkeit alle Warenkörbe oder Güterbündel, denen gegenüber der Konsument indifferent, das heißt in gleicher Weise zufrieden gestellt ist.[29] Auf der Indifferenzkurve, die am weitesten vom Ursprung ent-

---

[21] Vgl. Paschke (2008): 91.
[22] Vgl. Bofinger (2003): 85.
[23] Paschke (2008): 33.
[24] Siebert (2000): 69.
[25] Frambach (2008): 25.
[26] Vogt (2009): 55.
[27] Pindyck / Rubinfeld (2005): 106.
[28] Vgl. Pindyck / Rubinfeld (2005): 106, 109.
[29] Vgl. Pindyck / Rubinfeld (2005): 106.

fernt ist, befinden sich die Güterbündel, die dem Verbraucher den größten Nutzen bieten, und mit denen er das höchste Befriedigungsniveau erreicht.[30] Allerdings können nur Güterbündel konsumiert werden, die innerhalb des Budgets des Konsumenten liegen; das heißt, der Haushalt unterliegt einer „Budgetbeschränkung"[31]. Die Budgetmenge wird durch die Budgetgerade oder auch „Budgetrestriktion"[32] begrenzt, die alle Güterkombinationen angibt, „bei denen die Gesamtsumme des ausgegebenen Geldes gleich dem Einkommen ist."[33] In der grafischen Darstellung wird die Budgetmenge durch die Achsen und die Budgetgerade beschränkt; die Rechtsverlagerung der Budgetgeraden entspricht demnach einer gestiegenen Budgetmenge.[34] Der optimale Konsumplan ist dann realisiert, wenn das Güterbündel gewählt wird, das auf der äußersten Indifferenzkurve liegt, die die Budgetlinie tangiert. An dem Tangentialpunkt, der den „optimalen Verbrauchsplan mit den optimalen Konsummengen"[35] bezeichnet, entspricht das Austauschverhältnis der gebündelten Güter ihrem umgekehrten Preisverhältnis. „Die Befriedigung wird maximiert, wenn die Grenzrate der Substitution (von C durch F) gleich dem Verhältnis der Preise (von F zu C) ist."[36] An diesem Punkt wählt der Konsument die Güterkombination, die ihm im Rahmen seiner Budgetrestriktion den weitest gehenden Nutzen gewährt. Das Optimum liegt also dort, „wo unter Ausnutzung der Möglichkeiten ein Höchstmaß an Wünschen erfüllt ist."[37] Die Grenzrate der Substitution misst dabei den Wert, „den eine Person einer zusätzlichen Einheit eines Gutes im Hinblick auf ein anderes Gut zumisst."[38] Die zusätzliche Befriedigung, die aus dem Konsum einer zusätzlichen Einheit eines Gutes erwächst, wird *Grenznutzen* genannt. Das Prinzip des abnehmenden Grenznutzens besagt, dass bei zunehmender konsumierter Menge eines Gutes, dem Konsum einer zusätzlichen Einheit ein geringerer Nutzenzuwachs zukommt. Da die Grenzrate

---

[30] Vgl. Pindyck / Rubinfeld (2005): 109.
[31] Vogt (2009): 57.
[32] Bofinger (2003): 100.
[33] Pindyck / Rubinfeld (2005): 122.
[34] Vgl. Frambach (2009): 22.
[35] Schumann / Meyer / Ströbele (2007): 57; 58.
[36] Pindyck / Rubinfeld (2005): 129.
[37] Paschke (2008): 118.
[38] Pindyck / Rubinfeld (2005): 111.

der Substitution zweier Güter das Verhältnis des Grenznutzens dieser Güter darstellt, folgt daraus, dass die Maximierung des Nutzens dadurch erreicht wird, dass ein Konsument sein Budget auf die Güter in einem Warenkorb so aufteilt, dass der Grenznutzen pro ausgegebener Geldeinheit für jedes Gut gleich ist.[39] Herdzina/ Seiter (2009) formulieren die Verhaltensregel des zweiten Gossenschen Gesetzes allgemeiner: „Wer bei gegebener Bedürfnisstruktur seinen Nutzen maximieren will, ohne alle Bedürfnisse voll befriedigen zu können, muss seine Mittel so verteilen, dass er bei jedem Bedürfnis den gleichen Grenznutzen erreicht."[40]

2.1.3 Modifikationen haushaltstheoretischer Modellannahmen in der Aufgabenstellung und in Schülertexten

In der Aufgabe wird von den Schülerinnen und Schülern eine ökonomische Entscheidung nach dem Maximalprinzip gefordert. Aufgrund der Formulierung der Anforderungen ist eine nutzenorientierte Begründung zu erwarten. Von den Modellannahmen der mikroökonomischen Haushaltstheorie abweichend, wurde das Sparziel in die Aufgabenstellung aufgenommen, um Hinweise auf eine eher kurz- oder langfristige Orientierung der Schülerinnen und Schüler zu erhalten.

Ein wesentlicher Unterschied gegenüber den haushaltstheoretischen Modellannahmen zum Konzept der Indifferenzkurve besteht darin, dass den Jugendlichen ein Güterbündel vorgegeben ist, bei dem sie lediglich im Hinblick auf die Mengen einzelner Güter variieren können. Eine weitere, von den Jugendlichen häufig genutzte Wahlmöglichkeit besteht darin, einzelne der in der Aufgabe vorgegebenen Güter nicht in ihr individuelles Güterbündel aufzunehmen, wodurch hypothetisch eine abweichende Gütermenge erzeugt wird, die gegenüber der vorgegebenen präferiert wird. Die Modellannahmen zu den Indifferenzkurven abstrahieren sowohl von der Höhe der Budgetrestriktion als auch von den Güterpreisen. Beide Modellannahmen gelten nicht für die Aufgabenlösungen der Jugendlichen, denn die Budgetrestriktion ist durch die Aufgabenstellung induziert, so dass sich die geforderte Nutzenoptimierung immer unter dieser Beschränkung vollzieht. Aus

---

[39] Vgl. Pindyck / Rubinfeld (2005): 138; 139.
[40] Herdzina / Seiter (2009): 77.

den Lösungstexten einiger Jugendlicher lässt sich eine Vorstellung von der Konsumentenrente erkennen: So heißt es in einem Text, bezogen auf den Kauf eines Computerspiels: „Und außerdem kann ich ja auch noch warten bis es billiger geworden ist."[41] In einem anderen Text wird formuliert: „„Allsoo,. . . ich würde mir erst neue Sachen zum Anziehen kaufen, aber davor würde ich überall (in den Läden, wo ich immer einkaufe) nachsehen wo das billigste (da ich nur 75 Euro habe) aber auch schönste für mich ist."[42] Zahlreiche Lösungstexte zeichnen sich dadurch aus, dass die Schülerinnen und Schüler einzelne, durch die Aufgabe vorgegebene, Güter nicht in ihr Güterbündel aufnehmen. Häufig weichen die Mädchen und Jungen von der Modellannahme ab, dass das Budget vollständig verausgabt wird. Stattdessen bleibt häufig ein als „Rest" bezeichneter und meist nicht quantifizierter Geldbetrag übrig. Modellhaft skizziert, bewegen sich die Jugendlichen mit diesem Verhalten auf einer Fläche unterhalb der Budgetgeraden, auf der sie ihre finanziellen Möglichkeiten nicht ausschöpfen. Häufig beziehen sie sich auf Präferenzen, ohne diese inhaltlich zu konkretisieren: „Mit dem restlichen Geld würde ich mir das kaufen, was ich am liebsten will."[43] Nutzenerwägungen spielen insgesamt eine bedeutende Rolle. Als wichtiger Gedanke in vielen Schülertexten ist die Vorstellung zu erkennen, den Nutzen außerhalb des Marktes zu vergrößern, indem zum Beispiel ein Computerspiel ausgeliehen, anstatt gekauft wird.[44] Manche Begründungen sind zumindest vordergründig altruistisch und folgen allenfalls einem erweiterten Nutzenkonzept: „Oder ich kaufe Geburtstagsgeschenke damit ich meine Freunde/ Eltern Freude bereite."[45] Eine Vorstellung, die sich dem Grenznutzenkonzept zuordnen lässt, äußert sich zum Beispiel in der folgenden Formulierung: „Wenn ich z.B. den Kleiderschrank prall gefüllt habe, kaufe ich mir dann nichts sehr teures zum Anziehen, sondern meine Freunde gehen dann vor und ich gehe mit ihnen ins Kino."[46] Häufig zerlegen die Schülerinnen und Schüler das Budget in Teilbeträge, die sie in eine Reihenfolge brin-

---

[41] Text 17.
[42] Text 22.
[43] Text 18.
[44] Vgl. Text 18.
[45] Text 19.
[46] Text 21.

gen („20 € Anziehsachen / 0 € Führerschein / 40 € Computerspiel / 15 € Handykarte"[47]). Durch die Formulierungsvorgabe der Aufgabe waren Güterbündel, die sich aus einer bestimmten Anzahl unterschiedlicher Güter zusammensetzten, nicht zu erwarten. Bezogen auf die Güter „Computerspiel" und „Handykarte" war die Menge festgesetzt; lediglich bezogen auf die Formulierung „etwas Neues zum Anziehen" und „ mit deinen Freunden ins Kino gehen" waren unterschiedliche Mengenangaben möglich.

2.2 Die Bedeutung von Alltagssituationen in Konzeptionen zum Lernprozess

Die vorliegende Untersuchung ermittelt Nutzenvorstellungen jugendlicher Verbraucherinnen und Verbraucher, die sich auf konkrete, in der Aufgabe erwähnte Geldverwendungszwecke richten, indem sie die Lösungen zu einer fiktiven Budgetentscheidung auswertet, die 14-jährigen Schülerinnen und Schülern als Aufgabe gestellt war. Als gemeinsames Merkmal aller untersuchten Jugendlichen, unabhängig von Geschlecht und besuchter Schulform, wurde dabei unterstellt, dass die Finanzierung von nachgefragten Gütern zur alltäglichen Erfahrungspraxis der Jugendlichen zählt. Insofern davon ausgegangen wird, dass die in der Wahrnehmung der Konsumentenrolle virulenten wirtschaftlichen Vorstellungen der Jugendlichen für ökonomische Bildungsprozesse wirksam werden, geraten Konzeptionen in den Blick, die sich mit der Bedeutung von Alltagssituationen für Lernprozesse beschäftigen.[48]

2.2.1 Erziehungswissenschaftliche Annahmen zu Informellem Lernen

Vor dem Hintergrund des empirisch nachgewiesenen Zusammenhangs zwischen Bildungsabschlüssen der Eltern sowie der ökonomischen Lage der Herkunftsfamilie einerseits und dem Schulerfolg der Kinder auf der anderen Seite[49] erscheint es interessant, zu untersuchen, ob Jugendliche unabhängig von ihrer sozialen Herkunft, allein durch die Wahrnehmung ihrer

---

[47] Text 97.

[48] Vgl. Schäfer (2002).

[49] Vgl. Prenzel u.a. (o.A.). *PISA 2003*; Prenzel u.a. (o.A.). *PISA 2006*; OECD (2010). *PISA 2009*; OECD (o.A.). *PISA 2012*.

Konsumentenrolle ökonomische Kompetenz aufbauen.[50] Im Hinblick auf *Nonformale Lernorte*, zu denen neben Vereinen auch Angebote der Kinder- und Jugendarbeit gezählt werden, geht der Bildungsbericht 2008 von der empirisch erwiesenen Bildungsrelevanz dieser Lernorte aus, auch wenn die Autorengruppe einräumt, dass die „durch solche Aktivitäten erworbenen Kompetenzen derzeit (noch) nicht standardisiert erhoben und analysiert werden können[51]. Dass *Nonformale Lernorte* als Umfelder für Kompetenzerwerb anzusehen sind, ist nach Ansicht der Autoren darauf zurück zu führen, dass die dort von Kindern und Jugendlichen erworbenen Erfahrungen „in der Regel pädagogisch und fachlich begleitet werden und dadurch eine Nachbereitung und Reflexion von Erfahrungen und Bildungsprozessen erlauben.“[52]

Nachbereitung und vor allem Reflexion des Erfahrenen sind im Bereich des *Informellen Lernens* höchstens als zufällig anzusehen. Dennoch schließt die Autorengruppe nicht aus, dass auch beim *Informellen Lernen* Wissen und Kompetenzen aufgebaut werden, wie die Formulierung, „das von den Lernenden nicht immer als Erweiterung ihres Wissens und ihrer Kompetenzen wahrgenommen wird“[53], nahelegt. Schlösser/ Schuhen (2011) verweisen darauf, dass angesichts negativer Bildungserfahrungen in formalen Bildungsprozessen „vielfach eine Entkoppelung von schulischen Kontexten zweckmäßig sein“[54] kann. Aus den skizzierten Abgrenzungsmerkmalen zwischen *informellem* und *non-formalem* Lernen kann die ökonomische Bildung die Aufgabe ableiten, informelle Lernerfahrungen der Jugendlichen in der Konsumentenrolle aufzugreifen und diese durch fachwissenschaftlich fundierte Reflexion mit der Ausrichtung auf nachhaltige Verbraucherkompetenzen zu entwickeln

Für die in der Verbraucherrolle oder in anderen außerschulischen Kontexten erworbenen Vorstellungen von wirtschaftlichen Zusammenhängen wird in Anlehnung an den Bildungsbericht 2008 der Ständigen Konferenz der Kultusminister der Länder der Begriff des *Informellen Lernens*

---

[50] Autorengruppe Bildungsberichterstattung (2008): 91; 92.
[51] Autorengruppe Bildungsberichterstattung (2008): 78.
[52] Autorengruppe Bildungsberichterstattung (2008): 78.
[53] Autorengruppe Bildungsberichterstattung (2008): VIII.
[54] Schlösser/ Schuhen (2011): 9.

verwendet, der in Abgrenzung von *Formaler Bildung*, die zu anerkannten Abschlüssen führt, und von *Non-Formaler Bildung*, die z.b. in Vereinen erfolgt, in folgender Weise definiert ist:

„Informelles Lernen wird als nicht didaktisch organisiertes Lernen in alltäglichen Lebenszusammenhängen begriffen, das von den Lernenden nicht immer als Erweiterung ihres Wissens und ihrer Kompetenzen wahrgenommen wird"[55].

Strobel-Eisele und Wacker (2009) gehen davon aus, dass es eine Form des Lernens gibt, die sich

„eher beiläufig und unabsichtlich aufgrund von Erfahrungen bei einem Verhalten vollzieht, das ganz andere, jedenfalls keine erzieherisch intendierten Ziele verfolgt. Fertigkeiten, Wissen und Kompetenzen werden dabei beiläufig und ohne direkte Lernabsicht erworben"[56].

Allgemein gehen sie davon aus, dass man Lernen nicht als Vorgang beobachten, sondern es nur „aus sekundären Anzeichen rückerschließen"[57] oder daran erkennen könne, dass sich in der zeitlichen Abfolge die Kompetenz gesteigert habe. Wenn in der vorliegenden Untersuchung Schülerinnen und Schüler die Verzögerung eines Kaufaktes damit begründen, dass das gewünschte Konsumgut zu einem späteren Zeitpunkt preiswerter zu erwerben sei, zeigen sie damit, dass sie in der Konsumentenrolle aus wiederholter eigener Erfahrung oder aus den Erfahrungsberichten anderer gelernt haben, Verhaltensvarianten unter Nutzengesichtspunkten abzuwägen. Wenn aus Erfahrung Schlüsse gezogen werden, kann nach Strobel-Eisele/ Wacker (2009) von Lernen gesprochen werden.[58] Die erzieherische Einflussnahme auf den Lernprozess erachtet das Autorenteam als umso wichtiger, je anspruchsvoller die Aufgaben und Ziele sind, auf die das Lernen ausgerichtet ist.[59] In Abgrenzung von den Forschungsmethoden der empirischen Psychologie wird die Auffassung vertreten, dass Lernen innerhalb sozia-

---

[55] Autorengruppe Bildungsberichterstattung (2008): VIII.
[56] Strobel–Eisele/ Wacker (2009): 11.
[57] Ebd.
[58] Vgl. Strobel- Eisele/ Wacker (2009): 11.
[59] Vgl. Strobel- Eisele / Wacker (2009): 8.

ler Kontexte betrachtet werden müsse, und dass die Zielvorstellungen der Lernenden einzubeziehen seien.

2.2.2 Der Situationsansatz

Im erziehungswissenschaftlichen Diskurs wird die aus der Kriterien gelei- teten Analyse von Alltagsereignissen konstruierte Lebenssituation als Aus- gangspunkt subjektorientierten Lernens zur Zeit noch weitgehend mit der Arbeit im elementaren Bildungsbereich und mit Grundschulpädagogik in Verbindung gebracht. So bezieht sich das seit den 70-er Jahren für den vor- schulischen Bildungsbereich entwickelte pädagogische Konzept des *Situa- tionsansatzes* auf Schlüsselsituationen als Ausgangspunkt jeder pädagogi- schen Arbeit. Kriterien für die Identifikation von Schlüsselsituationen sind sowohl deren Bedeutung für die Lebenswirklichkeit als auch die Einschät- zung, dass die Kinder Hilfen benötigen, um mit der Situation kompetent umgehen zu können, sowie außerdem, dass weitere wichtige Bildungsin- halte aus der Bearbeitung dieser Situation abgeleitet werden können. Krite- rien zur Identifikation einer Schlüsselsituation sind neben der Art der Hand- lungsmöglichkeiten, die in der Bearbeitung einer Situation stecken, die im- plizierten Möglichkeiten zur Kooperation und zum Kompetenzaufbau.[60]

Der Begriff der *Situation* wird in diesem Konzept, abweichend von sei- ner Bedeutung in der Alltagssprache, für den Zustand eines Kindes ver- wendet, der sich aus der Wahrnehmung eines Ereignisses in Verbindung mit den daran geknüpften Gefühlen und Erlebnisinhalten konstituiert. Der Terminus *Lebenssituation* steht für das derart spezifizierte Verständnis des Situationsbegriffs.[61] Indem die Aufgabe, die den 14-Jährigen im Rahmen der vorliegenden Studie gestellt war, eine Begründung für die Verwendung des vorgegebenen Geldbetrages fordert, sollte der Blick der Jugendlichen über die fiktive Situation hinaus auf Vorstellungen gelenkt werden, die sie mit der Erfahrung, „täglich mit Geld"[62] umzugehen, verbinden.

Lebenssituationen als Ausgangspunkt des Lernens für Menschen al- ler Altersstufen stehen auch im Zentrum der pädagogischen Konzepte von

---

[60] Vgl. Lipp-Peetz (2000): 46.
[61] Vgl. Stoll (1995): 26, 27.
[62] Schlösser u.a . (2011): 23.

Paulo Freire, Saul Robinsohn und John Dewey, die ideengeschichtlich als Quellen des Situationsansatzes eingeordnet werden.[63]

Als Leiter der Alphabetisierungsabteilung im brasilianischen Erziehungsministerium war Paulo Freire in den 60-er Jahren mit einer Analphabetenrate von 50 Prozent der brasilianischen Bevölkerung konfrontiert. Dass die Menschen damit beginnen sollten, ein Bewusstsein von der Veränderbarkeit ihrer Lebensbedingungen aufzubauen, anstatt weiterhin ihre Situation als schicksalhaft unveränderbarere Größe anzusehen, war Ziel seiner Pädagogik. Dem Lernen kam in diesem Konzept insofern eine Schlüsselfunktion zu, als die Menschen es als Chance begreifen sollten, ihre Lebensbedingungen zu verbessern.[64]

In den Prinzipien der 1996 von Jürgen Zimmer und weiteren Gesellschaftern an der Freien Universität Berlin gegründeten Internationalen Akademie für Innovative Pädagogik und Ökonomie gGmbH (INA) wird der Geltungsanspruch des Situationsansatzes ausgeweitet, und zwar nicht nur vom elementaren Bildungsbereich auf das Feld der Grundschulpädagogik, sondern bis in die Domäne der Erwachsenenbildung hinein:

„Die Akademie geht in ihrer Arbeit von den Lebenssituationen und Problemen der Beteiligten aus. Sie unterstützt Kinder und Erwachsene darin, Subjekte ihrer Lebenswelt und gesellschaftlicher Prozesse zu werden."[65]

In seiner Rede aus Anlass der Verleihung des Bundesverdienstkreuzes im Mai 2010 bekräftigt Zimmer einerseits den zitierten Anspruch der INA, mit dem Situationsansatz ein umfassendes Bildungskonzept zu vertreten, so dass die in der pädagogischen Diskussion derzeit noch vorherrschende Fokussierung auf den elementaren Bildungsbereich als überholt erscheint.[66] Zum anderen formuliert er an dieser Stelle ausdrücklich einen Grundsatz, der mit dem zuvor zitierten Prinzip logisch verknüpft ist. Wenn es darum geht, Menschen dabei zu unterstützen, sich als Subjekte ihrer Lebenswelt wahrzunehmen, liegt es nahe, sie dazu zu befähigen, wirkliche Probleme zu lösen:

---

[63] Vgl. Böhm & Böhm (2007): 51.
[64] Vgl. Stoll (1995): 42, 43.
[65] Internationale Akademie (INA) gGmbH (2008); vgl. auch Zimmer (2013): 7f.
[66] Vgl. Zimmer (2013): 7f.

„Wenn man den Situationsansatz als eine Einladung versteht, Probleme in der Wirklichkeit (und nicht Scheinprobleme im Klassenzimmer) zu lösen und dabei zu lernen, dann wird er oft praktiziert, ohne dass den Beteiligten dies deutlich sein muss."[67]

Der Blick auf die gesellschaftliche Wirklichkeit der Lernenden ist ein grundlegendes Merkmal der pragmatischen Pädagogik von John Dewey, der in seinem theoretischen und schulpraktischen Wirken der Überzeugung folgte, dass die Erziehung zu persönlicher Initiative und Anpassungsfähigkeit in modernen demokratischen Gesellschaften eine entscheidende Voraussetzung dafür ist, den allseits stattfindenden sozialen Wandel gestalten zu können.[68] Diese Überzeugung hatte sich nach Oelkers (2009) herausgebildet in dem kulturellen Klima von Dynamik, Wandel und Fortschritt, das in der ersten Hälfte des 20. Jahrhunderts die schnell wachsenden Großstädte der USA wie Chicago und New York prägte.[69]. Der Curriculum Entwurf für die High School aus dem Jahr 1874 weist als zentrales Kriterium für die Gestaltung des Unterrichts die materielle Bewältigung des Lebens und die Integration in die Gemeinschaft aus.[70] John Dewey versteht Erziehung als fortlaufenden Prozess des Reorganisierens oder Rekonstruierens von Erfahrung, mit dem Ziel, vorhandene Deutungen zu ergänzen und die Fähigkeiten zu verbessern, nachfolgende Erfahrung zu gestalten.[71] Dewey bezieht sich in der Entwicklung und Darstellung seiner pädagogischen Vorstellungen auf Charles Eliot, der 1893 den ersten nationalen Plan für Schulentwicklung vorlegte, mit dessen Veröffentlichung der effektive Handlungsbezug als Ziel aller Bildung proklamiert wurde.[72] Nach diesem neuen Konzept sollten Unterrichtsinhalte nur dann in Frage kommen, wenn sie in ihrer Bedeutung nachgewiesen waren und sich mit der Erfahrung der Lernenden in Verbindung bringen ließen.[73] Deweys demokratisches Erziehungskonzept, wie er es in dem 1916 veröffentlichen Band seiner Werke unter dem Titel

---

[67] Zimmer (2010).
[68] Vgl. Dewey (1985): 93f.; vgl. auch Oelkers (2009): 98.
[69] Vgl. Oelkers (2009): 82f.
[70] Vgl. Oelkers (2009): 71.
[71] Vgl. Dewey (1985): 84; vgl. auch: Oelkers (2009): 97.
[72] Vgl. Oelkers (2009): 72f.
[73] Vgl. Oelkers (2009): 78.

Democracy and Education, entwickelt, zielt darauf, allen jungen Menschen in der Gesellschaft zu ermöglichen, ihr Leben entsprechend ihren eigenen Zielvorstellungen zu gestalten:

„It is not enough to see to it that education is not actively used as an instrument to make easier the exploitation of one class by another. School facilities must be secured of such amplitude and efficiency as will in fact and not simply in name discount the effects of economic inequalities, and secure to all the wards of the nation equality of equipment for their future careers."[74]

Von beachtlicher Aktualität sind aus Sicht der Verfasserin die Bedingungen, an die Dewey den Erfolg seines Erziehungskonzepts gebunden sieht. So hält er es für erforderlich, den als ideal überlieferten Kulturbegriff zu überdenken und traditionelle Unterrichtsinhalte und Unterrichtsmethoden zu modifizieren, wenn sie einer demokratischen Erziehung im Wege stehen:

„Accomplishment of this end demands not only adequate administrative provision of school facilities, and such supplementation of family resources as will enable youth to take advantage of them, but also such modification of traditional ideals of culture, traditional subjects of study and traditional methods of teaching and discipline as will retain all the youth under educational influences until they are equipped to be masters of their own economic and social careers."[75]

Dewey räumt ein, dass sich seine Idealvorstellung von einer demokratischen Erziehung noch lange nicht durchgesetzt habe, fordert jedoch, dass dieses Ideal immer stärker die Wirklichkeit des öffentlichen Erziehungswesens bestimmen müsse.[76] In seinen Augen ist eine demokratische Gesellschaft auf eine Erziehung angewiesen, die in den Menschen ein persönliches Interesse an gesellschaftlicher Teilhabe weckt und sie zugleich zu einer Einstellung führt, die es ermöglicht, soziale Wandlungsprozesse geregelt zu gestalten.[77]

Die vorliegende Studie beschäftigt sich mit den Vorstellungen von Jugendlichen, die diese, wenn auch nicht unbeeinflusst von sonstigen sozialen

---

[74] Dewey (1985): 104.
[75] Ebd.
[76] Vgl. Dewey (1985): 104.
[77] Vgl. Dewey (1985): 105.

Einflüssen, zumindest zu einem großen Teil ausgebildet haben aufgrund ihrer Erfahrungen in der Verbraucherrolle. In dieser Rolle sehen sie sich vor Entscheidungsprobleme gestellt, bei deren Lösung ihnen Verbraucherbildung als Teilbereich ökonomischer Bildung nach Ansicht der Verfasserin helfen könnte. Hier wird das Potential des Situationsansatzes als eines Konzeptes gesehen, für das der Erfahrungsbezug schulischen Lernens nicht funktional auf die Veranschaulichung abstrakten Wissens ausgerichtet ist. Vielmehr werden die Lebenssituationen der jungen Verbraucherinnen und Verbraucher selbst als Herausforderungen verstanden, in denen Spar- und Konsumentscheidungen angesichts von Budgetrestriktionen zu treffen sind. Um ihnen dabei zu helfen, diese Entscheidungen so zu treffen, dass ihre Lebensqualität steigt, sollte ökonomische Bildung junge Menschen befähigen, „‚Gesetzmäßigkeiten' wirtschaftlicher Abläufe angemessen"[78] zu berücksichtigen.

Ökonomische Bildung für Vierzehnjährige hat in diesem Sinne nach Ansicht der Verfasserin im Kern emanzipatorische Verbraucherbildung zu sein. Dazu gehört, dass sie die wirtschaftlichen Rahmenbedingungen, in denen junge Menschen handeln, durchschaubar macht und als gestaltbar präsentiert, so dass die Jugendlichen ihre Möglichkeiten erweitern können, das eigene Verhalten zunehmend auf selbst gewählte Ziele hin auszurichten. Die Verfasserin stimmt Günther Seeber zu, wenn er betont, dass „Veränderungsfähigkeit und die dafür notwendige Gestaltungsbereitschaft"[79] wesentliche Bestandteile gesellschaftlicher Teilhabe darstellten.

2.2.3 Kompetenzorientierung in der empirischen Bildungsforschung

Während in dem skizzierten Zusammenhang der didaktischen Beschäftigung mit Lebenssituationen im bisher meist vorschulischen Kontext der Kompetenzbegriff, der nach Klieme / Hartig (2007) seit 50 Jahren als „Modebegriff der Sozial- und Erziehungswissenschaften"[80] anzusehen ist, weitgehend undefiniert verwendet wird, kommt ihm als „Konstrukt einer empirisch fundierten sozial- und erziehungswissenschaftli-

---

[78] Krol (2014): 220.
[79] Seeber (2012): 263.
[80] Klieme / Hartig (2007): 11.

chen Forschung"[81] im Zusammenhang mit internationalen Schulleistungs-studien wie PISA im Kontext der Erkundung individueller Bildungspro-zesse eine Schlüsselrolle zu. Nach Klieme/ Hartig ist das von Heinrich Roth begründete erziehungswissenschaftliche Kompetenzkonzept kompa-tibel mit dem von Aebli und Weinert ausgearbeiteten psychologischen Konzept der Handlungskompetenz, wobei den erziehungswissenschaftli-chen Ansätzen eine größere Breite der umfassten Kompetenzbereiche so-wie die verstärkte normative Ausrichtung auf das Ziel selbstverantwortli-chen Handelns zugesprochen wird. Klieme/ Hartig greifen als konstitutive Aspekte der „pädagogisch-praktischen, erziehungswissenschaftlichen und pädagogisch-psychologischen"[82] Kompetenzkonzeption auf, dass Kompe-tenzen erlernte Dispositionen sind, die die „Bewältigung von unterschied-lichen Aufgaben bzw. Lebenssituationen"[83] ermöglichen.

Indem die vorliegende Untersuchung darauf abzielt, zu ermitteln, wel-che Nutzen orientierten ökonomischen Vorstellungen 14-jährige Jugendli-che durch ihre Erfahrungen in der Konsumentenrolle erwerben, wird zu-gleich die Frage aufgeworfen, ob junge Menschen vor pädagogischem Ein-wirken aus Erfahrung lernen. Unter Bezugnahme auf methodische Proble-me der Kompetenzmessung fordern Klieme/ Hartig, dass sowohl relevante Situationen als auch Kompetenzindikatoren präzise spezifiziert sein müs-sen.[84] Durch die Vorgaben bei der Konstruktion der die Erforschung von Schülereinstellungen ermöglichenden Simulationsaufgabe trägt die vorlie-gende Untersuchung dieser Forderung Rechnung. Anders, als von Klieme/ Hartig vorgesehen, wurden allerdings die verwendeten Kompetenzindika-toren, entsprechend dem Grounded Theory-Ansatz aus dem Material der Schülertexte selbst entwickelt. Das angewandte qualitative Verfahren wird ebenso wie die Begründung, weshalb es für das Forschungsziel als geeignet erscheint, im weiteren Verlauf dargestellt werden.

Interessante Anknüpfungspunkte für die vorliegende Arbeit bieten Klieme/ Hartig auch bei der Abwägung von Vorzügen unterschiedlicher psychometrischer Modelle, insofern sie die Möglichkeit ansprechen, aus

---

[81]   Ebd.
[82]   Klieme / Hartig (2007): 21.
[83]   Ebd.
[84]   Vgl. Klieme / Hartig (2007): 25.

beobachtetem Verhalten Kompetenz zu rekonstruieren, oder zu berücksichtigen, dass ein Mensch, um in einem spezifischen Handlungskontext erfolgreich zu handeln, über verschiedene Fähigkeiten und Fertigkeiten verfügen muss, was den Einsatz mehrdimensionaler psychometrischer Modelle als zielführend erscheinen lasse.[85]

In der Expertise zur Entwicklung rationaler Bildungsstandards aus dem Jahr 2003 wurden, nicht zuletzt unter dem Einfluss von Weinert, Kognition und Motivation im Kompetenzbegriff verknüpft[86], eine Kopplung, die in Äeblis (1983) Konzept der Handlungskompetenz ebenfalls zu erkennen ist.[87] Klieme/ Hartig (2007) verweisen darauf, dass in jüngeren Veröffentlichungen die Aufmerksamkeit verstärkt darauf gerichtet sei, wie motivationale und affektive Tendenzen in Anforderungssituationen gemanagt würden, das heißt, wie stark die Fähigkeit zur Selbstregulation ausgeprägt sei.[88] In der vorliegenden Untersuchung spielen Vorstellungen von Selbstwirksamkeit als förderliche Komponenten von Selbstregulation, wie sie zahlreichen Schülertexten zu entnehmen sind, eine wichtige Rolle.

Kompetenz wird in der Expertise zur Entwicklung nationaler Bildungsstandards (2003) definiert als die „bei Individuen verfügbaren oder von ihnen erlernbaren kognitiven Fähigkeiten und Fertigkeiten, bestimmte Probleme zu lösen"[89]. Die Formulierung „verfügbaren" ermöglicht es, auch dasjenige spezifische kognitive Problemlösungspotential mit dem Kompetenzbegriff zu kennzeichnen, das die untersuchten Jugendlichen außerhalb des Unterrichts aufgebaut haben. Die Fokussierung des vorliegenden Kompetenzbegriffs auf das Lösen von Problemen erfordert als logische Voraussetzung unter anderem die Implikation von sozialen Bereitschaften und Fähigkeiten. Nach Weinert sind Kompetenzen einem Gegenstandsbereich zugeordnet und damit „domänenspezifisch"[90]. Als Gegenstandsbereich wird in der vorliegenden Untersuchung die Domäne der mikroökonomischen Theorie des Haushaltes betrachtet.

---

[85] Vgl. Klieme/ Hartig (2007): 26.
[86] Vgl. Klieme u.a. (2003): 72.
[87] Vgl. Aebli (2006): 352–354.
[88] Vgl. Klieme / Hartig (2007): 18.
[89] Vgl. Klieme u.a. (2003): 72.
[90] Klieme u.a. (2003): 72.

Klieme/ Hartig (2003) begründen ihre Fokussierung auf die kognitive Dimension in erster Linie mit empirisch – fachmethodischen Argumenten und führen ergänzend aus, dass die Fähigkeit zur Selbstregulation durchaus mit einem kognitiven Kompetenzbegriff kompatibel sei.[91]

Wenn man den vor allem von Klieme verwendeten Kompetenzbegriff auf die in der vorliegenden Studie untersuchten Jugendlichen anwendet, dann können diejenigen Schülerinnen und Schüler als kompetent Handelnde bezeichnet werden, deren Darstellung erkennen lässt, dass sie über kognivitve und motivationale Dispositionen verfügen, die es ihnen erlauben, sowohl die gestellte Aufgabe einer nutzenorientierten Entscheidung unter einer Budgetrestriktion zu lösen, als auch vergleichbare Anforderungssituationen erfolgreich zu bewältigen.

Das in der Untersuchung angewandte rekonstruktive Verfahren, durch Strukturvergleiche von sprachlichen Äußerungen Rückschlüsse auf verschiedenartige Vorstellungen zu ziehen, stützt sich auf die Unterscheidung von *Kompetenz* und *Performanz,* wie sie u.a. Noam Chomsky in generativen Modellen vorgenommen hat. Das Verfahren, aus der Performanz simulierten Handelns, verbunden mit dessen beschreibender und begründender Kommentierung, Kompetenz zu rekonstruieren, ordnet sich nach Klieme/ Hartig (2007) generativen Modellen der Kompetenz und deren Entwicklung zu, die sich nicht auf quantitative Messungen stützen, sondern auf Fallbeobachtungen, die qualitativ ausgewertet werden.[92]

Von Interesse ist im Hinblick auf die Bedeutung der vorliegenden Untersuchung für die ökonomische Bildung, in welcher Weise Klieme/ Hartig *Lernen* mit Erfahrung in Zusammenhang bringen:

„Kompetenzen können also durch Erfahrung in relevanten Anforderungssituationen erworben, durch Training oder andere äußere Interventionen beeinflusst und durch langjährige Praxis möglicherweise zur Expertise in der jeweiligen Domäne ausgebaut werden"[93].

Für das in der Untersuchung verwendete Verständnis von Kompetenz ist kennzeichnend, dass es funktional und bereichsspezifisch ist und sich ab-

---

[91] Vgl. Klieme u.a. (2003): 72.
[92] Vgl. Klieme / Hartig (2007): 16.
[93] Vgl. Klieme / Hartig (2007): 17.

grenzt von „situationsunabhängig konzipierten Wissens- und Fähigkeits-konstrukten"[94]. Zu den Definitionsmerkmalen Problem lösenden Handelns in Situationen, in denen keine Routinen zur Verfügung stehen, gehört nach dem Verständnis der kognitiven Psychologie, auf die sich die Autoren beziehen, die Zielorientierung.[95] In der vorliegenden Untersuchung ist die Zielorientierung durch die Aufgabenstellung vorgegeben: „Jetzt überlegst du dir, wie du das Geld verwendest, und erkennst, dass die 75,– nicht ausreichen, um dir alle deine Wünsche zu erfüllen. Schreibe auf, wie du versuchst, mit dem Geld möglichst viel zu erreichen, und begründe deine Entscheidung."[96] Nach der Auffassung von Walter (2005) ist es im Unterschied zu anderen internationalen Schulleistungsstudien kennzeichnend für PISA, dass nicht ein gewisser Grad an Übereinstimmung mit den im jeweiligen Bildungssystem curricular angestrebten Fertigkeiten gesucht werde. Vielmehr gehe es darum, grundlegende Fertigkeiten zu definieren, die in allen teilnehmenden Staaten „für eine persönlich und wirtschaftlich zufriedenstellende Lebensführung und eine aktive Beteiligung an einer modernen Gesellschaft als notwendig erachtet werden."[97]

In dem 2006 erschienenen Beitrag *Kompetenz und Kompetenzdiagnostik* verweisen Hartig/ Klieme auf die Situationsorientierung als auf ein wichtiges Abgrenzungsmerkmal des Kompetenzkonzeptes von dem primär an psychischen Prozessen orientierten Intelligenzkonzept.[98] Unter der Perspektive der Diagnostik unterscheiden sie im Hinblick auf die empirische Erforschung von Kompetenzen Kompetenzstrukturmodelle und Kompetenzniveaumodelle. Kompetenzstrukturmodelle befassen sich mit der Frage, welche Kompetenzen sich in einem bestimmten Zusammenhang differenziert erfassen lassen, wobei sich die Struktur der Kompetenzen aus der Struktur der Aufgaben und Anforderungen ergibt, die z.B. bei PISA mit dem Ziel größtmöglicher Annäherung an Anforderungen in Situationen des realen Lebens entwickelt worden seien.[99] Kompetenzniveaumodelle zielen

---

[94] Leutner u.a. (2005): 12f.
[95] Vgl. Leutner u.a. (2005): 13.
[96] Anhang: Aufgabe.
[97] Walter (2005): 13.
[98] Vgl. Hartig/ Klieme (2006): 131.
[99] Vgl. Hartig/ Klieme a.a.O.

nach Hartig/ Klieme auf die konkrete inhaltliche Beschreibung empirisch erfasster Kompetenz. Dabei wird z. B. danach gefragt,

„welche spezifischen Anforderungen eine Person mit einer hohen Kompetenz bewältigen kann und welche Anforderungen eine Person mit einer niedrigen Kompetenz gerade noch bewältigen kann und welche nicht."[100]

Die Autoren verweisen darauf, dass in der Bildungsforschung ein pragmatischer Weg gewählt werde, um quantitative Werte Kriterien orientiert zu beschreiben: Als Kompetenzniveaus oder Kompetenzstufen werden Abschnitte bezeichnet, in die die kontinuierliche Skala zuvor unterteilt worden ist. Für diese Skalenabschnitte werden an Kriterien orientierte Kompetenzbeschreibungen vorgenommen.[101] Diese Kriterien geleitete Skaleninterpretation beurteilen Hartig/ Klieme als weitreichender als die „sonst vorherrschende Analyse korrelativer Zusammenhänge"[102].

Der Frankfurter Erziehungswissenschaftler Andreas Gruschka, einer der Autoren der im Juli 2005 verfassten „Fünf Einsprüche gegen die technokratische Umsteuerung des Bildungswesens"[103], konstatiert zwar, dass die „neue Bildungsforschung (...) gegenüber der alten Bildungstheorie die Oberhoheit über den erziehungswissenschaftlichen Diskurs erobert"[104] habe. Dennoch setzt er sich konstruktiv mit dem Kompetenzverständnis seines Berliner Kollegen Heinz Elmar Tenorth auseinander, das dieser im fünften Kapitel der Expertise „Zur Entwicklung nationaler Bildungsstandards"[105] ausgeführt hat. Gruschka konzediert als eine Gemeinsamkeit von Kompetenz- und Bildungsbegriff, dass Kompetenzen „nicht an einen bestimmten Aufgabeninhalt und eine entsprechend enggeführte Anwendung gebunden" seien, sondern vielfältige Lösungen und „damit abwägende Entscheidungen"[106] verlangten.

Bezogen auf den Gegenstand der vorliegenden Untersuchung ist dieses

---

[100] Hartig/ Klieme (2006): 133.
[101] Vgl. Hartig/ Klieme (2006): 133f.
[102] Hartig/ Klieme (2006): 136.
[103] Vgl. Gruschka u.a. (2005): 12-15.
[104] Gruschka (2006): 146.
[105] Vgl. Gruschka (2006): a.a.O.; vgl. auch Klieme u.a. (2003): 55-70.
[106] Gruschka (2006): 146.

Kompetenzverständnis insofern hilfreich, als auch in den Deutungskonzepten der Schülerinnen und Schüler Kompetenzansätze zu bemerken sind, die über die konkret vorliegende simulierte Entscheidungssituation hinausweisend Lösungen für Anforderungen an die Konsumentenrolle sichtbar werden lassen.

2.2.4 Fachdidaktische Konzepte ökonomischer Bildung

„Wenn man ökonomische Bildung als die Qualifikation ansieht, das Wirtschaftsgeschehen zu verstehen und diesem Verständnis gemäß zu handeln, dann kann man für weite Teile der Bevölkerung gravierende Mängel in diesem für die individuelle und gesellschaftliche Situation so bedeutsamen Bildungsbereich konstatieren. Selbst wichtige Alltags- und Kulturtechniken wie die Wahrnehmung von Rechten aus Kaufverträgen, die Inanspruchnahme von Steuervorteilen oder das Lesen der computergedrucken Nebenkostenabrechnung bei Mietverträgen stehen im Bildungsprogramm zurück hinter den Kenntnissen über die Zahl der Kreuzzüge, die Klangmelodie der Versmaße, die Lebensverhältnisse in Nicaragua und die Bedeutung der nordamerikanischen Seenplatte."[107]

Fachdidaktikerinnen und Fachdidaktiker der ökonomischen Bildung beziehen sich in unterschiedlicher Weise auf Lebenssituationen, wenn sie Gegenstände, Ziele und fachwissenschaftliche Grundlagen ihrer differierenden Konzepte beschreiben. Vor dem Hintergrund vielfältiger Bezüge zwischen der vorliegenden Untersuchung und der aktuellen fachdidaktischen Forschung werden im Folgenden einige ausgewählte Anknüpfungspunkte dargestellt. Dabei liegt das Augenmerk darauf, wie die einzelnen Konzepte den Bezug zwischen ihrer Auffassung von ökonomischer Bildung und den Lebenssituationen von Schülern und Schülerinnen bestimmen. Es fragt sich, inwieweit z. B. Kraffts Sicht auf die individuelle und gesellschaftliche Relevanz von ökonomischer Bildung geteilt wird. Die Einschätzung der Bedeutung der alltäglichen Konsumentenerfahrung von Jugendlichen durch Fachdidaktikerinnen und Fachdidaktiker der ökonomischen Bildung könnte ebenfalls ein unterscheidendes Merkmal zwischen verschiedenen Konzepten sein.

---

[107] Krafft (2010): 227f.

Als Charles William Eliot in seiner Funktion als Präsident der Harvard Universität 1884 unter der Frage „What is a Liberal Education?"[108] sein Reformprogramm für amerikanische Schulen und Colleges inhaltlich konkretisierte, forderte er auch die Beschäftigung mit „political economy or public economics"[109]. Er begründet seine Auffassung von der Notwendigkeit ökonomischer Bildung mit den Herausforderungen, die die nächsten Generationen zu bewältigen hätten. Daran, dass er in der Skizzierung der komplexen Struktur dieser Probleme gleichzeitig die ökonomischen, politischen und soziologischen Dimensionen sichtbar werden lässt, kann man seinen auf die Lebenswirklichkeit ausgerichteten integrativen Ansatz erkennen. Dieser erscheint auch nach nahezu 130 Jahren deshalb interessant, weil er unterschiedliche Aspekte, die in der aktuellen fachdidaktischen Diskussion in Deutschland teilweise kontrovers diskutiert werden, vor dem Hintergrund ihrer lebenspraktischen Bedeutung verbindet.[110]

Sowohl, was die didaktisch begründete Herleitung von Lerngegenständen aus Alltagserfahrungen Jugendlicher betrifft, die als ökonomische Lebenssituationen definiert werden, als auch in Bezug auf den Aufbau ökonomischer Kompetenz im Mikro- und Makrobereich weist die vorliegende Untersuchung Bezüge auf zum Konzept *Lebenssituations-orientierter ökonomischer Bildung*, wie es aufbauend auf Robinsohn vor allem von Ochs & Steinmann (1994) in den fachdidaktischen Diskurs eingebracht wurde. Danach stellt zum Beispiel der Kauf von Konsumgütern und Dienstleistungen eine ökonomisch geprägte Lebenssituation von hoher Lernbedeutung dar, weil sie relevant ist unter Berücksichtigung der Kriterien sowohl der individuellen Bedürfnisbefriedigung als auch deren Behinderung und Gefährdung sowie hinsichtlich des damit verbundenen persönlichen Entscheidungs- und Handlungsspielraums.[111]

Die Zielsetzung, durch den Aufbau von Kompetenz „ein sachgerechtes und zielbezogenes Verhalten zur Befriedigung von Bedürfnissen"[112] zu ermöglichen, stimmt mit der funktionalen Kompetenzbestimmung im Kon-

---

[108] James (1930): 352.
[109] James (1930): 357.
[110] Vgl. James (1930): 357f.
[111] Vgl. Ochs / Steinmann (1994): 37–39.
[112] Steinmann (2008): 209.

text der Schulleistungsuntersuchungen weitgehend überein; die Fokussierung auf Selbstbestimmung im Sinne von Mündigkeit geht mit ihrer nor-
mativen Ausrichtung allerdings über deren Selbstverständnis hinaus.

Vor diesem Hintergrund ist es zu verstehen, dass Steinmann an Stelle
des Kompetenzbegriffs, den er als Ausdruck einer Beschränkung auf das
Vorgegebene versteht, den Terminus *Qualifikation* benutzt, der nach seiner auf Klafki gestützten Auffassung durch die Zielperspektive *Mündigkeit*
die reine Anpassung an das Faktische übersteigt.[113] Steinmann bestimmt
den Stellenwert der Fachwissenschaft angesichts der Zielsetzung selbst
bestimmter und verantwortungsbewusster Lebensgestaltung dahingehend,
dass aus dem Erkenntnisbereich der Ökonomie Wissensbestände abgerufen werden können, die einen Beitrag zum Erreichen des Ziels leisten. Die
Nähe des Autors zu einem integrativen Verständnis ökonomischer Bildung
ist daran zu erkennen, dass er darauf hinweist, dass sich Menschen selten
in Situationen befänden, die sich allein mit Hilfe fachspezifischer Ansätze
erfolgreich bewältigen ließen.[114] Kruber (1994) sieht Entscheidungskompetenz, die auf die Bewältigung konkreter Lebenssituation zielt, als Leitziel
ökonomischer Bildung an. Die getroffenen Entscheidungen sollen effizient,
selbstbestimmt und verantwortbar sein. Als grundlegend für das Verständnis wirtschaftlicher Probleme erachtet er ein Denken, das sich an der ökonomischen Verhaltenstheorie orientiert, die wirtschaftliche Beziehungen in
Kreislaufzusammenhängen wahrnimmt und die Bedeutung der Ordnungs-
politik vergegenwärtigt.[115]

Nach Fischer (2006) sehen sich an Lebenssituationen ausgerichtete Ansätze wie der Steinmanns mit dem Vorwurf konfrontiert, dass „ein wenig
Verbrauchererziehung und/ oder Berufsorientierung noch keine ökonomische Bildung ausmacht."[116], wobei die in dem von Fischer wiedergegebe-
nen Vorwurf implizierte Sicht nach Ansicht der Verfasserin den Kern des
Lebenssituationsansatzes nicht trifft.

Für Hedtke (2006), der sich mit dem Ansatz einer sozialwissenschaftlichen Wirtschaftsdidaktik nach eigener Aussage von dem fachdidaktischen

---

[113] Vgl. Steinmann (2008): 210.
[114] Vgl. Steinmann (2008): 209.
[115] Vgl. Kruber (1994 a): 44–46.
[116] Fischer (2006): 17.

„Mainstream"[117] wirtschaftswissenschaftlicher ökonomischer Bildung abgrenzt, die sich weitgehend der Volkswirtschaftslehre anschließe, besteht ein wichtiges Argument für die Integration ökonomischer Bildung in ein Gesamtkonzept sozialwissenschaftlicher Bildung darin, dass Jugendliche „für ihre Orientierung in komplexen sozialen Welten überfachliche sozialwissenschaftliche Grundkompetenzen"[118] brauchen. Der sozialwissenschaftlichen Perspektive auf ökonomische Wissensbestände spricht Hedtke insofern eine „erklärende und aufklärende Kraft"[119] zu, als die ökonomischen Wissensbestände „mit ihren gesellschaftlichen Entstehungs-, Begründungs- und Verwendungskontexten"[120] verbunden werden. Für den Gegenstandsbereich der vorliegenden Untersuchung ist die Identifizierung zweier, nicht widerspruchsfreier, Relevanzkriterien für ökonomische Kompetenz als einer Ursache für die Komplexität ökonomischer Bildung von Interesse: „wirtschaftswissenschaftliche Kompetenz" und „ökonomisch-praktische Kompetenz"[121]. Dabei grenzt sich Hedtke von Steinmanns Verständnis ökonomischer Lebenssituationen als der Lebenssituationen, zu deren Bewältigung die Wirtschaftswissenschaften beitragen könnten, mit dem Argument ab, dass sich weder Lebenssituationen noch die Mittel zu deren Bewältigung Wissenschaftsdisziplinen zuordnen ließen.[122]

Für Hedtke stellt die Ausrichtung auf die Situation ökonomisch handelnder Menschen ein Charakteristikum sozialwissenschaftlicher ökonomischer Bildung dar, die sich an Wissensbeständen nicht nur aus den Wirtschaftswissenschaften, sondern aus weiteren Bezugswissenschaften orientiert, wie zum Beispiel aus der Anthropologie, der Soziologie und der Philosophie[123]. Für den sozialwissenschaftlichen Ansatz, der davon ausgeht, dass eine zentrale Anforderung an ökonomische Bildung darin besteht „elementare Einsichten"[124] in das „Verhältnis vielfacher Wechselwirkung zwischen

---

[117] Hedtke (2006): 97.
[118] Hedtke (2008): 298.
[119] Hedtke (2006): 102.
[120] Ebd.
[121] Hedtke (2006): 104.
[122] Vgl. Hedtke (2006): 104.
[123] Vgl. Hedtke (2006): 107.
[124] Hedtke (2006): 109.

Wissenschaft und Realität"[125] zu ermöglichen, gehören auch ökonomisches „Alltagswissen und ökonomische Alltagstheorien (...) zum Gegenstands-bereich einer Wirtschaftsdidaktik, die sich nicht von vornherein auf die vermeintliche Überlegenheit wirtschaftswissenschaftlichen Wissens festle-gen und auf die Dienstleistungsfunktion, dies adressatengerecht zu trans-formieren, reduzieren lässt"[126] Der sozialwissenschaftliche Ansatz ökono-mischer Bildung, der die Wechselwirkungen zwischen Wirtschaftswissen-schaft, Wirtschaftswissen und Wirtschaftswirklichkeit als soziale Konstruk-te thematisiert, interessiert sich für das „immer schon vorhandene ökono-mische Wissen der Lernenden, ohne dies auf eine einzige Wissensform, das wirtschaftliche Wissen zu verkürzen"[127]

„Von der herkömmlichen Wirtschaftsdidaktik und dem wirtschaftswissenschaftli-chen Mainstream unterscheidet er[128] sich durch ein theoretisches und empirisches Interesse am ökonomischen Alltag der Lernenden. Wie ökonomisches Wissen in der Gesellschaft entsteht, wie die Akteurinnen, denen ökonomische Bildung zu-gedacht ist, in ihrem Alltag Situationen interpretieren und konstruieren und wie sie tatsächlich handeln, sind zentrale Fragen einer sozialwissenschaftlichen Wirt-schaftsdidaktik."[129]

In einer Veröffentlichung aus dem Jahr 2011 verlangt Hedtke von der Wirt-schaftsdidaktik, die „subjektiven Vorstellungen vom guten Leben in Wirt-schaft und Gesellschaft ernst zu nehmen"[130]. Darin liegt seiner Ansicht nach die Voraussetzung für die Möglichkeit der Entwicklung einer „sub-jektorientierte[n] Konzeption ökonomischer Bildung"[131]. Ansätze sieht er u.a. in den Konzepten wirtschaftlicher und „Lebenssituations-orientierte[r] Bildung"[132]. Realitätserfahrung zur Veranschaulichung theoretischen Wis-

---

[125] Ebd.
[126] Hedtke (2006): 111.
[127] Ebd.
[128] Gemeint ist hier: der sozialwissenschaftliche Ansatz ökonomischer Bildung.
[129] Hedtke (2006): 111.
[130] Hedtke (2011): 85.
[131] Ebd.
[132] Hedtke (2011): 56; vgl. auch: 54.

sens zu nutzen oder theoretisches Wissen zu nutzen, um reale Probleme zu lösen, macht dabei einen entscheidenden Unterschied aus.[133]

Fraglich erscheint im vorliegenden Kontext, inwieweit die von Hedtke angesprochene Abgrenzung zwischen unterschiedlichen wirtschaftsdidaktischen Ansätzen für neuere Veröffentlichungen relevant ist. So bezieht sich beispielsweise Krol (2014) auf den „Beitrag der ökonomischen Bildung zur Verbraucherbildung"[134], insofern jene nützlich sein könne für die „Bewältigung von unter dem Diktat von Knappheit stehenden Lebenssituationen"[135]. Als „hilfreiche Strategien"[136] werden „Bedarfs-, Budget- und Einkommensverwendungs-, Finanzierungs- und Vorsorgeplanungen"[137] angesehen. Nach Krol stellt die ökonomische Perspektive problemlösendes Wissen bereit, indem sie die Bedeutung von Knappheitsbedingungen in einem zunehmend komplexeren Umfeld fokussiert.[138] Die Bedeutung der ökonomischen Bildung für die Verbraucherbildung besteht nach Ansicht des Verfassers darin, die „›Gesetzmäßigkeiten‹ wirtschaftlicher Abläufe angemessen [einzubeziehen] und in Kompetenzanbahnungen für Bürger verfügbar"[139] zu machen. Der Autor distanziert sich ausdrücklich von bildungspolitischen Beschlüssen, die „Verbraucherbildung ohne explizite Bezüge zur ökonomischen Bildung, oder gar alternativ dazu"[140] verorten. Die darin sichtbar werdende Einschätzung, „dass die wirtschaftlichen Aspekte bei der Anbahnung erwünschter Konsumkompetenzen in schulischen Lernprozessen zureichend von anderen Disziplinen oder gar durch Primär- und Sekundärerfahrungen eingebracht werden können"[141], bezeichnet er als falsch. Neben dem Knappheitsbegriff werden die Opportunitätskosten als zweite ökonomische Kategorie benannt, deren Berücksichtigung als essentiell anzusehen sei. Beide Kategorien werden von Krol im Kontext der Verbraucherbildung in einer Weise konkretisiert, der aus Sicht der Verfasse-

---

[133] Vgl. Hedtke (2011): 54.
[134] Krol (2014): 219.
[135] Krol (2014): 225.
[136] Ebd.
[137] Ebd.
[138] Vgl. Krol (2014): 224.
[139] Krol (2014): 220.
[140] Krol (2014): 220.
[141] Ebd.

rin keine wirtschaftswissenschaftliche Engführung zu unterstellen ist: Die zur Veranschaulichung sowohl der Opportunitätskosten als auch des Marktversagens gewählten Beispiele beziehen sich überwiegend auf das Lebensumfeld und auf Lebenssituationen von Kindern und Jugendlichen.[142] Individuelle Vorteilhaftigkeit wird im Sinne der Realisierung individueller Ziele bestimmt, was eine Beschränkung auf den monetären Bereich ausschließt.[143] Der verwendete Knappheitsbegriff umfasst Zeit und Geld ebenso wie Wissen und Informationen sowie natürliche Ressourcen. In Bezug auf eine Verbraucherbildung, die zu „individuell und sozial verantwortetem Konsum befähigen will"[144], fordert Krol, dass sie sich „nicht auf die Ebene individuellen Käuferverhaltens beschränken, sondern auch Möglichkeiten und Wirkungsgrenzen bei der Durchsetzung von Verbraucherinteressen auf kollektiver Ebene mit einbeziehen"[145] soll. Wie er das Verhältnis von ökonomischer Theorie und auf Lebenssituationen bezogenen Lernprozessen sieht, verdeutlicht der Verfasser in folgender Weise:

„Solche Theorieelemente stellen ein deduktives Rüstzeug für didaktische Entscheidungen bei der Gestaltung induktiv verlaufender, schulischer Lernprozesse bereit, welche es ermöglichen, die Vielfalt alltäglicher Verbraucherprobleme exemplarisch zu strukturieren und das situativ Bearbeitete im Hinblick auf Verallgemeinerungsfähigkeit und Bildungsrelevanz zu prüfen."[146]

Für Kahsnitz (2008) ist sozioökonomische Bildung instrumentell auf die Lebensbewältigung der Lernenden ausgerichtet. Dabei sind die Begriffe *Qualifikationen* und *Kompetenzen* im Rahmen seiner Darstellung des Konzepts der *Soziökonomischen Bildung* austauschbar, wenn er fordert:

„Die allgemeinbildende sozioökonomische Bildung soll grundlegende Qualifikationen bzw. Kompetenzen fördern, die die Jugendlichen zur selbstbestimmten Persönlichkeitsentwicklung, Lebensführung und Mitgestaltung ihrer gesellschaftlichen Lebensbedingungen benötigen."[147]

---

[142] Vgl. Krol (2014): 223.
[143] Vgl. a.a.O.
[144] Krol (2014): 223.
[145] Ebd.
[146] Krol (2014): 224.
[147] Kahsnitz (2008): 299.

Karpe (2008) distanziert sich von wirtschaftsdidaktischen Konzeptionen, die ihre Bildungsziele sowie die Kriterien für die Auswahl von Bildungsinhalten aus der Fachwissenschaft ableiten. Er begründet seine Ablehnung damit, dass solche vereinfachten Abbildungen der Wissenschaftsdisziplinen im Unterricht nicht zu Einsichten in komplexe Zusammenhänge führten, sondern zu einem oberflächlichen enzyklopädischen Wissen. Zum Verständnis der Hintergründe des ökonomischen Alltagshandelns junger Verbraucherinnen und Verbraucher, das, wie die vorliegende Untersuchung erkennen lässt, von Einstellungen und Haltungen geprägt ist, deren intentionale Vermittlung in gesellschaftlichen Institutionen wie Familie und Kindertagesstätte und Schule erfolgt, die auf der anderen Seite wirkungsmächtig geprägt werden durch die ständige Erfahrung mit strukturellen ökonomischen Funktionszusammenhängen, bietet die *Institutionen – ökonomische Bildung* erhellende Erklärungsansätze.[148]

Oberliesen & Schulz (2007) fordern vor dem Hintergrund ihrer am Institut für arbeitsorientierte Allgemeinbildung (iaab) an der Universität Bremen erworbenen Erkenntnisse, dass schulische Arbeit stärker an den Alltagserfahrungen von Kindern und Jugendlichen anknüpfen und einen deutlicheren Bezug zu alltagsnahen Problemen aufweisen solle. Denn, so ihre Einschätzung, „nur die Bewährung des Lernens in anwendungsnahen Handlungssituationen sichert einen dauerhaften Kompetenzerwerb."[149] Sie stützen ihre Forderung auf das Urteil, dass Schule zwar einerseits auf die Reproduktion der Gesellschaft ausgerichtet sei, andererseits allerdings auch eine Pflicht im Hinblick auf die „lebensweltlichen, sozialen und kulturellen Orientierungen der Individuen"[150] zu erfüllen habe, mit dem Ziel, die Jugendlichen in die Gesellschaft zu integrieren und zugleich gesellschaftlicher Innovation den Weg zu bereiten. Damit Schule diese Aufgaben erfüllen kann, fordern sie ein inhaltliches Umdenken von der fachlichen zur Domänenorientierung als Voraussetzung für die Bearbeitung komplexer Probleme.

Oberliesen & Zöllner (2007) leiten ihren Entwurf einer Konzeption für ein Kerncurriculum „Beruf-Haushalt-Technik-Wirtschaft/Arbeitslehre"

---

[148] Vgl. Karpe (2008): 175.
[149] Oberliesen / Schulz (2007): 9.
[150] Ebd.

mit der Vorbemerkung ein: „Die Einlösung des Anspruchs auf eine technische, ökonomische, haushaltsbezogene und berufsorientierende und zugleich zukunftsfähige Allgemeinbildung ist in der föderalen Bildungslandschaft Deutschlands längst nicht für alle Jugendlichen gesichert."[151] Die Autoren vertreten damit einen Bildungsanspruch, der für alle jungen Menschen in unserer Gesellschaft auf deren Lebensbewältigung und gesellschaftliche Mitgestaltung zielt, „angesichts des alle Lebensbereiche betreffenden gesellschaftlichen, ökonomischen und technologischen Strukturwandels".[152] Vor dem Hintergrund dieser Herausforderungen komme es im Prozess der Konzeption eines Kerncurriculums „Beruf-Haushalt-Technik-Wirtschaft/Arbeitslehre" auf die Beschreibung anschlussfähigen Wissens an, das den Menschen die Anpassung in noch unbekannten Anwendungssituationen ebenso ermöglicht wie die systematische Erschließung neuer Wissensbereiche. Gefordert werden „flexible Wissensstrukturen, Konzepte, Kategorien sowie Denk- und Arbeitsweisen"[153], als Voraussetzung dafür, dass die Menschen sich in der Lage sehen, „ihre Lebenssituation in ihrem Kontext analysieren, beurteilen und verändern/ beeinflussen zu können."[154]

Im Hinblick auf die aus der vorliegenden empirischen Untersuchung abgeleiteten Schlussfolgerungen für die ökonomische Bildung ist die Charakterisierung des Kerncurriculums als Integrationsinstrument interessant. Es sei insofern von seiner Grundintention nicht auf Selektion angelegt, als es sich „auf Kern-Wissensbestände und die für alle Lernenden erreichbaren (verbindlichen) Mindeststandards"[155] konzentriere. Der Kern des Bildungsanspruchs richtet sich sowohl auf die Teilhabe an gesellschaftlichen Entscheidungsprozessen als auch auf die Fähigkeit zu „selbstbestimmtem Handeln und die Bewältigung von Chancen und Risiken einer individualisierten Lebensführung (im privaten wie im Berufsleben)"[156].

Zu der curricular angestrebten Mitbestimmungs- und Teilhabefähigkeit der Jugendlichen gehören auch Kenntnisse und Einsichten über die prin-

---

[151] Oberliesen / Zöllner (2007): 168.
[152] Oberliesen / Zöllner (2007): 177.
[153] Oberliesen / Zöllner (2007): 182.
[154] Ebd.
[155] Oberliesen / Zöllner (2007): 173.
[156] Oberliesen / Zöllner (2007): 185.

zipielle Gestaltbarkeit vorgefundener Gegebenheiten, die sie befähigen, alternative Entwürfe sowohl für die eigene, als auch für die gesellschaftliche Zukunft zu konzipieren.[157]

Eine der Leitfragen, die das Kerncurriculum benennt, um Lernerfolge und Unterrichtsqualität zu sichern, soll darüber Auskunft einfordern, ob die Lernenden einerseits ihren Lernprozess mitbestimmen und zum anderen ihren Lernfortschritt selbst einschätzen und reflektieren können. Als eine Voraussetzung dafür, dass die Schülerrolle in der gewünschten aktiven Form wahrgenommen werden kann, sehen es Oberliesen und Zöllner an, dass Ziele und Inhalte des Unterrichts „angemessen"[158] mit der Lebenswelt der Jugendlichen verbunden sind.

Darauf, dass von ökonomischer Bildung von Schülerinnen und Schülern dann zu Recht gesprochen werden kann, wenn im Unterricht wirtschaftliche Zusammenhänge nicht nur gestreift, sondern erklärt werden, weist Schlösser (2008) in der Begründung seiner Forderung nach einem Ankerfach für die ökonomische Bildung hin. Der Autor geht davon aus, dass trotz wiederholt vorgetragener fundierter Argumente für die Einrichtung eines Schulfaches Wirtschaft in der Bildungspolitik derzeit der Wille dazu fehle. Insbesondere von Vertretern aus den Reihen der politischen Bildung würden Einwände gegen ein eigenständig unterrichtetes Fach Wirtschaft vorgetragen.[159]

Schlösser argumentiert, dass isolierten Projekten, wie zum Beispiel den Schülerfirmen, häufig die fachdidaktische Fundierung fehle. Andererseits ermögliche die Verortung der ökonomischen Bildung in den Schulfächern Geografie oder Geschichte nur in wenigen Fällen ein ökonomisches Grundverständnis, da die Vermittlung ökonomischer Funktionszusammenhänge nicht zu den genuinen Aufgaben der beiden Fächer gehöre, so dass zu Gunsten eines multiperspektivischen Ansatzes explizit ökonomische Aspekte wie beispielsweise die Bewertung von Steuerungselementen unter Effizienzkriterien ausgeblendet blieben.[160] Da der Anspruch der Vermittlung fundierter ökonomischer Bildung schon gar nicht in Form eines

---

[157] Vgl. Oberliesen / Zöllner (2007): 185.
[158] Oberliesen / Zöllner (2007): 200.
[159] Vgl. Schlösser (2008): 167.
[160] Vgl. Schlösser (2008): 169-171.

Querschnittthemas zu erfüllen sei – eine Variante, die ebenfalls gelegentlich vorgeschlagen wird, – fordert Schlösser angesichts der Einschätzung, dass zum gegenwärtigen Zeitpunkt die Einführung eines Schulfaches Wirtschaft nicht realistisch sei, als zweitbeste Lösung die Verankerung der ökonomischen Bildung in dem Schulfach „Sozialwissenschaften", das in unterschiedlicher Breite je nach Vertiefungsschwerpunkt curricular verpflichtend vorgegebene Anteile ökonomischer Inhalte aufweist, wobei Schlösser die Engführung auf die Makroperspektive kritisiert.[161] Eine solche Verankerung im Fach Sozialwissenschaften kann nach Schlösser die Qualität ökonomischer Bildung sichern, insofern sie „systematisch und grundlegend, kontinuierlich und in Spiralcurricula, wissenschaftsorientiert und auf den neuesten Stand der Wirtschaftswissenschaften bezogen geleistet werden kann."[162] In seiner Argumentation verdeutlicht Schlösser durchgängig, dass er die Vermittlung eines fundierten Verständnisses ökonomischer Strukturen und Funktionszusammenhänge als genuinen Beitrag der ökonomischen Bildung in einem Ankerfach Sozialwissenschaften versteht.[163]

Engartner (2010) postuliert unabhängig von der Ausrichtung unterschiedlicher wirtschaftsdidaktischer Ansätze Einigkeit über den Anspruch, eine mehrdimensionale ökonomische Bildung zu vermitteln.[164] Das Thema *Konsum* erscheint ihm wegen der Alltagsvertrautheit mit der Konsumentenrolle für eine differenzierte Auseinandersetzung im Unterricht besonders geeignet.[165] Engartner fordert, dass „mit Blick auf die gesamtgesellschaftliche Ebene die Frage nach Aufgaben, Chancen und Möglichkeiten eines verantwortungsvollen Konsums thematisiert werden"[166] soll. Dass, wie von Engartner unterstellt, „der mündige Verbraucher als Leitbild der ökonomischen Bildung verankert worden ist"[167], hänge damit zusammen, dass die Menschen in den fortgeschrittenen Industriestaaten bei zunehmender Konsumabhängigkeit wegen der „sich verschärfenden Informationsasymmetrie

---

[161] Vgl. Schlösser (2008): 173.
[162] Schlösser (2008): 171.
[163] Vgl. Schlösser (2008): 168.
[164] Vgl. Engartner (2010): 54f.
[165] Vgl. Engartner (2010): 55.
[166] Engartner (2010): 56.
[167] Engartner (2010): 58.

zu Gunsten der Hersteller"[168] „mehr denn je sachgerechte Produktinformationen benötigen, um schließlich mehr Einfluss auf den Markt und damit mittelbar auf das Wirtschaftssystem ausüben zu können."[169] Engartner fordert, dass verstärkt solche Lehr- und Lerninhalte ausgewählt werden sollen, die die Bereiche Politik und Ökonomie verbinden. Von unmittelbarem Interesse in Bezug auf den Untersuchungsbereich der vorliegenden Studie ist seine, allerdings empirisch nicht gestützte, Aussage: „Die monetäre Kompetenz von Kindern und Jugendlichen speist sich jedoch nach wie vor weitgehend aus dem persönlichen Umgang mit Geld."[170]

Der Begriff der *Economic Literacy,* wie er in dem US „Economics Framework for the 2006 National Assessment of Educational Progress" verwendet wird, rückt den Lebensbezug der geforderten ökonomischen Bildung unmittelbar in den Blick. *Economic Literacy* wird bestimmt als Fähigkeit, die Folgen von individuellen Entscheidungen und öffentlicher Politik zu ermitteln, zu untersuchen und zu bewerten. Im Sinne des Literacy – Konzeptes ökonomisch gebildet zu sein, bedeutet außerdem, die Kompetenzen zu besitzen, um in den Rollen als Konsument, Produzent, Sparer, Investor und verantwortlicher Bürger erfolgreich zu handeln.[171] Dass es um die Nutzung von Wissen für das eigene Leben geht, kommt in der ergänzenden Merkmalsbestimmung der vorgestellten Kompetenzen zum Ausdruck: „These skills include economic reasoning, problem solving, decisionmaking, and the ability to analyze real-life situations."[172]

Die abschließend vorgestellte US – Studie gibt ein Beispiel für die Verknüpfung ökonomischen Wissens mit den Lebenssituationen der Adressaten:

In dieser Publikation aus dem Jahr 2012 berichten Taylor u.a. von den Ergebnissen einer von der US Non-Profit–Stiftung „National Endowment for Financial Education (NEFE)" in Auftrag gegebenen Studie über Vermittlungsbedingungen Finanzieller Grundbildung an Erwachsene in den

---

[168] Ebd.
[169] Engartner (2010): 58.
[170] Engartner (2010): 59f.
[171] Vgl. National Assessment Governing Board (2006): 11.
[172] National Assessment Governing Board (2006): 11.

USA.[173] Untersucht wurden Lehrpersonen die als „community–based educators" in der Erwachsenenbildung arbeiten, u.a. im Hinblick auf ihre Einstellung zur Relevanz finanzieller Grundbildung für ihre Klienten und in
Bezug auf die von ihnen eingesetzten Vermittlungsstrategien. Für das Konzept der „community–based education" wird keine einheitliche Übersetzung angeboten. Es handelt sich meistens um eher informelle Lernarrange-
ments, überwiegend im Bereich der Erwachsenenbildung, die oft auf
Gemeindeebene, aber auch u.a. in Betrieben und von religiösen Gemein-
schaften angeboten werden. Sie richten sich überwiegend an Bevölkerungs-
gruppen, die nach Downes (2011) im institutionalisierten Bildungssystem
nicht hinreichend qualifiziert wurden.[174] In der vorgestellten Untersuchung
geht es um Finanzielle Grundbildung, die in Folge der Finanzkrise verstärkt in den Fokus der US – Regierung geraten ist: Für Konsumenten und
Konsumentinnen aller Altersgruppen sollte nach Ansicht des damaligen
Notenbank- Vorsitzenden Bernanke der Erwerb finanzieller Grundbildung
als eine lebenslange Aufgabe angesehen werden, um auf Veränderungen in
der jeweiligen finanziellen Situation eingestellt zu sein.[175]

Nach Ansicht fast aller untersuchten Personen, die Finanzwissen unterrichteten, ist dessen Vermittlung für die Adressaten sehr wichtig, um tragfähige finanzielle Entscheidungen treffen zu können. Die Unterrichtenden
hatten meist eine professionelle Qualifikation. Ungefähr 43 Prozent übten
ihren Beruf in Vollzeit aus. Daneben gab es zahlreiche Halbtagsbeschäf-
tigte, die hauptberuflich z.B. als Steuerberater oder auch als Bibliotheka-
re arbeiteten. Taylors Forschungsinteresse richtete sich einerseits auf den
Zusammenhang zwischen den Einstellungen der Unterrichtenden zu ihrem
Fachgebiet und ihren Adressaten und andererseits auf die Formen, die sie
zur Vermittlung finanzieller Grundbildung wählten. Das erklärte Ziel der
NEFE bei ihrer Zusammenarbeit mit „community–based"-Projekten ist es,
„to achieve significant long-lasting improvements in the lives of people
most in need."[176] Um die Wirksamkeit des Programmes zur Vermittlung
finanzieller Grundbildung in *community-based* Projekten zu überprüfen,

---

[173] Vgl. Taylor u.a. (2012).
[174] Vgl. Downes (2011).
[175] Vgl Taylor (2012): 531.
[176] NEFE (abgerufen am 06.02.2015).

gaben sie die Untersuchung bei Taylor in Auftrag, einem Erziehungswissenschaftler, der über Erwachsenenbildung forscht.

Von 89 Prozent der untersuchten Unterrichtenden wird die Vermittlung von Finanzwissens als Mittel zur Verbesserung der Lebensqualität der Adressaten angesehen. 75 Prozent verwenden veröffentlichtes Unterrichtsmaterial. Ein Drittel der Unterrichtenden passt die Arbeit in den Kursen den Bedürfnissen der Teilnehmer an, indem sie deren Erfahrungen zum Ausgangspunkt nehmen. Erzählen und Diskutieren sind wichtige Formen des Austauschs. Taylor interpretiert die Ergebnisse der Untersuchung so, dass die meisten Unterrichtenden intuitiv zu erkennen scheinen, dass der Lehrplan allein nichts Entscheidendes bewirkt, obwohl er auf die Vermittlung lebenspraktischen Wissens ausgerichtet ist. Wenn sich wirklich Veränderungen im Leben der Adressaten einstellen sollen, muss ein Gleichgewicht gefunden werden zwischen Informationsvermittlung und der persönlichen Einbindung der Lernenden in Kommunikationssituationen, in denen sie ihre eigenen finanziellen Angelegenheiten bearbeiten können.[177]

Taylors Sicht auf die Adressaten finanzieller Grundbildung erscheint auch für den schulischen Kontext ökonomischer Bildung bedeutsam zu sein, insofern der Erziehungswissenschaftler. in Übereinstimmung mit der transformativen Lerntheorie die Rolle des Lernenden kennzeichnet

„as an active participant, creating and interpreting knowledge in relationship to their rich life experience that plays a significant role in understanding the meaning-making process, e.g. of FLE."[178]

In Taylors Betonung des Lebensbezugs der finanziellen Grundbildung wird die Nähe zu wichtigen Annahmen des Situationsansatzes deutlich.

---

[177] Vgl. Taylor (2012): 536.
[178] Taylor (2012): 532; FLE (Financial Literacy Education).

3 Untersuchungsmethode

Im folgenden Kapitel wird zunächst dargestellt, wie in der vorliegenden Untersuchung auf der Grundlage von Vorannahmen und Vorentscheidungen Daten erzeugt und analysiert wurden, um anschließend aufzuzeigen, in welchen Aspekten forschungstheoretische und untersuchungsmethodische Berührungspunkte und Überschreidungen mit unterschiedlichen qualitativen Forschungsansätzen bestehen, und wo Divergenzen zu verzeichnen sind.

3.1 Begriffliche und methodische Entscheidungen

Um einen empirischen Zugang zu den Vorstellungen der untersuchten Jugendlichen zu schaffen, mit dem Ziel, die einleitend vorgestellte Untersuchungsfrage beantworten zu können, die sich darauf richtet, inwieweit sich in den Konsum bezogenen Nutzenvorstellungen der Jungen und Mädchen ökonomisch wirksame Haltungen, Kenntnisse und Fähigkeiten nachweisen lassen, wurde den Jugendlichen die oben vorgestellte Aufgabe vorgelegt.[1]

Die 494 untersuchten Jugendlichen waren aufgefordert, den Budgetierungsauftrag der Aufgabe zu lösen und anschließend ihre Entscheidungen schriftlich darzustellen und zu begründen. Die Lösungstexte sollten daraufhin mit hermeneutischen Verfahren analysiert werden. Das Sampling zielte darauf ab, die Verteilung von 14–Jährigen auf öffentliche Schulen, wie sie sich nach Auskunft der Schulverwaltung im Erhebungszeitraum 2006 / 2007 im Raum Siegen darstellte, annähernd zuverlässig abzubilden, ohne einen Anspruch auf Repräsentativität zu erheben. Vor diesem Hintergrund wurden jeweils zwei Haupt-, Real- und Gesamtschulklassen sowie drei Gymnasialklassen der Jahrgangsstufe 8 ausgewählt. Die Größe der Stichprobe von 494 ergab sich aus der Summe der Schülerinnen und Schüler in

---

[1] Vgl. Gliederungspunkt 2.2.1.; vgl. auch Anhang: Text der Aufgabe.

den ausgewählten Klassen. Mit Ausnahme der beiden Gesamtschulklassen, bei denen aus organisatorischen Gründen die Daten erst zu einem späteren Zeitpunkt des ersten Schulhalbjahres erhoben werden konnten, stammen alle Angaben vom Schuljahresbeginn. Im Rahmen der skizzierten Vorentscheidungen war die Wahl der einzelnen Schulen zufällig; meist gesteuert durch persönliche Kontakte sowie die Kooperationsbereitschaft der Schulleitungen. Mit Ausnahme einer Gesamtschule aus einer Nachbarstadt liegen die übrigen Schulen alle im Kerngebiet von Siegen.

Ein wesentlicher Aspekt für die Wahl der Altersgruppe von Vierzehnjährigen war, dass junge Menschen in dieser Zeit ihres Lebens nach Maßgabe vieler Studien eine aktive Konsumentenrolle wahrnehmen. Vierzehnjährige bevölkern die Einkaufszentren, geben ihr Taschengeld aus, verfügen über Geldgeschenke und sparen; sie beraten ihre Eltern beim Kauf von Autos und Elektronik, sie erörtern mit ihren Freunden Preis- und Markenunterschiede und bewegen sich in einer realen und virtuellen Umwelt allgegenwärtiger Werbespots. Sie sind nach dem Jugendarbeitsschutzgesetz berechtigt, mit leichten Tätigkeiten wie z.B. dem Austragen von Zeitungen, Zeitschriften, Anzeigenblättern und Werbeprospekten oder der Betreuung von Kindern und der Mithilfe im Haushalt Geld zu verdienen.[2] Weiterhin gilt für die Schülerinnen und Schüler zu Beginn der achten Klasse, dass sie aus dem Sachkundeunterricht der Grundschule sowie aus dem Unterricht in den Eingangsklassen der weiterführenden Schulen in der Regel über ein Orientierungswissen zur Verbraucherrolle verfügen, das zum großen Teil auf die Aspekte Bedürfnisse, Taschengeldverwendung und Werbung fokussiert ist, während Kenntnisse in den Themenfeldern Marktformen und Preisbildung sowie zu Kreislaufprozessen meist erst im Verlauf der Jahrgangsstufen 8 bis 10 erworben und damit für die untersuchte Altersgruppe nicht vorausgesetzt werden.

3.1.1 Nutzenbegriff

Die Haushaltsökonomie wurde oben als theoretischer Bezugsrahmen der Untersuchung der Konsumentenvorstellungen von Jugendlichen dargestellt. Wenn bei der Auswertung der Schülertexte von Nutzenorientierung

---

[2] Vgl. Engels, 2010.

oder rationalem Verbraucherverhalten die Rede ist, so wird davon ausgegangen, dass die Auswahlentscheidungen unter der Restriktion beschränkter Information getroffen wurden. Es ist außerdem nicht vorauszusetzen, dass alle Jugendlichen Vorzüge und Nachteile der gewählten Zusammensetzung ihres Güterbündels bei der Budgetverwendung bewusst abgewogen haben. Die vorliegende Untersuchung stützt sich vielmehr auf das Konzept der rational choice, wie es Becker und Posner (2009) kurzgefasst für die Leserinnen und Leser ihres unter dem Titel „Uncommon Sense" veröffentlichten Blogs formuliert haben, nämlich unter den Bedingungen beschränkter Information Mittel einzusetzen, die geeignet sind, die selbst gesteckten Ziele zu erreichen. Diese Annahme ist für die vorliegende Untersuchung vor allem dann von heuristischem Wert, wenn Schülerinnen und Schüler auf Begründungen verzichten, so dass die Reihenfolge bei der Aufzählung von Geldverwendungszielen sowie die Zuweisung unterschiedlicher Beträge als einzige Hinweise auf ihre Nutzenvorstellungen angesehen werden können. Hervorzuheben ist, dass Becker und Posner ausdrücklich davon absehen, die individuellen Ziele zu bewerten:

„The foremost principle is that of rational choice. Not in the sense of a fully or explicitly reasoned process of deliberation – or even of a conscious weighing of alternatives – but in the sense simply of choosing means that are appropriate (given limitations of information) to the chooser's ends, whatever they may be. The assumption that people are rational choosers is a fruitful and powerful guide to understanding human behavior. It is not an unerring guide however. Cognitive psychologists have challenged forcefully certain aspects of rational behavior in recent years."[3]

Krol (1994) fordert, dass eine „empirisch gehaltvolle Theorie des Konsumentenverhaltens"[4] im Zentrum eines theoretischen Bezugsrahmens für eine „verhaltenswirksame, sozialer Verantwortung verpflichtete Verbrauchererziehung"[5] zu stehen habe. Während er dem „Konzept rationalen Verhaltens nach der klassischen Haushaltstheorie"[6] Realitätsnähe abspricht, ist er von der Brauchbarkeit einer auf dem Rationalprinzip basierenden öko-

---

[3] Becker / Posner (2009): 4.
[4] Krol (1994): 70.
[5] Ebd.
[6] Krol (1994): 71.

nomischen Verhaltenstheorie für die Wirtschaftsdidaktik überzeugt. Deren grundlegende Annahme besagt, dass den Individuen absichtsvolles Handeln unterstellt wird, das darauf gerichtet ist, ihre Situation zu verbessern.[7] Schlösser (2012) verweist darauf, dass Nutzen „interpersonell weder vergleichbar noch addierbar"[8] ist, so dass es „außer dem einzelnen selbst (...) letztlich keine Instanz [gibt], welche den individuellen Nutzen bestimmen kann."[9]. Der Nutzenbegriff umfasst neben materiellen auch immaterielle Güter. Er bezieht sich auf die „Verbesserung der eigenen Situation"[10]. Insofern es möglich ist, dadurch ein „höheres Nutzenniveau"[11] zu erreichen, dass man „die Situation anderer verbessert"[12], ist die Nutzenorientierung nicht notwendigerweise mit Egoismus gleichzusetzen.[13]

In den in der vorliegenden Untersuchung analysierten Texten von Jugendlichen wird dieser verhaltenstheoretische Nutzenbegriff zu Grunde gelegt, der auch immaterielle Werte mit einschließt.[14].

„Grundlegend ist aber die Hypothese, daß menschliches Verhalten dadurch motiviert ist, einen individuellen Vorteil zu erlangen. Dies wiederum setzt zwingend voraus, daß zwischen geeigneten Handlungsalternativen gewählt werden muß. Dieser Zwang zur Wahl zwischen Alternativen besteht unabhängig davon, ob man sich dessen bewußt ist oder nicht, ob man über die zur Verfügung stehenden Alternativen informiert ist oder nicht. Letzteres ist selbstverständlich für das Handlungsergebnis entscheidend. Damit verursacht jede Handlung Kosten, genauer Opportunitätskosten. Die Kosten bestehen in der besten Alternative, auf die man hat verzichten müssen, wenn man sich für eine Alternative entschieden hat. Jede Handlung verursacht Kosten, mit denen im ökonomischen Ansatz Verhalten erklärt wird. Dabei ist es wichtig zu beachten, daß der Kostenbegriff sich keineswegs auf Geld beschränkt, sondern gleichermaßen zeitliche, physische, psychische und soziale Dimensionen umfassen kann."[15]

---

[7] Vgl. Krol (1994): 72.
[8] Schlösser (2012a): 310.
[9] Ebd.
[10] Schlösser(2012a): 311.
[11] Ebd.
[12] Ebd.
[13] vgl. Schlösser (2012a): 311; vgl. auch Kruber (1994a): 48f.
[14] Ebd.
[15] Krol (1994): 72.

Die in der vorliegenden Untersuchung analysierten Texte bieten einen Zugang zu den Nutzenvorstellungen der jugendlichen Verfasserinnen und Verfasser. Indem diese die ihnen gestellte Aufgabe lösen, kombinieren sie vorgegebene Zwecke zur Verwendung des Betrags von 75– Euro nach ihrem individuellen Nutzenkalkül, was die Möglichkeit einschließt, sowohl einzelne Verwendungszwecke unberücksichtigt zu lassen, als auch eigene, in der Aufgabe nicht vorgesehene, hinzuzufügen. Indem die Mädchen und Jungen die im Aufgabentext implizierten Güter durch die von ihnen erstellte Reihenfolge oder durch das Zuweisen unterschiedlich hoher Teilbeträge verschiedenartig gewichten, verschaffen sie den Leserinnen und Lesern ihrer Antworttexte Einblicke entweder in ihre persönlichen Präferenzen oder in Vorstellungsbereiche, mit denen sie identifiziert werden wollen, sei es aus dem Grund, dass sie von der gewählten Lösung überzeugt sind, sei es, dass sie damit die Erwartungen der Leserinnen und Leser treffen wollen. Die häufig angestellten Nutzenvergleiche bezeugen dabei in jedem Fall das Wissen der Mädchen und Jungen um die mit ihren Entscheidungen verbundenen Opportunitätskosten.

3.1.2 Hermeneutische Annahmen

Insofern die Simulationsaufgabe als fiktiv gekennzeichnet ist, wodurch die Anforderung, wirkliches Verhalten zu beschreiben, entfällt, da zudem eine freie Formulierung der Antwortlösung gefordert wird, geht die vorliegende Untersuchung davon aus, dass die eingesetzte Aufgabe gegenüber einer Befragung mit vorgegebenen Antwortmöglichkeiten die größere Chance bietet, die tatsächlichen Vorstellungen der Jugendlichen zu erfassen. Die Funktion des Auftrags, die vorgenommene Entscheidung zur Geldverwendung zu begründen, besteht darin, den Zugang zu den Vorstellungen der Schülerinnen und Schüler zu verbreitern und zu vertiefen. Bezweckt werden Hinweise auf Hintergründe der Entscheidung zur Geldverwendung sowie Signale für unterschiedliche Reflexionsebenen. Dabei gilt als grundlegende Annahme, dass das, was angesprochen wird, im Bewusstsein der Jugendlichen präsent ist. Obwohl der Umkehrschluss weder methodisch noch sachlich als legitim angesehen wird, dass Nichterwähntes mit Nichtbewusstem gleichzusetzen ist, erscheint es der Verfasserin im Hinblick auf die vorliegende Untersuchung aus Gründen der Überprüfbarkeit notwendig, sich auf die Vorstellungsinhalte zu beschränken, die sprachlich präsentiert werden. Unter diesen Voraussetzungen bieten die in den Texten verbalisierten Reflexionen Zugänge zu expliziten oder latenten Bewusstseinsinhalten der Jugendlichen, die sich auf die Deutung ihrer Lebenssituation und auf ihr Verständnis ökonomischer Sachverhalte beziehen.

Die Untersuchung des sachlichen Gehaltes und der logischen Struktur der als Begründungshintergrund für die in der Aufgabe erfragte Aufteilung des Geldbetrags sichtbar werdenden Reflexionsaussagen lässt erkennen, dass es sich zum großen Teil um situationsübergreifende Vorstellungen handelt. Aus diesem im Verlauf der Studie darzustellenden Analysebefund lässt sich die Hypothese ableiten, dass solche situationsübergreifenden Bewusstseinsinhalte von den untersuchten jugendlichen Konsumentinnen und Konsumenten nicht nur beim Lösen einer fiktiven Aufgabe, sondern auch bei ihren wirklichen Verbrauchsentscheidungen in der Alltagsrealität aktiviert werden. In diesem als überdauernd vermuteten Charakter der analysierten Vorstellungen jugendlicher Konsumenten liegt ihre Bedeutung für die ökonomische Bildung; die an die Geldverwendungsaufgabe geknüpfte Aufforderung zur Begründung fördert Konsum bezogen alltagstheoretische Vorstellungen der Schüler und Schülerinnen zutage.

Die methodische Entscheidung, sprachliche Äußerungen nach dem Ansatz der Objektiven Hermeneutik als Manifestation von Bewusstseinsinhalten zu analysieren, erforderte, dass aus allen Texten im ersten Schritt diejenigen herauszufiltern waren, die keine über die Auflistung von Teilbeträgen hinausgehenden Aussagen enthalten. Diese blieben bei der Analyse der verbalisierten Nutzenvorstellungen unberücksichtigt. Dagegen wurden alle Texte herangezogen, um die Budgetentscheidungen der untersuchten Jugendlichen zu beschreiben. Bei der Darstellung der Befunde werden die beiden Analysebereiche, Budgetierungsentscheidungen und verbalisierte Nutzenvorstellungen, jeweils gesondert beschrieben.

Obwohl die Aufgabe die Jugendlichen zur Begründung auffordert, mit der Intention, dass die Entscheidung für die Aufteilung des Betrages von 75– Euro nachvollziehbar erklärt werden soll, verzichten zahlreiche Schüler und Schülerinnen vollständig auf eine Erklärung. Für eine große Gruppe weiterer Texte lässt sich mit Mitteln der Sprachanalyse nachweisen, dass die Entscheidung zur Aufteilung mit Nutzenüberlegungen verknüpft ist, ohne dass derartige Erwägungen mit den standardisierten grammatischen Signalen gekennzeichnet werden.

Als zu analysierende Materialgrundlage für die vorliegende Untersuchung werden vor dem skizzierten Hintergrund alle sprachlichen Äußerungen herangezogen, in denen sich Gedanken im Zusammenhang mit der Geldverwendung zu erkennen geben, ungeachtet dessen, ob logische Beziehungen grammatisch korrekt abgebildet sind. Diese Entscheidung stützt sich auf die Annahme, dass die korrekte Abbildung logischer Beziehungen mit Hilfe des den Regeln der Grammatik entsprechenden sprachlichen Instrumentariums von den sprachlichen Fähigkeiten der Sprechenden abhängt.

3.2 Bezüge zu qualitativen Forschungsansätzen

Die Ermittlung ökonomischer Konzepte von Jugendlichen aus Texten stellt ein hermeneutisches Verfahren dar, für das sich inhaltliche, methodologische und methodische Bezüge sowohl zur *Grounded Theory* als auch zur *Objektiven Hermeneutik* ebenso wie zur *Qualitativen Inhaltsanalyse* aufzeigen lassen. Zunächst werden die Aspekte der *Grounded Theory* dargestellt, die in Bezug auf die vorliegende Untersuchung als bedeutsam eingeschätzt werden. Dabei wird unter anderem auch eine Verbindung zur *Qualitativen Inhaltsanalyse* hergestellt, um anschließend relevante Bezugsaspekte im Hinblick auf die *Objektive Hermeneutik* aufzuzeigen.

3.2.1 Bezüge zur Grounded Theory

Mey / Mruck (2011) verweisen in dem von ihnen herausgegebenen Handbuch darauf, dass auf eine Übersetzung des Begriffs *Grounded Theory* inzwischen in der deutschen Forschungsliteratur weitgehend verzichtet wird. Parallel dazu betonen sie die im Verlauf der letzten Jahre zunehmende Akzeptanz qualitativer Forschung im Allgemeinen und der *Grounded Theory* im Besonderen. Für sie steht diese Entwicklung im Zusammenhang mit einem wissenschaftsgeschichtlich steigenden Interesse an Theoriegenerierung, was nicht zuletzt damit zusammenhänge, dass in der derzeitigen Phase sozialen Wandels die Unzulänglichkeit quantitativer Verfahren verstärkt zu Tage trete: Diese seien zwar geeignet, theoretisches Vorwissen samt den daraus abgeleiteten Hypothesen zu überprüfen, erwiesen sich jedoch als ungeeignet, das Bedürfnis nach neuen Erklärungsansätzen zu erfüllen, weil sie sich nicht in der Lage zeigten, wissenschaftlich fundierte theoretische Erklärungen generieren zu können.[16] Demgegenüber verspreche die von den amerikanischen Soziologen Glaser und. Strauss 1967 in ihrer gemeinsamen Monographie „The Discovery of Grounded Theory. Strategies for Qualitative Research" formulierte Methodologie genau dieses: „die regelgeleitete, kontrollierte und prüfbare ‚Entdeckung' von Theorie aus Daten / Empirie"[17]. Als leistungsfähiges methodisches Instrument für die Erzeugung von Theorien mittlerer Reichweite nennt das Forscherteam Glaser und Strauss dabei die „comparative analysis"[18], ein Verfahren, das zu den grundlegenden Methoden gehört, die in der vorliegenden Untersuchung angewendet werden. Die auf dem Weg der *comparative analysis* generierten Theorien können sich sowohl auf ein begrenztes soziales Untersuchungsfeld beziehen als auch weitreichendere soziologische Gebiete betreffen, wofür die beiden Forscher die Begriffe „substantive" und „formal"[19] wählen. Als charakteristische Elemente der beiden auf dem Wege der *comparative analysis* erzeugten Theorieformen nennen Glaser und Strauss in ihrem Grundlagenwerk erstens konzeptuelle Kategorien und deren Eigenschaften, sowie zweitens Hypothesen oder verallgemeinerte Beziehungen zwischen den Kategorien und deren Eigenschaften.[20]

In der vorliegenden Studie wird die von Mey & Mruck vorgenommene Unterscheidung übernommen zwischen *Grounded Theory*-Methodologie als Bezeichnung des Forschungsansatzes samt der ihn kennzeichnenden Strategie zur Theoriegenerierung auf der einen Seite und der *Grounded Theory* als Name für die mit Hilfe des Forschungsansatzes in einer bestimmten Domäne erzeugte Theorie.[21]

Dass diese auf der Grundlage sprachlicher Merkmale nachweisbaren

---

[16] Vgl. Mey & Mruck (2011): 11.
[17] Ebd.
[18] Glaser & Strauss (1967): 32.
[19] Glaser & Strauss (1967): 32.
[20] Vgl. Glaser & Strauss (1967): 35.
[21] Vgl Mey & Mruck (2011): 12.

Konzepte ihren Trägerinnen und Trägern weder bewusst noch notwendigerweise Bestandteil von deren Lebenspraxis sein müssen, gehört zu den Grundannahmen der „Objektiven Hermeneutik"[22], wie sie Reichertz (2010) in Anlehnung an Ulrich Oevermann u.a. formuliert hat. In Bezug auf das für die Untersuchungsmethode konstitutive Verfahren des ständigen Vergleichens von Texteinheiten weist dieser qualitative Forschungsansatz Berührungspunkte mit der *Grounded Theory*-Methodologie auf, die das Verfahren des *Offenen Codierens* als Prozess des Vergleichens von Daten hinsichtlich Ähnlichkeiten und Unterschieden kennzeichnet, in dessen Verlauf ähnliche Phänomene mit einem gemeinsamen Namen benannt, also konzeptualisiert werden.[23]

Im Fortgang der Analyse werden ähnliche Konzepte zu Kategorien gruppiert, deren charakteristische Merkmale herausgearbeitet und auf der Grundlage phänomenologischer Vergleiche und von Fragen an die Daten in ihrer jeweiligen Anordnung auf einem Kontinuum beschrieben werden können. Die Entwicklung und anschließende Dimensionierung der Eigenschaften einer Kategorie bilden nach Strauss und Corbin die Grundlage für die Generierung einer in der empirischen Realität verankerten Theorie.[24] Besonderes Gewicht kommt nach Ansicht des Forscherteams dem zentralen, in den Daten immer wieder zu Tage tretenden, vom Forscher fokussierten Phänomen zu, das sie als „Kernkategorie"[25] bezeichnen, zu der die übrigen Kategorien in Beziehung zu setzen sind.

Angelehnt an dieses Verständnis kann in Bezug auf die vorliegende Untersuchung die Nutzenorientierung der Schülerinnen und Schüler als die zentrale Kategorie angesehen werden. Dass diese Kernkategorie bereits durch die Aufgabenstellung induziert war, stellt eine Abweichung von dem Anspruch der *Grounded Theory* dar, die Kernkategorie auf induktivem Weg aus den Daten zu extrahieren. Allerdings scheinen sich Strauss und Corbin des Nutzens bewusst zu sein, der darin bestehen kann, Konzepte aus der Fachliteratur zu übernehmen, wenn sie die Möglichkeit konzedieren, den Namen einer Kategorie, nicht allerdings die Kategorie selbst, zu über-

---

22 Vgl. Reichertz (2010): 514.
23 Vgl. Strauss & Corbin (1996): 45.
24 Vgl. Strauss & Corbin (1996): 51–55.
25 Strauss & Corbin (1996): 100.

nehmen. Sie sprechen in diesem Zusammenhang von „geborgten Konzepten"[26], durch deren Verwendung im Prozess der Entwicklung einer *Grounded Theory* auf Grund einer bereits vorhandenen begriffsspezifischen analytischen Bedeutung ein Beitrag zur Weiterentwicklung der Forschungsdisziplin geleistet werden könne, aus der der Name entnommen ist. Auf der anderen Seite sehen sie in der Benutzung *geborgter Konzepte* die Gefahr, dass der unvoreingenommene Umgang mit den Daten sowohl bei der Produktion als auch bei der Rezeption einer *Grounded Theory* durch allgemein vertretene Assoziationen und explizierte Bedeutungen der geborgten Konzepte beeinträchtigt werden kann.[27]

Dem Anspruch der Realitätsverankerung einer Grounded Theory ist es nach Bruno Hildenbrand geschuldet, dass die verwendeten theoretischen Konzepte während des Prozesses der Datenanalyse entdeckt werden. Als einziges Kriterium ihrer Bewährung lässt er gelten, dass sie diesen Daten standhalten: „[Es] ist immer die Empirie, an der sich eine Theorie zu erweisen hat und zu der die Theorie immer zurückkehrt als letzter Instanz."[28]

In Bezug auf den für die vorliegende Untersuchung ebenfalls bedeutsamen Ansatz der *Qualitativen Inhaltsanalyse* unterscheiden Hug / Poscheschnik (2010) zwei Strategien im Umgang mit Kategorien, indem sie die „deduktive Kategorienanwendung" von der „induktiven Kategorienbildung"[29] abgrenzen, allerdings im gleichen Atemzug ausführen, dass sich beide Verfahren ergänzen könnten, und dass tatsächlich in den meisten qualitativen Forschungsprojekten beide Strategien kombiniert würden. Bezogen auf die vorliegende Untersuchung kann nach dieser begrifflichen Unterteilung gemäß der Methode der *Qualitativen Inhaltsanalyse* die Gruppenbildung nach der Erstnennung von in der Aufgabe vorgegebenen Geldverwendungszwecken unter *deduktive Kategorienanwendung* subsumiert werden, während die Entwicklung einer Kategorie wie zum Beispiel *Selbstwirksamkeit* der *induktiven Kategorienbildung* zuzuordnen ist. In Bezug auf die induktive Kategorienbildung trifft sich die qualitative Inhaltsanalyse unter methodologischem Gesichtspunkt mit der *Grounded Theorie*. Diese

---

[26]   Strauss & Corbin (1996): 48.
[27]   Vgl. Strauss & Corbin (1996): 49–50.
[28]   Hildenbrand (2010): 36.
[29]   Hug & Poscheschnik (2010): 151.

methodologischen Entsprechungen fassen auch Hug und Poscheschnik ins Auge, wenn sie, nachdem sie die *Grounded Theory* als Methode charakterisiert haben, „mithilfe der schrittweisen Interpretation von Texten oder Situationen Theorien [zu generieren]"[30], zu der Schlussfolgerung gelangen, dass insofern „die *Grounded Theory* der *Qualitativen Inhaltsanalyse* nicht ganz unähnlich"[31] sei.

Der Kern des von Glaser und Strauss entwickelten Forschungsansatzes, aus Daten eine in der empirischen Realität verankerte Theorie zu generieren, indem durch das Codieren von Konzepten auf zunehmend abstrakterer Ebene Kategorien entwickelt werden, die sich anschließend auf der dimensionalen Ebene ihrer Eigenschaften vernetzen lassen, repräsentiert zugleich ein Charakteristikum empirischer Forschung schlechthin.

Anstatt Hypothesen zu testen, geht es darum, im Prozess der Untersuchung empirischen Materials mittels hermeneutischer Verfahren Hypothesen über Zusammenhänge von Phänomenen aufzustellen, deren Gültigkeit in Bezug auf Bedingtheit und Reichweite im weiteren Verlauf des Forschungsprozesses durch Vergleichs- und Kontrastierungsverfahren immer genauer untersucht wird. Insofern sind qualitative Studien eher heuristisch fokussiert, als dass sie das Testen von Theorien zu ihrer Aufgabe machen. In „Theoretical Sensivity" führt Glaser 1978 aus, dass es die Beobachtungen, Informationen und Einsichten des Forschers begrenze, wenn dieser sich an vorgängige Hypothesen gebunden fühle.[32] Dennoch verwirft er bereits zu diesem Zeitpunkt, Ende der siebziger Jahre, Ideen, die auf deduktivem Wege gewonnen wurden, nicht vollständig, wenn er einräumt, es könne darauf verzichtet werden, diese aus dem Forschungsprozess auszuscheiden, wenn sie im Datenmaterial begründet seien.[33] In „Basics of Grounded Theory Analysis" (1992) kennzeichnet Glaser sein Verständnis des Verhältnisses von induktivem und deduktivem Forschen im *Grounded Theory*-Ansatz differenziert: Zunächst begründet er den Grundsatz „There is a need not to review any of the literature in the substantive area under

---

[30] Hug & Poscheschnik (2010): 153.
[31] Ebd.
[32] Glaser (1978): 38.
[33] Glaser (1978): 41.

study"[34], wie oben skizziert, mit der Befürchtung, dass jedes bereits vorliegende Verständnis, jeder vorgefasste Begriff aus der wissenschaftlichen Literatur dem Forscher den Blick verstellen könne bei seinem Bemühen, Kategorien samt ihren Eigenschaften sowie theoretische Codes ausschließlich aus den Daten zu erschaffen, was für ihn die entscheidende Bedingung für die Relevanz und Leistungsfähigkeit der entstehenden Theorie darstellt. Anschließend führt er konsequenterweise aus, dass sich das Verfahren im besonderen Maße dazu eigne, neue Gebiete innerhalb der soziologischen Forschung zu erschließen, wo hingegen es in einer späteren Phase des Forschungsprozesses, dann nämlich, wenn zentrale Aspekte der entstehenden *Grounded Theory* hinreichend entwickelt und gesichert seien, durchaus sinnvoll sein könne, den Forschungsstand in dem untersuchten Gebiet zur Kenntnis zu nehmen und zu seinen eigenen Forschungsergebnissen in Beziehung zu setzen.[35]

Glasers Ansicht zum Umgang mit fachwissenschaftlicher Literatur innerhalb des Forschungsprozesses nach dem *Grounded Theory*-Ansatz findet ihre Entsprechung darin, wie er in seiner Veröffentlichung aus dem Jahr 1992 das Verhältnis der beiden grundlegenden empirischen Zugangsweisen erläutert. Danach schließen sich „verificational approach"[36] zum Testen von Theorien und „generational approach"[37] zur Erzeugung von Theorien, nicht aus, sondern stehen in einem sequentiellen Verhältnis zueinander. Zunächst geht es darum, Bedeutsames in den Daten zu entdecken und dazu Hypothesen zu formulieren. Anschließend können nach Glasers Auffassung die wichtigsten Hypothesen getestet werden, wenn immer es nützlich erscheint. Der Nutzen wird nach seiner Ansicht meist darin gesehen, wissenschaftlich gesicherte Tatsachen für Forschung und Praxis bereit zu stellen.[38] Glaser verdeutlicht, dass für ihn die Unterscheidung zwischen *verificational-* und *generational-* Verfahren nicht entlang der Grenzlinie zwischen quantitativer und qualitativer Forschung verläuft:

„Testing and replication can be done with either qualitative or quantitative data. It

---

[34] Glaser (1992): 31.
[35] Vgl. Glaser (1992): 31–32.
[36] Glaser (1992): 30.
[37] Ebd.
[38] Vgl. Glaser (1992): 30.

just requires a verificational methodology that is general, just as grounded theory is generational to the type of data collection and type of analysis."[39]

Die Analyse einer zunächst geringen Zahl empirischer Quellen steht nach dem Konzept der *Grounded Theory*-Methodologie am Beginn des Forschungsprozesses. Hierbei werden auffällige Merkmale der Daten als begriffliche Konzepte codiert. Die sich anschließende Suche nach Vergleichskonzepten bildet als *theoretical sampling* die Grundlage für die Erweiterung der Stichprobe. Auf dem Wege zunehmender Abstraktion und Vernetzung der ermittelten Kategorien sowie des Vergleichs von deren Eigenschaften in Bezug auf die aus unterschiedlichen Entstehungsbedingungen resultierenden Ausprägungen und Dimensionen wird schrittweise eine Theorie erschaffen, die tatsächlich in den Daten verankert ist.

Für Hildenbrand liegt die Bedeutung des *theoretical sampling* darin, ein Verfahren der kontinuierlichen Überprüfung der entstehenden Theorie bereit zu stellen, dessen Kern darin besteht, sich bei der fortgesetzten Erweiterung der Datengrundlage von den bereits erzielten Analysebefunden leiten zu lassen, mit dem Ziel, auf dem Wege des sich zunehmend ausdifferenzierenden Prozesses des Datenvergleichs durch Kontrastierung von Beispielen bisherige Schlussfolgerungen zu überprüfen.[40] Hildenbrand äußert seine Überzeugung, dass es gerade das Verfahren des *theoretical sampling* sei, das dem *Grounded Theory*-Ansatz zu dessen herausragender Bedeutung „im methodologischen Kanon der qualitativen Sozialforschung"[41] verhelfe, insofern die *Grounded Theory*- Methodologie den Forschungsprozess vorantreibe, anstatt ihn, wie es häufig geschehe, in erster Linie zu reflektieren, indem sie „mit einem minimalen Aufwand an Datenerhebung ein Maximum an Datenanalyse und folgender Theoriebildung"[42] erreiche.

Die vorliegende Untersuchung weist insofern hinsichtlich des Verfahrensschrittes der Konzeptualisierung Berührungspunkte mit dem für die *Grounded Theory*-Methodologie charakteristischen induktiven Forschungsverfahren auf, als Konzepte wie z.B. *Langzeitorientierung* und

---

[39] Glaser (1992): 30.
[40] Vgl. Hildenbrand (2010): 36.
[41] Hildenbrand (2010): 41.
[42] Hildenbrand (2010): 41f.

Selbstwirksamkeit im Verlauf der Analyse der Schülertexte durch fortgesetztes Vergleichen ermittelt wurden. Diese Konzepte bilden dann bei der Einzelanalyse der Vorstellungen zu den fünf Geldverwendungszwecken jeweils Ausgangspunkte für die inhaltsanalytische Detailuntersuchung des Datenmaterials. Dessen Beschaffung erfolgt insofern anders, als es nach dem *Grounded Theory*-Ansatz üblich ist, als die Datenmenge nicht schrittweise erweitert wurde. Vielmehr stand das gesamte aus 494 Schülertexten bestehende Untersuchungsmaterial von Beginn des Forschungsprozesses an bereit.

Nachdem im Verlauf der ersten Vergleichsanalysen signifikante Unterschiede zwischen den Vorstellungen der Jugendlichen in Bezug auf die Geldverwendung sichtbar geworden waren, wurden Merkmale kodiert und in mehreren Abstraktionsprozessen konzeptualisiert. Auf dem Wege des Textvergleichs ließen sich anschließend Schlüsselindikatoren ermitteln, auf deren Auftreten in der Folge alle 494 Texte untersucht wurden. Das systematische Scannen erfolgte mit Hilfe einer QDA-Software. Innerhalb der inhaltsanalytisch gewonnenen Teilgruppen wurden nun erneut auf dem Wege des Vergleichens gemeinsame und abweichende Merkmale identifiziert, deren Eigenschaften, wie oben für den Forschungsprozess der *Grounded Theory* -Methodologie gezeigt, dimensioniert und sachlogisch miteinander verbunden werden können. Die in dieser Untersuchungsphase zu durchlaufenden Prozeduren des detaillierten Vergleichens selbst kleinster Textelemente lassen sich sowohl dem *Grounded Theory*-Ansatz als auch dem Konzept der *Objektiven Hermeneutik* zuordnen.

Während es für Glaser, wie oben ausgeführt, im Hinblick auf die Gültigkeit einer *Grounded Theory* unerlässlich ist, dass vorhandene theoretische Konzepte im Untersuchungsfeld zum Zweck nachträglicher Vergleiche erst dann herangezogen werden, wenn die Theorie bereits existiert, konzedieren Strauss & Corbin (1996) trotz der geteilten Grundanschauung, dass die Theorie aus den empirischen Daten zu entwickeln sei, den Forschenden einen vergleichsweise flexiblen Gebrauch von theoretischen Konzepten bereits im Verlauf des Forschungsprozesses.[43] Entsprechend ihrer Forderung, dass die *Grounded Theory*-Methodologie nützlich sein müs-

---

[43] Vgl. Mey & Mruck (2011): 32.

se, räumen sie nach Mey & Mruck ausdrücklich ein, dass das Vorgehen den je konkreten Forschungszusammenhängen und –zielen anzupassen sei.[44] Nach Mey & Mruck ist die unterschiedliche Haltung gegenüber bereits existierenden theoretischen Konzepten ein Grund für das Zerwürfnis zwischen Glaser auf der einen und Strauss & Corbin auf der anderen Seite, das dazu führte, dass die gemeinsame Forschungsarbeit aufgekündigt wurde, und Glaser und Strauss in der Folge getrennt mit ihren jeweiligen Schülergruppen unterschiedliche Ausprägungen der *Grounded Theory* entwickelten[45], wobei Glaser so weit geht, dass er Strauss und Corbin, bezogen auf „Basics of Qualitative Research", den Anspruch abspricht, ihre dort vorgestellte Methodologie als *Grounded Theory* zu bezeichnen: [46]

„Rather, what is written in Strauss' book is out of the blue, a present piece with no historical reference on the idea level, and an almost new method borrowing an older name – Grounded Theory – and funny thing, it produces simply what qualitative researchers had been doing for sixty years or more: forced, full, conceptual description."[47]

Ein zentraler Vorwurf Glasers in Bezug auf Strauss / Corbins „Basics of Qualitative Research" ist neben der massiven Kritik wegen der Nichterwähnung relevanter Forschungsbeiträge zur Entwicklung der *Grounded Theory* darin begründet, dass Strauss und Corbin in ihrer Forschung die in den Lebensumständen der untersuchten Teilnehmenden verankerte subjektive Perspektive unzureichend berücksichtigten.[48] Der Forderung, die Sichtweise der Menschen zu erfassen, die Gegenstand des Forschungsprojektes sind, trägt die vorliegende Untersuchung dadurch Rechnung, dass der induktiv hermeneutische Ansatz gewählt wurde, um Zugang zu den Vorstellungsin-

---

[44] Vgl. Mey & Mruck (2011): 23.
[45] Vgl. Mey & Mruck (2011): 18; 21.
[46] Glaser bezieht sich in seiner Kritik auf die 1990 erschienene Originalausgabe: *Strauss, A. & Corbin Juliet. Basics of Qualitative Research: Grounded Theory Procedures and Techniques.* In der vorliegenden Untersuchung wird nach der 1996 erschienenen deutschen Ausgabe zitiert, die in der Übersetzung von Solveigh Niewiarra und Heiner Legewie vorliegt.
[47] Glaser (1992): 5.
[48] Vgl. Glaser (1992): 5.

halten der Jugendlichen zu gewinnen, die Rückschlüsse auf deren Lebenswirklichkeit zulassen.

Die in der vorliegenden Studie entwickelten Befunde und Hypothesen zu der Beziehung zwischen situationsübergreifenden Konzepten und
situationsbezogenem ökonomischen Handeln entstammen, bezogen auf die
untersuchten 494 Texte, einem Analyseprozess, der in unterschiedlichen
Phasen beide Traditionen der *Grounded Theorie*–Methodologie aufgreift.
Während sich, wie oben gezeigt, die der vorliegenden Studie zu Grunde
liegende Forschungsfrage aus der Spannung von beobachtetem jugendlichen Konsumverhalten und dem vielfältig kommunizierten Vorwurf der
ökonomischen Inkompetenz entwickelte, wurde ein Forschungsweg ein-
geschlagen, der zum einen die fortlaufend veröffentlichten Studien über
die Konsum bezogenen Vorstellungen und das Verbraucherverhalten der
Jugendlichen während des Prozesses der Analyse der Schülertexte systematisch unberücksichtigt ließ, und zum anderen durch die sprachanalyti-
sche Auslegung der Schülerantworten zu dem in der Aufgabe formulierten
Entscheidungs- und Reflexionsauftrag so nah wie möglich an der Lebenswirklichkeit der Schülerinnen und Schüler zu forschen versuchte. Auf der
anderen Seite war der Verfasserin während der Durchführung der Untersuchung durchgängig bewusst, dass sie trotz des methodisch streng kontrollierten Verfahrens der Textanalyse bei der Rezeption der schriftlich fixierten
Schüleräußerungen nicht davon abstrahieren konnte, sowohl theoretische
Konzepte in den betroffenen ökonomischen Domänen als auch eigene unmittelbare oder medial vermittelte Erfahrungen während des Forschungsprozesses fortlaufend mitzudenken. Insofern erscheint eine von vorgängi-
gen Konzepten unbeeinflusste Analyse nicht möglich.

Ausdrücklich thematisiert wird die Subjektivität der Forschenden
in neueren konstruktivistischen Entwicklungen der *Grounded Theory*-
Methodologie. So verweist Charmaz (2008), eine Hauptvertreterin dieser
neueren Ansätze, darauf, dass die Forschungssituation von der unmittelbar in sie eingehenden Lebenswirklichkeit der Teilnehmenden und des
Forschenden mitgeprägt wird, und dass Untersuchungsvorgänge insofern
in einem dadurch mitkonstruierten Umfeld erfolgen. Den Forschungsvor-
gang als Konstruktion anzusehen, fördert nach Charmaz eine reflexive Hal-

tung gegenüber den Handlungen und Entscheidungen im Verlauf des Forschungsprozesses.

„This perspective shreds notions of a neutral observer and value-free expert. Not
only does that mean that researchers must examine rather than erase how their
privileges and preconceptions may shape the analysis, but it also means that their
values shape the very facts that they can identify"[49]

In Bezug auf das Einbeziehen von Elementen der mikroökonomischen
Haushaltstheorie folgt die Verfasserin eher der Ansicht von Strauss und
Corbin, dass die Methode dem Forschungsziel nutzen soll, als der metho-
dologisch engeren Vorgabe Glasers, indem sie das haushaltsökonomisch
zentrale Nutzenkonzept als organisierendes Prinzip der Schülerantworten
in die Aufgabe eingefügt hat. Dabei liegt die Annahme zu Grunde, dass die
Einstellung, sich im Sinne der *Rational Choice* an dem zu orientieren, was
aus individueller Perspektive nützlich erscheint, für die Jugendlichen in ihren unterschiedlichen Lebenszusammenhängen durchaus mit individuellen
Werten vereinbar ist. Mey & Mruck betonen, dass es „nahe liegend"[50] sei,
die „Vorgehensweise [...] bezogen auf die Forschungsfrage und die konkreten Umstände einer Forschungsarbeit so zu wählen [...], dass am Ende
Resultate erbracht werden, die der Theorieentwicklung nützen"[51].

Ein weiterer methodischer Aspekt der vorliegenden Untersuchung,
nämlich der Einsatz von QDA – Software, wird innerhalb der wissenschaftlichen Debatte um die zulässige *Grounded Theory*-Methodologie unterschiedlich, teilweise kontrovers beurteilt. Während auf der einen Seite von
Glaser Software-gestützte Untersuchungsschritte als mit der Methodologie
der *Grounded Theory* unvereinbar grundsätzlich abgelehnt werden, konstatieren Mey & Mruck einen breiten Einsatz von QDA – Programmen in der
aktuellen Forschung.[52] Neben verschiedenen anderen Programmen erwähnen sie auch die in der vorliegenden Untersuchung verwendete MAXQDA
Software, indem sie darauf verweisen, dass Corbin, die Co–Autorin von
Strauss, in der dritten Auflage des Handbuchs *Basics of Qualitative Rese-*

---

[49] Charmaz (2008): 469.
[50] Mey & Mruck (2011): 42.
[51] Ebd.
[52] Vgl. Mey & Mruck (2011): 33.

arch die Version dieser Software aus dem Jahr 2007 für ihre Beispielanalysen verwendet habe.[53] Wie oben ausgeführt, wurde die Software MAXQDA in der vorliegenden Untersuchung zur Identifikation von Gruppen auf der Grundlage äußerer Verhaltensmerkmale wie des Erwähnens und Budgetierens von Geldverwendungszielen eingesetzt. Sie wurde weiterhin genutzt, um, ausgehend von zuvor nach dem *Grounded Theory*-Ansatz ermittelten Konzepten, Zuordnungen vorzunehmen.

Während inhaltsanalytische Prozeduren Software gestützt erfolgten, stützte sich die Untersuchung für die komplexeren Operationen der konzeptuellen Entwicklung der Eigenschaften von Kategorien auf das von Glaser und Strauss gleichermaßen als zentral gewertete Verfahren des *kontrastiven Vergleichs*. Um sprachliche Phänomene differenziert zu erfassen, wurden Verfahren der *Objektiven Hermeneutik* eingesetzt.

Unter inhaltlichen Aspekten erklärt sich die Nähe zum *Grounded Theory* - Ansatz dadurch, dass zwei Schlüsselthemen, die nach Hildenbrand die Entwicklung der von Glaser und Strauss begründeten Methodologie leiten, „Wandel" und „Wahlmöglichkeiten"[54], auch zu den zentralen Grundannahmen der vorliegenden Arbeit gehören, die Annahmen nämlich, dass die ökonomischen Vorstellungen von Jugendlichen in verschiedenartigen, in ständigen Veränderungsprozessen befindlichen gesellschaftlichen Umwelten erwerben, und dass menschliches Handeln strukturellen Bedingungen unterliegt, denen die Handelnden allerdings nicht ausgeliefert sind. Vielmehr verfügen sie über Entscheidungsmöglichkeiten.[55]

Der normative Bezug zu den obersten Leitlinien demokratischer Bildung besteht nach Ansicht der Verfasserin darin, dass die ökonomische Bildung dazu beitragen sollte, die Möglichkeiten von Jugendlichen auszuweiten, sich als selbstwirksam Handelnde wahrzunehmen, die in Übereinstimmung mit ihren subjektiven Werthaltungen Entscheidungen treffen.

Unter methodischem Aspekt können im Hinblick auf den *Grounded Theory* Ansatz zusammenfassend sowohl Übereinstimmungen als auch Abgrenzungen benannt werden. Übereinstimmend ist der Prozess, Fragen an das Material zu stellen, den Strauss als Codieren bezeichnet. Im Verlauf

---

[53] Vgl. Mey & Mruck (2011): 33.
[54] Vgl. Hildenbrand (2009): 32f.
[55] Vgl. Corbin / Strauss (1990): 419.

dieses Prozesses werden Konzepte entwickelt, die Hildenbrand als „in Begriffe gefasste Hypothesen"[56] charakterisiert, die zu einer Theorie führen. Anders als im methodischen Ansatz der *Grounded Theory* konzipiert, liegt, wie oben ausgeführt, in der vorliegenden Untersuchung die Menge der zu analysierenden Daten von Anfang an fest. Auch führt der Analyseprozess zwar zu systematischen Erkenntnissen über das Verbraucherverhalten sowie über Einstellungen und Werthaltungen Vierzehnjähriger, die diesem zu Grunde liegen; allerdings wird mit der vorliegenden Untersuchung nicht der Anspruch erhoben, eine Theorie vorzulegen. Vielmehr erscheint der von Juliet Corbin vorgeschlagene Begriff der *grounded description*[57] für das in der vorliegenden Studie angewandte Vorgehen treffend zu sein. Corbin verwendet diese Formulierung, um eine Abgrenzung vorzunehmen zu dem Begriff „*Grounded Theory*", der in ihren Augen nur dem theoretischen Gesamtkonzept zusteht. Nachdem sie eingeräumt hat, dass einerseits durchaus vielfältige Arten von *Grounded Theory* neben einander bestehen, beklagt sie, dass häufig in Forschungsarbeiten Teilaspekte der Methodik oder der Terminologie eingesetzt würden, ohne dem theoretischen Gesamtansatz gerecht zu werden. Zwar förderten die auf diese Weise durchgeführten Untersuchungen häufig wertvolle neue Forschungsergebnisse zu Tage; dennoch sollten sie sich eher als Beschreibungen, denn als Theorie einordnen. Für die vorliegende Untersuchung, die, wie oben gezeigt, das methodische Potential unterschiedlicher qualitativer Forschungsansätze nutzt, um ihr spezifisches Interessenfeld differenziert zu erkunden, eröffnet Corbins Begriff der *grounded description* die Möglichkeit, sich verschiedener Elemente des theoretischen Konzeptes und der Methodologie der *Grounded Theory* zu bedienen und gleichzeitig offen zu legen, dass sich die Ergebnisse der vorliegenden Untersuchung dem Einsatz verschiedener qualitativer Methoden verdanken. Trotz der sinnvoll erscheinenden Nuancierung des Begriffsverständnisses hält die vorliegende Studie wegen der breiteren Verankerung an der ursprünglichen Bezeichnung *Grounded Theory* fest.

---

[56] Hildenbrand (2009): 36.
[57] Meetoo (2007). Interview with Juliet M Corbin.

3.2.2 Bezüge zur Objektiven Hermeneutik

Oben wurde bereits dargestellt, dass sich das in der vorliegenden Studie durchgeführte Verfahren für die Detailanalyse der codierten Texte, nämlich die Äußerungen von Jugendlichen danach zu untersuchen, welche Vorstellungen sich in einem simulierten ökonomischen Kontext durch die Analyse des Zusammenspiels von semantischen, lexikalischen und syntaktischen Dimensionen der Textstruktur nachweisen lassen, unter erkenntnistheoretischem Aspekt dem qualitativen Ansatz der *Objektiven Hermeneutik* zuordnet, wie er vor allem von Ulrich Oevermann vertreten wird. Ein zentrales Element des im Folgenden charakterisierten Ansatzes ist für die vorliegende Untersuchung von herausragender Bedeutung, dass nämlich die durch hermeneutische Analyse von in Texten verfestigten Äußerungen objektiv nachweisbaren Vorstellungselemente den untersuchten Personen weder bewusst sein noch sich in deren Lebenspraxis niederschlagen müssen. Bezogen auf die Erstellung eines Geldverwendungsplans unter der Budgetrestriktion von 75– Euro konkretisiert sich das angesprochene Merkmal dahingehend, dass den Schülerinnen und Schülern die Nutzenvorstellungen, die sie durch ihre Formulierungen zu erkennen geben, nicht bewusst sein müssen. Auch ist es unerheblich, ob sie die ermittelten Vorstellungen in ihrem wirklichen Verbraucherverhalten realisieren.

In der vorliegenden Untersuchung werden Texte ohne Wissen um die psychosozialen Bedingungen ihrer Autoren und Autorinnen mit Methoden der *Objektiven Hermeneutik* analysiert. Bei dem zu Grunde liegenden Ansatz handelt es sich nach Reichertz (2010) um ein komplexes, im Wesentlichen auf Ulrich Oevermann zurückgehendes „theoretisches, methodologisches und methodisches Konzept"[58].

Abweichend von den Grundsätzen der *Objektiven Hermeneutik*, die großflächige und standardisierte Erhebungen aus methodologischen Gründen ablehnt,[59] bildet eine große Menge von Texten die Grundlage der vorliegenden Untersuchung. Reichertz bezeichnet das Verfahren der *Objektiven Hermeneutik* „als eines der [zurzeit] verbreitetsten und reflektiertesten in-

---

[58] Reichertz (2010): 514.
[59] Vgl. Reichertz (2010): 517.

nerhalb der bundesdeutschen qualitativen Sozialforschung".[60] Indem er das Verfahren des offenen Codierens als Merkmal einer wissenssoziologischen Hermeneutik kennzeichnet, spricht er methodologische Gemeinsamkeiten zwischen der *Grounded Theory* und der *Objektiven Hermeneutik* an.[61].

Die *Objektive Hermeneutik* geht von einem weiten Textbegriff aus, der z.B. auch Malerei und Architektur umfasst. Das diesem Textbegriff angemessene Verfahren besteht darin, das als Text gefasste soziale Handeln „auf handlungsgenerierende latente Sinnstrukturen hermeneutisch auszulegen."[62] Diese Kennzeichnung lässt die Bedeutung des Verfahrens für die vorliegende Untersuchung erkennen: Nach den Annahmen der *Objektiven Hermeneutik* lassen sich in den auf eine fiktive Geldverwendungssituation bezogenen Schülertexten *Sinnstrukturen* nachweisen, die das Verhalten der Jugendlichen im realen Umgang mit der Verwendung ihnen zur Verfügung stehender Geldbeträge beeinflussen, unabhängig davon, ob diese *Sinnstrukturen* bewusst oder lediglich latent vorhanden sind. Hervorzuheben ist, dass für die *Objektive Hermeneutik* ausschließlich die „objektive Sinnstruktur des Textes in einer bestimmten Sprach- und Interaktionsgemeinschaft"[63] von Belang ist. Unerheblich ist dagegen, was die Textproduzenten „sich bei der Erstellung ihres Textes dachten, wünschten, hofften, meinten, also welche subjektiven Intentionen sie hatten"[64].

Oevermann u.a. (1979) betonen am Beispiel der Analyse eines Gesprächsausschnittes die Diskrepanz zwischen „Intention" auf der einen und „Wirkung oder Bedeutung" auf der anderen Seite.[65] Sie führen weiterhin exemplarisch aus, dass die Frage danach, ob beispielsweise die Wahrnehmung einer Person unbewusst oder vorbewusst sei, den Psychoanalytikern überlassen werden solle. Keinesfalls gehöre sie zu den Untersuchungsaufgaben von Soziologen. Für diese komme es ausschließlich „auf die von der Textstruktur her abzusichernden sinnlogischen Zusammenhänge an"[66].

---

[60] Reichertz (2010): 518.
[61] Vgl. Reichertz (2010): 523.
[62] Reichertz (2010): 514.
[63] Ebd.
[64] Reichertz (2010): 514.
[65] Oevermann u.a. (1979): 360.
[66] Oevermann u.a. (1979): 367.

Wie oben bereits angesprochen, folgt die Verfasserin diesem Ansatz, wenn sie aus den Reflexionen der Schülerinnen und Schüler deren latente Sinnstruktur und damit die Vorstellungen der Jugendlichen von ökonomischen Zusammenhängen erschließt[67]. Nach Oevermann u.a. können die latenten Sinnstrukturen eines Textes reproduziert werden, unabhängig davon, inwieweit diese den Textproduzenten und –rezipienten bewusst sind. Die Verfasser legen Wert darauf, die Ebene der latenten Sinnstruktur von der Ebene der subjektiv intentional repräsentierten Bedeutungen klar zu unterscheiden. Beide Ebenen seien real, jedoch müsse die erstgenannte Ebene, die der latenten Sinnstrukturen, notwendigerweise den Ausgangspunkt einer sozialwissenschaftlichen Untersuchung bilden, die den Anspruch einer strikt strukturtheoretischen Perspektive erhebe.[68] Als vorrangig für die soziologische Betrachtung hat demnach nicht die Ebene „der subjektiv intentionalen Repräsentanzen"[69], sondern die Ebene „der objektiven Bedeutung oder der latenten Sinnstrukturen in Texten"[70] zu gelten. Oevermann u.a. vermerken in diesem Kontext, dass sie in ihren Interpretationen

„Schlüsse über die Bedeutung von Texten und die latente Sinnstruktur von Interaktionen für vergleichsweise unproblematisch und leicht zu sichern halten, während wir Schlüsse auf die innerpsychische Realität von Handlungssubjekten, über ihre Motive, Absichten, Erwartungen und Wertorientierungen also, für sehr viel problematischer halten und entsprechend vorsichtig vornehmen."[71]

Die forschungsmethodische Umsetzung gestaltet sich nach Oevermann u.a. so, dass im Hinblick auf die oben angeführten Dispositionen zunächst nur Bedeutungsmöglichkeiten konstruiert werden. Aus einer Vielzahl solcher Konstruktionen können sich dann Vermutungen über die innerpsychische Realität einer konkreten Person ergeben.[72] In ihrer Erläuterung des Begriffs *Objektive Hermeneutik* rekurrieren Oevermann u.a. auf das explizierte Verständnis, indem sie den Begriff an das Verfahren eines rekonstruierenden Textverstehens binden, bei dem es „ausschließlich um die sorgfältige, ex-

---

[67] Vgl. Oevermann u.a. (1979): 367.
[68] Vgl. Oevermann u.a. (1979): 367f.
[69] Oevermann u.a. (1979): 368.
[70] Oevermann u.a. (1979): 369.
[71] Oevermann u.a. (1979): 376f.
[72] Vgl. Oevermann u.a. (1979): 377.

tensive Auslegung der objektiven Bedeutung von Interaktionstexten, des latenten Sinns von Interaktionen"[73] geht. Die Forschergruppe um Oevermann räumt ein, dass die vollständige Übereinstimmung von intentionaler Repräsentation mit der latenten Sinnstruktur der Interaktion prinzipiell möglich sei, gibt jedoch gleichzeitig zu bedenken, dass eine solche Übereinstimmung „den idealen Grenzfall der vollständig aufgeklärten Kommunikation in der Einstellung der Selbstreflexion"[74] darstelle. In Übereinstimmung mit ihrem skizzierten methodologischen Grundansatz verstehen sich Oevermann u.a. als Vertreter einer Soziologie, die „als Erfahrungswissenschaft objektiver sozialer Strukturen Interaktionstexte zum zentralen Gegenstand hat"[75]. Aufgrund dieses Selbstverständnisses könne die Soziologie als Klammer für die Wissenschaften vom Handeln fungieren, wozu Oevermann u.a. die Sozial-, Kultur-, Geistes- und Wirtschaftswissenschaften zählen.[76]

Wie oben erläutert, besteht das untersuchte Textmaterial aus schriftlich fixierten Lösungen der Aufgabe, in einer simulierten ökonomisch strukturierten Situation eine am Nutzen orientierte Auswahl zwischen unterschiedlichen Konsumzielen und einem Sparziel unter der Budgetrestriktion von 75,– Euro zu treffen und die getroffene Wahl zu begründen. Die Texte stehen insofern in einem Interaktionskontext, als die Jugendlichen ihre schriftlich fixierten Entscheidungen zusammen mit den damit verbundenen Reflexionen an die Aufgabenstellerin als ihre ideelle Adressatin richten. Dieses Aufgabendesign ermöglicht es, Beziehungen zu erforschen zwischen Vorstellungen von Mädchen und Jungen, die zwar im ökonomischen Kontext wirksam sind, sich allerdings nicht auf wirtschaftliche Verwendungssituationen reduzieren lassen, auf der einen Seite, und fiktiven ökonomischen Entscheidungen auf der anderen Seite. Durch ständiges Vergleichen von Schülerentscheidungen und den sie begleitenden Reflexionssignalen lassen sich bei einem an den oben dargelegten Grundsätzen der *Objektiven Hermeneutik* orientierten textanalytischen Verfahren latente Sinnstrukturen identifizieren, die trotz des fiktionalen Aufgabendesigns Aufschluss geben

---

[73] Oevermann u.a. (1979): 381.
[74] Oevermann u.a. (1979): 380.
[75] Oevermann u.a. (1979): 381.
[76] Vgl. Oevermann u.a. (1979): 382.

können über mögliche Zusammenhänge zwischen Nutzen orientierten Vorstellungen und ökonomischem Handeln. Wenn beispielsweise diejenigen Jugendlichen, die entgegen den Vorgaben der Aufgabenformulierung das Sparen für den Führerschein an erster Stelle nennen, häufiger als die Gruppe derjenigen, die das Führerscheinsparen als ein nachgeordnetes Ziel aufführt, in ihren Texten Bedeutsamkeitssignale in Zusammenhang mit dem Führerscheinerwerb verbinden, so kann, unabhängig von der Frage, ob ihnen die Verwendung der signifikanten sprachlichen Indikatoren bewusst war, im Hinblick auf das tatsächliche Verhalten dieser Jugendlichen auf der Realitätsebene vermutet werden, dass sie unter Nutzenerwägungen dem Sparen für den Führerscheinerwerb eine große Bedeutung zuweisen.

3.3 Bearbeitungsverfahren und Darstellungsform

3.3.1 Bearbeitungsverfahren

Das in der vorliegenden Studie eingesetzte Verfahren zur Auswertung der Schülertexte zielt darauf ab, empirisch fundierte Antworten auf die Frage zu gewinnen, welche Nutzenvorstellungen der Jugendlichen sich aus den Texten analysieren lassen, in denen die Mädchen und Jungen ihre in der Aufgabe geforderten Entscheidungen darstellen. Die Anforderung, vor die sich die Schüler und Schülerinnen gestellt sahen, bestand darin, einen Plan zur Geldverwendung zu entwerfen, mit dem sie nach eigener Einschätzung angesichts eines Bündels von Wünschen auf der einen Seite und eines begrenzten Budgets auf der anderen Seite in einer gegebenen fiktiven Lebenssituation den größtmöglichen individuellen Nutzen erzielen zu können vermuteten. Die Aufgabe ist so formuliert, dass sie zur Entscheidung auffordert, indem sie nach der Darlegung der fünf unterschiedlichen Wünsche zu dem Schluss kommt: „Jetzt überlegst du dir, wie du das Geld verwendest, und erkennst, dass die 75,– Euro nicht ausreichen, um dir alle deine Wünsche zu erfüllen."[77] Die sich anschließende offene Formulierung des Bearbeitungsauftrags ist konstitutiver Bestandteil des gewählten induktiven Forschungsansatzes, der darauf abzielt, die Vorstellungen der Jugendlichen ungefiltert in der gegebenen Vielfalt zu ermitteln. Der Auftrag „Schreibe

---

[77] Anhang: Text der Aufgabe.

auf, wie du versuchst, mit dem Geld möglichst viel zu erreichen"[78], macht
den Mädchen und Jungen das Angebot, jedes beliebige Güterbündel aus
den zuvor aufgelisteten „Wünschen" zusammen zu stellen. Dass sich die
Schülerinnen und Schüler bei ihrer Entscheidung an ihrem Nutzen orientieren sollten, ist durch das dem Aufgabentext unterlegte Wortfeld des
Wünschens nahe gelegt.[79] Diese Intention erhält durch die umgangssprach-
liche Formulierung des Maximalprinzips „wie du versuchst, mit dem Geld
möglichst viel zu erreichen"[80], zusätzlichen Nachdruck. Die Aufforderung,
ihre Überlegungen zu verschriftlichen, orientiert die Jugendlichen darauf,
die individuelle Zusammenstellung des Güterbündels als einen Weg zu beschreiben, ihren Nutzen zu vergrößern. Die abschließende Aufforderung,
die Auswahlentscheidungen für ihren Budgetplan zu begründen, zielt darauf ab, dass die Jungen und Mädchen ihre Nutzenvorstellungen explizieren
und auf diese Weise das Untersuchungsmaterial bereit stellen, aus dem mittels des *Offenen Codierens* nach dem *Grounded Theory*–Ansatz Nutzenvorstellungen identifiziert und durch abgestufte Verfahren der Kategorisierung
zu Nutzenkonzepten entwickelt werden sollten.

Zur Organisation des aus 494 Schülertexten gebildeten Untersuchungsmaterials[81] wurde dieses nach den mit der Wunschliste der Aufgabe verknüpften Geldverwendungszwecken gruppiert. Auf diesem Weg entstanden fünf Gruppen von Texten zu den Geldverwendungszielen *Sparen*, *Kleidungsausgaben*, *Ausgaben für ein PC-Spiel*, *Ausgaben für eine Handy-
Vorratskarte* sowie *Ausgaben für einen Kinobesuch*. Eine Gruppe fasst alle
Texte zusammen, in denen jeweils ein Geldverwendungsziel erwähnt wird.
Jede der Gruppen wurde nach ihrer Größe sowie nach ihrer geschlechts-
und Schulform-spezifischen Zusammensetzung charakterisiert. Insofern
die Mädchen und Jungen meist mehr als ein Geldverwendungsziel erwähnen, sind ihre Texte mehreren Gruppen zugeordnet. Die erste Gruppe umfasst die Aufgabenlösungen aller Jugendlichen, die in ihren Budgetplänen
das Sparen erwähnen. In der zweiten Gruppe finden sich die Texte der
Mädchen und Jungen, in denen Budgetanteile für den Kauf von Kleidungs-

---

[78]   Ebd.
[79]   Vgl. Text der Aufgabe: „Wünsche"; „hättest du gerne"; „möchtest".
[80]   Anhang: Text der Aufgabe.
[81]   vgl. Anhang: Liste der von den teilnehmenden Jugendlichen verfassten Texte.

stücken zur Sprache kommen. In der dritten Gruppe sind die Schülerantworten zusammengefasst, in denen von dem PC- Spiel oder von Computerkomponenten die Rede ist. Eine vierte Textgruppe bezieht sich auf Budgetpläne, in denen Mädchen und Jungen eine Handy-Vorratskarte erwähnen, während die fünfte Gruppe alle Texte umfasst, in denen auf einen Kinobesuch Bezug genommen wird. Das skizzierte, für die Ermittlung der Nutzenvorstellungen gewählte Verfahren zur Organisation der 494 Texte ermöglicht es, das methodische Vorgehen in Übereinstimmung mit dem oben geschilderten *Grounded Theory*-Konzept zu kontrollieren. In allen fünf Geldverwendungsgruppen konnten durch das Codieren von Einstellungsmerkmalen und Verhaltensvarianten unterschiedliche Ausprägungen von Nutzenvorstellungen ermittelt und auf dem Weg des kontrastiven Vergleichs inhaltlich voneinander abgegrenzt werden. Die analytischen Operationen des Entdeckens, Codierens, Dimensionierens und Vergleichens innerhalb der einzelnen Textgruppen folgten dem *Grounded Theory*-Ansatz, während die Detailanalyse der Texte sich an den grundlegenden Postulaten der *Objektiven Hermeneutik* orientierte.

Das entscheidende Zuordnungskriterium zu den einzelnen Textgruppen war in jedem Fall der sprachliche Bezug auf einen der in der Aufgabe angesprochenen Wünsche. Innerhalb der Gruppen ist die Anzahl der Texte, in denen ein Geldverwendungszweck erwähnt wird, größer als die Teilgruppe von Texten, in denen Jungen und Mädchen angeben, Geld für das erwähnte Ziel zu verwenden. Die Entscheidung, als Gruppen konstituierendes Kriterium nicht die Budgetierung, sondern die Erwähnung eines Geldverwendungsziels anzusetzen, erklärt sich daraus, dass Jugendliche, die einen der Geldverwendungswünsche thematisieren, damit nachweisen, dass der erwähnte Inhalt in ihrem Bewusstsein präsent ist und somit zur Ermittlung von Nutzenvorstellungen ausgewertet werden kann. In zahlreichen Texten werden allerdings Geldausgaben zur Finanzierung aus unterschiedlichen Gründen verweigert. Häufig geben Erläuterungen von Jugendlichen dazu, weshalb sie einen in der Aufgabe benannten Wunsch zwar benennen, ihn allerdings nicht in ihren Budgetplan aufnehmen, Aufschluss über zu Grunde liegende Nutzenvorstellungen.

Die Untersuchungsergebnisse werden so angeordnet, dass der Beschreibung der Befunde zu den fünf in der Aufgabe angesprochenen Geldverwendungszielen zwei Abschnitte vorgeschaltet sind. Im ersten wird dargestellt, in welchem Umfang die einzelnen Ausgabenziele in den Plänen der Jugendlichen aufgegriffen werden, während der sich anschließende Abschnitt Aufschluss darüber gibt, wie viele Jungen und Mädchen eines der fünf Geldverwendungsziele an die Spitze ihres Budgetplans stellen. Durch geschlechtsspezifische und Schulform bezogene Vergleiche lassen sich erste Akzentsetzungen in Bezug auf Nutzenvorstellungen erkennen, die mit den jeweiligen Positionierungen verbunden sind.

Die Bearbeitung der Texte innerhalb der Teilgruppen erfolgte, methodisch einheitlich, jeweils in zwei Schritten: Zunächst wurde mit Hilfe der eingesetzten Software ermittelt, wie viele der 494 an der Untersuchung beteiligten Jugendlichen jeweils die einzelnen Geldverwendungsziele erwähnen. Die auf diese Weise identifizierten Teilgruppen wurden anschließend geschlechts- und Schulform bezogen analysiert. Wie viele Angehörige der einzelnen Geldverwendungsgruppen das jeweilige Ziel an die Spitze ihres Budgetplanes stellen, wurde ebenso ermittelt wie die zahlenmäßige Abweichung zwischen Erwähnung und Budgetierung.

Der zweite Bearbeitungsschritt bestand in der Analyse der Textgruppen nach hermeneutischen Vergleichsverfahren gemäß der für den *Grounded Theory*-Ansatz typischen Operation des *Offenen Codierens*. Dabei werden in wiederholten Durchgängen die fünf Textgruppen hinsichtlich der Einstellung ihrer Verfasserinnen und Verfasser zu dem jeweils fokussierten Geldverwendungsziel zunehmend differenziert beschrieben. Die ermittelten unterscheidenden Merkmale wurden codiert und zu Konzepten zusammengefasst. Auf dieser Grundlage wurden Kategorien entwickelt und in einer späteren Phase des Untersuchungsvorganges unterschiedlichen Hierarchieebenen zugeordnet. Dieses Verfahren machte es möglich, die in den Texten dokumentierten Vorstellungen von Mädchen und Jungen, die diese an ein bestimmtes Geldverwendungsziel knüpfen, zunehmend genauer zu erfassen. Mit Hilfe des kontrastiven Vergleichs wurden Übereinstimmungen und Abweichungen hinsichtlich einer sich im Untersuchungsprozess ständig erweiternden Anzahl von Aspekten ermittelt und in Bezug auf ihre Dimensionen ausdifferenziert. Die im Dienste der Konzeptentwicklung stehende Detailanalyse der Schülertexte im Hinblick auf deren semantische, lexikalische, und syntaktische Struktur nach dem Ansatz der *Objektiven*

Hermeneutik gewährleistet dabei die intersubjektive Überprüfbarkeit der Befunde.

Die Aussage, dass Gruppenbildung und kontrastierende Vergleiche die grundlegenden analytischen Operationen der vorliegenden Untersuchung darstellen, bedeutet nicht, dass alle nach den vorgestellten Verfahren aus den Texten zu konstruierenden Teilgruppen in gleicher Intensität untersucht wurden. Vielmehr richtete sich der analytische Durchdringungsgrad des Materials entsprechend dem Prinzip des *theoretical sampling* danach, welchen Erkenntniszugewinn für die Klärung der Nutzenkonzepte der jeweils ausgewählte Text erwarten lässt. Diese Fragestellung zielt darauf zu ermitteln, welche unterschiedlichen ökonomischen Konzepte von Jugendlichen sich in den Texten zu erkennen geben, und inwiefern sich Verknüpfungen nachweisen lassen zwischen situationsübergreifenden Schülervorstellungen und unterschiedlichen Geldverwendungsentscheidungen auf der durch die Aufgabe konstituierten fiktiven Handlungsebene.

Auch wenn die Schülertexte, wie oben dargelegt, aus Gründen der systematisch kontrollierten Bearbeitung nach einzelnen Geldverwendungszielen selektiert wurden, konkurrieren innerhalb der individuellen Budgetpläne unterschiedliche Verwendungszwecke um Anteile an dem knappen Budget von 75,– Euro. Entsprechend werden die Nutzenvorstellungen vor dem Hintergrund des geplanten Budgetentwurfs analysiert. Bei den Alternativen zur Kombination von Güterbündeln spielen, wie unten gezeigt wird, Nutzenvergleiche eine wichtige Rolle.

An die in der beschriebenen Form durchgeführte Analyse der Schülertexte schließt sich eine abschließende Auswertung der Ergebnisse der Einzelanalyse an, in der übergreifende geschlechts- und Schulform bezogene Nutzenmerkmale dargelegt werden, sofern sich diese in den Auswahlentscheidungen der Jugendlichen zu erkennen geben. In einem zweiten Teil werden die im Verlauf der Analyse ermittelten Nutzenvorstellungen kategorial geordnet und zu Nutzenkonzepten zusammengefasst.

3.3.2 Entscheidungen zur Darstellung der Ergebnisse aufgrund forschungsspezifischer Implikationen

Die bei der Analyse ermittelten Befunde zu den Nutzenvorstellungen von Schülerinnen und Schülern werden im Verlauf der Ergebnispräsentation so beschrieben, als stellten die Äußerungen der Jugendlichen reale Handlungspläne dar. Diese Darstellungsform dient allerdings ausschließlich der Verständlichkeit. Insofern die Formulierung der Aufgabe keinen Zweifel an der Fiktionalität der simulierten Situation aufkommen lässt, geben die Antworten der Jugendlichen keinen Aufschluss darüber, wie sie sich in Wirklichkeit als Verbraucher und Verbraucherinnen verhalten. Ihre Äußerungen sind vielmehr in Übereinstimmung mit den grundlegenden Annahmen der *Objektiven Hermeneutik* zu lesen als Dokumente von Vorstellungsinhalten, die lediglich als mögliche Grundlagen für zu realisierende Handlungspläne angesehen werden. Genau auf diese Vorstellungsinhalte zielt die vorliegende Untersuchung, denn sie spiegeln das Bewusstsein jugendlicher Verbraucherinnen und Verbraucher wider, das diese im Verlauf ihres Lebens erworben haben. Neben dem jeweiligen privaten und institutionellen Umfeld sind es nicht zuletzt auch die Erfahrungen als Marktteilnehmende, die die Nutzenhaltungen und Nutzenstrategien der Jugendlichen beeinflussen.

Eine zweite Entscheidung bezieht sich auf das Ziel, zu gewährleisten, dass im Hinblick auf die Nutzenvorstellungen von Jugendlichen beide Geschlechter in gleichem Umfang wahrgenommen werden. Die Studie spricht deshalb *Mädchen* und *Jungen*, *Schüler* und *Schülerinnen* in willkürlicher Anordnung an. Stilistische Einschränkungen werden dabei als nachrangig in Kauf genommen, angesichts der Annahme, dass die Benennung der Jugendlichen beiderlei Geschlechts deren Vorstellungsinhalte wirkungsvoller repräsentiert als die Verwendung der maskulinen Form in generalisierter Bedeutung. In Ausnahmefällen, in denen die Doppelung die Verständlichkeit der Gesamtaussage beeinträchtigt hätte, wurde allerdings aus Rücksicht auf verbreitete Lesegewohnheiten trotz der genannten Vorbehalte die männliche Form gewählt.

4 Untersuchungsbefunde

Im vorigen Abschnitt wurden die Verfahrensschritte vorgestellt, in denen die Untersuchungsmaterialien bearbeitet wurden. Das vorliegende Kapitel beinhaltet die Untersuchungsbefunde.

Ein erster Abschnitt informiert über die Komplexität der Budgetpläne. Hierzu wurden jeweils Texte zu einer Klasse zusammengefasst, die dieselbe Anzahl von Geldverwendungszielen erwähnen.

In einem zweiten Abschnitt werden erste Nutzen-Akzentuierungen der Mädchen und Jungen erkennbar, indem dargestellt wird, wie viele Jungen und Mädchen eines der fünf Geldverwendungsziele an die Spitze ihres Budgetplans stellen.

Die Ergebnisse der Detailanalyse des Untersuchungsmaterials werden in fünf Abschnitten vorgestellt, von denen jeder ein Geldverwendungsziel in den Mittelpunkt stellt. In jedem der Abschnitte werden die mit dem fokussierten Geldverwendungsziel verknüpften Nutzenvorstellungen präsentiert. Die Selektionsentscheidung, die Gruppierung des Materials nach Textmerkmalen vorzunehmen, folgt der Grundannahme der *Objektiven Hermeneutik*, Texte als zuverlässige Repräsentanten bewusster oder unbewusster Vorstellungen ihrer Verfasserinnen und Verfasser zu bewerten.

An die in der beschriebenen Form durchgeführte Analyse der Schülertexte schließt sich im fünften Kapitel die Präsentation der Ergebnisse an, die aus den Einzelbefunden extrahiert wurden. Dazu werden zunächst übergreifende geschlechts- und Schulform bezogene Nutzenvorstellungen dargelegt, die sich in den Budgetierungsentscheidungen der Jugendlichen zu erkennen geben. In einem zweiten Abschnitt werden im Verlauf der Analyse ermittelte Nutzenvorstellungen zu Ressourcen und Potenzialen zusammengefasst, während in einem dritten Abschnitt Strategien für erfolgreiches Nutzenhandeln vorgestellt werden.

Auch wenn die Schülertexte im Interesse einer systematisch kontrollierten Erfassung der Nutzenvorstellungen nach einzelnen Geldverwendungszielen selektiert wurden, ist im Blick zu behalten, dass innerhalb der individuellen Budgetpläne der Jugendlichen unterschiedliche Verwendungszwecke um Anteile an dem knappen Budget von 75,—Euro konkurrieren. Nicht nur in den mit den Geldverwendungszielen verknüpften Nutzenvorstellungen unterscheiden sich die Texte, sondern auch nach dem Umfang der Güterbündel, die sie jeweils vorstellen. Insofern der Inhalt der Nutzenvorstellungen der untersuchten Mädchen und Jungen aus deren Äußerungen zu den einzelnen Geldverwendungszielen extrahiert wurde, hat die folgende Übersicht über die Komplexitätsklassen, denen die Budgetpläne zugeordnet werden können, keine heuristische Funktion. Sie gibt vielmehr einen Überblick über die Größe sowie die geschlechtsspezifische und Schulform bezogene Zusammensetzung der Teilgruppen, deren Budgetpläne sich in ihrem Umfang unterscheiden.

4.1 Schüleranteile bei unterschiedlich umfangreichen Güterbündeln

69 Jugendliche berücksichtigen in ihren Budgetplänen alle in der Aufgabe angesprochenen Geldverwendungszwecke, 46 Jugendliche dagegen erwähnen keines der vorgegebenen Verwendungsziele. 71 Mädchen und Jungen versuchen, mit dem geschenkten Betrag von 75,– Euro „möglichst viel zu erreichen"[1], indem sie vier der vorgegebenen Ziele in ihren Budgetplan aufnehmen. 84 Schüler und Schülerinnen verteilen den Geldbetrag auf drei Ziele. 110 Jugendliche nennen zwei Budgetziele, während 114 Mädchen und Jungen das gesamte geschenkte Geld für ein einziges Ziel aufwenden. Fasst man – unter Ausblendung der 46 oben benannten Jugendlichen – die verbleibenden 448 in zwei Großgruppen zusammen, so zeigt sich, dass 224 der Untersuchten drei bis fünf Geldverwendungsziele in ihren Budgetplan aufnehmen. Zahlenmäßig ebenso stark ist die Gruppe der Jungen und Mädchen, die den Budgetierungsauftrag auf zwei Ziele oder auf einen einzigen Ausgabenzweck beziehen.

---

[1]   Text der Aufgabe: Anhang.

Tabelle 1: Schüleranteile an Budgetzielgruppen nach Geschlecht.

Gruppen	alle		Mädchen		Jungen	
	abs.	%	abs.	%	abs.	%
Fünf Ziele	69	100,0	46	66,7	23	33,3
Vier Ziele	71	100,0	38	53,5	33	46,5
Drei Ziele	84	100,0	48	57,1	36	42,9
Zwei Ziele	110	100,0	53	48,2	57	51,8
Ein Ziel	114	100,0	51	44,7	63	55,3
Kein Ziel	46	100,0	16	34,8	30	65,2
alle	494	100,0	252	51,0	242	49,0

Vergleicht man die geschlechtsspezifische Zusammensetzung der Gruppe, deren Angehörige alle fünf Budgetziele in ihrem Ausgabenplan berücksichtigen, mit dem Anteil von Mädchen und Jungen in der Gruppe, deren Mitglieder keines der genannten Ziele aufgreifen, so sieht man, dass die erstgenannte Gruppe zu knapp 67 Prozent aus Mädchen besteht. Dagegen sind in der 46 Personen starken Gruppe, die keinen der in der Aufgabe erwähnten Wünsche berücksichtigt, die Jungen mit einem Anteil von 30 Teilnehmenden fast doppelt so stark vertreten wie die Mädchen. In den drei Gruppen mit den umfassendsten Budgetplänen liegt die Beteiligung der Mädchen jeweils über ihrem Anteil an der Grundgesamtheit; in den Gruppen mit zwei Geldverwendungszielen, mit einem oder keinem Budgetziel sind sie dagegen unterrepräsentiert. Umgekehrt sind die Jungen in den Gruppen mit fünf, vier oder drei Budgetzielen schwächer vertreten als im Sample, wohingegen ihr Anteil an den Gruppen, in denen Jugendliche zusammengefasst sind, die weniger als drei Geldverwendungsziele erwähnen, größer ist als an der Grundgesamtheit. Die Budgetzielgruppe mit den meisten Mädchen ist die, deren Angehörige zwei Geldverwendungsziele anführen. Die zahlenmäßig stärkste Jungenteilgruppe findet sich unter den Jugendlichen, die ein Budgetziel benennen.

Tabelle 2: Schüleranteile an Budgetzielgruppen nach Schulformen.

Gruppen	alle		Gesamt-		Gymnasien		Haupt-		Real-	
	abs.	%	abs.	%	abs.	%	abs.	%	abs.	%
Fünf Ziele	69	99,9[a]	5	7,2	35	50,7	10	14,5	19	27,5
Vier Ziele	71	100,1[a]	9	12,7	32	45,1	8	11,3	22	31,0
Drei Ziele	84	99,9[a]	16	19,0	31	36,9	10	11,9	27	32,1
Zwei Ziele	110	100,0	31	28,2	32	29,1	10	9,1	37	33,6
Ein Ziel	114	100,0	34	29,8	24	21,1	18	15,8	38	33,3
Kein Ziel	46	100,0	11	23,9	13	28,3	6	13,0	16	34,8
alle	494	100,1[a]	106	21,5	167	33,8	62	12,6	159	32,2

a: Rundungsfehler

Der schulformbezogene Vergleich zeigt, dass unter den Jugendlichen, die alle fünf Geldverwendungsziele in ihren Budgetplan aufnehmen, Gymnasiasten deutlich überrepräsentiert, Gesamtschülerinnen und Gesamtschüler dagegen bemerkenswert unterrepräsentiert sind. Im Unterschied dazu sind in der Gruppe, die keines der vorgegebenen Geldverwendungsziele berücksichtigt, Gymnasiasten unterrepräsentiert, wohingegen der Anteil von Realschülern und Realschülerinnen über ihrem Anteil an der Grundgesamtheit liegt. In den drei Gruppen mit fünf, vier und drei Budgetverwendungszielen stellen die Besucherinnen und Besucher eines Gymnasiums jeweils die größte Teilgruppe, wobei ihr Anteil jeweils höher liegt als im Sample. In den Gruppen, in denen Jugendliche zusammengefasst sind, die zwei Ziele oder ein Ziel oder überhaupt kein Ziel angeben, sind Gymnasialschülerinnen und Gymnasialschüler unterrepräsentiert, während der Anteil von Jugendlichen, die an Gesamtschulen und Realschulen unterrichtet werden, jeweils höher liegt, als es ihrem Gewicht in der Grundgesamtheit entspricht. Hauptschülerinnen und Hauptschüler sind in drei Gruppen anteilmäßig stärker vertreten als im Sample, nämlich in der Gruppe mit fünf Geldverwendungszielen ebenso wie in den Gruppen, die ein Geldverwendungsziel sowie kein Budgetziel angeben. Die Anteile der Angehörigen der unterschiedlichen Schulformen an der Gruppe derer, die in ihren Budgetplänen drei Geldverwendungsziele verfolgen, liegen relativ nahe bei dem jeweiligen Anteil der einzelnen Schulformen an der Grundgesamtheit.

Zusammenfassend kann man feststellen, dass in den Gruppen mit fünf

oder vier Geldverwendungszielen 28,3 Prozent aller untersuchten Jugendlichen vertreten sind; in den Gruppen, die in ihren Texten ein Ziel oder
zwei Ziele aufgreifen, dagegen 45,3 Prozent. Das bedeutet, dass mehr Jugendliche sich in ihren Budgetplänen auf den Erwerb weniger Güter oder
Dienstleistungen beziehen, anstatt sich an der umfassenderen Wunschliste
der Aufgabe zu orientieren. In den Budgetgruppen mit fünf, vier und drei
Geldverwendungszielen sind Mädchen sowie an Gymnasien Unterrichtete,
gemessen an ihrem Anteil an der Grundgesamtheit, überrepräsentiert.

Daraus, dass die Hälfte des Samples weniger als drei Geldverwendungsziele in ihrem Budgetplan berücksichtigt, erklärt sich im Hinblick auf
das in der vorliegenden Studie angewandte Analyseverfahren, dass unter
geschlechts- sowie Schulform bezogenem Aspekt der Anteil der Jugendlichen, die jeweils eines der untersuchten, in der Aufgabe in Form von Wünschen angesprochenen Geldverwendungsziele, aufgreifen, in allen Fällen
niedriger ist als der Anteil der entsprechenden Gruppe an der Grundgesamtheit. Würden alle Mädchen und Jungen alle Geldverwendungsziele in
ihren Budgetplänen berücksichtigen, so wäre die jeweilige Gruppengröße
identisch mit der Grundgesamtheit.

Die dargestellte Auswertung der Komplexitätsmerkmale der Budgetpläne der an der Untersuchung teilnehmenden Mädchen und Jungen gibt
auch Hinweise für die Analyse der Zusammensetzung der im nächsten Abschnitt vorzustellenden Priorisierungsgruppen. Wenn nämlich untersucht
wird, wie hoch in Bezug auf die einzelnen Geldverwendungsziele der Anteil von Jungen und Mädchen ist, die das jeweils in den Blick gefasste Budgetziel an erster Stelle in ihrem Ausgabenplan berücksichtigen, so muss
man beachten, dass darunter auch die 114 Schülerinnen und Schüler ge-
fasst sind, für die das an erster Stelle genannte Ausgabenziel zugleich das
einzige ist.

4.2   Schülerentscheidungen über Ausgabenschwerpunkte

4.2.1   Auswertungsdesign

In einem zweiten Analyseschritt sollte ermittelt werden, welche Prioritäten die Schülerinnen und Schüler in ihren Lösungstexten setzen, wenn sie
entsprechend den Vorgaben der Aufgabenstellung im Rahmen der Budget-

restriktion von 75– € eine Entscheidung über ein Güterbündel treffen, von dem sie sich den größtmöglichen Nutzen versprechen. Für den Sachverhalt, dass sie in ihren Texten ein Geldverwendungsziel an die erste Stelle der Darstellung ihrer Budgetpläne setzen, werden in der vorliegenden Studie die Ausdrücke *priorisieren* bzw. *Priorisierung* verwendet. Mit diesen Wörtern soll eine klare Abgrenzung von den theoretischen Implikationen des Präferenzbegriffes vorgenommen werden, der, wie oben gezeigt wurde, in verschiedenen Publikationen uneinheitlich gebraucht wird. Entsprechend dem induktiven Forschungsansatz der *Grounded Theory* geht die vorliegende Untersuchung nicht von Vorneherein davon aus, dass die Priorisierung eines Geldverwendungsziels durch ein Mädchen oder einen Jungen zugleich zwingend Ausdruck von Präferenz im jeweiligen Nutzenkonzept ist. Zwar wird die Möglichkeit der Übereinstimmung in Betracht gezogen; allerdings erscheinen auch Zufallsauswahl oder Aufgabenkonformität als Erklärungen möglich. Bei der Darlegung der Untersuchungsergebnisse bleibt die Plausibilität möglicher Motive für Priorisierungen im Blick. Dabei werden auch Indizien einbezogen, die den Rückschluss von Priorisierungen auf Präferenzen gerechtfertigt erscheinen lassen. Inwieweit die Erstpositionierung reflektiert erfolgt, entzieht sich in Bezug auf viele Texte der Beobachtung. Als Reflexionssignal wird neben ausdrücklichen Begründungen auch die Ausstattung eines Ausgabenziels mit dem höchsten Geldbetrag gewertet, falls diese innerhalb eines konsistenten Budgetplans erfolgt.

Die Entscheidung, als ersten Schritt im Analyseprozess die Priorisierungen der Jugendlichen zu untersuchen, bietet sich für ein induktives, am *Grounded Theory* - Ansatz orientiertes Verfahren insofern an, als die jeweilige Erstnennung in den Texten unmittelbar erfasst werden kann und sowohl Vergleiche mit der Reihenfolge der Wünsche in der Aufgabe als auch Vergleiche zwischen Mädchen und Jungen sowie zwischen Schulformen ermöglicht.

Unter mikromethodischem Aspekt ist dieser Arbeitsschritt insofern inhaltsanalytisch, als sich die Untersuchung der Schülerantworten auf den Aspekt beschränkt, welches aus der Reihe der in der Simulationsaufgabe vorgegebenen fünf Ausgabenziele in den Texten jeweils an erster Stelle benannt wird.

Wie die Analyse der Antworten zeigt, greifen die Schülertexte die Vorgaben der Aufgabe in unterschiedlicher Form auf. Die Aufgabe listet die Wünsche in der Reihenfolge auf: Kleidung, Computerspiel, Sparen für den Führerschein, Vorrats-Handykarte und Kinobesuch mit Freunden.[2] Neben der Erstplatzierung eines Ausgabenziels im Text[3] wird der jeweils höchste Teilbetrag innerhalb eines Budgetplans als Priorisierungsindikator gewertet[4]. Während für eine Gruppe das *Sparen für den Führerschein*, das als Vorgabe in der Aufgabe enthalten ist, Priorität hat[5], stellt eine weitere Gruppe ein Sparziel ohne Bezug zum Führerscheinsparen an die erste Stelle[6], wobei die erkennbaren Vorstellungen von *Sparen* unterschiedlich sind, wie im Laufe der Untersuchung gezeigt werden wird. Eine andere, unter dem Code *Sonstige* zusammengefasste Gruppe von Schülertexten weist die Besonderheit auf, dass sie keinen der in der Aufgabe vorgestellten Ausgabenzwecke an die erste Stelle setzt, sondern vielfältige, oft abstrakt formulierte, Nutzen orientierte Auswahlkriterien für eine Priorisierung benennt.[7] Unter dem Code *Computerspiel* werden auch Computerkomponenten erfasst, wenn sie den größten Budgetposten ausmachen oder an erster Stelle für die Budgetverwendung bestimmt werden. Schließlich fasst der Code *gleichgewichtig*[8] eine Gruppe von zehn Texten zusammen, in denen sich jeweils zwei

---

[2] vgl. Aufgabe.

[3] vgl. „Ich würde mir Sachen zum Anziehen kaufen, weil ich öfters mal neue Sachen brauche. Handykarte die ist schneller leer als man gucken kann. Kino: macht spaß. Sparen: für den Führerschein." (Text Nr. 336)

[4] vgl. „Ich gebe 15 € für Kleidung aus. Dan gebe ich 40 € für den Führerschein 20 € für das Computer Wen ich mich Freunden ins Kino gehe frage ich mama ob sie mir 10 € leihen kann." (Text Nr. 141)

[5] vgl. „Ich würde 50 € für den Führerschein sparen. Der Führerschein nützt auch auf langfristige Sicht etwas. Die restlichen 25 würde ich für die Handykarte und den Kinobesuch ausgeben. Das Computerspiel wäre mir eher unwichtig." (Text Nr. 354)

[6] vgl. „Ich würde mir das Geld sparen, falls ich mal eine Handy-Karte oder Klamotten benötige kauf ich es, aber nur wenn es notwendig ist. Weil wenn man Geld braucht, hat man dann hat man ja das Gesparte Geld." (Text Nr. 283)

[7] vgl. „Ich würde mir nur das kaufen was ich von den sachen am liebsten haben wollte. Und falls ich alles haben will, dann muss ich halt noch ein paar Tage, Wochen oder Monate länger sparen bis ich die ungefähre Summe für die ganzen Dinge habe." (Text Nr. 36)

[8] „Ich würde
10 € Kino

Ausgabenziele gleichrangig die erste Position teilen. Die folgende Tabelle gibt einen Überblick darüber, wie viele Schülerinnen und Schüler die unterschiedlichen Geldverwendungsziele jeweils an die erste Stelle setzen. Anschließend werden durch die Bereitstellung von Befunden zu geschlechts- und Schulform bezogenen Auffälligkeiten bei den einzelnen Priorisierungen Vergleiche ermöglicht, die einen Einblick in unterschiedliche Nutzenvorstellungen bieten.

4.2.2   Priorisierung von Geldverwendungszielen

Tabelle 3: Anteile von Jugendlichen in einzelnen Priorisierungsgruppen.

	absolut	prozentual
Kleidung	118	23,9
Sonstige	115	23,3
Sparen allgemein	94	19,0
Sparen für den Führerschein	59	11,9
PC-Spiel	43	8,7
Kinobesuch	28	5,7
Handykarte	27	5,5
gleich gewichtet	10	2,0
alle	494	100,0

Obwohl in der Aufgabe Kleidung ganz oben auf der Wunschliste steht, weist nur ein knappes Viertel aller Jugendlichen den dafür veranschlagten Ausgaben den Spitzenplatz in ihrem Budgetplan zu. Aufwendungen für ein Computerspiel werden nur von knapp neun Prozent der Jugendlichen priorisiert, obwohl das PC-Spiel auf der Wunschliste an zweiter Stelle steht. An dritter Position nennt die Aufgabe das Vorhaben, für den Führerschein zu sparen. Nahezu zwölf Prozent der an der Untersuchung teilnehmenden

---

20 € Anziehsachen
15 € Handykarte
20 € Führerschein
10 € Computerspiel
Das meiste Geld würde ich für Anziehsachen und den Führerschein ausgeben, da man davon am längsten hat. Der Rest ist nicht so wichtig." (Text Nr. 134)

Jugendlichen setzen es an die erste Stelle ihres Budgetplanes. Eine größere Gruppe von 19 Prozent der untersuchten Jugendlichen nennt ebenfalls an erster Stelle ihrer Geldverwendung das Sparen, weicht dabei allerdings insofern von der Aufgabe ab, als sie sich auf andere Sparziele als den Erwerb des Führerscheins bezieht. Zusammengefasst setzt damit nahezu ein Drittel der Jungen und Mädchen das Sparen an die erste Stelle ihres Budgetplanes. Wegen der von der Reihenfolge der Aufgabe abweichenden Platzierung, die das Streben nach Aufgabenkonformität als Motiv ausschließt, kann die Priorisierung des Sparzieles durch gut 30 Prozent der untersuchten Jugendlichen als Indiz dafür gewertet werden, dass dem Sparen in den Nutzenkonzepten der zu dieser Gruppe gehörigen Jugendlichen herausragende Bedeutung zukommt.

So vielfältig sowohl die für das Sparen verwendeten Ausdrücke als auch die damit verknüpften inhaltlichen Vorstellungen sind: Gemeinsam ist allen Jugendlichen, die ein Sparziel priorisieren, dass in ihrem Nutzenkonzept dem Verzicht auf gegenwärtigen zu Gunsten zukünftigen Konsums große Bedeutung zukommt. Die syntaktisch verknüpften Ziele, mit dem geschenkten Betrag von 75,– Euro auch eine zusätzliche Handy-Karte zu erwerben und einen Kinobesuch mit Freunden zu finanzieren, schließen die in der Aufgabe vorgegebene Wunschliste ab. Jeder der beiden Geldverwendungszwecke wird jeweils von knapp sechs Prozent der Jugendlichen priorisiert.

Die systematische Textanalyse bestätigt den im Verfahren des *offenen Codierens* gewonnenen Eindruck, dass Mädchen und Jungen unterschiedliche Schwerpunkte bei ihren Priorisierungen setzen. Dies wird sichtbar, wenn man die geschlechtsspezifische Verteilung bei den Erstnennungen vergleicht mit dem Anteil der Mädchen und Jungen an der gesamten Untersuchungsgruppe.

Tabelle 4: Geschlechtsspezifische Anteile an der Grundgesamtheit und an den Priorisierungsgruppen.

Erstnennungen	Alle Nennungen		Anteil weiblich		Anteil männlich	
	abs.	%	abs.	%	abs.	%
Grundgesamtheit	494	100	252	51,0	242	49,0
Kleidung	118	100	75	63,6	43	36,4
Sonstige	115	100	66	57,4	49	42,6
Sparen allgemein	94	100	46	48,9	48	51,1
Führerscheinsparen	59	100	24	40,7	35	59,3
PC-Spiel	43	100	4	9,3	39	90,7
Kinobesuch	28	100	12	42,9	16	57,1
Handykarte	27	100	20	74,1	7	25,9
gleich gewichtet	10	100	5	50,0	5	50,0

Den auffälligsten Befund stellt die geschlechtsspezifische Verteilung bei den Jugendlichen dar, die das *PC-Spiel* an die erste Stelle ihres Budgetplanes stellen: Fast 91 Prozent derjenigen, für die dieses Ziel Vorrang hat, sind männlich. Bei der Priorisierung des Geldverwendungszwecks *Handykarte* sind es dagegen die weiblichen Jugendlichen, die mit einem Anteil von fast Dreiviertel vorne liegen. Bei der Gruppe von Jugendlichen, die in ihrer Aufgabenlösung *Kleidung* an den ersten Platz der Geldverwendung setzen, liegt der Mädchenanteil mit fast 64 Prozent ebenfalls auffällig hoch. Bei den priorisierten Budgetposten *Sparen allgemein* und *Führerscheinsparen* beträgt der Jungenanteil jeweils über 50 Prozent. In der Gruppe derjenigen, die den *Kinobesuch* priorisieren, liegt der Jungenanteil um mehr als 14 Prozentpunkte über dem der Mädchen. Ähnlich groß ist der Abstand bei der Gruppe derjenigen, die sich nicht für eines der in der Aufgabe vorgegebenen Ausgabenziele entscheiden. In dieser als *Sonstige* bezeichneten Priorisierungsgruppe liegen die männlichen Jugendlichen um 14,8 Prozentpunkte hinter den weiblichen zurück. Mit jeweils fünf Nennungen ist der Anteil von Schülern und Schülerinnen gleich groß bei der Gruppe, die zwei Ausgabenziele gleichrangig priorisiert. Bei den Jugendlichen, die den Kauf einer Handykarte an die erste Stelle ihrer Ausgabenziele setzen, beträgt der Anteil der Mädchen fast drei Viertel.

Vergleicht man die geschlechtsspezifischen Anteile bei den Erstnennungen mit dem Anteil von Jungen und Mädchen an der Grundgesamtheit, so ergibt sich folgendes Bild: Bei der Erstnennung des Ausgabenziels *Handykarte* übersteigt der Anteil der Schülerinnen um mehr als 23 Prozentpunkte ihren Anteil an der Gesamtstudie. Bei den männlichen Jugendlichen ist es die Priorisierung des *Computerspiels*, bei dem ihr Anteil um mehr als 40 Prozentpunkte höher liegt als ihre Gesamtbeteiligung. Bei der Erstnennung des Ausgabenziels *Kleidung* sind Mädchen mit nahezu 13 Prozentpunkten gegenüber ihrem Anteil am Sample überrepräsentiert. Bei der Priorisierung *des Führerscheinsparens* liegt der Jungenanteil zehn Prozentpunkte höher als in der Gesamtgruppe; beim *Sparen ohne Führerscheinbezug* lediglich um zwei Prozentpunkte. Bei der Erstnennung des Ausgabenziels *Kinobesuch* sind die Schülerinnen, verglichen mit ihrem Anteil an der Grundgesamtheit, um mehr als acht Prozentpunkte unterrepräsentiert.

Zusammenfassend lässt sich aufgrund der geschlechtsspezifischen Verteilung in den einzelnen Priorisierungsgruppen feststellen, dass für die Mädchen die Schwerpunkte bei den Erstnennungen auf *Handy-Vorratskarte* und *Kleidung liegen*, bei den Jungen dagegen auf dem Erwerb eines *Computerspiels*, bzw. von *Computerkomponenten,* dem *Sparen für den Führerschein* sowie dem *Kinobesuch*.

Tabelle 5: Schulform spezifischer Anteil an der Grundgesamtheit und an den Priorisierungsgruppen.

Gruppe	alle		Gesamtschule		Gymnasien		Hauptschule		Realschule	
	abs.	%	abs.	%	abs.	%	abs.	%	abs.	%
Sample	494	100,1[a]	106	21,5	167	33,8	62	12,6	159	32,2
Kleidung	118	100,0	22	18,7	43	36,4	13	11,0	40	33,9
Sonstiges	115	100,0	24	20,9	39	33,9	15	13,0	37	32,2
Sparen allgemein	94	100,0	35	37,2	25	26,6	7	7.5	27	28,7
Führerschein-sparen	59	100,1[a]	6	10,2	23	39,0	9	15,3	21	35,6
PC-Spiel	43	100,0	11	25,6	20	46,5	5	11,6	7	16,3
Kinobesuch	28	99,9[a]	4	14,3	9	32,1	6	21,4	9	32,1
Handykarte	27	100,0	2	7,4	4	14,8	6	22,2	15	55,6
gleich-gewichtet	10	100,0	2	20,0	4	40,0	1	10,0	3	30,0

[a]: *Rundungsfehler*

Neben geschlechtsspezifischen Besonderheiten interessiert die Frage, ob Jugendliche, die unterschiedliche Schulformen besuchen, bei der Priorisierung von Ausgabenzielen unterschiedliche Schwerpunkte setzen. Vergleicht man die Schülerinnen und Schüler an den unterschiedlichen Schulformen daraufhin, welches Priorisierungsziel jeweils innerhalb der verschiedenen Schulformen die größte Schülerzahl verbuchen kann, so sieht man, dass unter den Gesamtschülerinnen und Gesamtschülern das *Sparen für selbst gewählte Zwecke* den Spitzenplatz einnimmt. Ein gutes Drittel der Gesamtschülerinnen und Gesamtschüler priorisiert dieses Geldverwendungsziel. In der Gruppe der Gymnasiasten ist *Kleidung* das Budgetziel, das die mit 43 Schülerinnen und Schülern größte Teilgruppe priorisiert. *Sonstiges* und *Kleidung* sind die Priorisierungsziele, denen sich die beiden größten Teilgruppen unter den Hauptschülerinnen und Hauptschülern zuordnen. Unter den Realschul-Besuchenden priorisiert die größte, aus 40 Schülerinnen und Schülern bestehende, Teilgruppe Ausgaben für *Kleidung*.

Richtet man die Aufmerksamkeit auf die Priorisierungsgruppen und vergleicht man die Anteile, die innerhalb der Gruppen auf Angehörige unterschiedlicher Schulformen entfallen, mit deren Anteil an der Grundgesamtheit, so erhält man folgendes Bild: Unter den Jugendlichen, die als Priorität *Geldausgaben für Kleidung* genannt haben, sind Gesamt- und Hauptschülerinnen und -schüler, gemessen an ihrem Anteil an der Grundgesamtheit, unterproportional vertreten; der Anteil derjenigen dagegen, die Realschulen und Gymnasien besuchen, übersteigt ihren Anteil an der Gesamtzahl der untersuchten Jugendlichen.

Die Vertreter und Vertreterinnen unterschiedlicher Schulformen verteilen sich auf die Gesamtgruppe der Mädchen und Jungen, die einem *Sparziel ohne Führerscheinbezug* die höchste Priorität zuweisen, so, dass lediglich diejenigen, die eine Gesamtschule besuchen, mit 15,7 Prozentpunkten stark überproportional vertreten sind. Der Anteil der Jugendlichen aus den drei anderen Schulformen liegt dagegen unter ihrem Anteil am Sample.

Bei der Priorisierung des *Führerscheinsparens* stellen sich die für das *Sparen ohne spezielles Ziel* dargestellten Anteile der Jugendlichen aus den verschiedenen Schulformen mit vertauschten Vorzeichen dar. Besucherinnen und Besucher von Gesamtschulen sind in der Gruppe der Jugendlichen, die als vordringlichen Verwendungszweck ihres fiktiven Budgets das *Sparen für den Führerschein* angeben, gegenüber ihrem Anteil an der Grundgesamtheit ummehr als elf Prozentpunkte unterrepräsentiert. Dagegen liegt der Anteil der Gymnasial-, Hauptschul- und Realschulbesucherinnen und -besucher über deren Anteil an der gesamten Untersuchungsgruppe. Am stärksten fällt die Abweichung mit 5,2 Prozentpunkten bei Gymnasiasten aus, gefolgt von Realschulbesuchenden sowie Hauptschülerinnen und Hauptschülern.

Bezogen auf die Gruppe, für die Ausgaben für ein *Computerspiel* oder für *Computerkomponenten* an erster Stelle stehen, fällt auf, dass der Anteil der Mädchen und Jungen, die die Hauptschule besuchen, ihren Anteil an der Gesamtstudie nur leicht unterschreitet. Mit 12,7 Prozentpunkten mehr, als es ihrem Anteil an der Grundgesamtheit entspricht, ist die Gruppe der Gymnasiastinnen und Gymnasiasten deutlich überrepräsentiert, während der Anteil der Realschüler und Realschülerinnen um nahezu 16 Prozentpunkte niedriger liegt als ihr Anteil am Sample. Leicht überrepräsentiert ist mit etwas über 4,1 Prozentpunkten die Gruppe der Gesamtschülerinnen und Gesamtschüler.

In der Gruppe der Jugendlichen, die an erster Stelle ihrer Geldverwendung Ausgaben für einen *Kinobesuch* nennen, sind diejenigen, die eine Gesamtschule besuchen, mit 7,2 Prozentpunkten unterrepräsentiert, Gymnasiasten und Gymnasiastinnen mit 1,9 Prozentpunkten, Realschülerinnen und Realschüler mit 0,2 Prozentpunkten. Dagegen liegt der Anteil von Hauptschülern und Hauptschülerinnen um 9,2 Prozentpunkten über ihrem Anteil an der Grundgesamtheit.

In der Gruppe der Jugendlichen, die als Erstverwendungszweck eine neue *Handykarte* nennen, sind die Realschülerinnen und Realschüler mit 23,4 Prozentpunkten und die an Hauptschulen Unterrichteten mit fast zehn Prozentpunkten stark überrepräsentiert. Um fast ein Fünftel unterpräsentiert sind in dieser Priorisierungsgruppe die Gymnasiasten, gefolgt von den Gesamtschülern.

In der großen Schülergruppe, in der von den Vorgaben der Aufgabe abweichende Geldverwendungsziele an erster Stelle genannt werden, sind die einzelnen Schulformen mit Abweichungen von unter einem Prozentpunkt nahezu ebenso stark vertreten, wie es ihrem Anteil in der Gesamtuntersu-

chungsgruppe entspricht. In der Priorisierungsgruppe derer, die zwei Ausgabenziele gleich gewichten, sind Gesamt-, Haupt- und Realschüler unter-;
Gymnasiasten dagegen überrepräsentiert.

Vergleicht man, in welchen Priorisierungsgruppen die Anteile der Jugendlichen aus den verschiedenen Schulformen ihre Anteile an der Grundgesamtheit jeweils übertreffen, so erhält man folgendes Ergebnis:

Gesamtschüler und Gesamtschülerinnen sind in der Priorisierungsgruppe *Sparen ohne Führerscheinbezug* im Vergleich zur Grundgesamtheit um
nahezu 16 Prozentpunkte überrepräsentiert. Gymnasiasten und Gymnasiastinnen haben in der Gruppe, die *Computerspiel oder Computerkomponenten* an die Spitze ihres Ausgabenplanes stellt, einen Anteil von nahezu 47
Prozent. Damit sind sie in dieser Gruppe um nahezu 13 Prozentpunkte stärker vertreten als in der Grundgesamtheit. Realschülerinnen und Realschüler
sind in der Priorisierungsgruppe *Handy-Vorratskarte* um rund 23 Prozentpunkte stärker vertreten als in der Grundgesamtheit. Mit einem Anteil von
rund 22 Prozent sind Hauptschülerinnen und Hauptschüler in der Priorisierungsgruppe *Handy-Vorratskarte* vertreten. Damit sind sie, gemessen an
ihrem Anteil am Sample, um nahezu zehn Prozentpunkte überrepräsentiert.
Ähnlich stark überrepräsentiert sind sie in der Gruppe derjenigen, die den
Kinobesuch priorisieren. Hier übersteigt ihr Anteil ihre Beteiligung an der
Grundgesamtheit um fast neun Prozentpunkte.

In der Priorisierungsgruppe *Kleidung* sind die Mädchen und Jungen von
Gymnasien und Realschulen im Vergleich zu ihrem Anteil an der Grundgesamtheit leicht überrepräsentiert. Größer als ihr Gewicht im Sample ist
der Anteil von Gymnasiasten, Haupt- und Realschülerinnen und -schülern
in der Priorisierungsgruppe *Sparen für den Führerschein*.

Wenn man die geschlechtsspezifische Verteilung auf die einzelnen Priorisierungsgruppen mit der Schulform spezifischen in Beziehung bringt, ergibt sich das folgende Bild:

In Bezug auf die Priorisierung des Geldverwendungsziels *Kleidung*
sind die weiblichen Jugendlichen überrepräsentiert. Fasst man die Verteilung auf die einzelnen Schulformen in den Blick, so lassen sich Abweichungen gegenüber der Grundgesamtheit in einer Spanne von 1,6 bis 2,8
Prozentpunkten feststellen. Unterrepräsentiert sind Gesamtschüler und Gesamtschülerinnen sowie Hauptschülerinnen und Hauptschüler; während der

Anteil der Erstnennung von *Kleidung* als Ausgabenziel bei Gymnasiasten und Realschülern über deren Gesamtanteil an der Untersuchungsgruppe liegt. Was die Erstnennung der *Handykarte* als Ausgabenziel betrifft, beträgt der Anteil der Schülerinnen deutlich mehr als zwei Drittel. Fasst man die Schulformen in den Blick, so sind es Real- und Hauptschülerinnen und –schüler, die zusammen 77,8 Prozent dieser Gruppe ausmachen. Die Gruppe der Jugendlichen, die das Ausgabenziel *Führerscheinsparen* an erster Stelle nennen, setzt sich zu fast 60 Prozent aus Jungen zusammen. Besucher von Gymnasien, Realschulen und von Hauptschulen sind in diesem Bereich, gemessen an ihrem Gesamtanteil an der Studie, überrepräsentiert, in deutlichem Kontrast zu den mit 11,3 Prozentpunkten unterrepräsentierten Gesamtschülern. Relativierend ist an dieser Stelle allerdings darauf hinzuweisen, dass die auffälligen Abweichungen im Bereich der Gesamtschulen nicht als Votum der Schülerinnen und Schüler gegen das Sparen zu deuten sind, da der Unterrepräsentation im Bereich *Führerscheinsparen* eine stärkere Überrepräsentanz im Bereich *Sparen allgemein* entgegen steht. Bei geschlechtsspezifischer Betrachtung ist, wie gezeigt, die Erstnennung von *Computerspiel* sowie von *Computerkomponenten* eindeutig den männlichen Teilnehmern zuzuordnen. Ebenso klar ist die Zuordnung zu Schulformen: Mit 12,7 Prozentpunkten ist die Gruppe der Gymnasialschüler bei den Erstnennungen überrepräsentiert, mit weitem Abstand gefolgt von den Gesamtschülern. Stark unterrepräsentiert sind in diesem Bereich die Besucher von Realschulen, wohingegen der Anteil der Hauptschüler nur geringfügig unter ihrem Anteil an der Studie insgesamt liegt.

Im weiteren Verlauf der Studie werden die Nutzenvorstellungen beschrieben, die die untersuchten Jugendlichen mit den einzelnen, in der Aufgabe vorgegebenen, Budgetzielen verbinden. Dabei werden ebenso wie bei der Untersuchung der Priorisierungen geschlechts- und Schulform spezifische Unterschiede berücksichtigt. Die Nutzenvorstellungen werden in zwei Großabschnitten dargestellt, wovon sich einer auf das Budgetziel *Sparen*, der darauf folgende auf das Budgetziel *Konsumieren* bezieht.

4.3 Nutzenorientierte Schülervorstellungen in Verbindung mit dem Budgetziel „Sparen"

In dem vorangehenden Abschnitt ist beschrieben worden, inwieweit die untersuchten Jungen und Mädchen bei der Priorisierung eines Ausgabenziels den Anweisungen der Aufgabe folgen, bzw. davon abweichen, wobei geschlechts- und Schulform bezogene Unterschiede dargestellt wurden. Aus der Analyse der priorisierten Budgetziele konnten Hinweise auf unterschiedliche Nutzenvorstellungen der Schülerinnen und Schüler abgeleitet werden. Die im Folgenden darzustellenden Untersuchungsergebnisse beziehen sich auf den Inhalt der Nutzenvorstellungen, die die Jugendlichen mit den einzelnen Geldverwendungszielen verbinden. Diese Nutzenvorstellungen zeigen sich in den Äußerungen der Mädchen und Jungen. Die zur Analyse eingesetzten, oben vorgestellten Verfahren stellen Kombinationen aus inhaltsanalytischen Klassifizierungen auf der einen Seite sowie Kodierungen nach der Methode der *Grounded Theory* dar. Auf inhaltsanalytischem Weg wurden jeweils Untergruppen ermittelt, während Aspektuierung und Dimensionierung der Nutzenvorstellungen innerhalb der Untergruppen mittels der Vergleichsmethoden nach dem *Grounded Theory* – Ansatz erfolgten.

4.3.1 Sparen – Aufgabendesign und Gruppenmerkmale

Die Formulierung der Aufgabe sollte ausschließen, dass den Jugendlichen eine Begründung für das Sparen vorgegeben würde. Deswegen findet sich der Anreiz zum Sparen innerhalb der Aufgabe als Restriktion formuliert, insofern den Eltern unterstellt wird, dass sie den Führerschein nicht vollständig bezahlen wollen.[9] Das Modalverb *wollen* wurde gewählt, weil es im Unterschied zu *können* die Motivation der Eltern im Ungewissen lässt. Ziel war es, das Denken der Jugendlichen zwar in die Richtung zu lenken, dass die Möglichkeit einer vollständigen Fremdfinanzierung des Führerscheins nicht besteht; allerdings sollten keinerlei Hinweise auf die ökonomischen Rahmenbedingungen des familiären Umfeldes gegeben werden. Auch war

---

[9] vgl. Anhang: Text der Aufgabe.

jede Andeutung einer vorrangigen Gewichtung des Sparens gegenüber anderen Geldverwendungszielen auszuschließen.

Zunächst wird gezeigt, in welcher Weise sich Mädchen und Jungen, die in ihren Budgetplänen Sparziele ausweisen, unterschiedlichen Gruppen zuordnen lassen.

Tabelle 6: Anteil der Jugendlichen in Gruppen mit unterschiedlichem Sparbezug und in der Grundgesamtheit.

Gruppe	absolut	%
Grundgesamtheit	494	100,0
Führerschein-Sparen	155	31,4
Sparen ohne Führerscheinbezug	197	39,9
Sparen ohne klaren Zweck	20	4,0
Kein Sparziel	122	24,7

Mit 155 Mädchen und Jungen greifen 31,4 Prozent der Grundgesamtheit das Sparziel in der in der Aufgabe vorgegebenen Spezifizierung des Sparens für den Führerschein auf. Daneben berücksichtigen 197 weitere Jugendliche das Sparen in ihren Budgetplänen, fassen dabei allerdings, abweichend von der Aufgabe, andere Ziele ins Auge als den Führerschein. Bei weiteren 20 Schülern und Schülerinnen lässt sich auf Grund der in ihren Texten gebrauchten Formulierungen keine trennscharfe Zuordnung zu einer der beiden Gruppen vornehmen. Die Ausführungen dieser Jugendlichen bleiben deshalb bei der Untersuchung unberücksichtigt. 122 Jungen und Mädchen lösen sich insofern von der Aufgabenstellung, als sie in keiner Weise ein Sparziel in ihrem Haushaltsplan berücksichtigen. Diese Teilgruppe mit einer ausschließlich konsumbezogenen Geldverwendung wird zum Abschluss des vorliegenden Untersuchungsabschnitts über das Sparen vorgestellt werden.

Von den Jugendlichen, die für den Führerschein sparen, listen knapp 40 Prozent das Sparziel an erster Stelle ihres Budgetplanes auf. Um 9,6 Prozentpunkte höher liegt der Priorisierungsanteil in der Gruppe der Mädchen und Jungen, die davon abweichende Sparziele benennen.

Tabelle 7: Anteil der Priorisierungen bei der Spargruppe mit Führerschein-bezug und bei der Gruppe mit anderen Sparzielen.

	alle absolut	%	Priorisierungen absolut	%
Spargruppe mit Führerscheinbezug	155	100,0	59	38,1
Spargruppe ohne Führerscheinbezug	197	100,0	94	47,7

Tabelle 8: Geschlechtsspezifische Zusammensetzung in den Gruppen mit unterschiedlichem Sparbezug und in der Grundgesamtheit.

Gruppen	alle abs.	%	Mädchen abs.	%	Jungen abs.	%
Grundgesamtheit	494	100,0	252	51,0	242	49,0
Führerscheinsparen nicht priorisiert	96	100,0	61	63,5	35	36,5
Führerscheinsparen priorisiert	59	100,0	24	40,7	35	59,3
Sparen ohne Führerscheinbezug nicht priorisiert	103	100,0	52	50,5	51	49,5
Sparen ohne Führerscheinbezug priorisiert	94	100,0	46	48,9	48	51,1

Die Gesamtgruppe der Jugendlichen, die für den Führerschein sparen, setzt sich aus 85 Mädchen und 70 Jungen zusammen. In der Teilgruppe derjenigen, deren Sparziel zwar der Führerschein ist, die allerdings zuvor unterschiedliche Konsumziele in ihrer Budgetplanung ausweisen, liegt der Anteil der Mädchen mit mehr als 63 Prozent um 12,5 Prozentpunkte über deren Anteil an der Grundgesamtheit und um 27 Prozentpunkte über dem Anteil der Jungen. Im Kontrast liegt in der Gruppe derjenigen, die dem Sparen für den Führerschein vor jeglichem Konsumziel den Spitzenplatz bei der Geldverwendung zuweisen, der Jungenanteil bei nahezu 60 Prozent und damit um mehr als zehn Prozentpunkte höher als im Sample. Vergleicht man die Anteile von Schülerinnen und Schülern bei der Priorisierung des Führerscheinsparens, so liegen die Mädchen um 18,6 Prozentpunkte hinter den Jungen zurück. Gemessen an ihrem Anteil an der Grundgesamtheit sind sie damit in der Führerschein – Priorisierungsgruppe um mehr als zehn

Prozentpunkte unterrepräsentiert. Während von den 70 Jungen, die für den Führerschein sparen, jeweils die Hälfte die Ausgaben für den Führerschein priorisiert, wohingegen die andere Hälfte das Sparziel des Führerscheins nachrangig verfolgt, ist es bei den Mädchen ein gutes Drittel, das den Führerschein als Sparzweck priorisiert. Fasst man die Befunde zum Führerscheinsparen zusammen, so zeigt sich, dass Mädchen das Sparen für den Führerschein als nachgeordnet gegenüber unterschiedlichen Konsumzielen betrachten. Die Zahl der Jungen, die für den Führerschein sparen, ist mit 70 um 15 Personen kleiner als die Zahl der Mädchen. Von diesen Jungen nennt die Hälfte das Sparziel vor allen Konsumzielen. Unter den 85 Mädchen dagegen, die für den Führerschein sparen, liegt der Priorisierungsanteil unter einem Drittel.

In der Gruppe der Jugendlichen, die andere Sparziele in ihrem Budgetplan ausweisen als den Führerschein, sind männliche und weibliche an der Untersuchung Teilnehmende nahezu gleich gewichtig vertreten: 98 Schülerinnen stehen 99 Schüler gegenüber. Betrachtet man die Anteile von Jungen und Mädchen in den Gruppen, die das Sparen entweder priorisieren oder es an nach geordneter Stelle nennen, so liegen in beiden Gruppen die Anteile von Mädchen und Jungen dicht beieinander. Unter denjenigen, die das Sparziel an erster Stelle nennen, übersteigt die Zahl der Jungen mit 48 die der Mädchen um zwei Personen, wohingegen die Teilgruppe, die das Sparen an nachgeordneter Stelle nennt, ein Mädchen mehr umfasst. Bei beiden Geschlechtern liegen die jeweiligen Anteile nahe bei denen der Grundgesamtheit. Damit lässt sich in der Gruppe derjenigen, die sich selbst gewählte Sparziele setzen, anders als in Bezug auf das *Führerschein-Sparen* gezeigt, sowohl bei denen, die das Sparziel priorisieren, als auch bei denen, die es an nachgeordneter Stelle ansprechen, ein ausgeglichenes Verhältnis von Mädchen und Jungen erkennen.

Neben geschlechtsspezifischen Besonderheiten interessiert die Frage, ob Jugendliche, die unterschiedliche Schulformen besuchen, verschiedenartige Schwerpunkte beim Sparen setzen.

Tabelle 9: Schulform spezifische Zusammensetzung in den Gruppen mit unterschiedlichem Sparbezug und in der Grundgesamtheit.

Gruppen	alle		Gesamt-schule		Gymnasien		Haupt-schule		Real-schule	
	abs.	%	abs.	%	abs.	%	abs.	%	abs.	%
Grundgesamtheit	494	100,0	106	21,5	167	33,8	62	12,6	159	32,2
Führerscheinsparen nicht priorisiert	96	100,0	7	7,3	48	50,0	14	14,6	27	28,1
Führerscheinsparen priorisiert	59	100,1[a]	6	10,2	23	39,0	9	15,3	21	35,6
Sparen ohne Führer-scheinbezug nicht priorisiert	103	100,1[a]	22	21,4	41	39,8	4	3,9	36	35,0
Sparen ohne Führer-scheinbezug priorisiert	94	100,0	35	37,2	25	26,6	7	7,5	27	28,7

[a]: Rundungsfehler

Fasst man die vier Gruppen zusammen, die an erster oder an nachgeordneter Stelle für den Führerschein oder einen anderen Zweck sparen, so erhält man die Zahl von 352 Jugendlichen, was 71,2 Prozent der Grundgesamtheit entspricht. Die größte Untergruppe der Sparenden bilden 137 Jungen und Mädchen, die das Gymnasium besuchen, gefolgt von 111 Realschülerinnen und Realschülern. Zusammengefasst machen Gymnasialschüler und Gymnasialschülerinnen mit 40 Prozent und Realschüler und Realschülerinnen mit 30 Prozent mehr als zwei Drittel aller sparenden Jugendlichen aus. Der Anteil von Haupt- und Gesamtschülerinnen und -schülern an allen Sparenden beträgt zusammengefasst ein knappes Drittel.

Geht man von der Gesamtzahl aller Jugendlichen aus, die angeben zu sparen, entweder für den Führerschein oder für andere, selbst festgesetzte Zwecke, und vergleicht man, wie hoch innerhalb der untersuchten Schulformen der Anteil derjenigen ist, die einen Teil ihres Budgets von 75,- Euro zum Sparen verwenden, so wird sichtbar, dass von den Jugendlichen, die ein Gymnasium besuchen, 82 Prozent sparen; von den Besucherinnen und Besuchern einer Hauptschule knapp 55 Prozent. Zwischen diesen Eckwerten liegen die Anteile für Schüler und Schülerinnen an Gesamt- und Realschulen. Sie betragen für die an Realschulen Unterrichteten fast 70 Prozent, für Jungen und Mädchen an Gesamtschulen 66 Prozent. Außer bei den Gymnasiasten, die unter den sparenden Jugendlichen um 5,1 Prozentpunkte über ihrem Anteil an der Grundgesamtheit liegen, sind die sparenden Schülerinnen und Schüler an anderen Schulformen, gemessen an ihrem Anteil an der Grundgesamtheit, leicht unterrepräsentiert.

Vergleicht man die Schulformen darauf hin, wie viele Schülerinnen und Schüler jeweils für den Führerschein oder für einen selbst gewählten Zweck sparen, so ergibt sich folgendes Bild: Von den Sparenden an Gesamtschulen sparen viermal so viel für selbst gewählte Sparzwecke als für den Führerschein, während die Sparenden an Gymnasien sich fast gleichgewichtig auf die Gruppen *Führerscheinsparen* und *selbst gewählte Sparziele* verteilen. Von den Schülerinnen und Schülern an Hauptschulen sparen gut doppelt so viele für den Führerschein wie für sonstige Sparziele. Unter den Jugendlichen, die eine Realschule besuchen, ist das Verhältnis von denen, die für den Führerschein sparen, zu denen, die einen Budgetteil für selbst gewählte Sparziele verwenden, zwei zu drei.

Bezogen auf die Vorstellungen der Jugendlichen ist ein gemeinsames Merkmal beider Gruppen, die sich aus sparenden Mädchen und Jungen zusammensetzen, dass diese sich von ihrem Entschluss, einen Teil des Budgets von 75,- Euro nicht unmittelbar zu konsumieren, einen Nutzen versprechen. Dies wird zunächst für die Teilgruppe der Jugendlichen gezeigt, die für den Führerschein sparen.

4.3.2 Ausdrucksformen von Nutzenorientierung beim Sparen für den Führerschein

Innerhalb der Teilgruppe der Jugendlichen, die für den *Führerschein* sparen wollen, lassen sich teilweise unterschiedliche Vorstellungen nachweisen, je nachdem, ob das *Führerscheinsparziel* als ein Budgetverwendungszweck unter mehreren genannt wird, oder ob es an erster Stelle positioniert ist. Die 96 Jungen und Mädchen, die einen Teil ihres Budgets von 75,– Euro dazu verwenden, für den *Führerschein zu sparen*, ohne dieses Sparziel zu priorisieren, orientieren sich damit besonders deutlich am Design des Aufgabentextes, bei dem das *Führerscheinsparen* an dritter Stelle erwähnt wird; nach dem *Kleidungskauf* und dem *Erwerb eines Computerspiels*. Weder hat das *Sparen für den Führerschein* für die Angehörigen dieser Teilgruppe Vorrang vor allen anderen Arten der Geldverwendung, noch lösen sie das Sparziel von der Funktion des *Führerscheinerwerbs.* Ihr gemeinsames Merkmal ist, dass sie für einen Teil ihres Budgets ein langfristig orientiertes Nutzenkonzept verfolgen. In Bezug auf die Frage, wieweit die Sparstrategien dieser Jugendlichen lediglich die Aufgabenstellung aufgreifen oder eigenständige ökonomisch wirksame Denkansätze erkennen lassen, geben die Textformulierungen vielfältige Hinweise.

4.3.2.1 Der ausgewiesene Sparbetrag als Indikator der Nutzeneinschätzung

In der Teilgruppe der Jugendlichen, die in ihrer Aufgabenlösung angeben, für den Führerschein zu sparen, ohne diesen Geldverwendungszweck an erster Stelle ihres Haushaltsplans zu benennen, sind die am häufigsten gebrauchten Formulierungen zur Kennzeichnung des Sparanteils „der Rest" (31mal) und „was übrig bleibt" (siebenmal). Knapp 40 Prozent der 96 Personen starken Teilgruppe verzichten damit darauf, einen Betrag zu nominieren. Darüber hinaus weisen die hier zugehörigen Schülerinnen und Schüler dem *Führerschein – Sparziel* den letzten Rang bei ihrer Budgetverwendung zu. Mit den angeführten Formulierungen lösen sie sich in Bezug auf die Positionierung des Sparziels insofern von der Aufgabenstellung, als dort dem *Sparen für den Führerschein* eine mittlere Position zugewiesen ist; nach den *Ausgaben für Kleidung* und *PC- Spiel*, aber vor der Verwendung für *Kinobesuch* und *Handykarte.* Die angesprochenen Jungen und Mädchen gehören zu einer Untergruppe, deren Angehörige das *Führerschein – Sparziel* umschreiben, anstatt ihm Zahlenbeträge zuzuweisen. Neben den Ausdrücken *Rest* und *was übrig bleibt* werden Formulierungen verwendet, die verdeutlichen, dass es sich um kleine Beträge handelt, wie z.B. „ein paar Euro"[10] „auch etwas Geld"[11] oder „ein bisschen Geld"[12].

Weitere 31 Jugendliche aus der Teilgruppe nennen konkrete Sparbeträge, die zu etwa der Hälfte zwischen 10 und 30 Euro liegen. Diese Mädchen

---

[10] Text 28.
[11] Text 83.
[12] Text 52.

und Jungen verdeutlichen durch das Nicht-Konsumieren eines nennenswerten Budgetanteils die Bedeutung, die sie dem *Sparen für den Führerschein* beimessen.

Im Hinblick auf die Untersuchung der Frage, welche Hinweise die verwendeten Ausdrucksformen auf die zu Grunde liegenden Nutzenvorstellungen geben, wird zunächst die Gruppe berücksichtigt, die ankündigt, einen Restbetrag zu sparen. Den Spitzenplatz in der Rangordnung der Ausgabenziele teilen sich bei diesen Jungen und Mädchen Kleidung sowie das PC-Spiel. Die Handykarte als priorisiertes Ausgabenziel liegt knapp dahinter, gefolgt von dem Kinobesuch mit Freunden. Die Zahl der Konsumgüter, die dem mit „Rest" und „was übrig bleibt" gekennzeichneten Sparziel vorgezogen werden, liegt zwischen eins und vier. Auffällig ist, dass in einigen Fällen das Wort „Rest" selbst dann verwendet wird, wenn lediglich ein weiteres Ausgabenziel vorhanden ist. So formuliert beispielsweise der Verfasser von Text 468: „Ich kaufe mir ein Computerspiel weil ich spass [!] haben will und es lange höllt [!] und den Rest spar ich für den Führerschein...."[13]. In Text 490 lautet eine entsprechende Formulierung: „Ich gehe ins Kino und den rest [!] spare ich für mein [!] Führerschein."[14]

Gemeinsam ist allen Schülern und Schülerinnen, die diese Formulierungen gebrauchen, dass das Sparen für den Führerschein zwar einen Bestandteil ihrer Budgetplanung darstellt, dass allerdings alle anderen Ausgabenziele, die sich im fiktiven Warenkorb befinden, vorgezogen werden. Deren Vorrangstellung wird dadurch betont, dass ihre Auflistung häufig mit Reflexionssignalen oder sogar mit grammatisch eindeutig markierten Begründungen versehen ist, während vergleichbare Kennzeichnungen bei den für das Führerscheinsparen vorgesehenen Budgetanteilen fehlen. Als Beispiel kann Text 296 dienen, in dem die Konsumziele Handykarte, Kinobesuch und Kleidung jeweils begründet werden, wohingegen das durch die Formulierung „den Rest" abgegrenzte Führerscheinsparen mit keinerlei Reflexionssignal ausgestattet ist.[15] Ein weiteres Beispiel für Nutzen orientiertes Disponieren über das gegebene Budget liefert Text 479. In diesem mit 79 Worten recht langen Text wird ausführlich über Strategien zur Fremdfi-

---

[13] Text 468.
[14] Text 490.
[15] Vgl. Text 296.

nanzierung reflektiert. Mitgeplant wird auch, das PC- Spiel nicht aus dem Sonderbudget von 75,- Euro, sondern aus den regelmäßigen Taschengeldeinkünften zu finanzieren. Zusätzlich werden Möglichkeiten zur Senkung der Kinoausgaben erwogen. Zu diesen ausführlichen Planungsüberlegungen stehen die sieben Wörter „und der Rest geht zum Führerschein ersparniss [!]"[16]in deutlichem Kontrast.

Die Analysebefunde zu diesem Aspekt lassen sich so zusammenfassen, dass die Schülerinnen und Schüler durch die Formulierungen „Rest" und „was übrig bleibt" zu erkennen geben, dass sie zwar mit dem Ziel, für den *Führerscheinerwerb* zu sparen, den Verzicht auf das unmittelbare Konsumieren eines bestimmten Budgetanteils planen, dass sie allerdings allen anderen Gütern in ihrer persönlichen Finanzplanung den Vorrang einräumen. Sie lassen keinen Zweifel daran, dass sie angesichts der Budgetrestriktion von 75,– Euro die Realisierung ihrer individuellen Konsumwünsche als Voraussetzung für das *Führerscheinsparen* ansehen. Diese Teilgruppe greift demnach das auf den *Führerscheinerwerb* ausgerichtete Sparmotiv aus der Aufgabe auf, ordnet es allerdings der Erfüllung der individuell präferierten Konsumziele unter.

In allen bisher erwähnten Fällen fehlen in Bezug auf das *Führerscheinsparen* nicht nur ausdrückliche Begründungen, sondern Reflexionssignale jeglicher Art, die als Ausdruck gedanklicher Beschäftigung angesehen werden könnten. Neben der oben ausgeführten Deutung ist in Bezug auf diese Gruppe auch die Möglichkeit in Betracht zu ziehen, dass das *Führerscheinsparziel* mit dem Motiv übernommen wurde, die gestellte Aufgabe zu erfüllen, ohne dass es in den persönlichen Nutzenerwägungen der hier einzuordnenden Schüler und Schülerinnen eine eigenständige Größe darstellt.

Eine weitere Untergruppe von Jugendlichen verbindet das Führerscheinsparen zwar nicht mit einem Restbetrag, nennt es allerdings auch nicht an erster Stelle. Bei der Analyse der hierher gehörenden Texte unter der Fragestellung nach dem Nutzenkonzept der zugehörigen Autorinnen und Autoren fällt auf, dass sie das Führerscheinsparen neben anderen Geldverwendungszwecken einordnen, indem sie ihm einen nominalen Teil-

---

[16] Text 479.

betrag des Budgets zuordnen. Diese Zuweisung wird teilweise erläutert, wie zum Beispiel von dem Verfasser von Text 375[17]. Eine weitere, von einigen Jugendlichen gewählte Darstellungsform sieht so aus, dass das Führerscheinsparen mit anderen Ausgabenzielen zusammengefasst wird, um die auf diese Weise gebildete Gruppe von Geldverwendungszwecken von zurückgewiesenen Konsumausgaben deutlich abzugrenzen.[18]

4.3.2.2 Weitere Ausdrucksformen für die Einschätzung der Bedeutsamkeit des Führerscheinsparens

In vielen Fällen zeigen die verwendeten Formulierungen, dass die zu der zuletzt genannten Untergruppe gehörenden Schülerinnen und Schüler das Sparen für den Führerschein durchaus als wichtig ansehen. Sie unterscheiden sich damit deutlich von der zuvor beschriebenen Gruppe, die dem Führerscheinsparen den letzten Rang zuweist. Einige Jungen und Mädchen sprechen die Bedeutsamkeit direkt an, während andere ihre Auffassung dadurch zum Ausdruck bringen, dass sie das Führerscheinsparen positiv hervorheben gegenüber anderen Verwendungszwecken, die sie ausdrücklich ablehnen. Die Art und Weise, in der es ihnen gelingt, ihre Wertschätzung des Führerscheinsparens zu verdeutlichen, obwohl sie anderen Ausgabenzielen den Vorrang einräumen, wird im Folgenden an einigen Texten veranschaulicht:

Die Verfasserin von Text 131[19] nennt Kleidungskauf und Führerscheinsparen gleichrangig. Sie bezieht die Formulierung „was übrig bleibt"[20] auf Handykarte und Computerspiel. Als letztes Ausgabenziel wird der Kinobe-

---

[17] Vgl. „15 € Handykarte: Muss immer erreichbar sein für Eltern und Freunde
25 € Führerschein: Irgendwann will ich das Geld zusammen haben
5 € Sonstiges (z.B. Zeitschrift): kommt drauf an was ich noch so brauche
20 € Klamotten: Im Moment wachs ich sehr schnell".

[18] Vgl. Text 129: „ Mit dem Geld was ich bekommen hätte, hatte ich auf keinem Fall ein aktuelles Computerspiel gekauft. Den so ein Spiel ist immer Teuer. Lieber hätte ich es in Klamotten, Kino und Führerschein stecken."

[19] Vgl. „Ich würde erst mir was zum Anziehen kaufen und für mein Führerschein Geld sparen und was übrig bleibt eine Handykarte und Computerspiel kaufen. Zum Schluss ins kino gehen. Wenn ich was übrig hätte. Ich würde ir erst die Sachenkaufen die ich gebrauch kann, dann die sonstigen Sachen."

[20] Ebd.

such an die Bedingung geknüpft, dass das Budget noch nicht völlig aufgebraucht ist. Durch die Formulierung „die ich gebrauch [!] kann" grenzt die Schülerin Kleidungskauf und Führerscheinsparen von „sonstigen Sachen" ab, wobei sie die Unterscheidung durch das Adverb „erst" verstärkt, indem sie eine Reihenfolge erstellt.

Obwohl in Text 331[21] für das Führerscheinsparen ein Restbetrag vorgesehen ist, im Unterschied zu der an erster Stelle genannten Geldausgabe für Kleidung, drückt die Schülerin in der Begründung „weil er mir wichtig ist"[22] ihre als subjektiv gekennzeichnete Bedeutungszuweisung aus. Dabei kennzeichnet sie durch die Verwendung des Personalpronomens „mir" die Wertschätzung des Führerscheins als ihre persönliche Einstellung, ohne diese allerdings zu begründen, während durch „man" und „ja" das Geldausgeben für Kleidung als allgemein anerkannte Notwendigkeit gekennzeichnet wird. Die übrigen in der Aufgabe genannten Konsumziele weist die Schülerin zurück, wobei sie es nicht bei dem Adjektiv „unnützlich" bewenden lässt. Vielmehr bekräftigt sie ihre Ablehnung durch das persönliche, stark abwertende Urteil: „ich finde Geld verschwendung [!]."

In Text 291[23] stellt der Kauf von Kleidung neben dem Führerscheinsparen, der Handykarte und dem Kinobesuch ein Beispiel für „nützliche dinge [!]" dar, für die das Budget verwendet wird. Die Verfasserin gibt nicht zu erkennen, weshalb sie die genannten Geldverwendungsziele nützlich findet. Auch wird nicht sichtbar, ob sie zwischen Konsum- und Sparausgaben Bedeutungsunterschiede wahrnimmt. Insofern das Computerspiel in ihrer Auflistung fehlt, zählt es möglicherweise nicht zu den Geldverwendungszielen, von denen sie einen Nutzen erwartet.[24]

Der Verfasser von Text 137[25] formuliert für die Kleidungsausgaben und

---

[21] Vgl. „Ich würde für ein paar Kleidungsteile Geld ausgeben, weil man das ja braucht. Und ich würde den Rest für den Führerschein sparen, weil er mir wichtig ist. Der Rest ist unnützlich, ich finde Geld verschwendung."

[22] Ebd.

[23] Vgl. „Ich benutze das Geld für nützliche dinge z.B. anziehsachen kaufen, für den Führerschein sparen, eine Handykarte, Kino. Ich kaufe mir eine Hose/ Oberteil, und lege so die hälfte weg und wenn ich noch etwas Geld habe gehe ich ins Kino."

[24] Zufall oder andere Gründe für das Nicht-Erwähnen des Computerspiels werden ebenfalls als möglich erachtet.

[25] Vgl. „Ich würde mir Kleidung kaufen weil man sie auch braucht. Außerdem würde ich

das Führerscheinsparen Begründungen oder Erklärungen, ohne konkrete Beträge zu nennen. Für den an erster Stelle genannten Kleiderkauf verwendet er mit dem Verb „brauchen" ein Signal des dringlichen Bedarfs. Indem er das Personalpronomen „man" benutzt, drückt er seine Auffassung aus, dass über die Notwendigkeit, Geld für den Kauf von Kleidung auszugeben, ein allgemeiner Konsens besteht, dem er sich anschließt. Durch das Adverb „außerdem" fügt er als gleichgewichtig das Führerscheinsparziel an, das er mit einem hohen Budgetanteil ausstattet, was dadurch begründet wird, dass der Führerschein „sehr wichtig ist". Warum der Junge dem Führerschein so große Bedeutung zuspricht, erfährt der Leser nicht. Der Entschlossenheit in Bezug auf Kleiderkauf und Führerscheinsparen stellt der Schüler die bloße Erwägung der Möglichkeit des Kaufes einer Handykarte gegenüber, wobei er die Realisierung an die Bedingung knüpft, dass das Budget noch nicht aufgebraucht ist.

In Text 47[26] werden durch die Verwendung des Verbs brauchen „Klamotten" und „Führerschein" als gleichermaßen notwendig gekennzeichnet. Ebenso wenig wie die Verfasser der bereits vorgestellten Texte begründet dieser Schüler, weshalb er den Führerschein als notwendig erachtet; allerdings drückt er durch die Passivkonstruktion „gebraucht wird" aus, dass aus seiner Sicht die Notwendigkeit, Kleidung zu kaufen und für den Führerschein zu sparen, unstrittig ist. In gleicher Weise erhebt der Junge auch in Bezug auf die Handykarte den Anspruch allgemein anerkannter Selbstverständlichkeit, wie das unpersönliche Personalpronomen „man" signalisiert; allerdings verweist er in diesem Zusammenhang nicht auf Notwendigkeit, sondern führt den Kommunikationszweck als Begründung an.

In Text 116[27] ist das Führerscheinsparen unter mehreren Geldverwendungen die als einzige quantifizierte, und zwar mit 20,– Euro. Ohne ein for-

---

mindestens die hälfte des Geldes sparen, da der Führerschein sehr wichtig ist. Vielleicht würde ich mir noch ein Handy Karte kaufen, wenn ich noch genug geld habe von dem das ich Ausgeben durfte."

[26] „Ich würde es für Klamotten, Führerschein und wenn das Geld reicht eine Handykarte. Die Klamotten sind etwas was im Leben Gebraucht wird deshalb dies. Führerschein weil das auch gebraucht wird. Handykarte damit man mit Menschen Kontakt hat."

[27] Vgl. „Ich wurde mir erstmal neue Kleidung weil ich sie mehr brauche als computerspiele. Ich wurde ca 20 € für den Fuhrerschein sparen den werde ich später brauchen. Und ich wurde mit meinen Freunden ins Kino gehen."

males Begründungssignal zu verwenden, prognostiziert der Schüler, unmittelbar nachdem er den Sparbetrag genannt hat, „(...) den werde ich später brauchen." Auf welche Überlegungen er seine Annahme stützt, bleibt offen. Das Sparen für den Führerschein nennt der Junge an zweiter Position; an erster Stelle steht für ihn, gekennzeichnet durch das Notwendigkeit signalisierende Verb „brauchen", der Kleiderkauf. Indem er Computerspiele als weitere, in der Aufgabe angesprochene Konsumziele syntaktisch nachordnet, verdeutlicht er die Dringlichkeit des Kleiderkaufs. Im Unterschied zu zahlreichen anderen Jugendlichen lehnt der Schüler Computerspiele weder ab, noch bewertet er deren Kauf als unnötig. Allerdings zieht er mit Blick auf den unmittelbaren gegenwärtigen Bedarf den Kleiderkauf vor, wohingegen unter einer langfristigen Perspektive der Führerscheinerwerb als Ziel genannt wird. Angereiht durch die Konjunktion „und" folgt an dritter Stelle unkommentiert der Kinobesuch mit Freunden als Ausgabenziel.

Ein weiteres, verbreitetes Signal zur Kennzeichnung Nutzen orientierter Bevorzugung einer Budgetposition ist die Verwendung des Adverbs „jedenfalls" oder in der nominalen Form „in jedem Fall". Die Schülerin, die in Text 28[28] angibt, „auf jeden Fall ein paar Euro" für den Führerschein sparen zu wollen, verknüpft in ihrer Begründung langfristiges Denken mit persönlichem Unabhängigkeitsstreben von den Eltern. Dadurch gewichtet sie die Bedeutung des Führerscheinsparens stark, auch wenn sie lediglich „ein paar Euro" spart und das Sparziel nicht an erster Stelle nennt. Vorrang nämlich hat für sie der Kleidungskauf, den sie dreifach als dringlich kennzeichnet. Zunächst positioniert sie die Reflexion darüber, was sie am dringendsten benötigt, vor allen anderen Überlegungen. Mit der Formulierung „als erstes" wählt sie ein zweites Dringlichkeitssignal, das sie durch die Verwendung der Superlativform „am meisten brauche" nochmals verstärkt. Durch ihren Text zeigt die Schülerin, dass sie die Erfüllung grundle-

---

[28] Vgl. „Als erstes würde ich überlegen, was ich am meisten brauche. Zum Beispiel Anziehsachen. Nach ein paar Monaten ist ein Computerspiel meistens heruntergesetzt, wenn ich das dann immer noch kaufen möchte, dann kauf ich es mir. Für meinen Führerschein würde ich auf jeden Fall ein paar Euro sparen, denn ich will mit 18 Jahren nicht mehr auf meine Eltern angewiesen sein, wenn ich irgendwo hin möchte. Ich würde mit der Handykarte warten, bis ich wirklich kein Geld mehr habe. Aber auf jeden Fall würde ich Geld für's Kino sparen."

gender Bedürfnisse an die erste Stelle setzt und gleichzeitig auf das Selbstverwirklichungsziel des Erwerbs größerer Autonomie hinsteuert. Demgegenüber haben der Kauf des Computerspiels und der Handykarte jeweils nachgeordnete Bedeutung und werden an Bedingungen geknüpft, die eine erneute Nutzenabwägung voraussetzen, während die Finanzierung des Kinobesuchs als Sparziel alternativlos erscheint. Insgesamt zeigt der Text, dass sich die Schülerin beim Disponieren über das Budget von 75,– Euro als wirkungsvoll Agierende versteht, deren Eigenkonzept dadurch gekennzeichnet ist, dass sie ihre Entscheidungen als förderlich für die von ihr selbst gesetzten Ziele darstellt, wobei die Erfüllung von als notwendig erachteten Erfordernissen ausdrücklicher Bestandteil ihres Nutzenkalküls ist.

Eine andere, ebenfalls deutlich am persönlichen Nutzen orientierte Funktionszuweisung für das Führerscheinsparen findet sich in Text 343[29]. Obwohl die Verfasserin den nicht quantifizierten Sparbetrag als Geldverwendungsziel an zweiter Stelle nennt, lässt sich an der in Klammer gesetzten Erklärung des imaginierten Nutzens nachvollziehen, wie wichtig ihr der Führerschein ist. Allerdings verdeutlicht die gewählte Reihenfolge zweifelsfrei, wie die Schülerin die Einzelposten ihres Budgets gewichtet. Mit den Signalen „Als erstes" und „wirklich benötige" markiert sie den Kauf von Kleidung als vordringlich, während Handykarte und Computerspiel in einer syntaktisch unvollständigen Aneinanderreihung ohne weitere Erklärungen dem Sparen für den Führerschein lapidar nachgeordnet werden.

Zusammenfassend lassen sich die Schülerinnen und Schüler, die für den *Führerschein* sparen, ohne diesem Sparziel den ersten Rang in der Textauflistung zuzuweisen, dadurch charakterisieren, dass sie dessen Bedeutsamkeit auf eine der folgenden Arten ausdrücken: Entweder sie kennzeichnen das *Führerscheinsparen* als bedeutsam, indem sie Formulierungen wie „wichtig", „brauchen" und „auf jeden Fall" benutzen, oder sie stellen dar, welche Funktion sie dem *Führerschein* zuweisen, wobei sie zum Ausdruck bringen, dass sie sich bewusst sind, dass der Nutzen in der Zukunft liegt.

---

[29] Vgl. „Als erstes kaufe ich mir die Dinge die ich wirklich benötige (etwas Neues zum Anziehen). Dann lege ich das Geld für meinen Führerschein zurück (will ja mit 18 nicht noch zu Fuß gehen!) Dann die Handykarte, dann das Computerspiel."

Die Schülerinnen und Schüler, die das Führerscheinsparziel an erster Stelle nennen, unterscheiden sich von denjenigen Jugendlichen, die ihm einen nachrangigen Platz zuweisen, in Bezug auf die angesprochenen Merkmale in zweierlei Hinsicht deutlich: Einerseits liegt der Anteil derjenigen, die einen konkreten Sparbetrag nennen, mit 47,5 Prozent gegenüber 32,3 Prozent um mehr als 15 Prozentpunkte höher. Andererseits ist der Anteil an Texten, in denen Bedeutsamkeitssignale mit dem Führerscheinsparen verknüpft werden, in der Gruppe der Jugendlichen, die das Führerscheinsparen priorisieren, mit 37,3 Prozent mehr als doppelt so hoch wie in der Vergleichsgruppe, in der 17,7 Prozent der Texte Bedeutsamkeitssignale aufweisen. Auch in Bezug auf die Höhe der Sparbeträge unterscheiden sich die Jugendlichen aus beiden Gruppen: Der Anteil derjenigen, die mehr als 30,– Euro für das Führerscheinsparziel veranschlagen, beträgt in der Priorisierungsgruppe 80 Prozent; in der Gruppe der nachrangigen Nennung demgegenüber 50 Prozent. 13 Schülerinnen und Schüler nehmen in der Gruppe derjenigen, die das Führerscheinsparen priorisieren, insofern eine Sonderposition ein, als sie ihr Gesamtbudget von 75,– Euro für dieses Sparziel einsetzen. Sie drücken diese Entscheidung entweder durch die Benennung des vollen Budgetbetrags aus, wie es in drei Fällen geschieht, oder sie verwenden die Formulierung „alles".[30] Drei Jugendliche verdeutlichen durch den Kontext, dass das Führerscheinsparen ihr einziges Ausgabenziel ist. Das Wort „Rest", dem, wie oben gezeigt, in der Gruppe der nachrangigen Nennung des Führerscheinsparens eine beachtliche Bedeutung zukommt, spielt in der Gruppe der Erstnennungen, auf das Führerscheinsparen bezogen, nur in Ausnahmefällen eine Rolle, etwa, wenn es wie in Text 138 entgegen den Regeln der Logik inhaltlich mit dem größten Teilbetrag verbunden wird.[31] Allerdings gebrauchen 13 Jugendliche das Wort „Rest" in Verbindung mit anderen Geldverwendungszielen als dem Führerscheinsparen. Am häufigsten, nämlich in sieben Fällen, dient die Formulierung dazu, den Kinobesuch mit Freunden auf die letzte Stelle des Haushaltsplanes zu verweisen.

---

[30] in sieben Texten.

[31] Vgl. „Ich würde für 15 € mit meinen freunden ins kino gehen. Denn da habe ich eine Menge spaß und den rest für den Führerschein sparen. Sicher ist sicher den irgendwann muss ich sowieso sparen."

Die in der Gruppe der Erstnennungen des Führerscheinsparens verwendeten Bedeutsamkeitssignale sind vielfältig. 16 Schülerinnen und Schüler gebrauchen Formen des Adjektivs „wichtig", das noch häufiger als in der Grundform in Steigerungsformen oder, wie beispielsweise in Text 327, verstärkt durch das Adverb „sehr", auftritt[32]. Noch dringlicher wirkt die Formulierung in Text 46, in dem der Führerschein als „viel, sehr viel wichtiger für mich ... als die anderen Dinge"[33] gekennzeichnet wird. In Text 17 passt die Superlativform zu der voran gestellten Reflexion: „Als 1. überlege ich gründlich wo ich als erstes und. am meisten Geld investieren sollte. Der Führerschein wäre mir am wichtigsten."[34] Wie in diesem Beispiel wird in mehreren Texten die Subjektivität der Bedeutungszuweisung durch die Verwendung von Personalpronomen hervorgehoben, ein Aspekt, auf den bei der Merkmalsbeschreibung von Selbstwirksamkeitskonzepten erneut eingegangen werden wird.[35]

Auffällig ist, dass in Verbindung mit der Priorisierung des Führerscheinsparens keine sprachlichen Signale des dringenden Bedarfs wie „notwendig", „erforderlich" oder auch „brauchen" Verwendung finden, wohingegen derartige Notwendigkeits-Indikatoren in Bezug auf den Kleidungskauf vorherrschen. Im Kontrast dazu dominieren in Bezug auf den Führerscheinerwerb Formen des Adjektivs „wichtig" zur Kennzeichnung der Einstellung der Jugendlichen zum Sparen. Dadurch verdeutlichen die Mädchen und Jungen, dass sie den Führerschein nicht auf der Ebene der grund-

---

[32] Vgl. „5 € für das Handy nicht so wichtig
50 € für den Führerschein sehr wichtig
20 € für das Computerspiel toll".

[33] „Ich würde die unwichtigen Sachen weglassen und für den Führerschein sparen, weil der fürerschein viel, sehr viel wichtiger für mich ist als die anderen Dinge."

[34] „Als 1. überlege ich gründlich wo ich als erstes und am meisten Geld investieren sollte. Der Führerschein wäre mir am wichtigsten. Dafür würde ich ungefähr 30 Euro zur Seite leben. Mit 20 Euro des restlichen Geldes würde ich zusammen mit meinen Freunden erst in der Stadt shoppen, und dann ins Kino gehen. Denn ein Computerspiel wäre mir nie wichtiger als Freunde. Und außerdem kann ich ja auch noch warten bis es billiger geworden ist. Vielleicht in einem Monat. Mit den letzten 25 Euro würde ich mir noch die Handykarte (kostet 15 Euro) kaufen. Dann wäre aber schluss und die restlichen 10 Euro kämen ins Portmonnie."

[35] Vgl auch Texte 27; 334; 347.

legenden Bedürfnisse verorten, sondern seine Bedeutung darin sehen, ihre Autonomie zu stärken.

Wie schon für die Gruppe der Nicht-Erstnennungen gezeigt, gibt es auch unter denjenigen Schülerinnen und Schülern, die das Führerscheinsparziel priorisieren, einige, die, anstatt ein Bedeutsamkeitssignal zu verwenden, auf die Funktion verweisen, die der Führerschein später für sie haben wird. Der Verfasser von Text 333 z.B. formuliert knapp: „Führerschein das ist wichtig ich will nämlich ein Auto haben wenn ich groß bin". Text 42 stellt eine Ausnahme von der zuvor dargestellten Regelmäßigkeit der Verknüpfung von Bedeutsamkeitssignalen dar, insofern der Verfasser die Funktion des Führerscheins mit Notwendigkeit assoziiert, wie er durch die Verwendung des Verbs „brauchen" erkennen lässt. Konkretisierend benennt er den Führerscheinerwerb als grundlegende Bedingung für Erfolg im Leben. Für ihn tritt, anders als in den Äußerungen der meisten Jugendlichen erkennbar, gegenüber der Notwendigkeit des Führerscheinerwerbs der Kauf von Kleidung in den Hintergrund, ebenso, wenngleich mit anderer Begründung, auch der Erwerb eines PC-Spiels.[36]

Zusammenfassend lassen sich die Texte, die das Führerscheinsparen priorisieren, im Vergleich zu denen, die das Sparen für den Führerschein an späterer Stelle positionieren, dadurch charakterisieren, dass sie im Allgemeinen sowohl mit konkreteren Vorstellungen der Jugendlichen in Bezug auf die Höhe des Sparbetrags als auch mit einer stärkeren Wertschätzung des Führerscheins einher gehen.

4.3.2.3 Signale von Selbstwirksamkeitsbewusstsein in Verbindung mit dem Führerscheinsparen

In den untersuchten Texten zum Führerscheinsparen lassen sich Merkmale von unterschiedlich abgestuften Vorstellungen der Jugendlichen zu der Frage erkennen, inwieweit sie es selbst in der Hand haben, ihren Nutzen zu

---

[36] Vgl. Text 42: „Antwort: Ich würde 50€ zum Führerschein legen, dann noch was zum Anziehen und wenn das geld reicht noch das Computerspiel
Begründung:
Ich würde es so tun wie oben, weil man den Führerschein brauch, wenn man im leben was erreicht haben will, den die anzieh sachen sind meist nach 2 Monaten kaputt und das PC spiel wird nach einer zeit sowiso langweilig".

steigern, indem sie sich für eine bestimmte Art der Budgetverwendung entscheiden. Eine Reihe von Mädchen und Jungen formulieren ein Akteurbewusstsein, indem sie sich als diejenigen darstellen, die unter den als gegeben akzeptierten Rahmenbedingungen ihren Handlungsspielraum ausnutzen oder ihn sogar erweitern.

Dabei kann man Unterschiede in der Methode feststellen, mit der die Schüler und Schülerinnen ihr Ziel der Nutzenmaximierung ansteuern. An Stärke und Umfang der verwendeten Selbstwirksameitssignale wird sichtbar, wo sich die Einzelnen auf einem Kontinuum zwischen Fremdbestimmtheit und Autonomie selbst verorten. Auch größere Gruppen innerhalb des Samples lassen sich hinsichtlich ihrer Eigenwahrnehmung auf der Grundlage der im Folgenden vorgestellten Indikatoren vergleichen.

Verbindendes Merkmal aller Jugendlichen, deren Texte Selbstwirksamkeitssignale aufweisen, ist, dass sie sich in einer Weise verhalten, die ihnen im Hinblick auf ihre nach subjektiven Nutzenerwägungen gebündelten Konsum- und Sparziele unter der Bedingung der Budgetrestriktion von 75,– Euro Erfolg zu versprechen scheint. Sie nehmen sich als Akteure wahr und verstehen ihre Entscheidungen zur Geldverwendung vor dem Hintergrund von akzeptierten Rahmenbedingungen als Schritte, die ihnen erlauben, ihren Handlungsspielraum optimal auszunutzen oder sich zusätzliche Handlungsmöglichkeiten zu schaffen. Dabei beziehen sie Opportunitätskosten in ihr Kalkül ein.

Das im Folgenden dargestellte, in den Texten der Jugendlichen ermittelte Verständnis des Begriffs Selbstwirksamkeit wurde nicht dem wissenschaftlich-theoretischen Diskurs entlehnt, sondern, entsprechend dem induktiven Ansatz der Grounded Theory, hermeneutisch aus den Äußerungen der Mädchen und Jungen entwickelt und durch Kontext bezogene Vergleiche in seiner Bedeutung ausdifferenziert. Die Ergebnisse der Analyse der Schülertexte legen allerdings nahe, dass das in den Texten der Jugendlichen explizierte Akteurbewusstsein kompatibel ist mit dem maßgeblich von Albert Bandura erforschten sozialpsychologischen Konstrukt der Selbstwirksamkeit, das der Autor zusammenfassend charakterisiert:

„In short, perceived self-efficacy is concerned not with the number of skills you have, but with what you believe you can do with what you have under a variety of circumstances."[37]

Pätzold / Stein (2007) betonen, dass das Konstrukt nicht nur im Kontext schulischen Lernens zu verorten sei. Vielmehr äußerten sich „allgemeine Selbstwirksamkeitsüberzeugungen"[38] „in einer zuversichtlichen Einschätzung der generellen Lebensbewältigungskompetenz"[39]. Derartige Überzeugungen sind charakteristisch für die Jugendlichen, die in ihren Texten das Selbstverständnis zum Ausdruck bringen, durch ihre Entscheidung für die ihnen am besten geeignet erscheinende Verwendung ihrer knappen Mittel ihren Nutzen zu vergrößern.

Bevor die verschiedenen Formen von sprachlichen Selbstwirksamkeitsindikatoren vorgestellt werden, erscheint es an dieser Stelle sinnvoll, an eine weiter oben angesprochene Grundannahme der vorliegenden Studie sowie an deren forschungsmethodische Konsequenzen zu erinnern: Während sich die Untersuchung hinsichtlich ihrer Makrostruktur an grundlegenden forschungstheoretischen wie forschungsmethodischen Überlegungen der Grounded Theory orientiert, nach der auf dem Wege des Vergleichens konzeptuell codierter sprachlicher Äußerungen Untersuchungsaspekte gewonnen werden, die sich im Fortgang der Forschungstätigkeit auf dem Wege des theoretical sampling[40] stetig netzartig erweitern, folgt die Detailanalyse der auf diese Weise als Bewusstseinssymptome ermittelten sprachlichen Äußerungen dem aus der objektiven Hermeneutik entlehnten Verfahren, durch den Vergleich lexikalisch und syntaktisch strukturell auffälliger Textelemente Bedeutungsvarianten zu ermitteln, die Rückschlüsse auf die gedanklichen Konzepte ihrer Autoren erlauben.[41]

Ungefähr 14 Prozent aller untersuchten Jugendlichen verzichten in ihren Texten nicht nur vollständig auf die in der Aufgabe geforderte Begründung, sondern lassen darüber hinaus keinerlei Reflexionsmerkmale erkennen. Obwohl für diese Mädchen und Jungen keine sprachlichen Hinweise auf ihre Gedanken vorliegen, wird nicht ausgeschlossen, dass sie gleichwohl über Selbstwirksamkeits-Vorstellungen verfügen.

Zu dieser Gruppe gehört eine Reihe von Verfasserinnen und Verfas-

---

[37] Bandura (1997): 37.
[38] Pätzold & Stein (2007): 2.
[39] Ebd.
[40] Vgl. Glaser (1978): 36-54.
[41] Vgl. Aeppli u.a. (2011): 224.

sern, die in ihrer Aufgabenlösung angeben, für den Führerschein zu sparen. Sie ordnen den vorgegebenen Geldverwendungszwecken völlig kommentarlos unterschiedlich hohe Beträge zu, so dass beim Lesen ihrer Texte der Eindruck entstehen kann, dass die Höhe des jeweiligen Betrags einen Hinweis auf die vorgenommene Gewichtung bietet.[42] Allerdings können sich die Leserinnen und Leser nicht sicher sein, ob ihre Vermutungen die Gedanken der Mädchen und Jungen tatsächlich treffen. Manchmal wird auch nur ein Teil der Verwendungszwecke durch Beträge konkretisiert.[43] Verbindendes Merkmal beider Gruppen ist der Verzicht auf Reflexionssignale. Obwohl auf Grund von deren vollständiger Ermangelung in den Texten der diesen Gruppen zuzuordnenden Jugendlichen keine Indikatoren von Selbstwirksamkeitsvorstellungen zu erkennen sind, wird durchaus als Möglichkeit in Betracht gezogen, dass die Schülerinnen und Schüler die verschiedenen Geldverwendungszwecke in einer Weise anordnen, die ihnen nützlich erscheint, und dass sie sich dabei selbst als Akteure wahrnehmen. Obwohl ihre Gedanken sprachlich nicht in Erscheinung treten, wird nicht ausgeschlossen, dass auch diese Jugendlichen Nutzen orientierte Budget-Entscheidungen treffen. Allerdings werden sie im Verlauf der Studie lediglich quantifiziert; bei der inhaltlichen Untersuchung von Selbstwirksamkeitskonzepten jedoch bleiben ihre Texte aus Gründen fehlender Nachweisbarkeit unberücksichtigt.

Im Hinblick auf die Gesamtgruppe der Schüler und Schülerinnen, die einen Teil ihres Budgets darauf verwenden, für den Erwerb des Führerscheins zu sparen, lassen sich für diejenigen Jugendlichen, für die der Führerschein das primäre Sparziel ist, strukturell die gleichen Selbstwirksamkeitssignale nachweisen wie für die Teilgruppe derjenigen, die dem Führerscheinsparen eine nachrangige Bedeutung zuweisen. Die beiden Unter-

---

[42] Vgl. Text 85:
     „ Kino für ca. 10€
     Handykarte 15 €
     Etwas neues zum Anziehen ca. 20€
     10€ für Führerschein
     10€ sparen für Computerspiel".
[43] Vgl. Text 55:
     „Ich tue mindestens 5 Euro für den Führerschein in die Kasse. Dann neue Kleidung.
     Dann Computerspiel. Dann ins Kino. Und dann Handykarte für 10 Euro."

gruppen unterscheiden sich, wie weiter unten zu zeigen ist, darin, wie häufig bestimmte Merkmale einzeln oder in Kombination auftreten.

Ein bereits oben beschriebenes Selbstwirksamkeitssignal stellt die individuelle Beurteilung der Bedeutung eines Geldverwendungsziels durch die Jugendlichen dar. Ob der Mitteleinsatz als notwendig, nützlich, subjektiv wichtig oder als eher unbedeutend eingeschätzt wird, oder ob die Mädchen und Jungen ihn als förderlich für das eigene Vergnügen wahrnehmen, spielt eine wichtige Rolle, wenn es darum geht, den Rang dieses Ziels individuell festzulegen. Nutzen maximierend verhalten sich die untersuchten Jugendlichen nämlich vorwiegend dadurch, dass sie den subjektiv als bedeutsam eingestuften Geldverwendungszwecken einen vorderen Rang in ihrer Darstellung oder einen hohen Teilbetrag ihres Budgets zuweisen

So sind es bei der Verfasserin von Text 258 gleich drei Ziele, denen sie unterschiedslos das Attribut „wichtig" zuordnet. Bei den zugewiesenen Beträgen allerdings macht sie Unterschiede: Für Kleidung wendet sie 33,– Euro auf, für den Führerschein 20,– Euro und für die Handykarte 15,– Euro. Für den Kinobesuch, obwohl als unabdingbar gekennzeichnet, wird der realistische Betrag von 7,– Euro vorgesehen. Für das Computerspiel, dem sie keinen Nutzen zuspricht, setzt sie auch keinen Geldbetrag an.[44] Die Schülerin, die Text 431 formuliert hat, präferiert, durch die Superlativform „am wichtigsten" ausgedrückt, ebenfalls den Kauf von Kleidung, weist diesem aber keinen Betrag zu, im Unterschied zum Führerscheinsparen, wofür sie 30,- Euro ansetzt. Der Verzicht auf das Computerspiel ergibt sich für sie als logische Folge ihrer hohen Gewichtung des Kleiderkaufs. Die gewählte Kombination von Konsum- und Sparausgaben scheint sie zufrieden zu stellen, wie sich der Formulierung „Dann kann ich mir etwas schönes [!] zum

---

[44]   Vgl. Text 258: „ Klamotten: 33 €
Computerspiel: 0 €
Führerschein: 20 €
Handykarte: 15 €
Kino: 7 €
Klamotten sind wichtig!
Ich spiele keine spiele am pc!
Führerschein ist wichtig!
Handykarte ist wichtig
Kino muss sein!"

Anziehen kaufen'"[45] entnehmen lässt. Selbst der Kinobesuch mit Freunden hat in ihrer Budgetplanung Platz, wobei sie die Entscheidung, kein Popcorn zu kaufen, mit der beabsichtigten Folge verknüpft „so habe ich dann noch ein bisschen gespart."[46] Umgekehrt handeln die Jungen und Mädchen nach ihrer eigenen Wahrnehmung auch dann selbstwirksam, wenn sie auf etwas verzichten, was sie als unnötig kennzeichnen, insofern sie auf diese Weise ihre Optionen für Geldverwendungszwecke erhöhen, denen in ihren Augen ein größerer Nutzen zukommt. So schließt die Verfasserin von Text 20 gleich zwei der in der Aufgabe vorgegebenen Geldverwendungsziele wegen deren als gering eingeschätzter Bedeutung aus, wobei sie sich allerdings im Hinblick auf die Handykarte nicht sicher ist. Den Kinobesuch erwähnt sie bei ihrer Budgetplanung überhaupt nicht.[47]

Zu klären, welche Bedeutung sie einer von mehreren möglichen Geldverwendungen zumessen, bildet für zahlreiche an der Untersuchung Teilnehmende die Grundlage für Vergleiche und veranlasst sie dazu, Prioritäten zu setzen. So schätzt der Verfasser von Text 125 den Nutzen von Kleidung und Kinobesuch höher ein als den eines Computerspiels, wobei er durch die Verwendung der Steigerungsform „viel lieber" eher den Eindruck von Vergnügen als von Notwendigkeit erweckt.[48]

Für diejenigen langfristig orientierten Jugendlichen, die einen Teil ihres Budgets sparen, stellt der gegenwärtige Nutzenverzicht in Erwartung eines größeren Vorteils in der Zukunft das überragende Selbststeuerungsinstrument dar. Ein Teil der Schülerinnen und Schüler verknüpft die Überle-

---

[45] Text 431.

[46] „Ich lasse das Computerspiel weg weil die Anziehsachen sind am wichtigsten. Für den Führerschein lege ich mir 30 Euro zurück. Dann kann ich mir etwas schönes zum Anziehen kaufen und mit meinen Freunden ins Kino gehen. Beim Kino lasse ich aber das Popcorn weg so habe ich dann noch ein bisschen gespart."

[47] Vgl. Text 20: „Ich würde etwas von dem Geld für Klamotten ausgeben. Computerspiele finde ich nicht so wichtig. Und für meine Handykarte würde ich es wahrscheinlich auch nicht ausgeben, da ich nicht sehr viel simse, um mir dafür eine neue Handykarte zu kaufen. Den Rest von dem Geld würde ich für meinen Führerschein auf ein Konto tun und es sparen."

[48] „Ich hätte mir etwas zum Anziehen gekauft und mit den Freunden ins Kino gegangen. Und von das Geld was übrig bleibt spar ich für mein Führerschein.
Begründung: Computerspiele brauch ich nicht unbedingt, ich kauf mir viel lieber Anziehsachen und geh mit meinen Freunden ins Kino."

gungen zur Bedeutsamkeit von Geldverwendungszielen mit kausalen Signalen; andere nennen, wie bereits in Bezug auf den Führerschein gezeigt, Funktionen, deren Erfüllung sie erwarten. Als sprachlogische Signale von Selbstwirksamkeit stellen sich darüber hinaus unterschiedliche Formen finaler Konstruktionen dar, die unabhängig von der Intentionalität ihrer Verwendung darüber Aufschluss geben, dass die Verfasserin oder der Verfasser sich als ursächlich und wirkungsmächtig im Hinblick auf eine zielgerichtete instrumentelle Handlung versteht. So charakterisiert sich der Autor von Text 25[49] bereits einleitend als jemand, der sein Budget Nutzen orientiert einsetzt, indem er als geplantes Resultat seiner Aufteilung von einem geringfügigen Nutzenzuwachs in allen Bereichen ausgeht. Neben der inhaltlichen Konkretisierung fällt hier vor allem die Reflexionsdichte auf, die sich sprachlich in einer Häufung von kausalen und finalen Signalen äußert. Indem er lediglich einen kleinen Budgetanteil für den Führerschein spart, verfolgt der Schüler den Zweck, genügend Geld für den Kinobesuch und den Kauf einer Handykarte übrig zu behalten. Hinsichtlich des Kaufs des Computerspiels entsteht der Eindruck, als habe sich die ablehnende Haltung des Jungen während des Formulierungsvorganges zugespitzt. Zunächst nämlich wird der Kauf lediglich vertagt, mit der Begründung, dass das Computerspiel „nicht sehr nötig"[50] sei. Im letzten Satz wird die Aussage dann erweitert und verschärft: „Außerdem wird das Computerspiel nie gekauft, da sie teuer sind und unnötig."[51]

Eine weitere Ausdrucksform von Selbstwirksamkeitsbewusstsein besteht darin, dass die formulierenden Jungen und Mädchen Verbraucherwissen anwenden, indem sie sich auf Kostenvorteile beziehen oder alternative Finanzierungsquellen für ihre Ziele in Betracht ziehen. Der Verfasser von Text 308[52] stellt sein Akteurbewusstsein mehrfach unter Beweis. Fünfmal

---

[49] Vgl. Text 25: „Ich würde das Geld s verteilen das bei jedem Bereich etwas kleines heraus springt. Der Kleidung muss dann erst mal ein T-Shirt reichen. Das Computerspiel muss auf später vertagt werden, da es nicht sehr nötig ist und für den Führerschein wird nur ein kleiner Betrag weggelegt so das, das Geld noch für das Kino (allerdings ohne Popcorn) und die Handykarte reichen würde. Außerdem wird das Computerspiel nie gekauft da sie teuer sind und unnötig."

[50] Ebd.

[51] Ebd.

[52] Vgl. Text 308: „Fürs Kino benutze ich meinen Gutschein, für das Computerspiel gehe

präsentiert er sich durch die Verwendung des Personalpronomens „ich" als Handelnden. Für drei Ausgabenziele scheint er unterschiedliche Formen der Fremdfinanzierung zu nutzen. Für den Kinobesuch verfügt er über einen Gutschein, so dass er das Budget von 75,– Euro nicht antasten muss, ebenso wenig wie für Kleidung und Führerschein, die durch Mutter und Großmutter finanziert werden. Der Junge zieht seinen Vorteil allerdings nicht nur aus der Fremdfinanzierung von Ausgabenzielen. Vielmehr verfügt er auch über Verbraucherwissen, das ihm einerseits ermöglicht, einen Kostenvorteil zu nutzen, und ihn außerdem vor einem unüberlegten und nachteiligen Handykartenkauf bewahrt.

Einige Schülerinnen und Schüler verdeutlichen ihr Selbstwirksamkeitsbewusstsein dadurch, dass sie Bedingungen für die Aufnahme von Budgetzielen in ihren Ausgabenplan formulieren. Die Verfasserin von Text 253[53] scheint auf der Grundlage von Prioritäten zu disponieren, die eher der Notwendigkeit geschuldet sind, als dass sie aus einer freien Wahlentscheidung resultieren. Ob die Schülerin sich neben dem Führerscheinsparen für den Kauf von Kleidung oder den Erwerb eines Computerspiels entscheidet, knüpft sie an die Bedingung des dringenden Bedarfs an neuen „Klamotten"[54]. In ihrer Erwägung, dass Eltern oder Verwandte ihr Handy aufladen könnten, und in der Bereitschaft, auf den offensichtlich nicht als notwendig angesehenen Kinobesuch zu verzichten, zeigt sie ebenfalls, dass sie davon überzeugt ist, wirkungsvoll handeln zu können, wobei sie die Bereitschaft zum Verzicht auf den Kinobesuch an die Voraussetzung bindet, dass sich dieser Verzicht als notwendig erweisen sollte.

---

ich in Saturn es kostet ca. 20 € (19,99). Kleidung kaufe ich mit meiner Mutter. Handykarte kaufe ich nicht auf vorrat, die laufen sonst ab. Für den Führerschein habe ich ein Konto bei Oma."

[53] Vgl. Text 253: „Ich versuche, das Geld nur für das nötigste auszugeben. Sollte ich dringen neue Klamotten benötigen kaufe ich mir lieber die, anstatt das neue Computerspiel und bitte meine Eltern/ Verwante mein Handy aufzuladen. Für meinen Führerschein spare ich dann lieber auch etwas mehr. Auf's Kino verzichte ich notfalls auch."

[54] Ebd.

4.3.3 Ausdrucksvarianten von Nutzenorientierung beim Sparen ohne Führerscheinbezug

197 Schülerinnen und Schüler, also knapp 40 Prozent des Samples, verzichten darauf, in ihren Antworttexten den Führerschein als Sparziel zu nennen, haben allerdings mit der oben beschriebenen Gruppe der für den Führerscheinerwerb sparenden Jugendlichen gemeinsam, dass sie einen Teilbetrag ihres fiktiven Budgets ausdrücklich dem Konsum entziehen. 40 Jugendliche aus dieser Untergruppe heben sich von den übrigen dadurch ab, dass sie finanztechnische Fachbegriffe verwenden, was die Frage aufwirft, ob der Gebrauch dieser Begriffe mit einem im Vergleich zu den übrigen Schülern höheren Wissensstand zum Thema Sparen einhergeht. Die Äußerungen dieser Teilgruppe werden weiter unten gesondert analysiert; im vorliegenden Abschnitt dagegen bleiben sie unberücksichtigt.

Von den verbleibenden 157 Jugendlichen verwenden mit 139 Schülerinnen und Schülern 88,5 Prozent Formen des Verbs sparen, wenn sie sich auf den nicht für den unmittelbaren Konsum bestimmten Budgetanteil beziehen. 18 Mädchen und Jungen, also 11,5 Prozent, gebrauchen andere Formulierungen, von denen die Wendungen „weglegen"[55], „zurücklegen"[56] und „auf Seite legen"[57] am häufigsten auftreten.

Bei 72 der 157 Texte halten die verwendeten Formulierungen auf Grund ihrer kontextuellen Unbestimmtheit durchaus die Möglichkeit offen, dass ihre Verfasser sich zwar aufgabengemäß auf den Führerschein beziehen, diesen Bezug jedoch in keiner Weise sprachlich verdeutlichen. Wofür diese Jungen und Mädchen zu sparen vorgeben, lassen ihre Lösungstexte im Dunkeln.

Von dieser Untergruppe unterscheiden sich 85 Jugendliche, die einen Sparzweck erwähnen, bei dem durch den Kontext ausdrücklich ausgeschlossen ist, dass der Führerschein gemeint sein könnte. Die Nutzenvorstellungen, die sich in deren Texten erkennen lassen, werden im Folgenden dargestellt.

---

[55] Text 171. Im vorliegenden Text zeigt die syntaktische Verknüpfung von „weglegen" und „sparen", dass die Wörter synonym verwendet werden.
[56] Text 268.
[57] Text 3.

Die hier einzuordnenden Aussagen lassen sich nach unterschiedlichen Indikatoren analysieren, wobei in der Texten meist mehrere Merkmale in Kombination zu beobachten sind. So kann in Bezug auf die inhaltliche Ausrichtung des Sparziels danach unterschieden werden, ob ein konkreter Zweck benannt wird, oder ob sich eher abstrakte Vorstellungen finden. Des Weiteren machen Jugendliche teilweise Angaben über die Höhe des von ihnen veranschlagten Sparbetrages. Ein weiterer Unterscheidungspunkt ist der Zeitraum, innerhalb dessen das Sparziel erreicht werden soll.

Die genannten Aspekte stehen teilweise in einem Begründungszusammenhang; allerdings können sie auch unverbunden in Texten auftreten. Bei Jugendlichen, die ihr Sparverhalten begründen, lassen sich gelegentlich Unterscheidungen zwischen Notwendigem, Wichtigem, Nützlichem und Vergnüglichem wahrzunehmen. Darauf, dass die Mädchen und Jungen neben dem Verb „sparen" andere Wörter verwenden, um den vorläufigen Konsumverzicht in Bezug auf einen Teil ihres Budgets zu benennen, ist bereits hingewiesen worden. Gemeinsam ist allen Jugendlichen, die der im Folgenden näher zu beschreibenden 85 Personen starken Gruppe angehören, dass ihr Nutzenkonzept Verzögerungen in der Bedürfnisbefriedigung toleriert oder, was sich häufiger nachweisen lässt, strategisch einplant. Einige Schülerinnen und Schüler stellen zusätzlich ihre Fähigkeit unter Beweis, die Güter und Dienstleistungen, auf deren Konsum sie zu Gunsten des Sparziels vorübergehend verzichten, hinsichtlich ihres Nutzens zu dimensionieren.

Wie bereits bei der Analyse des auf den *Führerschein* bezogenen Sparverhaltens beobachtet werden konnte, lassen sich auch in der Gruppe der Sparenden ohne Führerscheinbezug hinter den konkret nachweisbaren Entscheidungen übergreifende Einstellungsunterschiede erkennen. So wirken Präferenzen ebenso auf konkrete Entscheidungen in Bezug auf Sparzwecke ein wie Vorstellungen von ökonomischen Funktionszusammenhängen, Werturteile über die Bedeutsamkeit unterschiedlicher Geldverwendungsarten, Erfahrungen in der jeweiligen individuellen Lebensumwelt sowie die Einschätzung der eigenen Selbstwirksamkeit, als der Fähigkeit, eine Situation, in der man sich vorfindet, so zu verändern, dass die Lebensqualität steigt.

Lediglich 20 der 85 Jungen und Mädchen geben konkrete Sparziele an.

Die Hälfte von ihnen nennt *Computerspiele* oder *Computerkomponenten*[58]; die übrigen Varianten beziehen sich auf *Kleidung*[59], den Erwerb von Musikinstrumenten oder von Zubehör für Instrumente[60], CDs, neue Handys, Fußballkleidung[61], wobei auch mehrere Sparziele in Kombination genannt werden[62].

In den Texten von acht weiteren Jugendlichen, die kein konkretes Sparziel benennen, wird deutlich, dass das Ansparen die Voraussetzung dafür ist, ein Produkt zu erwerben, das sie sich gegenwärtig nicht leisten können[63]. Sie beziehen sich darauf mit Wendungen wie „was sehr teures"[64] oder „für teure Sachen"[65] Eine andere Form der Abstraktion verwenden die sieben Jugendlichen, die unter Verwendung des Wortstammes „wünsch" ihre Sparziele deutlich von den alltäglichen Erfordernissen abgrenzen.[66] Zwar wird die Erfüllung der Wünsche auf einen Zeitpunkt in der Zukunft verschoben; allerdings lassen die Schülerinnen und Schüler keinen Zweifel an ihrer Überzeugung von deren Realisierbarkeit. Selbst mit der Verwendung des Wortes „Träume", das die Sparziele noch deutlicher als die Bezeichnung „Wünsche" von der erlebten Wirklichkeit abhebt, wird in einem Text das Sparen begründet, wobei das Zeitadverb „später" die Erwartung der zukünftigen, als sicher vorausgesetzten Umsetzung transportiert.[67] Abweichend von den Erklärungen im Großen Duden Wörterbuch, das den „Traum" definiert als „sehnliche[n], unerfüllte[n] Wunsch"[68] und, bezogen auf den umgangssprachlichen Wortgebrauch, als „Sache, die wie die Erfüllung geheimer Wünsche erscheint"[69], zeigt sich die Verfasserin zuversichtlich, dass sie durch ihre kalkulierte Entscheidung, den aktuellen Konsum

---

[58] Vgl. z.B. Text 14; Text 192; Text 384.
[59] Vgl. z.B. Text 497.
[60] Vgl. z.B. Text 366.
[61] Vgl. Text 315.
[62] Vgl. z.B. Text 288.
[63] Vgl. z.B. Texte 285; 436; 505.
[64] Texte 436; 505.
[65] Text 285.
[66] Vgl. Texte Nr. 143; 155; 259; 274; 410; 427; 438.
[67] Vgl. Text Nr. 184: „Ich kaufe nur, was ich unbedingt brauche, den Rest spare ich für später! Ich habe ja auch noch „Träume"!".
[68] „Traum" in: Duden – Das große Wörterbuch der deutschen Sprache.
[69] Ebd.

auf das zu beschränken, „was ich unbedingt brauche"[70], ihre Träume verwirklichen kann.

17 Mädchen und Jungen statten den jeweils genannten konkreten oder abstrakten Sparzweck mit einem nominalen Betrag aus. Fünf von ihnen sparen den Gesamtbetrag von 75,– Euro[71]; zwölf benennen sehr unterschiedliche Teilbeträge von 3,–[72] bis zu 50,– Euro[73]. Meist verbinden die Schüler und Schülerinnen Zweck und Betrag mit einem temporalen oder finalen Sprachsignal, wodurch sie verdeutlichen, dass sie den vorübergehenden Konsumverzicht nach seinem Umfang dimensionieren und ihn entweder funktional auf ein als wichtig erachtetes Ziel hin ausrichten[74] oder ihm eine begrenzte Dauer zumessen. In der Gruppe derjenigen Jugendlichen, für die das Sparen den ersten Geldverwendungszweck darstellt, beträgt der Anteil von Mädchen und Jungen, die einen konkreten Betrag nennen, 70 Prozent. In der nahezu gleich starken Gruppe von Schülerinnen und Schülern, die das Sparen nicht priorisieren, sondern es als nachgeordnet betrachten, wird es von lediglich 21 Prozent konkretisiert. In dieser zuletzt genannten Untergruppe verwenden 50 Prozent der Schülerinnen und Schüler Formen des Wortes „Rest". Damit bezeichnen sie, wie im Zusammenhang mit dem Führerscheinsparen ausgeführt, einen unbestimmten Geldbetrag, der nach Erfüllung der Konsumwünsche übrig bleibt. Unabhängig davon, ob das Sparen an erster oder an nachgeordneter Stelle erwähnt wird, liegt in beiden Untergruppen der Anteil der Jugendlichen, die ein konkretes Ziel für ihren partiellen Konsumverzicht benennen, unter einem Drittel. Allerdings verdeutlichen auch diejenigen, die kein konkretes Sparziel angeben, dass sie sich einen Nutzen davon versprechen, einen Teil ihres Budgets von 75,- Euro nicht unmittelbar zu konsumieren.

---

[70] Text 184.

[71] Vgl. z.B. Text 192: „Ich spare mein Geld damit ich meinen PC aufrüsten kann."

[72] Vgl. z.B. Text 53.

[73] Vgl. z.B. Text 14.

[74] Vgl. z.B. Text 151: „Etwas spare ich für Computer componenten (25 €)/ oder sonstiges."
Vgl. auch Text 53: „Ich tue mindestens 3 Euro auf seite um mir irgendwan ein Neues Computerspiel zu kaufen oder auch für Anziehsachen".
Vgl. auch Text 14: „Ich würde 50 Euro weglegen, damit ich wenn ich dann z.B. eine Handykarte oder ein Computerspiel brauche mir diese kaufen kann."

Neben konkreten Sparzielen sowie dem Anliegen, sich durch Sparen unbestimmte, die Lebensqualität steigernde zukünftige Konsummöglichkeiten zu schaffen, drücken einige Mädchen und Jungen aus, dass sie das Sparen als Schutz gegen eine drohende Mangelsituation ansehen. Diese Jugendlichen betrachten Sparen als Vorsorgen.[75]

Insgesamt verdeutlichen die 85 analysierten Texte, in denen das Sparen nachweisbar nicht auf den Führerschein bezogen ist, dass ihre Verfasserinnen und Verfasser Sparen als Methode verstehen, den Raum ihrer Möglichkeiten zu erweitern oder ihn zumindest zu sichern. Ihr Nutzenkalkül bedient sich der Konsumverzögerung als Methode; sie sind langfristig orientiert und von der Wirksamkeit ihres Handelns überzeugt.[76] Dabei ist festzuhalten, dass das Wort „sparen" selbst beim Fehlen eines ausdrücklichen Zeitsignals semantisch bereits einen Zukunftsverweis enthält, insofern es ausdrückt, dass die Person, die das Wort verwendet, beabsichtigt, ihre Handlungspläne über den Augenblick hinaus auszudehnen.

Von 37 Mädchen und Jungen, die das Sparziel ohne Zweckbestimmung an erster Stelle der Budgetverwendung nennen, lassen 14 durch ihre Wortwahl ihre Langzeitperspektive erkennen, indem sie äußern, dass sie sich von einem zeitlich begrenzten Konsumverzicht einen zukünftigen Nutzenzuwachs versprechen. In Text Nr. 58 markiert die temporale Konjunktion „wenn", die hier im Sinne von „sobald" gebraucht ist, das Ende des Zeitabschnittes, während dessen gespart wird. Die Sparphase ist dann abgeschlossen, wenn die Mittel für den Konsum aus Sicht des Sprechenden in vollem Umfang bereit stehen: „Ich spare das Geld wenn ich ales [!] kaufen kann kauf ich es dann."[77] Auch im folgenden Text wird die Dauer des mit dem Sparen verknüpften Konsumverzichtes nicht in Zeiteinheiten, sondern funktional begrenzt: „Ich spare das geld [!] und wenn ich genug habe dan [!] fahre ich nach Kölen [!] und hole mir da Kleidung oder andere sachen

---

[75] Vgl. z.B. Text 283: „Ich würde mir das Geld sparen, falls ich mal eine Handy-Karte oder Klamotten benötige kauf ich es, aber nur wenn es notwendig ist. Weil wenn man Geld braucht, hat man dann hat man ja das Gesparte Geld."
Vgl. auch Text. 411: „Ich überlege mir was ich mit dem Geld mache. Als erstes würde ich, was mit meinen Freunden machen. Dann noch ein Pulli kaufen. Das rest Geld lege ich mir erst ma zurück. Vielleicht brauch ich ja noch mal was."
[76] Vgl. z.B. die Texte: 19; 56; 117; 201; 290; 315.
[77] Text 58.

[!]."[78] In Text 436[79] wird die lange Dauer der Ansparphase mit dem hohen Preis des inhaltlich nicht konkretisierten Konsumgutes verknüpft, wobei der Verfasser seine Zahlungsbereitschaft mit dem erwarteten hohen und lang anhaltenden Erlebniswert begründet. Dadurch gibt er seine Vorstellung vom Zusammenhang von materiellem Wert und Qualität als Ursache seiner langfristig orientierten Sparentscheidung zu erkennen.

4.3.3.1 Signale von Selbstwirksamkeitsbewusstsein in Verbindung mit dem Sparen ohne Führerscheinbezug

Im Zusammenhang mit der Analyse der mit dem *Führerscheinsparen* verbundenen Zielvorstellungen und Zeitperspektiven wurde oben der Begriff der *Selbstwirksamkeit* verwendet im Sinne der Fähigkeit, eine Situation, in der man sich vorfindet, so zu verändern, dass die Lebensqualität steigt. Im Folgenden sollen die Indikatoren dafür, dass sich auch Jugendliche als selbstwirksam wahrnehmen, deren Sparziel nicht der Führerschein ist, zusammenfassend beschrieben werden.

Ausdrucksformen von Selbstwirksamkeitsbewusstsein der in der vorliegenden Studie untersuchten Jungen und Mädchen lassen sich im Zusammenhang mit Ausführungen zu allen Bereichen der Budgetverwendung nachweisen. Die Beschreibung im Kontext der Vorstellungen vom Sparen erklärt sich durch ihr gehäuftes Vorkommen in diesem Zusammenhang.

Die Jungen und Mädchen, die ihre Geldverwendung, wie in der Aufgabenstellung gefordert, begründen, äußern ihr Selbstwirksamkeitsbewusstsein häufig in der Weise, dass sie durch unterschiedliche Formen kausaler und finaler Verknüpfungen zum Ausdruck bringen, dass sie sparen, um ihren Nutzen zu steigern[80], wobei sie sich als in der gegebenen Situation wirkungsmächtige Akteure begreifen. Nicht nur an diesen ausgesprochen deutlichen Signalen lässt sich das Bewusstsein von Selbstwirksamkeit erkennen, sondern auch daran, dass, wie oben bereits angesprochen, die Jungen und Mädchen eine Zeitspanne angeben, die sie dann als abgeschlossen kennzeichnen, wenn der für ihre geplanten Konsumziele erforderliche

---

[78] Text 497.
[79] Vgl. Text 436.
[80] Vgl. z.B. Text 259 sowie Text 9.

Betrag angespart ist. Eine Ausdrucksform des Bewusstseins, die eigenen Chancen auf Nutzensteigerung zu vergrößern, besteht auch darin, das Sparen als Alternative zum Konsum von Gütern zu kennzeichnen, denen aus subjektiver Sicht ein geringer Nutzen zugesprochen wird: „Ich würde nichts von all dem „shit" kaufen und mein Geld weiter sparen bis ich mir alles kaufen könnte oder etwas wirklich cooles [!]."[81] Indirekter, aber dennoch eine eigenständige Beurteilung als Entscheidungsgrundlage verdeutlichend, formuliert der Verfasser von Text 499: „Ich spare das für sinnvolle [!], da ich im moment [!] alles habe was ich brauche."[82]

Selbstwirksamkeit äußert sich auch in der Nutzung von Verbraucherwissen, indem die Jugendlichen Kostenvorteile in Betracht ziehen und alternative Finanzierungsquellen erwägen sowie sich selbst vor Spontankäufen zu schützen suchen. Die Verfasserin von Text 432 gibt an, dass sie sich zunächst über Preise informiert, bevor sie ihre einzelnen Budgetziele in einem Gesamtplan darstellt, wobei sie das Sparziel durch die Adversativkonjunktion „aber" und die ordinale Einordnung gleich doppelt markiert.[83] Häufig kann man ein Bewusstsein der Eigenwirksamkeit daran erkennen, dass die Schülerinnen und Schüler Prioritäten setzen, indem sie ihre Geldverwendungsziele in eine Rangordnung bringen.[84]

Den mit dem Sparen verbundenen zahlreichen Belegen für ein Bewusstsein eigener Handlungsmacht stehen nur wenige Texte gegenüber, die beim Lesen eher ein Bild von Unentschiedenheit entstehen lassen. So erweckt der Verfasser von Text 266[85] durch seine Wortwahl den Eindruck, dass er keine klaren Vorstellungen vom Nutzen des Sparens hat, indem er weder ein konkretes Sparziel, noch eine bestimmte Zeitspanne, noch einen festgesetzten Betrag erwähnt. Vielmehr äußert er sich präzise zu den Konsumzielen *Kleidung* und *Handykarte*, denen er jeweils Budgetanteile zuweist, wohingegen er den durchaus erheblichen Sparbetrag von 30,– Euro als „Rest" bezeich-

---

[81] Text 255.
[82] Text 499.
[83] Vgl. Text 432: „Ich würde erst einmal schauen wie teuer was ist. Ich würde mir was zum Anziehen kaufen aber drauf achten, dass ich genug für Computerspiel oder Kino übrig habe. Aber in erster Linie spare ich Geld für später und kaufe es mir eventuell später."
[84] Vgl. z. B. Text 259 sowie Text 264.
[85] Vgl. Text 266.

net, den er für „irgendetwas hinter her" einsetzt.[86] Auch die Verfasserin von Text 342 erwägt die Möglichkeit eines zukünftigen Nutzens des Sparens; ihr Selbstwirksamkeitsbewusstsein allerdings ist nicht auf das Sparen, sondern auf Konsumziele gerichtet, die sie sich „schon länger gewünscht" hat und nun mit dem geschenkten Geld realisieren kann. Dem gegenüber kennzeichnet sie die in ihren Augen nachrangige Bedeutung des Sparens gleich mehrfach: „Mit dem Geld kaufe ich mir die Dinge die ich mir schon länger gewünscht habe, und der Rest der übrig bleibt spare ich. So habe ich vielleicht später auch noch was davon."[87] Der Aspekt des Selbstwirksamkeitsbewusstseins wird in Zusammenhang mit der im Folgenden beschriebenen Schülergruppe erneut aufgegriffen werden.

4.3.3.2 Sprachliche Indizien für Finanzwissen

Innerhalb der Gruppe der Jugendlichen, die sparen, ohne sich auf den Führerschein zu beziehen, stechen 40 Jugendliche dadurch hervor, dass sie für ihr Sparverhalten finanztechnische Begriffe verwenden.

Die Gruppe setzt sich aus 21 Jungen und 19 Mädchen zusammen. 23 besuchen eine Gesamtschule, acht werden an einem Gymnasium und weitere acht an einer Realschule unterrichtet. Lediglich ein Hauptschüler gehört zu der Gruppe. In den Gesamtschulen stehen 13 Mädchen 10 Jungen gegenüber. An den Realschulen und Gymnasien gehören jeweils fünf Jungen und drei Mädchen den jeweiligen Gruppen an.

Mit 16 Nennungen taucht das Wort „Konto" am häufigsten auf, wobei die Jugendlichen, die es gebrauchen, offen lassen, ob sie sich auf ein Giro- oder ein Sparkonto beziehen. So verdeutlicht der Verfasser von Text 448[88], dass er vorrangig vor der Erfüllung seiner Kaufpläne einen geringfügigen, nicht quantifizierten Geldbetrag dem Konsum entzieht. Auch die Verfasserin von Text 504[89] legt sich durch ihre Formulierung nicht auf die

---

[86] Text 266: „Ich würde mir für 30 € Anziehsachen kaufen
Eine Handykarte über 15 €
Den rest spare ich für irgend etwas hinter her."
[87] Text 342.
[88] Vgl. Text 448: „Ich würde erst mal ein bischen Geld auf mein Konto tun und von den rest würde ich mir eine CD oder ein Computerspiel kaufen."

Art des angesprochenen Kontos fest; ihr Verweis auf die angestrebte Liquidität deutet allerdings eher auf ein Girokonto hin.[90] Sieben Schülerinnen und Schüler verwenden wie der Verfasser von Text 294[91] den Begriff „Girokonto", ohne allerdings erkennen zu lassen, ob ihnen die Merkmale dieser Kontenart bekannt sind. In zwei weiteren Texten[92] wird dem Girokonto zwar zu Recht hohe Liquidität zugesprochen, allerdings gehen die Verfasser irrtümlich von Zinserträgen aus.[93]

Acht Jugendliche verwenden die Begriffe „Sparbuch" oder „Sparkonto". In ihren Texten werden unterschiedliche Zielvorstellungen sichtbar: Für einen Verfasser zählt der Zinsertrag: „Ich würde das Geld auf mein Sparbuch bringen und nach 2 jahren [!] würde ich es wider [!] raus holen und ich hätte Zinsen bekommen."[94] Während für eine Schülerin beim Sparbuch der Sicherheitsaspekt im Vordergrund steht[95], bietet diese Form der Geldanlage für zwei weitere Jugendliche die Möglichkeit, Geld für eine größere Anschaffung anzusparen.[96]

Zwei Schüler geben zu verstehen, dass für sie das Anlegen eines Teils ihres fiktiven Budgets gleich bedeutend mit einem Schritt zur Vermögensbildung ist. Besonders prägnant formuliert der Verfasser von Text 316, wie er die Funktionszusammenhänge bei der Geldanlage vor dem Hintergrund seiner Zielsetzung versteht: „Ich würde das Geld zur Bank bringen und

---

[89] Vgl. Text 504: „Ich würde das Geld auf mein Konto tun und es da lassen bis ich etwas brauche z.b. Klamotten, Handykarte, Schminke oder sonst was."

[90] Allerdings können auch von einem Sparbuch bis zu 2000 Euro pro Monat abgehoben werden. Vgl. dazu: Bundesverband deutscher Banken (2010): 64.

[91] Vgl. Text 294: „ich lege 10 davon auf mein Girokonto und kauf mir einen Judoanzug für 55 € den Rest gebe ich für Freizeitaktivitäten aus."

[92] Vgl. Text 481:
„– 50 € Anziehsachen
Begründung: Weil ich im Trend bleiben will und nicht mit abgetragenen Sachen rumlaufen.
– 25 € Giro Konto
Begründung: Weil ich dort immer an das Geld rankann und dort Zinsen bekomme.";
vgl. auch Text 380: „Ich spare das Geld und bringe es auf mein Girokonto, denn ich bekomme Zinsen auf das Geld. Auf mein Girokonto habe ich jederzeit Zugriff."

[93] Vgl. Bundesverband deutscher Banken (Hrsg.) (2010): 11.

[94] Text. 400.

[95] Vgl. Text 486.

[96] Vgl. Text 453 und Text 465.

anlegen, weil ich dann Zinsen bekomme und dadurch mehr Geld bekomme, und dann kann ich nach und nach etwas davon kaufen."[97] Auch der Verfasser von Text 451[98] versteht Sparen als Geldanlage. Er benennt zwar den Liquiditätsaspekt, verdeutlicht allerdings durch die einschränkenden Formulierungen „Wenn ich das Geld brauche" und „nur für das nötigst [!] Klamotten, CD's", dass er den Vermögensaufbau präferiert, ohne sich über dessen Umfang Illusionen zu machen.

Vergegenwärtigt man sich, dass die beiden zuletzt zitierten Verfasser die einzigen sind, die Merkmale einer kurzfristigen Geldanlage korrekt darstellen, so lassen sich die beschriebenen Analysebefunde zur Verwendung finanztechnischer Begriffe so zusammenfassen, dass die untersuchte Teilgruppe von 40 Jugendlichen über unterschiedlich ausgeprägte Ansätze von Finanzwissen verfügt, ohne dass ihnen allerdings, wie vor allem an der häufigen Vermischung von richtigen mit unzutreffenden Aussagen sichtbar wird, die Unterschiede zwischen verschiedenen Kontenarten und Anlageformen umfassend und deutlich vor Augen stehen. Bei allen Jugendlichen dieser Gruppe zeigt sich indessen durch die gehäufte Verwendung des Personalpronomens „ich", dass sie sich als Akteure wahrnehmen, die Nutzen orientierte Entscheidungen treffen.

4.3.4 Nutzenstrategien und Selbstwirksamkeitsbewusstsein bei nicht sparenden Jugendlichen

25 Schülerinnen und Schüler von der 154 Personen starken Gruppe derjenigen, die der Aufgabenvorgabe insofern nicht folgen, als sie das Sparen für den Führerschein nicht in ihre Budgetplanung integrieren, und die auch losgelöst vom Führerscheinerwerb nicht sparen, erklären ihr Verhalten. Einige von ihnen geben als Grund an, dass Eltern, Großeltern oder andere Verwandte ihnen den Führerschein bezahlen.[99] Weitere Jugendliche aus die-

---

[97] Text 316.

[98] Text 451: „Ich würde das Geld anlegen an der Bank und so sparen. Durch zinsen (nicht viel) bekomme ich etwas mehr Geld. Wenn ich das Geld brauche hebe ich es ab. (nur für das nötigst Klamotten, CD's...)".

[99] Vgl. z.B. Text 93: „Meine Anziehsachen kaufen mir meine Eltern! Ich benötige keine PC spiele! Meine Eltern zahlen mir den Führerschein! Ich bekomme extra geld fürs Kino.".

ser Gruppe verweisen auf andere Finanzierungsmöglichkeiten als das Ansparen, z.B. auf größere Geldgeschenke, etwa zur Erstkommunion.[100] Eine
weitere Teilgruppe spricht sich ausdrücklich gegen das langfristige Sparen aus, wobei die dazu zählenden Mädchen und Jungen darauf hinweisen,
dass der Zeitpunkt des Führerscheinerwerbs noch weit entfernt sei.[101] Allen
hier einzuordnenden Jugendlichen ist gemeinsam, dass sie sich mit aus ihrer subjektiven Sicht tragfähigen Begründungen von der Vorgabe entlasten,
einen Teil des Betrags von 75,– € dem Konsum zu entziehen.

Ein kleinerer Teil von Mädchen und Jungen verwenden ähnliche Argumente, um auszuführen, warum sie nicht sparen, ohne sich dabei auf den
Führerschein zu beziehen. Der größere Teil der Schülerinnen und Schüler,
die nicht sparen, übergehen dagegen die Aufgabenvorgabe kommentarlos.
Sie verwenden ihr Gesamtbudget ausschließlich für unmittelbar zu realisierende unterschiedliche Konsumziele. Bei dieser Gruppe entfallen die oben
im Zusammenhang mit dem Sparen dargestellten Nutzen maximierenden
Strategien wie temporärer Konsumverzicht im Umfang eines bestimmten
Budgetanteils, um zeitverzögert einen als bedeutend eingestuften Nutzen
in der Zukunft zu realisieren, der ohne instrumentellen Einsatz des Sparens
unerreichbar erscheint.

Auf der anderen Seite treten bei dieser Gruppe Nutzen fördernde Handlungsstrategien verstärkt in den Vordergrund, die bei der Gruppe der Sparenden lediglich vereinzelt auffallen. Dazu zählt die Unterscheidung zwischen notwendigem Konsum und solchem, der in erster Linie die Lebens-

---

Vgl. auch Text 194: „Ich würde ins Kino gehen und mir Klamotten kaufen weil ich das
Computerspiel nicht brauche, und ich kriege mein Führerschein bezahlt. Sparen brauche
ich nicht, denn wenn ich Geld brauch kriege ich es von meinen Eltern. Mein Handy hab
ich mit Vertrag die meine Eltern auch bezahlen."

[100] Vgl. zB. Text 5: „Ich suche überall das günstigste und hole mir ein Handy mit günstigem
Vertrag, den meine Eltern unterschreiben. Meinen Führerschein bezahle ich von meinem
Komunionsgeld, das ich zu einem guten Zinssatz auf einem Sparbuch angelegt habe."

[101] Vgl. z.B. Text. 169: „Ich würde mit dem Geld einkaufen gehen. Und mir noch gar keine
Gedanken über den Führerschein machen."
Vgl. auch Text 37: „Ich würde das sparen für den Führerschein lassen, weil das hat ja
noch zeit Das Computerspiel leih ich mir von meinen freunden, dann brauch ich es nicht
mehr kaufen. Für die Handy-Karte würde ich meine Eltern um Geld bitten die können
auch ruhig mal was Geld geben. Und für die restlichen Sachen hätte ich dann noch die
75,–"."

qualität steigert, ohne für die Erfüllung grundlegender Bedürfnisse erforderlich zu sein, verbunden mit dem bewussten Verzicht auf Verbrauch, den die Jugendlichen als überflüssig kennzeichnen.[102]

Ein weiteres Element wirkungsvollen Handelns in der Gruppe der Nicht-Sparenden stellt die Ordnung der Konsumziele entsprechend der ihnen subjektiv zugemessenen Bedeutung dar.[103] Der Verzicht auf einen Konsumzweck, der in der jeweiligen Präferenzordnung der Jugendlichen als nachrangig markiert ist, wird unter der gegebenen Budgetrestriktion zur wirksamen, Nutzen steigernden Entscheidung.[104]

Von großer Bedeutung ist in dieser Gruppe auch das Kalkulieren mit Kostenvorteilen.[105] Preisvergleiche spielen beim Realisieren der Konsumentenrente ebenso eine herausragende Rolle wie die Konsumverschiebung auf einen späteren Zeitpunkt in der Erwartung sinkender Preise.[106]

---

[102] Vgl. z.B. Texte 66: „Ich würde die Sachen nehmen die ich am meinsten brauch."; vgl. auch Text 119: „Ich hole mir nur das notwendigere und fürs Kino ist der Nächst Monat noch da weil ich hole nur das was ich dan auch brauche"; vgl. auch Text 415: „Ich kaufe mir nicht alles was ich haben will sondern kaufe nur das nötigste"

[103] Vgl. z.B. Text 181: „Ich würde mir von der 75 € nur das kaufen was ich am wichtigsten empfinde oder was ich am liebsten hätte."; vgl. auch Text. 460: „ Erst gehe ich für ca. 30 € shoppen weil es mir wichtig ist viele Klamotten zu haben. Dann kaufe ich mir für 15 € eine Handykarte weil mein Handy immer schnell leer wird. Für 20 € kaufe ich mir vielleicht ein Computerspiel weil man mein Computerspiel immer fortsetzen muss. Für die restlichen 10 € gehe ich ins Kino weil es mir wichtig ist mit meinen Freunden was zu unternehmen"

[104] Vgl. z.B. Texte 340: „50 € Anziehsachen / 10€ Kino / 15€ Handy / Ich würde die Sachen nehmen die mir am Wichtigsten sind. Der Computer ist nicht so wichtig wie etwas mit den Freunden zu unternehmen."; vgl. auch Text. 412: „Ich würde zunächst auf die nicht ganz so wichtigen dinge verzichten. Und mir nur dinge anschaffe dich notwenig sind. Und nicht davon abzusehen sind."

[105] Vgl. z.B. Text 57: „Ich kaufe mir eine Handykarte, und ich kaufe mir ein Preisgünstiges Computerspiel."; vgl. auch Text 62: „Ich würde auf Angebote achten bei Anziesachen. Ich würde versuchen so billig wie möglich zu kaufen von Citygalerie. Ich würde kein Computerspiel kaufen. Das wird schon klappen."

[106] Vgl. z.B. Text 38: „Was zum anziehen kaufe ich da wo es reduziert worden ist. Dann das Computer spiel das kaufe ich in einem an und verkauf also 2. hand. Das führerscheingeld habe ich schon weg getan, die handy Karte kaufe ich bei einem Kolegen, ins Kino gehe ich schon lange nicht mehr und meine freunde auch nicht ich habe zuhause einen biemer und eine leinwand und einen Computer mit internet anschluss, also denke ich mal das sie wissen was ich damit sagen will."; vgl. auch Text 84: „Ich würde auf das

Auch kostenlose alternative Wege zur Beschaffung eines erstrebten Konsumgutes werden genutzt um die Budgetgrenze zu verschieben.[107] Einen anderen Aspekt subjektiver Wertordnung repräsentiert eine Teilgruppe, die ausdrücklich erlebnisorientiertem Konsumieren einen hohen Rang zuweist, wobei es sich sowohl um Shopping-Erlebnisse als auch um den gemeinsamen Kinobesuch mit Freunden handeln kann.[108]

Im weiteren Verlauf der Untersuchung wird unter anderem auch Erlebnis orientiertes Handeln näher beleuchtet werden, neben an Notwendigkeit und Bedeutsamkeit orientiertem. An der vorliegenden Stelle wird auf das Vorziehen erlebnisorientierten Konsums verwiesen als eines Belegs für eine spezifische Ausprägung von Selbstwirksamkeitsbewusstsein der über ihr Budget disponierenden Jugendlichen.

Eine andere Möglichkeit, das eigene Budget zu entlasten, mit der einige Jugendliche nach eigener Auskunft offensichtlich gute Erfahrungen gemacht haben, ist die Fremdfinanzierung von Konsumzielen durch Angehörige. Daneben spielt auch eigene Erwerbstätigkeit, die in geringfügigem Umfang und nach festgelegten Modalitäten in dieser Altersgruppe möglich ist, eine Rolle in den strategischen Konzepten einiger Jugendlicher, insofern sie als Möglichkeit angesehen wird, den durch die Aufgabe vorgegebenen Budgetrahmen von 75– € zu erweitern.[109] Eine kleine Untergruppe verzichtet zwar darauf, ihre Budgetierungsvorstellungen zu kommunizieren, stellt allerdings einen detaillierten Ausgabeplan auf, der ihre Nutzen-Schwerpunkte unmissverständlich erkennen lässt.[110]

PC-spiel auf jedenfall schon mal verzichten denn man kann das ja auch kaufen wenn es später billiger wird. Wahrscheinlich würde ich auf aufs Kino verzichten denn die Filme kommen ja auch später irgendwann mal im Fernsehen."

[107] Vgl. z.B. Text 92: „Ich würde mir kein PC spiel kaufen, weil ich es mir runterlade, dann hätte ich schon mal dafür Geld gespart. Dann würde ich mir für 50 Euro eine Hose kaufen dann für 15 Euro eine Handykarte kaufen, dann hätte ich ja noch 10 Euro fürs Kino."

[108] Vgl. z.B. Text 376: „Ich gehe mit Freunden ins Kino, da ich davon viel habe und es Spaß macht. Ich kaufe mir eine neue Handkarte und vom Rest vielleicht ein gutes Computerspiel."

[109] Vgl. z.B. Text 245: „Zeitungsaustragen, es ist einfach und geht schnell, und ich bekomme viel Geld."

[110] Vgl. z.B. Text 97: "20 € Anziehsachen / 0 € Führerschein / 40 € Computerspiel / 15 € Handykarte".

Durch die zuletzt charakterisierten Äußerungen von Jugendlichen, die das Sparen nicht als Bestandteil ihrer Budgetplanung betrachten, konnte gezeigt werden, dass auch diese Jungen und Mädchen zum großen Teil Nutzenstrategien anwenden, die sich zwar von denen der Sparenden wesentlich unterscheiden, gleichwohl aus dem subjektiven Blickwinkel ihrer Anwenderinnen und Anwender als strategisch wirkungsvoll angesehen werden. Als grundlegendes Unterscheidungsmerkmal zwischen sparenden und nicht sparenden Jugendlichen erweist sich das Vorhandensein oder Fehlen einer langfristigen Perspektive in Bezug auf ihre Nutzenorientierung.

4.4 Nutzenorientierung in Zusammenhang mit Konsumausgaben für Kleidung

In diesem Abschnitt wird dargestellt, welche Vorstellungen die untersuchten Jugendlichen mit den in der Aufgabe vorgegebenen Konsumzielen verbinden. Dabei soll einerseits verdeutlicht werden, dass Schülerreflexionen über unterschiedliche Konsumbereiche jeweils spezifische Nutzenaspekte fokussieren. Auf der anderen Seite können im Zusammenhang mit verschiedenen Budgetzielen übergreifende Nutzenhaltungen nachgewiesen werden.

Die Auswertung der Ausführungen von Jugendlichen in Zusammenhang mit dem in der Aufgabe vorgegebenen Konsumziel „Kleidungsausgaben"[111] erfolgt in zwei Stufen. Zunächst wird dargestellt, welche Merkmale die Jugendlichen aufweisen, die in ihren Lösungstexten einen Teil ihres Budgets von 75,– Euro für den Kauf von Kleidungsstücken veranschlagen. Darauf folgt in einem zweiten Schritt die Beschreibung der Vorstellungen, die sich in den erläuternden Ausführungen der Jugendlichen erkennen lassen.

4.4.1 Gruppenmerkmale

237 der 494 Jugendlichen des Samples erwähnen Kleidung als Ausgabenziel. Bezogen auf die Aufgabe, den Betrag von 75,– Euro zu budgetieren, geben 29 Jungen und Mädchen an, dass ihre Eltern die Kleidungsausgaben

---

[111] vgl. Aufgabentext: „etwas Neues zum Anziehen".

bestreiten, so dass sie selbst dafür kein Geld veranschlagen müssen. Indem die Schülerinnen und Schüler mit dem Verweis auf die Finanzierung durch die Eltern ausdrücklich begründen, weshalb sie von der Aufgabenstellung abweichen, bieten sie Anhaltspunkte für die Vermutung, dass sie sich auf ihre wirkliche Lebenssituation beziehen.

Mit 208 Jugendlichen verwenden 42 Prozent der Grundgesamtheit einen Teilbetrag der 75,– Euro für Kleidungsausgaben. Bei einer Zusammensetzung aus 137 Schülerinnen und 71 Schülern sind die Mädchen mit 66 Prozent nahezu doppelt so stark vertreten wie die Jungen. Dieser Befund ist auffällig, wenn man ins Auge fasst, dass der Anteil der an der Studie teilnehmenden 252 Schülerinnen mit 51 Prozent nur um zwei Prozentpunkte über dem der 242 männlichen Teilnehmer liegt. Nimmt man als Bezugsgrößen die zuletzt erwähnten Angaben über die Gesamtanteile der an der Studie teilnehmenden Mädchen und Jungen, so zeigt sich, dass für 54 Prozent der Mädchen, aber nur für 29 Prozent der männlichen Jugendlichen Geldausgaben für Kleidung Bestandteil der Etatplanung sind. Diese Zahlen zeigen, dass bei der Nutzen bezogenen Konsumentscheidung zur Geldverwendung dem Kleidungskauf bei den Schülerinnen eine herausragende Bedeutung zukommt.

Untersucht man, wie sich die 208 Jugendlichen, die einen Budgetanteil für den Kleidungskauf verwenden, auf die einzelnen Schulformen verteilen, und vergleicht man das Ergebnis mit dem Anteil der Schülerinnen und Schüler an den jeweiligen Schulformen in der Gesamtstudie, so werden Abweichungen zwischen zwei und fünf Prozentpunkten erkennbar: Realschüler und Realschülerinnen sind bei der Budgetverwendung für Kleidung um vier Prozentpunkte, Gymnasiasten und Gymnasiastinnen um zwei Prozentpunkte überrepräsentiert, während Hauptschülerinnen und Hauptschüler um zwei Prozentpunkte, Gesamtschülerinnen und Gesamtschüler um fünf Prozentpunkte hinter ihrem Anteil an der Grundgesamtheit zurückbleiben.

Deutlich geringer sind die Unterschiede, wenn man die Verteilung auf die verschiedenen Schulformen in der Untergruppe der Jugendlichen, die einen Budgetanteil für Kleidung verwenden, daraufhin vergleicht, wie sich die Verteilung bei den Nennungen insgesamt von der Verteilung bei den Priorisierungen unterscheidet. Bei der Priorisierung von Kleidungsausgaben liegt der Anteil der Realschülerinnen und Realschüler um zwei Prozentpunkte unter ihrem Anteil an der Gesamtgruppe derjenigen, die Kleidungsausgaben nennen, wohingegen der Anteil der Besucher von Gesamtschulen bei den Priorisierungen um zwei Prozentpunkte höher liegt als bei den Gesamtnennungen. Vollständige Übereinstimmung hinsichtlich der Verteilung auf Schulformen zwischen der Teilgruppe der priorisierten Kleidungsausgaben und der Gruppe, die die Kleidungsausgaben insgesamt erfasst, besteht im Hinblick auf Gymnasien und Hauptschulen.

Tabelle 10: Anteile der Teilnehmenden nach Schulformen in der Grundgesamtheit sowie in den Teilgruppen „Budgetverwendung für Kleidungskauf" und „Priorisierung des Kleidungskaufes" in Prozent.

Schulformen	Grundgesamtheit	Budgetverwendung: Kleidungskauf	Priorisierung: Kleidungskauf
Gesamtschule	22	17	19
Gymnasium	34	36	36
Hauptschule	13	11	11
Realschule	32	36	34
gesamt	101[112]	100	100

Erklärungsansätze könnten in zwei Richtungen weisen. Zum einen wäre denkbar, dass innerhalb der Teilgruppen „Gymnasium" und „Realschule" der Mädchenanteil höher liegt als unter den Haupt- und Gesamtschul-Besuchenden. Eine andere Erklärungshypothese ist, dass die Jugendlichen, die die Realschule oder das Gymnasium besuchen, dem Erwerb von Kleidung einen höheren Nutzen zuschreiben als die Schülerinnen und Schüler der beiden anderen Schulformen.

Eine Teilantwort auf die erste Hypothese erhält man, wenn innerhalb der Teilgruppe die Angehörigen der einzelnen Schulformen geschlechtsspezifisch aufgeschlüsselt werden. Dann nämlich ergibt sich folgendes Bild: Bei den die Realschule Besuchenden liegt der Mädchenanteil bei 71 Prozent, bei den Gymnasiastinnen und Gymnasiasten bei 65 Prozent. Davon weicht die geschlechtsspezifische Verteilung an Hauptschulen ab. Dort sind

---

[112] Rundungsfehler

41 Prozent derjenigen, die Geld für Kleidung ausgeben, weiblich. In Bezug auf die Gesamtschulen beträgt der Mädchenanteil 63 Prozent. Dass Gymnasial- und Realschülerinnen und -schüler gegenüber ihrem Anteil an der Gesamtstudie in der Teilgruppe derjenigen, die Budgetanteile für Kleidungskäufe verwenden, überrepräsentiert sind, erklärt sich also möglicherweise aus dem hohen Anteil weiblicher Jugendlicher an diesen beiden Schulformen. In der Untergruppe der Hauptschulangehörigen, die um zwei Prozentpunkte im Hinblick auf Kleidungsausgaben unterrepräsentiert sind, beträgt, anders als in allen anderen Schulformen, der Jungenanteil 59 Prozent. Für diese Untergruppe könnte vermutlich die aus den oben genannten Befunden gefolgerte geringere Präferenz von Jungen für den Kleidungskauf zur Erklärung für die zwei Prozentpunkte betragende Unterrepräsentanz der Hauptschulangehörigen in der Teilgruppe als Erklärung herangezogen werden.

Zu Beginn des Abschnitts wurden 29 Schülerinnen und Schüler erwähnt, die darauf verweisen, dass sie ihr fiktives Budget von 75,– Euro nicht mit Ausgaben für Kleidung belasten, weil ihre Eltern die Kleidung bezahlen. Diese Gruppe besteht zu 72 Prozent aus Gymnasiastinnen und Gymnasiasten sowie Mädchen und Jungen, die die Realschule besuchen. Vergleicht man den Anteil, der in dieser Untergruppe auf Schülerinnen und Schüler unterschiedlicher Schulformen entfällt, mit dem Anteil der Jugendlichen an den vier untersuchten Schulformen in der Grundgesamtheit, so stellt man fest, dass Gymnasialschülerinnen und -schüler um sieben Prozentpunkte überrepräsentiert sind, während der Anteil von Jungen und Mädchen aus den anderen Schulformen unterhalb ihres Anteils an der Grundgesamtheit liegt. Richtet man die Aufmerksamkeit auf die geschlechtsspezifische Verteilung, so nähern sich unter den Jugendlichen, deren Kleidung von den Eltern finanziert wird, die Anteile von Mädchen und Jungen stärker an als in der Untergruppe derjenigen, die einen Teil ihres Budgets für den Kleidungskauf verwenden.

Tabelle 11: Geschlechtsspezifische Verteilung bei der Kleidungsfinanzierung durch die Eltern, bei der Finanzierung aus dem Budget von 75,–€ sowie im Sample.

Vergleichsgruppen	Mädchen absolut	%	Jungen absolut	%	gesamt absolut	%
Sample	252	51	242	49	494	100
Finanzierung aus Budget	137	66	71	34	208	100
Finanzierung durch Eltern	17	59	12	41	29	100

Zwar sind die Mädchen, verglichen mit ihrem Anteil an der Grundgesamtheit, immer noch überrepräsentiert, allerdings weniger stark als in der Gruppe, die einen Budgetanteil für das Konsumgut Kleidung veranschlagt. Umgekehrt sind unter denjenigen, deren Kleider von den Eltern finanziert werden, die Jungen mit einem höheren Anteil vertreten als in der Untergruppe derjenigen, die ihre Kleidung selbst bezahlen.

Fasst man nun, unter der Annahme, dass die von den Jugendlichen vorgetragenen Aufgabenlösungen als Ausdruck ihrer Vorstellungen gedeutet werden, die bisher dargestellten Merkmale der Mitglieder der Gruppe zusammen, die einen Budgetanteil verwendet, um Kleidungsstücke zu kaufen, so lässt sich zweierlei festhalten: Einerseits sind Mädchen sowie die Lernenden an Gymnasien und Realschulen unter denjenigen, die einen Teil ihres Budgets für Kleidung verwenden, stärker vertreten als Jungen und Schüler an Haupt – und Gesamtschulen. Zum anderen ist festzustellen, dass unter den Jugendlichen, deren Kleidung von ihren Eltern finanziert wird, die Gymnasiasten deutlich gegenüber den an anderen Schulformen Unterrichteten überwiegen. Auch sind in dieser Gruppe die Jungen anteilmäßig stärker vertreten, als in der Gesamtgruppe derer, die einen Budgetanteil für Kleidungskauf verplanen.

Besonders die Befunde über die Gymnasialschülerinnen und –schüler könnten möglicherweise darauf hindeuten, dass diese Jugendlichen in finanziell besser ausgestatteten Haushalten leben als ihre Altersgenossen an anderen Schulformen, und dass ihre Eltern in größerem Ausmaß als in anderen Gruppen die Kleidung bezahlen, mit der Konsequenz, dass diesen Mädchen und Jungen ein vergrößerter Anteil an Taschengeld und Ersparnissen für andere Ausgabenzwecke zur Verfügung steht. Eine solche Erklärung befände sich im Einklang mit dem sozialstatistischen Befund, nach dem an Gymnasien zu einem höheren Anteil als an anderen Schulformen Kinder aus mittleren und oberen Soziallagen unterrichtet werden.[113]

4.4.1.1 Kleidung als priorisiertes Konsumziel unter Gender- und Schulformaspekten

Wie in dem Abschnitt über Priorisierungen gezeigt, liegt in der Teilgruppe der Jugendlichen, die als erstes Ausgabenziel Kleidung angeben, der Mädchenanteil knapp unter 64 Prozent. Der Anteil der Schülerinnen an dieser Teilgruppe liegt damit um fast 13 Prozentpunkte über ihrem Anteil an der Grundgesamtheit. Es wurde ebenfalls sichtbar, dass der Anteil der vier Schulformen an der Priorisierung des Ausgabenziels Kleidung von ihrem jeweiligen Gewicht in der Grundgesamtheit abweicht. In Tabelle 12 wird die schulformbezogene Priorisierung des Ausgabenziels Kleidung unter Genderaspekten aufgeschlüsselt:

Tabelle 12: Priorisierung des Ausgabenziels Kleidung nach Schulform und Geschlecht.

Gruppen	alle		Gesamt-schule		Gymnasien		Haupt-schule		Real-schule	
	abs.	%	abs.	%	abs.	%	abs.	%	abs.	%
Priorisierung Kleidung alle	118	100,0	22	100,0	43	100,0	13	100,0	40	100,0
Priorisierung Kleidung weiblich	75	63,6	16	72,7	28	65,1	7	53,8	24	60,0
Priorisierung Kleidung männlich	43	36,4	6	27,3	15	34,9	6	46,2	16	40,0

Tabelle 12 zeigt, dass nicht nur auf die Gesamtheit aller Schulformen bezogen, sondern auch im Hinblick auf jede einzelne Schulform der Anteil der Mädchen bei der Priorisierung des Ausgabenziels Kleidung deutlich über dem der Jungen liegt. Da allerdings Mädchen und Jungen in den einzelnen Schulformen mit unterschiedlichen Anteilen vertreten sind, war zu überprüfen, ob sich die stärkere Beteiligung der Schülerinnen auch dann

---

[113] Vgl. Geißler (2011): 282; 284.

bestätigt, wenn der Aspekt der unterschiedlichen Anteile von Jungen und Mädchen an den Schulformen berücksichtigt wird. Tabelle 13 zeigt das Ergebnis.

Tabelle 13: Anteil der Mädchen und Jungen nach Schulformen an der Priorisierung des Ausgabenziels Kleidung im Vergleich zu ihrem Anteil an den Schulformen.

Gruppen	Gesamtschule		Gymnasien		Hauptschule		Realschule	
	abs.	%	abs.	%	abs.	%	abs.	%
Grundgesamtheit	106	100,0	167	100,0	62	100,0	159	100,0
Schülerinnen	47	44,3	88	52,7	25	40,3	92	57,9
Schüler	59	55,7	79	47,3	37	59,7	67	42,1
alle Teilnehmenden mit Priorisierung von „Kleidung"	22	100,0	43	100,0	13	100,0	40	100,0
Schülerinnen mit Priorisierung von „Kleidung"	16	72,7	28	65,1	7	53,8	24	60,0
Schüler mit Priorisierung von „Kleidung"	6	27,3	15	34,9	6	46,2	16	40,0

Erklärung: „abs.": absolut

In allen Schulformen liegt bei der Priorisierung des Ausgabenziels *Kleidung* der Anteil der Schülerinnen höher als es ihrem Anteil an der Grundgesamtheit entspricht. So sind die Gesamtschülerinnen um 28,4 Prozentpunkte bei den Erstnennungen des Ausgabenziels *Kleidung* gegenüber ihrem Anteil an der Grundgesamtheit überrepräsentiert. Dieser herausragende Befund ergibt sich dadurch, dass der Mädchenanteil an Gesamtschulen mit 44,3 Prozent um 11,4 Prozentpunkte niedriger liegt als der der Jungen; der Anteil der Schülerinnen bei der Priorisierung des Ausgabenziels *Kleidung* jedoch mit 72,7 Prozent den der Schüler um 45,4 Prozentpunkte übersteigt. Die Gymnasiastinnen, die das Ausgabenziel Kleidung priorisieren, sind gemessen an ihrem Anteil an der Gesamtgruppe der Gymnasialschülerinnen und – schüler um 12, 4 Prozentpunkte überrepräsentiert. Die Hauptschülerinnen sind in der Gruppe derjenigen, die das Ausgabenziel Kleidung priorisieren, um 13,5 Prozentpunkte stärker vertreten, als es ihrem Anteil an den Angehörigen der Schulform entspricht. Mit 2,1 Prozentpunkten besteht bei Realschülerinnen die geringste Abweichung zwischen ihrem Anteil an der Schulform und dem Anteil an der Teilgruppe, die das Ausgabenziel Kleidung priorisiert.

In Bezug auf alle Schulformen liegt der Anteil der Mädchen bei der Priorisierung des Ausgabenziels *Kleidung* über dem der Jungen. Gleichermaßen gilt für alle Schulformen, dass der Anteil der Schülerinnen in der genannten Priorisierungsgruppe ihren Anteil an der Grundgesamtheit in Bezug auf die jeweilige Schulform übersteigt. Beide Ergebnisse lassen auf eine deutliche Präferenz der Schülerinnen für das Ausgabenziel „Kleidung" schließen.

Trotz dieser Befunde erscheint es auf dem bisher dargestellten Stand der Analyse noch nicht hinreichend gerechtfertigt, den Schluss zu ziehen, dass Kleidung für Mädchen eine höhere Bedeutung hat als für Jungen. Der Grund liegt darin, dass es eine alternative Erklärung für die geschlechtsspezifisch markante Teilhabe von Schülerinnen an dem Priorisierungsziel *Kleidung* geben könnte: Möglicherweise sind Mädchen in einem größeren Umfang als Jungen in der Reihenfolge ihrer Benennungen den Vorgaben der Aufgabenstellung gefolgt. Der Frage, ob der höhere Mädchenanteil bei der Priorisierung von *Kleidung* als Ausgabenziel eher auf ein geschlechtsspezifisch stärkeres Interesse an Kleidung zurück zu führen ist, oder ob es einer größeren Neigung entspricht, sich an der Aufgabenvorgabe zu orientieren, wird im Folgenden durch zwei zusätzliche Analyseschritte nachgegangen.

Zunächst wird der Mädchen- und Jungenanteil an der Zweitplatzierung des Ausgabenziels *Computerspiel* geprüft. Dieser in der Aufgabe an zweiter Stelle genannte Geldverwendungszweck „Dann möchtest du dir unbedingt ein aktuelles Computerspiel kaufen" wurde mit Hilfe des Adverbs „unbedingt" als besonders dringlich gekennzeichnet[114]. Tabelle 14 zeigt, wie viele Jugendliche in den verschiedenen Schulformen sich auf das Ausgabenziel „Computerspiel" an zweiter Stelle ihrer Nennungen beziehen, und wie hoch dabei der jeweilige Anteil von Mädchen und Jungen ist.

---

[114] Vgl. Anhang: Aufgabentext.

Tabelle 14: Nennung von Ausgaben für Computerspiel / Computerkomponenten an zweiter Stelle.

	Alle Nennungen		Gesamt- schule		Gymnasien		Haupt- schule		Realschule	
	abs.[a]	%	abs.[a]	%	abs.[a]	%	abs.[a]	%	abs.[a]	%
	88	100,0	12	100,0	32	100,0	17	100,0	27	100,0
Jungen	47	53,4	7	58,3	17	53,1	10	58,8	13	48,1
Mädchen	41	46,6	5	41,7	15	46,9	7	41,2	14	51,9

[a]: *absolut*

Innerhalb der kleinen Gruppe von 88 Jugendlichen, die bei der Reihenfolge ihrer Nennung von Ausgabenzielen an zweiter Stelle das Computerspiel ansprechen, beträgt der Anteil der Mädchen insgesamt und in allen Schulformen mit Ausnahme der Realschule weniger als 50 Prozent. Das heißt, Schülerinnen folgen, bezogen auf das Ausgabenziel „Computerspiel", der durch die Aufgabe vorgegebenen Reihenfolge fast durchweg in geringerem Umfang als Jungen.

Ergänzend wurde der Anteil der Mädchen bei der Priorisierung von Ausgaben geprüft, mit denen sich die Jugendlichen vollständig von den Vorgaben der Aufgabenstellung gelöst haben. Diese als „Sonstige" kategorisierte Gruppe, die sich mit ihren Budget – Verwendungsplänen am weitesten von der Aufgabe entfernt, setzt sich aus 66 Mädchen und 49 Jungen zusammen. Der Anteil der Schülerinnen übersteigt damit den der männlichen Untersuchungsteilnehmer um 14,8 Prozentpunkte und liegt um 6,2 Prozentpunkte über dem Anteil der Mädchen an der Grundgesamtheit.

Die Ergebnisse der beiden Zusatzprüfungen erhöhen die Plausibilität der Einschätzung, dass sich die dargestellte Präferierung des Ausgabenziels Kleidung nicht durch einen höheren Grad der Anpassung an die Vorgaben erklärt, sondern dass es sich um ein Verhaltensmerkmal der an der Untersuchung teilnehmenden Mädchen handelt.

4.4.2   Nutzenvorstellungen von Jugendlichen, die Geld für Kleidung ausgeben

Mit 107 von insgesamt 208 Jugendlichen, die Budgetanteile für den Kauf von Kleidungsstücken verwenden, erläutern 51 Prozent ihre Ausgaben, indem sie sich entweder auf Notwendigkeit oder auf subjektiv zugemessene Bedeutsamkeit oder auf Vergnügen beziehen. Dabei machen diejenigen Mädchen und Jungen, die Notwendigkeitsgründe anführen, mit 44 Personen die größte Teilgruppe aus, gefolgt von den Jugendlichen, die die Ausgaben für Kleidung als subjektiv bedeutsam kennzeichnen. Diese Untergruppe besteht aus 35 Jugendlichen. 28 Personen stark ist die Teilgruppe, für die das Vergnügen als Motiv für den Kleidungskauf im Vordergrund steht.

In den genannten drei Gruppen, die ihre Kleidungsausgaben erläutern, liegt der Mädchenanteil zwischen 68 und 96 Prozent. Die Gruppe der Schülerinnen und Schüler, die als Ausgabenmotiv das Vergnügen anführen, besteht zu 96 Prozent aus Mädchen. In der Gruppe derjenigen, die Kleidungsausgaben mit „Notwendigkeit" begründen, beträgt das Verhältnis von weiblichen zu männlichen Jugendlichen 68 zu 32 Prozent. Unter denjenigen, die subjektiv zugemessene Bedeutung als Begründung für Kleidungsausgaben anführen, beträgt der Jungenanteil 23 Prozent.

Somit lässt sich festhalten, dass unter denjenigen Jugendlichen, die in einer der Kategorien Notwendigkeit oder subjektive Bedeutsamkeit oder Vergnügen begründen, weshalb sie Budgetanteile für Kleidung verwenden, der Mädchenanteil mit 80 Prozent nahezu viermal so hoch ist wie der Anteil der Jungen. Damit übertrifft er noch deutlich den 66-Prozent – Anteil der Schülerinnen in der Gesamtgruppe der Jugendlichen, die Budgetanteile für Kleidung verwenden. Wenn also die Mädchen unter den Jugendlichen, die Teile des fiktiven Geldgeschenkes von 75,– Euro für den Kleidungskauf verwenden, deutlich in der Überzahl sind, so ist ihr Vorsprung im Hinblick auf die Begründung dieser Ausgaben noch viel stärker.

Auch die Analyse dieser Begründungen bestätigt den zuvor dargelegten Befund, dass Kleidungsausgaben in den Budgetplänen von Jungen eine weniger erhebliche Rolle spielen als in denen von Mädchen. Was die vorgetragenen Motive für den Kleidungskauf angeht, spielt das Vergnügen für Jungen fast überhaupt keine Rolle. Stattdessen werden von ihnen hauptsächlich Notwendigkeitsgründe angeführt, gefolgt von Gründen der subjektiv festgestellten Bedeutsamkeit. Die Äußerungen der Jugendlichen gewähren einen Einblick in ihre auf den Kauf von Kleidungsstücken bezogenen Vorstellungen von Mangel, subjektiv empfundener Wichtigkeit und finanzieller Unbeschwertheit. Die Frage, inwieweit diese Vorstellungen das reale Kaufverhalten der untersuchten Schülerinnen und Schüler bestimmen, wird in der vorliegenden Studie nicht beantwortet.

Aus der folgenden Tabelle lässt sich über die geschlechtsspezifische Verteilung hinaus erkennen, welche Schulformen die Jugendlichen, die Begründungen geben, anteilsmäßig besuchen.

Tabelle 15: Anteile der Begründungen für Kleidungsausgaben nach Schulform und Geschlecht in absoluten Zahlen.

Schulform	Notwendigkeit		Bedeutsamkeit		Vergnügen	
	männlich	weiblich	männlich	weiblich	männlich	weiblich
Gesamtschule	3	5	2	2	–	5
Gymnasium	2	15	–	10	–	9
Hauptschule	4	–	1	1	–	4
Realschule	5	10	5	14	1	9
gesamt: männlich oder weiblich	14	30	8	27	1	27
gesamt: männlich und weiblich	44		35		28	

In allen drei Teilgruppen, die den Kleidungskauf erläutern, fällt Gymnasiastinnen und Realschülerinnen zusammengefasst jeweils der größte Anteil zu. In der Teilgruppe derjenigen, die ihre Kleidungsausgaben mit Notwendigkeitsgründen erläutern, beträgt der Mädchenanteil aus Gymnasien und Realschulen 57 Prozent; in der Gruppe, die mit subjektiver Bedeutsamkeit argumentiert, liegt der entsprechende Anteil bei 69 %, während die Gruppe, die Kleidung aus Vergnügen kaufen, zu 64 Prozent aus Realschülerinnen und Gymnasiastinnen besteht.

Es zeigt sich, dass Schülerinnen von Realschulen und Gymnasien im Hinblick auf Kleidungsausgaben nicht nur, wie oben dargelegt, weitaus stärker engagiert sind. Auch ihre Nutzen bezogenen Reflexionen kommunizieren sie in deutlich größerem Umfang als ihre männlichen Mitschüler und als die Angehörigen beider Geschlechter aus dem Gesamt- und Hauptschulbereich. Daraus allerdings auf stärkere Reflexionsfähigkeit zu schließen, würde insofern zu kurz greifen, als andere Erklärungsaspekte unberücksichtigt blieben. So könnte etwa der hohe Anteil an Erläuterungen, der bei den weiblichen Besuchern von Gymnasien und Realschulen zu beobachten ist, auch dadurch zu erklären sein, dass diese Mädchen in stärkerem Umfang über sprachliche Kompetenzen verfügen als ihre Mitschüler oder die Lernenden an Gesamt- und Hauptschulen.

4.4.2.1 Zuweisung eines Geldbetrags als Ausdrucksform Nutzen bezogenen Ausgabeverhaltens

Eine weitere Ausdrucksform, in der Nutzen bezogenes Denken von Jugendlichen im Zusammenhang mit Kleidungsausgaben erkennbar wird, ist das Zuweisen von Teilbeträgen.

Bei 35 Mädchen und 30 Jungen sind es mit insgesamt 65 Jugendlichen 31 Prozent der 208 Personen starken Gruppe, die einen konkreten Geldbetrag für den Kauf von Kleidungsstücken ansetzen. Zieht man in Betracht, dass in der Gesamtgruppe der Anteil der Schülerinnen fast doppelt so hoch ist wie der ihrer Mitschüler, zeigt sich, dass die Jungen in viel stärkerem Maß als die Mädchen konkrete Beträge benennen:

Tabelle 16: Anteil von Jugendlichen nach Geschlecht in der Gesamtgruppe derjenigen, die Geld für Kleidung ausgeben, sowie Anteil der Mädchen und Jungen, die konkrete Beträge für den Kleidungskauf benennen.

Geschlecht	Gruppe: Ausgaben für Kleidung		Gruppe: konkrete Beträge für Kleidungsausgaben	
	absolut	%	absolut	%
männlich	71	34	30	46
weiblich	137	66	35	54
gesamt	208	100	65	100

Nimmt man als Bezugsgröße die Teilgruppen von Mädchen und Jungen, die in ihrer Budgetplanung Kleidungsausgaben ansetzen, so wird deutlich, dass mehr als 40 Prozent der Jungen gegenüber etwa einem Viertel der Mädchen konkrete Beträge nennen.

Tabelle 17: Geschlechtsspezifische Anteile bei der Gruppe mit Kleidungs- ausgaben sowie bei der Teilgruppe, die Geldbeträge für Kleidungsausgaben benennt.

Gruppen	Mädchen absolut	%	Jungen absolut	%
Kleidungsausgaben benannt	137	100,0	71	100,0
Geldbeträge für Kleidungsausgaben	35	25,5	30	42,3

Bezogen auf die geschlechtsspezifischen Unterschiede im Hinblick auf die Darlegung von Notwendigkeits-, Nützlichkeits- und Vergnügungsgrün- den für die Kleidungsausgaben zeigt sich, dass Mädchen eher die Moti- ve ihrer Entscheidung darstellen, während Jungen ihre Ausrichtung auf den durch Kleidungsausgaben geplanten Nutzen in stärkerem Umfang durch zahlenmäßig ausgewiesene Geldbeträge ausdrücken. Bei Schulform- bezogener Betrachtung ist erkennbar, dass ebenso wie bei den Erläuterun- gen auch bei der Nennung von Geldbeträgen diejenigen, die an Gymnasien und Realschulen unterrichtet werden, zusammen die größte Teilgruppe aus- machen, wie an der folgenden Tabelle abgelesen werden kann.

Tabelle 18: Jugendliche, die Beträge für den Kauf von Kleidungsstücken nennen, nach Geschlecht und Schulform.

Schulform	männlich	weiblich	gesamt	Anteil an allen 65 Nennungen
Gesamtschule	1	7	8	12 %
Gymnasium	18	17	35	54 %
Hauptschule	3	1	4	6 %
Realschule	8	10	18	28 %
gesamt	30	35	65	100 %

Darüber, wie sich die Aufteilung nach Schulformen bei den Jugendli- chen, die ihre Kleidungsausgaben begründen oder konkrete Beträge nen- nen, von der Aufteilung aller 494 Jugendlichen auf die einzelnen Schulfor- men in der Grundgesamtheit unterscheidet, gibt die folgende Tabelle Auf- schluss.

Tabelle 19: Anteile an Jugendlichen, die auf einzelne Schulformen entfallen, in der Grundgesamtheit, in der Gruppe, die Beträge für den Kleidungskauf ausweist, sowie in der Gruppe, die Kleidungsausgaben begründet, in Prozent.

Schulform	Grundgesamtheit	Gruppe: ausge-wiesene Beträge	Gruppe: Be-gründungen
Gesamtschule	22	12	16
Gymnasium	34	54	34
Hauptschule	13	6	9
Realschule	32	28	41
gesamt	101[115]	100	100

Wenn man sowohl das Angeben von Gründen für den Kleidungskauf als auch das Nennen von Beträgen, die für diesen Budgetposten veranschlagt werden, als Reflexionssignale wertet, die Hinweise darauf geben, dass Jugendliche sich bei der Verwendung des Betrages von 75,– Euro von Nutzenerwägungen leiten lassen, so fällt auf, dass Haupt- sowie Gesamtschüler und -schülerinnen im Vergleich zu ihren Anteilen an der Grundgesamtheit im Hinblick auf die Verwendung von Reflexionssignalen unterrepräsentiert sind. Gymnasiasten und Realschüler sind dagegen jeweils bei einer Ausdrucksform von Nutzenorientierung gegenüber ihrem Sample-Anteil überrepräsentiert. Bei den Gymnasiasten steht die Benennung von Geldbeträgen, bei den Realschülern das Anführen von Gründen für den Kleidungskauf im Vordergrund. Der Anteil an dem jeweils alternativen Reflexionsnachweis deckt sich bei den Gymnasialschülern mit deren Beteiligung an der Grundgesamtheit, während er bei den Realschülern um vier Prozentpunkte davon abweicht. Zusammenfassend lässt sich aus den dargestellten Analysebefunden folgern, dass vierzehnjährige Mädchen und Jungen, die Gymnasien oder Realschulen besuchen, bei der Lösung der Aufgabe den Eindruck erwecken, in stärkerem Maß als diejenigen, die die Hauptschule und die Gesamtschule besuchen, die Ausgaben für Kleidung Nutzen orientiert zu planen.

---

[115] Rundungsfehler.

4.4.2.2   Vorstellungen von Notwendigkeit als Ausgabemotiv

Gemeinsam ist allen Schülerinnen und Schülern, die Kleidungsausgaben als notwendig darstellen, dass sie Wörter verwenden, die wie „brauchen" oder „nötig sein" die Aufnahme von Kleidung in den Budgetplan dem Bereich der Grundbedürfnisse zuweisen.[116] „Brauchen" ist das am häufigsten verwendete Wort, gefolgt von Variationen des Adjektivs „nötig". Als Kontrastsituation zu einem Zustand, in dem Kleidung *gebraucht* oder *benötigt* wird, kennzeichnen die Jugendlichen in ihren Texten einen Zustand, in dem genügend Kleidung vorhanden ist.

Die Verfasserin von Text 320 setzt das, was ihr „total wichtig"[117] ist, mit dem gleich, was sie braucht. In ihrer Aufgabenlösung stellt sie dabei das simulierte aktuelle Konsumverhalten so dar, als folge es einem generellen Muster, das dem Mangel geschuldet ist: „. . . denn ich kaufe mir nie Sachen, die ich nicht brauche,. . ."[118]. Unmittelbar darauf folgt eine Begründung ihrer sich am strengen Bedarf orientierenden Einstellung: „. . . dazu fehlt mir das Geld!"[119] Bemerkenswert erscheint, dass diese auf den dringenden Bedarf ausgerichtete Haltung aus Sicht der Schülerin damit vereinbar ist, mit den Freunden ins Kino zu gehen und eine Handykarte zu kaufen. Durch die Positionierung werden die zuletzt genannten Ausgabenziele auf eine Stufe mit der Geldausgabe für Kleidung gestellt.[120]

Eine andere Verfasserin erweckt durch die Verwendung der Superlativform in Zusammenhang mit dem Verb „brauche"[121] und durch die sich anschließende Begründung der starken Beschränkung ihrer Ausgaben für Kleidung mit dem negativ konnotierten Wort „Verschwendung"[122] den Eindruck rationalen Handelns in einem Umfeld der Notwendigkeit: „Ich kaufe

---

[116] Vgl. *brauchen*: Duden – Das Herkunftswörterbuch. lip_article/D7/11644 (abgerufen: 20.10.12); vgl. *brauchen*: Duden – Das große Wörterbuch der deutschen Sprachelip_a rticle/felix/23604 (abgerufen: 20.10.12).
[117] Text 320.
[118] Ebd.
[119] Ebd.
[120] Vgl. auch Text 347.
[121] Text 237.
[122] Ebd.

mir nur was ich am nötigsten an Kleidung brauche, weil ich das sonst für Verschwendung halte."[123]

Für einen Schüler stellt Kleidung das einzige Beispiel für ein Gut dar, das dem Bereich der Notwendigkeit zuzuordnen ist. Davon wird, vorbehaltlich der Sicherung des notwendigen Bedarfs, die Alternative *Sparen* oder *Ein Computer Spiel kaufen* deutlich unterschieden.[124]

Eine weitere Gruppe von Mädchen und Jungen ordnet Kleidung, wie an den folgenden Beispielen exemplarisch gezeigt wird, ebenfalls unter die Grundbedürfnisse ein; anders als die vorher charakterisierten Schülerinnen und Schüler stellen die Angehörigen dieser Gruppe jedoch Ausgaben dafür generell unter den Vorbehalt, einen dringenden Bedarf zu haben, eine Bedingung, die in ihren Augen in der simulierten Situation nicht gegeben ist.

Ein Mädchen äußert sich dahingehend, dass sie den Betrag von 75,– Euro sparen will. Ihre Ausführungen erwecken dabei nicht die Vorstellung, dass sie auf etwas verzichtet. Stattdessen verdeutlicht sie innerhalb eines Szenarios der Notwendigkeit ihre durch das Sparen eröffneten zukünftigen Handlungsoptionen. Der Eindruck von ausgeprägtem Selbstwirksamkeitsbewusstsein wird verstärkt durch die generalisierende Aussage „hat man ja das Gesparte[!] Geld"[125], die als zusammenfassende Funktionsbeschreibung des Sparens gedeutet werden kann.

Eine andere Schülerin verdeutlicht mehrfach, dass Kleidung für sie in den Bereich der Notwendigkeit gehört, falls eine Mangelsituation vorliegt. Sie leitet ihre Aussage mit der Kennzeichnung ihrer Grundhaltung ein, „das Geld nur für das nötigste[!] auszugeben."[126]. Offensichtlich ist sie sich bewusst, nicht immer rational, entsprechend ihrer Nutzenkalkulation, zu handeln, was sie durch die Formulierung „ich versuche"[127] verrät. Das Mädchen führt aus, dass sie im Bedarfsfall Kleidung dem Computerspiel vorzieht. Wie in zahlreichen vergleichbaren Fällen, bei denen Jugendliche einzelne Ausgabenziele aus dem in der Aufgabe vorgegebenen Güterbündel

---

[123] Ebd.
[124] Vgl. Text 489.
[125] Text 283.
[126] Text 253.
[127] Ebd.

ausschließen, kann man folgern, dass sich in dem vorliegenden Text die wirkliche Ansicht der Verfasserin zeigt. Wie schon in dem Kapitel über das Sparen dargestellt, wird auch an diesem Beispiel deutlich, dass Verzicht in einem Umfeld der Notwendigkeit von Jugendlichen als eine Maßnahme ihrer Selbstwirksamkeit angesehen wird, indem sie sich über die aktuelle Situation hinausweisenden finanziellen Handlungsspielraum verschaffen.

Der im Folgenden vorgestellte Text einer Untersuchungsteilnehmerin enthält als Signale dringender Notwendigkeit dreimal das Wort „brauche"[128], zweimal durch „unbedingt"[129] verstärkt: Die Ausgabebedingung „wenn ich etwas unbedingt brauche"[130], wird überwiegend mit Kleidung verknüpft. Die Schülerin erweckt durch ihre Formulierungen den Eindruck, dass sie sich im finanziell eng begrenzten Umfeld durch Verzicht auf Unnötiges und durch Ansparen für künftig notwendige Ausgaben als Akteurin behauptet, anstatt in eine passive Haltung zu verfallen. Als Bestandteil ihrer Rolle als Verbraucherin sieht ihr Haushaltsplan trotz der starken Beschränkung Geldausgaben für Geburtstagsgeschenke vor, „damit ich meine[!] Freunde[!] / Eltern Freude bereite."[131]. Selbstbeschränkung wird in diesem Text erkennbar, nicht als aufgezwungenes Schicksal, sondern als Entscheidung mit instrumenteller Funktion, um sich innerhalb eines Umfeldes der Notwendigkeit als selbstwirksam erfahren zu können. Indem sie auf Konsumgüter verzichtet, die sie nicht als notwendig ansieht, verschafft sich die Schülerin finanziellen Spielraum für ein subjektiv als bedeutsam gewichtetes Ausgabenziel, bei dem der erwartete Nutzen in der Freude von Freunden und Eltern über die Geburtstagsgeschenke besteht.

Während in den gerade besprochenen Texten die Geldausgaben für Kleidung auf eine Lebenssituation im Umfeld der Notwendigkeit hindeuten, verknüpfen die Verfasserinnen und Verfasser der im Folgenden erläuterten Ausführungen die Worte „brauchen" und „notwendig" nicht mit einer Lebenslage des generellen Mangels an Kleidung, sondern mit ihrem ausdrücklichen Wunsch nach neuer Kleidung. So konkretisiert eine Jugend-

---

[128] Text 19.
[129] Ebd.
[130] Ebd.
[131] Ebd.

liche ihre Kaufentscheidung für „die Dinge die ich wirklich benötige"[132] durch die in Klammern gesetzte Angabe „etwas Neues zum Anziehen"[133]. Auch die Verfasserin von Text 326 begründet ihre Ausgaben mit dem Bedarf an neuer Kleidung, wobei sie die Dringlichkeit der Anschaffung durch „endlich"[134] hervorhebt. Mit dieser Formulierung drückt sie aus, dass die Geldausgabe schon lange ansteht. Durch die Begründung „weil ich endlich was neues brauche"[135], wird der Eindruck von Notwendigkeit erweckt, obwohl aus dem Kontext ersichtlich ist, dass nicht der Grundbedarf angesprochen ist, sondern dass sich die Nutzenerwägung auf Variation richtet.

Die Verfasserin von Text 23 bezieht die Formulierung „was ich unbedingt brauche"[136] auf „was Neues zum Anziehen"[137]. Auf Grund der Verknüpfung mit dem Verb „shoppen"[138], das, wie weiter unten gezeigt werden wird, in einem semantischen Kontext des Vergnügens steht, kann man davon ausgehen, dass hier keine Mangelsituation im Sinne des Fehlens von Mitteln zur Sicherung eines Grundbedarfs vorliegt.

Der Verfasser von Text 116 bezieht sich ebenfalls auf „neue Kleidung"[139]. Durch den Vergleich von deren Dringlichkeit mit der von Computerspielen („mehr brauche")[140] sowie durch den sich anschließenden Bezug des Verbs *brauchen* auf den Führerschein („den werde ich später brauchen")[141] erhält man beim Lesen des Textes trotz der Formulierung „neue Kleidung"[142] eher den Eindruck von einem Umfeld der Notwendigkeit als bei den vorher beschriebenen Texten, in denen stärker der Aspekt der Varietät angesprochen zu sein scheint.

Die im vorliegenden Text erkennbare subjektive Empfindung, dass auch Ausgaben für neue Kleidung notwendig sind, wird expliziert in zwei weite-

---

[132] Text 343.
[133] Ebd.
[134] Text 326.
[135] Ebd.
[136] Text 23.
[137] Ebd.
[138] Ebd.
[139] Text 116.
[140] Ebd.
[141] Ebd.
[142] Ebd.

ren Texten: Die Verfasserin von Text 296 begründet, weshalb zu ihrem Konsumgüterbündel etwas „neues[!] zum Anziehen"[143] gehört, mit dem Ziel „damit ich nicht immer in den ältesten Sachen rumlaufe"[144]. Obwohl die Superlativform in der Sache übertreibend wirkt, verdeutlicht sie doch die subjektiv empfundene Dringlichkeit des Bedarfs an neuer Kleidung.

Der Verfasser von Text 157 formuliert knapp: „Ich würde mir etwas neues Anziehen [!] kaufen weil ich nicht wie ein Zigeuner rumlaufen will."[145] Unberücksichtigt lassend, welche Stereotypen seiner Formulierung zu Grunde liegen, zeigt sich, dass die Entscheidung, Geld für ein neues Kleidungsstück zu verwenden, dazu dient, einen Zustand zu vermeiden, der von dem Jungen als äußerst unangemessen angesehen wird. Die Dringlichkeit des Bedürfnisses nach neuer Kleidung zeigt sich darin, dass alle anderen in der Aufgabe vorgegebenen Ziele der Geldverwendung unberücksichtigt bleiben.

Die bisher dargestellten Analysebefunde aus Texten, die Ausgaben für Kleidung als Reaktion auf eine subjektiv wahrgenommene Mangelsituation verorten, deuten darauf hin, dass sich die jugendlichen Verfasser und Verfasserinnen in einem Lebenskontext bewegen, den man, eine Bezeichnung Pierre Bourdieus aufgreifend, als eine „Sphäre des Notwendigen"[146] bezeichnen könnte. In diesem Umfeld erscheint der Bedarf an Kleidung, obwohl zu den Grundbedürfnissen zählend, als nicht selbstverständlich gesichert.

Bei einer Reihe von Aussagen zur Notwendigkeit des Kleidungskaufs fällt auf, dass die Verfasserinnen und Verfasser zum Ausdruck bringen, dass es sich bei dem Nutzenverständnis, das sie selbst vertreten, um allgemein vorherrschendes Denken handelt. Die Verfasserin von Text 331 drückt durch die Verwendung der Partikel „ja"[147] aus, dass nach ihrer Vorstellung die Notwendigkeit, Geld für Kleidung auszugeben, als bekannt und allgemein anerkannt gelten kann: „Ich würde für ein paar Kleidungsteile Geld

---

[143] Text 296.
[144] Ebd.
[145] Text 157.
[146] Bourdieu (1987): 396.
[147] Text 331.

ausgeben, weil man das ja braucht."[148] Deutlich grenzt das Mädchen in seinen Ausführungen den Kleidungskauf, über dessen Notwendigkeit es Konsens unterstellt, von dem Motiv für das Führerschein-Sparen ab. Die hierauf bezogene Formulierung „weil er mir wichtig ist"[149] betont im Kontrast zu der zuvor unterstellten breiten Übereinstimmung die am individuellen Nutzen orientierte Werthaltung der Verfasserin.

Von dem, was sie subjektiv als bedeutsam ansehen, grenzen die beiden Jungen, die die Texte 137 und 154 verfasst haben, ihre Einordnung des Kleiderkaufs in den Bereich der Notwendigkeit dadurch ab, dass sie das unpersönliche Personalpronomen „man" verwenden, um auszudrücken, dass sie sich einer allgemein gültigen Ansicht anschließen: Die Begründung „Ich würde mir Kleidung kaufen, weil man sie auch braucht"[150], ähnelt stark der Erläuterung „Ich würde mir nur Kleidung von dem Geld kaufen, weil man immer gute Kleidung braucht."[151]

Gleich in zweifacher Weise, sowohl durch ihre Wortwahl als auch durch die Passivkonstruktion, drückt eine Schülerin die Überzeugung aus, dass jeder ihre Auffassung über die Notwendigkeit von Kleidungsausgaben teilt: „Ich würde mir erstmal ne Hose kaufen, da so was zum Tag und allgemeinheit [!] gebraucht wird."[152]

4.4.2.3 Vorstellungen von Bedeutsamkeit als Ausgabemotiv

Im Folgenden werden beispielhaft Texte von Schülerinnen und Schülern aus der 35 Personen umfassenden Gruppe vorgestellt, als deren Ausgabenmotiv für Kleidung Vorstellungen subjektiv eingeschätzter Bedeutsamkeit ermittelt wurden. Zwölf Schülerinnen und Schüler verwenden Formen des Adjektivs „wichtig". Die übrigen 23 Jungen und Mädchen vermitteln durch ihre Formulierungen unterschiedlich nuancierte Eindrücke von der Bedeutung, die sie dem Erwerb von Kleidungsstücken zusprechen. In der Gesamtgruppe signalisieren einige Schülerinnen und Schüler, verdeutlicht durch die Verwendung des Personalpronomens, dass es sich bei der Etikettierung

---

[148] Ebd.
[149] Ebd.
[150] Text 137.
[151] Text 154.
[152] Text 470.

des Kleidungskaufs als bedeutsam um ihr individuelles Urteil handelt, während andere ihr subjektives Urteil wie eine Tatsachenbehauptung vortragen.

Sich selbst als jemanden wahrzunehmen, der eine Einstufung als *bedeutsam* gemäß seinem eigenen Urteil vornimmt, zeugt einerseits von einer ausgeprägten Akteurhaltung und drückt andererseits das Bewusstsein aus, über einen Beurteilungsspielraum zu verfügen, der im Raum des Notwendigen nach den oben dargestellten Analysebefunden oft nicht gegeben zu sein scheint. Die zuletzt genannte Beobachtung könnte damit zusammen hängen, dass in einem Umfeld der Beschränkung auf Notwendiges Kleidungsausgaben seltener als Ergebnis subjektiver Wahlentscheidungen wahrgenommen werden, insofern alternative Handlungsvarianten erst dann in den Blick geraten, wenn grundlegende Bedürfnisse erfüllt sind.

Wie gezeigt werden konnte, ist im Zusammenhang mit Ausgaben für Kleidung auch im Raum des Notwendigen zu beobachten, dass Jugendliche in ihren Äußerungen erkennen lassen, dass sie über ein Selbstbild verfügen, in dem sie sich als wirkungsvoll Handelnde wahrnehmen. Während sich bei diesen Jugendlichen das Selbstwirksamkeitsbewusstsein darin äußert, dass sie zum Beispiel überprüfen, in welchen Konsumbereichen dringender Bedarf vorliegt, richtet sich die Akteurhaltung bei den Jugendlichen der jetzt vorzustellenden Gruppe darauf, Geldausgaben für Kleidung als Ergebnis individueller Wertschätzung zu verdeutlichen. Dabei wenden sie unterschiedliche Verfahren an, die teilweise auch kombiniert auftreten. Die folgenden Beispiele sollen exemplarisch veranschaulichen, auf welchen Wegen die Jugendlichen, die die Geldverwendung für Kleidung als bedeutsam kennzeichnen, ihre Auswahlentscheidung charakterisieren.

Das erste Beispiel zeigt in Form einer Negation, dass für die Verfasserin von Text 320 das, was sie als „total wichtig"[153] bezeichnet, nämlich „Klamotten und Handykarte"[154] mit dem für sie Notwendigen übereinstimmt. Somit kann ihre Äußerung zu dem, was sie für bedeutsam hält, zugleich gelesen werden als ein Nachweis von Autonomie im Umfeld des Notwendigen. Die Schülerin nimmt nämlich eine bewusste Beschränkung vor, die sie als nicht zufällig, sondern als Ausdruck einer durchgängigen Haltung

---

[153] Text 320.
[154] Ebd.

kennzeichnet („denn ich kaufe mir nie Sachen, die ich nicht brauche"[155]). Der nachgeschobene Satz „dazu fehlt mir das Geld!"[156], erfüllt trotz fehlender Konjunktion sachlogisch die Funktion, die genannte Beschränkung zu begründen. Völlig schnörkellos wirkt die Gleichsetzung von Notwendigkeit und Bedeutsamkeit bei der Verfasserin von Text 1: „Ich kaufe mir nur das, was ich auch brauche und was wichtig ist."[157]

In ähnlicher Form schreibt die Autorin von Text 349 über ihre Beweggründe, Geld für den Führerschein und für „Anziehsachen"[158] auszugeben: „Ich überlege mir was wirklich wichtig ist, und was man braucht."[159]

Elf Schüler und Schülerinnen benennen neben der Ausgabe für Kleidung weitere Konsum- und Sparziele, um sichtbar zu machen, was für sie als Zweck ihrer Geldverwendung Bedeutung hat. So nennt eine Jugendliche „1. Führerschein geld [!] sparen / 2. etwas neues [!] zum Anziehen"[160] als Beispiele für die „wesentlichen (wichtigen) Sachen"[161], von denen sie „die unnützlichen Sachen"[162] unterscheidet, wobei sie durch die Wortwahl bei der Gegenüberstellung ihre Nutzenorientierung verdeutlicht.

Der Verfasser von Text 162 beschränkt sich darauf, lediglich zwei Ausgabenziele zu benennen: „Ich würde mir auf jedenfall [!] ne Hose und ein neues PC Game [!]"[163]. Er begründet seine Entscheidung mit einer Formulierung, die auf sein Selbstbild als autonom Handelnder schließen lässt: „weil ich auf so was viel wert [!]lege!"[164]

Auch der Autor von Text 341 nennt zwei Ausgabenziele, nämlich „Kleidung"[165] sowie eine „Handykarte"[166]. Dabei kennzeichnet er Kleidung als „wichtig"[167], während er den Erwerb einer Handykarte in den Bereich

---

[155] Ebd.
[156] Ebd.
[157] Text 1.
[158] Text 349.
[159] Ebd.
[160] Text 127.
[161] Ebd.
[162] Ebd.
[163] Text 162.
[164] Ebd.
[165] Text 341.
[166] Ebd.
[167] Ebd.

des Notwendigen einordnet. Durch den Einsatz des Personalpronomens in der Formulierung „und eine Handykarte benötige ich immer"[168] vermittelt er den Eindruck von individuell konstatierter Dringlichkeit.

Eine weitere Form, eine Beurteilung über Bedeutsamkeit auszudrücken, besteht darin, dass die Ausgabe für Kleidung im Unterschied zu anderen Ausgaben als keinen Aufschub duldend gekennzeichnet wird. So formuliert die Verfasserin von Text 79: „Ich würde mir erst die neuen Klamotten kaufen. Das ist am wichtigsten. Computerspiel kann noch warten. Ich (!) nicht so wichtig"[169]

Während, wie sichtbar wurde, die Einschätzung, dass die Geldverwendung für Kleidung bedeutsam ist, für einige Mädchen und Jungen durchaus mit der Verortung des Kleidungserwerbs im Umfeld des Notwendigen einhergeht, besteht eine beachtliche Distanz zu solchen Schüleräußerungen, die das Streben nach Vergnügen als Konsummotiv angeben. Diese Abgrenzung wird beispielsweise in Text 309 sehr klar erkennbar. Darin unterscheidet der Verfasser die Ausgaben für „Anziehsachen"[170] von den „anderen Sachen, die zum Vergnügen dienen"[171] und „daher dann er's [!] mal anstehen"[172] können. Auffällig ist, dass die Abgrenzung auf zweifache Weise markiert wird: Zunächst verwendet der Schüler die Superlativform „am wichtigsten"[173] für den Kauf von Kleidung, um anschließend die „anderen Sachen die zum Vergnügen dienen"[174] ausdrücklich zurück zu stellen.

4.4.2.4 Vorstellungen von Vergnügen als Ausgabemotiv

Die Gruppe, die als Ausgabenmotiv für Kleidung „Vergnügen" angibt, setzt sich aus 27 Schülerinnen und einem Schüler zusammen. Das auffälligste gemeinsame Merkmal, das die Vorstellungen der Jugendlichen verbindet, deren Ausgaben für Kleidung einem Kontext des Vergnügens zugeordnet werden können, ist das Fehlen jeglicher Signale, die auf notwendigen Be-

---

[168] Ebd.
[169] Text 79.
[170] Text 309.
[171] Ebd.
[172] Ebd.
[173] Ebd.
[174] Ebd.

darf hindeuten. Stattdessen enthalten die Texte dieser Jugendlichen auffällige Formulierungen, die anzeigen, dass die hier vorliegende Motivation,
einen Teil des Budgets von 75,- Euro für Kleidung zu verwenden, sich
deutlich von den Beweggründen der zuvor beschriebenen beiden Teilgruppen der Jungen und Mädchen unterscheidet, die die Geldausgaben in einem
Umfeld der Notwendigkeit oder der Bedeutsamkeit reflektierten.

An die Stelle von Formulierungen wie „brauchen", „nötig" oder „wichtig" treten in dieser Gruppe Wendungen wie „mögen", „gerne haben" und
als Komparativform „lieber". Der Ausgabenwunsch des Jungen und der
Mädchen in dieser Gruppe richtet sich nicht generell auf Kleidung, sondern auf neue und modische Kleidung.

Eine Schülerin verbindet in ihrem Text mehrere, für den Begründungs-
typ des Vergnügens charakteristische Merkmale: „Ich würde mir auf jeden
Fall neue Kleidung kaufen (bis ca. 30 E.), weil ich neue Kleidung mag, und
ich gerne gucke was es so für neue Mode gibt."[175]

Die Verfasserin von Text 481 verknüpft die Merkmale „neu" und „mo-
disch", obgleich sie anders formuliert. Sie nennt zunächst den Betrag von
50,- Euro, den sie für „Anziehsachen"[176] einplant, um unmittelbar darauf
folgend die Ausgabe ausdrücklich zu erläutern: „Begründung: Weil ich im
Trend bleiben will und nicht mit abgetragenen Sachen rumlaufen."[177]

Während sich bei den Jugendlichen, die die Geldverwendung mit ihrer Vorliebe für neue oder modische Kleidung erläutern, der Nutzen durch
den Kauf der Kleidung herstellt, richtet sich bei einer weiteren Gruppe von
Mädchen das Nutzenkalkül auf den Kaufvorgang selbst. Die Fokussierung
auf das Kauferlebnis manifestiert sich am deutlichsten in der Verwendung
des Verbs „shoppen". So formuliert die Verfasserin von Text 385 im ersten Satz: „15 € Kleidung: weil ich shoppen gehen will und es macht spaß
[!]".[178].

In Text 190 drückt die Autorin aus, dass für sie, abweichend von der
Aufgabenstellung, nur die beiden Geldverwendungsziele Handykarte und
Kleidung in Betracht kommen. An ihrer Formulierung kann man erken-

---

[175] Text 370.
[176] Text 481.
[177] Ebd.
[178] Text 385.

nen, dass sie von der Art der Kleidungsstücke, für deren Erwerb sie 60,– € aus dem Budget ansetzt, eher unbestimmte Vorstellungen hat: „Also ich würde mir Guthaben holen für 15 €. Also ich meine HandyGuthaben. [!]. Dann noch shoppen z.B. Hosen, Oberteile, Schuhe, u.s.w....dann ist das Geld weg."[179] Nicht allein durch das Verb „shoppen" wird die Vorstellung von Erlebnisorientierung transportiert, sondern auch in Formulierungen wie „Klamotten kaufen ist auch immer cool".[180]

Dass die Nutzenorientierung dieser Gruppe im Raum des Erlebens verortet ist, verdeutlichen die Mädchen, wie oben bereits kurz angesprochen, auch dadurch, dass sie häufig Formen des Verbs „mögen" sowie das Adverb „gerne" verwenden[181]. Häufig stellen sie außerdem einen Zusammenhang her zu gemeinsamen Erlebnissen mit Freunden, zum Beispiel durch direkte Verknüpfung wie in Text 325: „Und shoppen natürlich mit der besten Freundin"[182]. Eine weitere Ausdrucksform von Erlebnisorientierung besteht darin, das Einkaufen von Kleidung in den Kontext des Kinobesuchs mit Freunden zu stellen, wie es etwa in Text 431 geschieht, dessen Verfasserin formuliert: „... Dann kann ich mir etwas schönes [!] zum Anziehen kaufen und mit meinen Freunden ins Kino gehen."[183]

Der überwiegende Teil der Mädchen, die sich durch die verwendeten Reflexionssignale im Zusammenhang mit dem Kleidungskauf der vorliegenden Untergruppe zuordnen lassen, bringt die Kleidungsausgaben in einen Kontext von Kommunikation, entweder durch Handynutzung oder durch den Kinobesuch mit Freunden. Auch der einzige Junge, der in dieser Gruppe vertreten ist, formuliert: „Ich hätte mir etwas zum Anziehen gekauft und mit den Freunden ins Kino gegangen"[184], Diese Verwendungszwecke haben für ihn Priorität. Er fährt fort: „Und von das [!] Geld was übrig bleibt spar [!] ich für mein [!] Führerschein"[185] und erläutert sein Ausgabeverhalten: „Begründung: Computerspiele brauch [!] ich nicht unbedingt, ich

---

[179] Text 190.
[180] Text 365.
[181] Vgl. Texte 125; 129; 178; 199; 382; 383; 405; 406.
[182] Text 325.
[183] Text 431.
[184] Text 125.
[185] Ebd.

kauf mir viel lieber Anziehsachen und geh [!] mit meinen Freunden ins Kino."[186] Ein Mädchen drückt den inhaltlichen Zusammenhang von Kaufereignis und dem gemeinsamen Erleben mit Freunden durch unmittelbar aufeinander folgende Hinweise aus: „Ich kaufe mich [!] billige aber schicke Sachen. Geh(b)e [!] mit Freunden ins kino [!]"[187]

Die meisten Jugendlichen dieser Gruppe geben in ihren Texten zu erkennen, dass sie in Bezug auf ihre Ausgaben für Kleidung Nutzen orientiert denken, indem sie ihre Freude und ihr Vergnügen am Besitz eines Kleidungsstückes oder an dessen zum Erlebnis gewordenen Kauf zum Ausdruck bringen. Etwa die Hälfte der Jugendlichen dieser Gruppe nennen konkrete Geldbeträge.[188]

In allen drei Schülergruppen, in denen die Geldausgaben für Kleidung entweder unter Notwendigkeits-, Bedeutsamkeits- oder Vergnügungsaspekten reflektiert werden, lässt sich, unabhängig von beträchtlichen Unterschieden bei den inhaltlichen Vorstellungen, nachweisen, dass die Jugendlichen Nutzenstrategien verfolgen.

4.5 Nutzenorientierung im Zusammenhang mit Konsumausgaben für ein PC-Spiel

4.5.1 Gruppenmerkmale

In der Aufgabenvorgabe steht „ein aktuelles Computerspiel" als fiktives Ausgabenziel an zweiter Stelle, hinter dem Wunsch nach neuer Kleidung.[189] Durch das Adverb „unbedingt" wird Dringlichkeit suggeriert[190] Vor diesem Hintergrund ist es bemerkenswert, dass mit 298 Jugendlichen 60 Prozent die Aufgabenvorgabe vollständig ignorieren, wohingegen sich mit 196 Teilnehmenden lediglich 40 Prozent in unterschiedlicher Weise auf die implizite Aufforderung beziehen, einen Teil ihres Budgets von 75,– Euro für den Kauf eines Computerspiels zu verwenden. Vergleicht man den

---

[186] Ebd.
[187] Text 98.
[188] Vgl. z.B. die Texte 199; 235; 365; 370; 382; 481.
[189] Anhang: Text der Aufgabe: „Dann möchtest du dir unbedingt ein aktuelles Computerspiel kaufen."
[190] Vgl. Duden Synonymenwörterbuch: „unter allen Umständen, auf jeden Fall".

Anteil von Mädchen und Jungen in beiden Gruppen, so sieht man, dass, gemessen daran, wie stark beide Geschlechter im Sample vertreten sind, weibliche Jugendliche in der Gruppe derjenigen, die Ausgaben für ein PC-Spiel erwähnen, um fünf Prozentpunkte unterrepräsentiert sind.

Tabelle 20: Geschlechtsspezifische Verteilung im Hinblick auf den Aufgaben-bezug beim Ausgabenziel *Computerspiel* und in der Grundgesamtheit.

Gruppen	alle		Mädchen		Jungen	
	abs.	%	abs.	%	abs.	%
PC-Spiel nicht erwähnt	298	100 %	162	54 %	136	46 %
PC-Spiel erwähnt	196	100 %	90	46 %	106	54 %
Grundgesamtheit	494	100 %	252	51 %	242	49 %

Im Hinblick auf die Frage, inwiefern sich der Anteil von Jugendlichen, die unterschiedliche Schulformen besuchen, in den beiden Großgruppen derjenigen, die PC- Spiele thematisieren oder diese nicht erwähnen, vom Schulform spezifischen Anteil an der Grundgesamtheit unterscheidet, er-gibt sich folgendes Bild:

Tabelle 21: Schulform bezogene Verteilung im Hinblick auf den Aufgabenbe-zug beim Ausgabenziel *Computerspiel* und in der Grundgesamtheit.

Gruppen	alle		Gesamt-		Gymnasien		Haupt-		Real-	
	abs.	%	abs.	%	abs.	%	abs.	%	abs.	%
PC-Spiel nicht erwähnt	298	101[a]	71	24	79	27	39	13	109	37
PC-Spiel erwähnt	196	101[a]	35	18	88	45	23	12	50	26
Grundgesamtheit	494	100	106	21	167	34	62	13	159	32

[a] *Rundungsfehler*

Gymnasialschülerinnen und –schüler liegen in der Gruppe derer, die den Budgetierungsauftrag der Aufgabe in Bezug auf das PC-Spiel erwäh-nen, um elf Prozentpunkte über ihrem Anteil an der Grundgesamtheit, wäh-rend die Besucherinnen und Besucher von Realschulen, gemessen an ihrem Anteil am Sample, in der Gruppe derjenigen um fünf Prozentpunkte über-repräsentiert sind, die ein Computerspiel gar nicht erwähnen. Der Anteil der Hauptschülerinnen und Hauptschüler entspricht sowohl in der Gruppe derjenigen, die auf das PC-Spiel Bezug nehmen, als auch in der Gruppe der Jugendlichen, die das nicht tun, in etwa ihrem Anteil an der Gesamtstudie, während die Gesamtschülerinnen und Gesamtschüler in der Gruppe ohne Aufgabenbezug um drei Prozentpunkte überrepräsentiert sind.

Mit dem Verfahren des *Offenen Codierens* nach dem *Grounded Theory* – Ansatz wurden drei unterscheidende Merkmale identifiziert, mittels derer sich die Jugendlichen, die sich in ihren Texten überhaupt auf PC-Spiele beziehen, in Gruppen einteilen lassen: Neben einer 102 Personen starken Gruppe, die einen Teil des Budgets für ein Computerspiel verwendet, gibt es 34 Mädchen und Jungen, die es ausdrücklich ablehnen, einen Teilbetrag von 75,– Euro für ein Spiel zu verwenden. Eine Zwischenstellung nehmen 60 Jugendliche ein, deren Reflexionssignale verdeutlichen, dass sie sich sehr wohl vorstellen können, ein Computerspiel zu nutzen, ohne allerdings aus dem 75,– Euro Budget Geld dafür auszugeben.

Tabelle 22: Verteilung der Jugendlichen, die PC-Spiele erwähnen, auf Gruppen mit unterschiedlichem Bezug zu Budgetaufwendungen.

Gruppen	abs.	%
Budgetaufwendungen für PC-Spiel vorgesehen	102	52
Budgetaufwendungen für PC-Spiel abgelehnt	34	17
Nutzung eines PC-Spiels ohne Budgetaufwendungen	60	31
gesamt	196	100

Die Jugendlichen, die zu der zuletzt erwähnten Gruppe gehören, bedienen sich, wie weiter unten gezeigt werden wird, verschiedenartiger Möglichkeiten, um sich den Nutzen eines Spiels zu sichern. So verschieben sie beispielsweise den Kauf auf einen späteren Zeitpunkt oder leihen sich ein Spiel bei Freunden aus oder beschaffen es sich illegal. Im weiteren Verlauf der Studie werden die unterschiedlichen Nutzenkonzepte der drei Gruppen im Einzelnen vorgestellt. Die 298 Texte, in denen PC-Spiele nicht erwähnt werden, bleiben bei der Untersuchung unberücksichtigt, da ihnen keine Hinweise auf Nutzenvorstellungen in Verbindung mit Computerspielen zu entnehmen sind.

Die geschlechts- und Schulform bezogene Verteilung innerhalb der drei Gruppen, die das PC-Spiel erwähnen, lässt erkennen, dass Computerspiele zum Zeitpunkt der Erhebung des Datenmaterials in den Nutzenkonzepten von Jungen und von denjenigen Jugendlichen, die ein Gymnasium besuchten, eine bedeutendere Rolle spielten als in denen von Mädchen und Besucherinnen und Besuchern anderer Schulformen. Die folgende Tabelle zeigt zunächst die geschlechtsspezifische Verteilung innerhalb der drei Gruppen mit PC-Spiel- Bezug. Dabei werden die jeweiligen Abweichungen von der Verteilung in der Grundgesamtheit erkennbar.

Tabelle 23: Geschlechtsspezifische Verteilung innerhalb der Gruppen mit unterschiedlichem Aufgabenbezug beim Budgetposten *Computerspiel* sowie im Sample.

Gruppen	alle		Mädchen		Jungen	
	abs.	%	abs.	%	abs.	%
Sample	494	100	252	51	242	49
Budgetaufwendung für PC-Spiel vorgesehen	102	101[a]	26	26	76	75
Budgetaufwendung für PC-Spiel abgelehnt	34	101[a]	26	77	8	24
Nutzung eines PC-Spiels ohne Budgetaufwendung	60	100	38	63	22	37

[a] *Rundungsfehler*

In der Gruppe derjenigen, die ein Computerspiel aus dem Budget von 75,– Euro finanzieren, ist der Anteil der Jungen ungefähr dreimal so hoch wie der der Mädchen, während der Jungenanteil im Sample um zwei Prozentpunkte unter dem der Mädchen liegt. Fast spiegelbildlich dazu verhalten sich die Anteile in der Gruppe von Jugendlichen, die die Verwendung eines Budgetanteils für ein PC-Spiel ausdrücklich ablehnt. Demgegenüber fällt der Abstand zwischen den Anteilen von Schülerinnen und Schülern in der Gruppe derjenigen deutlich geringer aus, die ein PC-Spiel nutzen möchten, ohne dafür Geld aus dem Etat von 75,– Euro zu verwenden. Dennoch liegt hier der Anteil der Mädchen um immerhin noch 26 Prozentpunkte über dem der Jungen. Die folgende Tabelle stellt dar, wie stark innerhalb der drei Teilgruppen mit Jungen und Mädchen, die sich in ihren Texten auf ein PC-Spiel beziehen, die Anteile der unterschiedlichen Schulformen sind:

Tabelle 24: Schulformbezogene Verteilung innerhalb der Gruppen mit unterschiedlichem Aufgabenbezug beim Budgetposten *Computerspiel* sowie in der Grundgesamtheit.

	Sample		Budgetaufwendung für PC-Spiel vorgesehen		Budgetaufwendung für PC-Spiel abgelehnt		Nutzung eines PC-Spiels ohne Budgetaufwendung	
	abs.	%	abs.	%	abs.	%	abs.	%
alle	494	101[a]	102	101[a]	34	100	60	100
Gesamtschulen	106	22	25	25	2	6	8	13
Gymnasien	167	34	40	39	15	44	33	55
Hauptschulen	62	13	13	13	7	21	3	5
Realschulen	159	32	24	24	10	29	16	27

[a] *Rundungsfehler*

An allen drei Gruppen, die auf PC-Spiele Bezug nehmen, sind diejenigen Jugendlichen, die ein Gymnasium besuchen, jeweils am stärksten beteiligt. Gemessen an ihrem Anteil am Sample sind sie in allen Teilgruppen überrepräsentiert. In der Schulform bezogenen Aufschlüsselung innerhalb der einzelnen Teilgruppen, die sich aufgabenkonform in ihren Texten auf das PC-Spiel beziehen, konkretisiert sich die zuvor beschriebene Überrepräsentanz von Schülerinnen und Schülern, die ein Gymnasium besuchen.

In der Gruppe derjenigen, die Budgetaufwendungen für ein Computerspiel vorsehen, haben Gymnasialschülerinnen und –schüler mit einem Anteil von 39 Prozent die relative Mehrheit, ebenso wie in der Gruppe, die Ausgaben für ein PC-Spiel ablehnt, in welcher sie mit einem Anteil von 44 Prozent vertreten sind. Die absolute Mehrheit der Gruppenmitglieder stellen die Besucher und Besucherinnen eines Gymnasiums mit einem 55-Prozentanteil unter denjenigen Jugendlichen, die ein PC-Spiel ohne Budgetaufwendung zu nutzen beabsichtigen. In allen drei Teilgruppen sind Gymnasialschülerinnen und –schüler, verglichen mit ihrem Anteil an der Grundgesamtheit, überrepräsentiert.

Gemessen an ihrem Anteil an der Gesamtuntersuchungsgruppe sind in der Gruppe, die Ausgaben für ein PC-Spiel vorsieht, Realschülerinnen und Realschüler um acht Prozentpunkte unterrepräsentiert, während der Anteil von Hauptschülern und Hauptschülerinnen mit 13 Prozent ihrer Stärke im

Sample entspricht, wohingegen Gesamtschülerinnen und Gesamtschüler in dieser Gruppe gegenüber ihrem Anteil an der Grundgesamtheit um drei Prozentpunkte überrepräsentiert sind.

In der Teilgruppe, deren Angehörige es ablehnen, einen Budgetanteil für ein PC-Spiel zu verwenden, sind neben der beschriebenen Gruppe der Gymnasiasten die Hauptschülerinnen und Hauptschüler überrepräsentiert, während der Anteil von Gesamt- und Realschul-Besuchenden unter ihrem Anteil an der Grundgesamtheit liegt. In der Gruppe derjenigen, die sich den Nutzen eines PC–Spiels ohne Einsatz von Budgetmitteln sichern wollen, sind mit Ausnahme des Gymnasiums alle Schulformen unterrepräsentiert.

Der interessante Befund hinsichtlich der Dominanz von Gymnasialschülerinnen und Gymnasialschülern in allen drei Gruppen gab im Verlauf der Untersuchung den Anstoß zu einer geschlechtsspezifischen Analyse, um möglicherweise Erklärungshinweise dafür zu erhalten, dass die an Gymnasien Unterrichteten sowohl in der Gruppe derjenigen, die einen Budgetanteil für ein PC-Spiel verwenden, überwiegen, als auch in der Gruppe der Jugendlichen, die sich weigern, Geld für ein Computerspiel auszugeben. Die geschlechtsspezifische Analyse der Gymnasialbesucherinnen und -besucher in allen drei Teilgruppen, die ein PC-Spiel in ihren Texten erwähnen, erbrachte das in der folgenden Tabelle dargestellte Ergebnis:

Tabelle 25: Geschlechtsspezifische Verteilung der Gymnasialschülerinnen und Gymnasialschüler bei den Gruppen mit unterschiedlichem *PC-Spiel – Bezug* einschließlich der Priorisierung.

	Alle Gymnasialschülerinnen und -schüler		Mädchen		Jungen	
	abs.	%	abs.	%	abs.	%
Budgetaufwendung für PC-Spiel vorgesehen	40	100	12	30	28	70
Budgetaufwendung für PC-Spiel abgelehnt	15	100	10	67	5	33
Nutzung eines PC-Spiels ohne Budgetaufwendung	33	100	21	64	12	36
Priorisierung eine PC-Spiels	21	100	4	19	17	81

Die geschlechtsspezifische Auswertung des Anteils der Gymnasialschülerinnen und Gymnasialschüler an den Gruppen, die das PC–Spiel in ihren Texten ansprechen, erklärt die auf den ersten Blick widersprüchlich erscheinende Beobachtung, dass diejenigen, die ein Gymnasium besuchen, sowohl in der Gruppe derjenigen überwiegen, die Budgetanteile für ein PC-Spiel aufwenden wollen, als auch in der Gruppe, die Ausgaben für ein Computerspiel ablehnt. Die Analyse ergibt, dass in der Gruppe, die Budgetanteile für ein PC–Spiel verwendet, der Jungenanteil 70 Prozent beträgt, wohingegen der Mädchenanteil in der Gruppe derjenigen, die Ausgaben für ein Computerspiel ablehnen, 67 Prozent beträgt. Die darin erkennbare höchst unterschiedliche Nutzenbestimmung für ein Computerspiel in den Budgetplänen von Gymnasialschülern und Gymnasialschülerinnen geht zusammen mit dem oben beschriebenen Analysebefund, dass die an einem Gymnasium Unterrichteten die Aufgabenvorgabe, ein Computerspiel in ihre Budgetplanung aufzunehmen, in einem stärkeren Ausmaß berücksichtigen als Schülerinnen und Schüler von anderen Schulformen. Mit anderen Worten: Jungen und Mädchen von Gymnasien dominieren anteilsmäßig alle drei Teilgruppen, wobei die Mädchen sich zu ungefähr jeweils zwei Dritteln dort einordnen, wo es darum geht, entweder kein Geld für PC-Spiele auszugeben oder aber die Vorteile einer Nutzung zu genießen, ohne die Kosten aus dem Budget von 75,– Euro zu bestreiten. Die Gymnasialschüler hingegen sind überrepräsentiert unter allen Jugendlichen, die Geld für ein PC-Spiel verwenden. Dies wird besonders deutlich, wenn man die Verteilung von Jungen und Mädchen in der Gruppe der Gymnasialschüler vergleicht, die das PC-Spiel priorisieren, es also abweichend von seiner Zweitplatzierung in der Aufgabenstellung an die erste Stelle ihrer Budgetverwendung setzen. Hier beträgt der Jungenanteil 81 Prozent.

Unter dem Aspekt der Nutzenorientierung bei der Budgetverwendung sei noch einmal der bereits erwähnte Befund angesprochen, dass die Mädchen und Jungen, die an einem Gymnasium unterrichtet werden, unter denjenigen, die ein Computerspiel nutzen wollen, ohne ihr Budget zu belasten, mit 55 Prozent die absolute Mehrheit stellen, wobei der Mädchenanteil in dieser Gruppe bei 64 Prozent liegt.

Nach der Beschreibung von Merkmalen der für den Bezug zur Aufgabenvorgabe „Computerspiel" relevanten drei Teilgruppen wird im Folgenden dargestellt, welche Vorstellungen der Jugendlichen in diesen Teilgruppen im Hinblick auf PC-Spiele sich in den Texten ermitteln lassen.

Dazu werden im nächsten Schritt zunächst die Ergebnisse für die 102 Personen starke Gruppe vorgestellt, die einen Teil ihres Budgets für den Kauf eines Computerspiels aufwendet.

4.5.2 Nutzenvorstellungen von Jugendlichen, die Geld für ein Computerspiel ausgeben.

Etwa die Hälfte der 102 Schüler und Schülerinnen, die Budgetanteile für den Kauf eines PC-Spiels oder von Computerkomponenten verwenden, lassen in ihren Texten Reflexionssignale erkennen, die sich zwei großen Inhaltsfeldern zuordnen: 60 Prozent der Jugendlichen geben Einblicke in ihre Nutzenvorstellungen, während 40 Prozent der Mädchen und Jungen unterschiedliche Wege ansprechen, auf denen sie die Kosten für ein PC-Spiel kontrollieren. Personelle Überschneidungen zwischen beiden Gruppen gibt es nicht: Entweder beschäftigen sich die Schüler und Schülerinnen mit dem Nutzen, den sie vom Kauf eines PC-Spiels erwarten, oder sie äußern sich zu Möglichkeiten, die Kosten zu reduzieren.

Fast alle Schülerinnen und Schüler, die sich mit dem Nutzen des PC-Spiels beschäftigen, verdeutlichen, dass sie den Erwerb eines solchen nicht zu den Notwendigkeiten zählen, anders als zum Beispiel den Kauf von Kleidung. So zählt eine Schülerin „etwas Neues zum Anziehen"[191] zu den Notwendigkeiten, sichtbar an der Formulierung „Dinge, die ich wirklich benötige"[192]. Anschließend begründet sie mit der Formulierung „will ja mit 18 nicht noch zu Fuß gehen!"[193], inwiefern der Führerschein für sie wichtig ist. Die Satzendstellung „Dann die Handykarte, dann das Computerspiel"[194] zeigt, welchen Platz das PC-Spiel in der Rangordnung des Mädchens einnimmt.

Während an erster Stelle der Geldverwendung für einen Schüler etwas steht, „was ich sehr dringend brauche wie etwas [!] Kleidung"[195], macht er den Kauf eines PC-Spiels davon abhängig, ob nach der Erfüllung des als notwendig erachteten Bedarfs noch Geld „übrig" ist. Falls diese Bedingung

---

[191] Text 343.
[192] Ebd.
[193] Ebd.
[194] Ebd.
[195] Text 489.

erfüllt ist, sieht der Junge die Alternativen, entweder zu sparen oder ein Spiel zu kaufen.[196]

Eine Schülerin listet in ihrem Text einzelne Geldverwendungszwecke auf, denen sie Beträge zuordnet, und kommentiert anschließend ihre Entscheidung: „Das meiste Geld würde ich für Anziehsachen und den Führerschein ausgeben, da man davon am längsten hat."[197] Konsequenterweise ordnet sie beiden Geldverwendungszielen jeweils 20,– Euro zu. Durch ihre abschließende Formulierung „Der Rest ist nicht so wichtig"[198] gibt sie zu erkennen, weshalb sie die verbleibenden 35,– Euro so aufteilt, dass auf die Handykarte 15– Euro, auf Kino und Computerspiel jeweils 10,- Euro entfallen.[199]

Während bei den vorgestellten Jugendlichen durchaus Übereinstimmung darin zu bestehen scheint, dass Computerspiele nicht in den Bereich des Notwendigen gehören, lassen einige Schülerinnen und Schüler deutlich erkennen, dass PC-Spiele für sie persönlich bedeutsam sind. Ein Schüler scheint sich der Subjektivität seiner Auswahlentscheidung bewusst zu sein, wenn er einleitend ankündigt, sich die „wichtigsten Sachen"[200] auszusuchen, um diese für ihn „wichtigsten 3 ‚Dinge" mit Beträgen zu konkretisieren: „Führerschein 30 € / Handykarte 15 € / Computerspiel 20 €".[201]

Für einen anderen Schüler sind der Erwerb eines Computerspiels und Sparen die einzigen geplanten Geldverwendungsarten. Dieser Schüler legt ebenso wenig wie der unmittelbar vorher erwähnte eine Begründung dafür vor, weshalb das PC-Spiel für ihn wichtig ist. Sein Text ist schnörkellos: „Ich gebe das Geld für das Computerspiel aus und den Rest spare ich. Weil mir das Computerspiel am wichtigsten ist."[202] Als einer der wenigen Jugendlichen in der Gruppe derer, die Geld für den Kauf eines PC-Spiels aufwenden, verwendet der Junge die Kausalkonjunktion „weil"[203] um zu verdeutlichen, dass die durch die Superlativform hervorgehobene Bedeut-

---

[196] Vgl. a.a.O.
[197] Text 134.
[198] Ebd.
[199] Vgl. a.a.O.
[200] Text 421.
[201] Ebd.
[202] Text 440.
[203] Ebd.

samkeit des PC–Spiels eine hinreichende Begründung für die Geldausgabe darstellt.

Die als „Begründung" ausgewiesene Formulierung eines anderen Jungen bezieht sich sowohl auf dessen subjektive Wahl als auch auf die unterstellte Qualität: „Weil die Spiele gut sind und ich sie einfach spielen will."[204]

Ein Schüler greift unter Vernachlässigung aller anderen Ausgabenziele, die die Aufgabe vorsieht, nur das Computerspiel direkt auf: „. . . die anderen Sachen sind mir nicht sehr wichtig, dass [!] restliche Geld spare ich."[205], wobei er, wie im Kapitel über das Sparen ausgeführt, durch das Attribut „restliche"[206] nicht nur das Konsumieren mit Ausnahme des Computerspiels, sondern auch das Sparen als unbedeutend kennzeichnet.

Die folgenden drei Äußerungen weisen das PC-Spiel durch die Wortwahl deutlich dem Bereich des Vergnügens zu. Mit „Ich würde mir ein PS2 Spiel kaufen, weil es Spaß macht"[207] begründet der Verfasser von Text 226 seine Ausgabe, während in Text 231 das Computerspiel als Konsumziel an erster Stelle genannt wird. Daran schließt sich eine Begründung für das Führerscheinsparen an, das als subjektiv notwendig gekennzeichnet wird. Davon grenzt der Verfasser das Computerspiel anschließend ab, indem er schreibt, dass es „nur zum Vergnügen"[208] sei. Der Verfasser von Text 165 verwendet sein gesamtes Budget für den Kauf eines Computerspiels und begründet die Geldverwendung mit den Worten: „Das was ich am liebsten mache, dan [!] nur computersp. [!] kaufen."[209]

Sowohl in der Gruppe der Jugendlichen, die einen Teil ihres Budgets für den Kauf eines PC-Spiels verwenden, als auch in der Gruppe derer, die sich als an PC-Spielen interessiert zu erkennen geben, ohne aus dem vorliegenden Budget Teilbeträge auszuweisen, gibt es zahlreiche Mädchen und Jungen, die den Eindruck vermitteln, sich in ihrem jeweiligen Nutzenkalkül ihrer Selbstwirksamkeit bewusst zu sein, indem sie unterschiedliche Strate-

---

[204] Text 445.
[205] Text 72.
[206] Ebd.
[207] Text 226.
[208] Text 231.
[209] Text 165.

gien anwenden, um die Kosten für die geplante Nutzung eines Computerspiels möglichst niedrig zu halten. Im folgenden Abschnitt wird zunächst für die Gruppe, die Geld für das Computerspiel veranschlagt, gezeigt, wie die hier zugehörigen Jugendlichen vorgehen, um die Ausgaben für das PC-Spiel zu kontrollieren.

Ungefähr 20 Prozent der Jugendlichen, die in Bezug auf Geldausgaben für ein PC–Spiel Reflexionssignale erkennen lassen, verwenden Formen des Adjektivs „billig" im Sinne von „preiswert". Das zuletzt genannte, als bedeutungsgleich angesehene Adjektiv wird in Text 57 von einem Jungen verwendet, der in knapper Form seine Ausgabenentscheidung mitteilt: „Ich kaufe mir eine Handykarte, und ich kaufe mir ein Preisgünstiges [!] Computerspiel."[210] In allen Fällen, in denen synonym das Adjektiv „billig" verwendet wird, belegt der Kontext dessen positive Konnotation, in dem Sinne, dass ein billiges Computerspiel einen größeren Nutzen verspricht, da dessen Erwerb einen kleineren Teil des Budgets beansprucht, als der Kauf eines teureren Spiels. Die positive Konnotation entspricht einer Anwendung der ursprünglichen mittelhochdeutschen Bedeutung in Sinne von „recht" und „angemessen", die im 18. Jahrhundert die Bedeutung von einem „billigen Preis" als einem „dem Wert der Ware angemessenen Preis" annahm.[211] Die sprachgeschichtlich später hinzutretende Negativbedeutung des Wortes „billig" wird damit erklärt, dass billige Ware oft minderwertige Ware ist.[212] In den vorliegenden Schülertexten wird das Wort „billig", durchweg positiv konnotiert, im Sinne von „erschwinglich", „günstig" oder „preiswert" verwendet.[213]

Eine mehrfach von Schülerinnen und Schülern benannte Verhaltensstrategie besteht darin, das PC-Spiel im Internet oder spezieller bei Ebay zu erwerben. Eine Schülerin formuliert: „Ich schaue im Internet nach wenn ich Spiele für meine Konsolen brauch [!] es gibt sie dort billiger."[214] Eine andere Jugendliche erwägt Alternativen, um ihren Nutzen zu steigern: „Ich versuche z.B: das PC-Spiel bei e-bay zu ersteigern oder frage Bekannte ob

---

[210] Text 57.
[211] „billig" in: Duden, Herkunftswörterbuch; vgl. auch: Duden, Synonymwörterbuch.
[212] vgl. „billig" in: Duden, Herkunftswörterbuch.
[213] „billig" in: Duden, Synonymenwörterbuch.
[214] Text 175.

sie mir es günstig verkaufen."[215] Der Verfasser von Text 212 konkretisiert die Konsumentenrente: „Also, das PC Spiel hole ich mir bei e-bay für die Hälfte vom Preis"[216].

Eine weitere Nutzenstrategie besteht darin, Preisvergleiche anzustellen. Die Verfasserin von Text 237 geht dabei allerdings von der unrealistischen Vorstellung aus, „das neuste und billigste Computerspiel"[217] erwerben zu können, indem sie verschiedene Geschäfte aufsucht. Rationaler ist dagegen das Verhalten des Verfassers von Text 33. Der Junge entscheidet sich für den Kauf eines PC-Spiels, das „nicht das aktuellste"[218] ist, „da es billiger ist für 30 Euro."[219]

Eine andere Möglichkeit, um aus dem Budget von 75,– Euro den größten Nutzen zu ziehen, wenden die Jugendlichen an, die sich selbst eine Höchstgrenze für ihre Ausgaben setzen.[220] Noch deutlicher markiert der Verfasser von Text 373 mit 50,– Euro eine Obergrenze für seine Zahlungsbereitschaft. Nur falls er ein Spiel findet, das preiswerter ist, plant er den Kauf.[221] Dass die Preisobergrenze für den Kauf eines PC-Spieles auch viel niedriger angesetzt wird, zeigt der Text einer Schülerin, die den Plan äußert, ein Computerspiel zu erwerben, „was in angebot [!] für 15 € ist"[222].

Eine weitere Nutzenstrategie kalkuliert mit Opportunitätskosten. So schreibt ein Schüler, dass er versuche, sich das Geld einzuteilen, indem er unter anderem das PC-Spiel kauft, „aber dafür erst einmal auf die [!] Handy verzichte[!]."[223]

Eine häufig gewählte Nutzenstrategie wird im übernächsten Abschnitt dargestellt: Jugendliche vertagen den Kauf eines PC-Spiels. Damit grenzen sie sich sowohl von den gerade charakterisierten Jungen und Mädchen ab, die einen Teil des 75- Euro-Budgets für ein PC-Spiel veranschlagen, als

---

[215] Text 9.
[216] Text 212.
[217] Text 237.
[218] Text 33.
[219] Ebd.
[220] Vgl. Text 87.
[221] Vgl. Text 373.
[222] Text 437.
[223] Text 121.

auch von denjenigen, die den Kauf eines Computerspiels aus unterschiedlichen Gründen ablehnen.

4.5.3 Nutzenvorstellungen von Jugendlichen, die den Erwerb eines Computerspiels ablehnen

Im Folgenden werden die Nutzenvorstellungen der 34 Schülerinnen und Schüler vorgestellt, die in ihren Texten ausdrücklich ablehnen, einen Teil des Budgets von 75,– Euro für den Kauf eines Computerspiels zu verwenden. Mit 26 zu 8 übersteigt der Mädchenanteil in dieser Gruppe den der Jungen um das Dreifache. Gymnasialschülerinnen und –schüler sind hier, wie oben bei der Beschreibung der Merkmale gezeigt wurde, um zehn Prozentpunkte überrepräsentiert. Der Anteil von Hauptschülerinnen und Hauptschülern liegt um acht Prozentpunkte höher als deren Beteiligung am Sample, während Besucherinnen und Besucher von Gesamt- und Realschulen gegenüber ihrem Anteil an der Grundgesamtheit um 15 Prozentpunkte beziehungsweise um drei Prozentpunkte unterrepräsentiert sind.

Fünf Schülerinnen und ein Schüler, die sämtlich eine Haupt- oder Realschule besuchen, lehnen in ihren Texten die Verwendung eines Budgetanteils für Computerspiele ohne jedes Reflexionssignal ab, wie z.B. die Verfasserin von Text 262, die ausführt: „Ich kaufe mir nur die Klamotten, die ich auch wirklich gerne anziehe, kein Computerspiel,..."[224] oder der Schüler, der seinen Text mit der Information einleitet: „Ich hätte das Computerspiel kann [!] nicht gekauft."[225]

Bei den Äußerungen dieser Schülerinnen und Schüler wird, wie in Bezug auf die der Studie zu Grunde liegenden Annahmen bereits mehrfach erwähnt, als Möglichkeit in Betracht gezogen, dass die Jugendlichen, die keine Reflexionssignale erkennen lassen, durchaus gute Gründe dafür haben, kein Geld für ein PC-Spiel auszugeben, ohne dass sie diese benennen. Auch im vorliegenden Zusammenhang ist die oben dargestellte methodologische Vorentscheidung wirksam, dass diejenigen Phänomene ausgewertet werden, die semantisch nachweisbar sind. Ein Zusammenhang zwischen

---

[224] Text 262.
[225] Text 189;
Vgl. auch: Texte: 50; 51; 62.

dem Fehlen verbal dokumentierter Reflexionssignale und gering ausge-
prägter Sprachkompetenz wird ausdrücklich nicht ausgeschlossen. Der in
der vorliegenden Untersuchung beschrittene methodische Weg der Analyse von phänomenologisch nachweisbarem sprachlichen Material verweist
allerdings Vermutungen zum Zusammenhang von konzeptioneller Expli-
kation und sprachlicher Kompetenz in den vorwissenschaftlichen Bereich.

Auffällig ist in der vorliegenden Teilgruppe der große Anteil an Jungen und Mädchen, die zum Ausdruck bringen, dass sie mit ihrer Entscheidung gegen die Verwendung von Budgetteilen für PC-Spiele ihrem Nutzenkalkül folgen. Anders als bei Kleidungsausgaben, bei denen sich viele
auf Notwendigkeit beziehen, und abweichend von der Begründung für das
Führerschein-Sparen, bei der hauptsächlich die spätere Bedeutsamkeit als
Entscheidungsgrundlage angeführt wird, bringen in der vorliegenden Gruppe Formulierungen wie *brauche nicht* oder *nicht so wichtig* zum Ausdruck,
dass die Verfasserinnen und Verfasser dem jeweils individuell bestimmten
Nutzen von Alternativgütern in ihrer Budgetplanung den Vorzug einräumen.

Teilweise werden die alternativen Budgetziele benannt; gelegentlich
deutet die Komparativform *wichtiger als* auf die Nutzenabwägung hin. Das
die Texte dieser Gruppe auffällig prägende Selbstwirksamkeitsbewusstsein
der Verfasserinnen und Verfasser wird auch in dem hohen Anteil ausdrücklicher Kausalverknüpfungen erkennbar, die vermitteln, dass den Schreiben-
den die Zusammenhänge zwischen den Ursachen und Auswirkungen ihrer
Entscheidungen bewusst sind.

Insgesamt begründen 16 Schülerinnen und Schüler ihre Entscheidung,
keine Budgetanteile für ein Computerspiel zu verwenden, mit Varianten
von Formulierungen wie *nicht wichtig* und *brauche ich nicht*. Auffällig ist
dabei, dass Formen des Wortes *notwendig*, die, wie weiter oben dargestellt,
oft im Zusammenhang mit den Ausgaben für Kleidung anzutreffen sind und
einen gedanklichen Raum des Mangels umreißen, nur zweimal verwendet
werden. Im Unterschied zu dem Begriff *notwendig*, der eine Kaufentscheidung als Aktion kennzeichnet, die aus einer Situation der Bedürftigkeit resultiert und diese beseitigen soll, beinhaltet das in den Texten dieser Gruppe
mehrfach verwendete Verb *brauchen*, das zur syntaktischen Vollständigkeit
immer eine Bezugsperson benötigt, bereits die Komponente subjektiver Be-

urteilung. So konkretisiert die Verfasserin von Text 253 „das nötigste"[226], indem sie ausführt: „sollte ich dringen [!] neue Klamotten benötigen kaufe ich mir lieber die, anstatt das neue Computerspiel.[227]

Indem der Verfasser von Text 125, die Formulierung „Computerspiele brauch ich nicht unbedingt, ich kauf mir viel lieber Anziehsachen und geh mit meinen Freunden ins Kino"[228] verwendet, gibt er mehr zu verstehen, als dass er den Erwerb eines Computerspiels nicht als dringlich erachtet. Darüber hinaus verdeutlicht er durch die Formulierung „viel lieber" seine persönliche Präferenz, nach der er den Kleidungskauf nicht wie zahlreiche andere Jugendliche in den Bereich der Notwendigkeit einordnet, sondern ihn auf eine Ebene mit dem Kinobesuch mit Freunden stellt.

Etwa ein Drittel der Angehörigen der Teilgruppe bringen durch die Negation des Adjektivs *wichtig* oder durch die Komparativform *wichtiger als* ihre Nutzenerwägungen zum Ausdruck. In Text 257 wird die nachrangige Bedeutung des PC-Spiels durch die zugewiesene Position in der Liste der Ausgabenziele erkennbar: „Ich kaufe mir was zum anziehen [!] und treffe mich mit meinen Freunden im Kino, dann noch die Handykarte, das pc spiel [!] z.B. ist nicht so wichtig,"[229]. Durch die Formulierung „z.B." wird das PC-Spiel gleichzeitig als exemplarisch für andere, nicht genannte nachrangige Ausgabenziele markiert.

In Text 368 wird das Computerspiel mit der Formulierung „mir nicht so wichtig"[230] als Budgetziel zurückgewiesen. Ausdrücklich kontrastiert wird, allerdings ohne inhaltliche Füllung, „was mir gerade sehr wichtig ist"[231]. Die Leserinnen und Leser dieser Äußerung erhalten eine Vorstellung von dem langfristig ausgerichteten Nutzenkonzept der Schülerin durch deren Begründung, insofern der Tatbestand, dass sie sich „das schon lange gewünscht"[232] hat als ursächlich dafür angesprochen wird, dass es ihr „gerade sehr wichtig ist"[233]. Das reflektierte Selbstwirksamkeitsbewusstsein der

---

[226] Text 253.
[227] Ebd.
[228] Text 125.
[229] Text 257.
[230] Text 368.
[231] Ebd.
[232] Ebd.
[233] Ebd.

Verfasserin lässt sich zudem darin erkennen, dass sie durch die viermalige Benutzung des Personalpronomens „mir"[234] ihr subjektives Urteil als Handlung leitend kennzeichnet.

Der Verfasser von Text 340 zieht in seinen Ausführungen durch die Formulierung „nicht so wichtig wie"[235] die gemeinsame Unternehmung mit Freunden dem Nutzen des Computers vor. In Text 27 zeigt der Autor seine langfristig orientierte Nutzenvorstellung dadurch, dass er das der unmittelbaren Gegenwart zugeordnete Computerspiel nicht in sein Budget aufnimmt, sondern es vorzieht, 50,– Euro anzusparen, um sich zu einem späteren Zeitpunkt den Führerschein zu finanzieren. Die strategische Ausrichtung seines Nutzenkonzepts verdeutlicht dieser Schüler auch dadurch, dass er neben dem Führerschein bereits die Kosten für eine Wohnung in den Blick fasst. In der Formulierung seiner Begründung, „weil es für mich wichtiger ist"[236], lässt auch dieser Junge sein eigenes Urteil als Grundlage seiner Nutzenplanung erkennen. Dabei balanciert er seine Ziele so aus, dass er zwar dem Führerscheinsparen den höchsten Budgetposten zuordnet, allerdings den Kinobesuch und die Handykarte, von der Reihenfolge der Aufgabenstellung abweichend, an die Spitze seines Ausgabenplanes stellt.[237]

Während in den Konzepten der zuletzt vorgestellten Jugendlichen alternative Nutzenzuweisungen eine Rolle spielen, drückt eine kleine Gruppe von Mädchen und Jungen aus, dass ein Computerspiel für sie keinen Gebrauchswert darstellt, weshalb sie entschlossen sind, kein Geld dafür auszugeben. So weist eine Schülerin im ersten Teil ihres Textes den einzelnen Ausgabenzielen Budgetanteile zu, um im sich anschließenden zweiten Teil diese Zuweisung zu kommentieren. Nachdem sie das PC-Spiel mit „0 €" ausgestattet hat, führt sie im zweiten Textteil aus: „Ich spiele keine spiele am pc!".[238] Im Unterschied zum PC-Spiel werden die Ausgabenziele „Klamotten", „Führerschein" und „Handykarte" jeweils mit Beträgen ausgewiesen und jedes für sich mit dem Adjektiv „wichtig" charakterisiert.

---

[234] Ebd.
[235] Text 340.
[236] Text 27.
[237] Vgl. a.a.O.
[238] Text 258.

Eine Steigerung nimmt die Schülerin in Bezug auf den Kinobesuch vor: „Kinomuss sein!"[239]

Die Vorstellung von Alternativkosten äußert sich in Text 459 durch die Kausalverknüpfung: „Ich kaufe mir keine Computerspiele, weil ich mit dem Geld dann z.B. ins Kino kann."[240] Die Verfasserin von Text 180 erweckt den Eindruck, als entstammten ihre Vorstellungen einem Umfeld der Notwendigkeit, indem sie formuliert: „am dringensten [!] bräuchte"[241] und „genügend Geld für alles was ich brauche."[242] In diesen Kontext passt das Verb „verzichten"[243], mit dem die Schülerin zunächst auszudrücken scheint, dass sie sich den Nutzen des PC-Spiels aus eigener Entscheidung entgehen lässt. Entgegen der Wortbedeutung von *verzichten"* passt der Satz „Auf PC-Spiele ... würde ich gerne verzichten"[244] nicht in den Kontext einer vorgestellten Mangelsituation, was zum einen an dem Adverb „gerne"[245] liegt. In zweiter Linie ist der Eindruck allerdings der Begründung der Schülerin geschuldet, die ihre Verzichtbereitschaft mit ihrem Urteil über die Qualität des Computerspiels als Freizeitbeschäftigung begründet.[246]

Einen anderen Grund dafür, das Computerspiel aus der Budgetplanung heraus zu nehmen, nennt die Verfasserin von Text 232: Das PC–Spiel beurteilt sie als „viel zu teuer"[247]. Ebenfalls mit dem Argument hoher Kosten schließt die Verfasserin von Text 129 den Kauf eines „aktuelle[n]"[248] Computerspiels aus: „Den [!] so ein Spiel ist immer Teuer. [!]"[249] Die Formulierung „auf keinem [!] Fall"[250] vermittelt den Eindruck, dass die Schülerin sich ihres Entschlusses sicher ist. Als alternative Ausgabenziele präferiert sie „Klamotten, Kino und Führerschein"[251]. Die Vorstellung von abnehmen-

---

[239] Ebd.
[240] Text 459.
[241] Text 180.
[242] Ebd.
[243] Ebd.
[244] Ebd.
[245] Ebd.
[246] Vgl. a.a.O.
[247] Text 232.
[248] Text 129.
[249] Ebd.
[250] Ebd.
[251] Ebd.

dem Grenznutzen ist aus der Aussage des Verfassers von Text 250 heraus zu lesen, der als Begründung für den Verzicht auf PC-Spiel-Ausgaben angibt: „0 € für Computerspiele, den [!] ich habe genug."[252]

Geschlechtsspezifische Argumentationsunterschiede sind in den Texten der beschriebenen Gruppe von Jugendlichen, die Ausgaben für ein Computerspiel ablehnen, nicht zu erkennen.

4.5.4 Vorstellungen von Jugendlichen, die keinen Anteil aus dem Budget von 75,- Euro für ein Computerspiel verwenden, ohne dessen Nutzen grundsätzlich in Frage zu stellen

60 Schülerinnen und Schüler unterscheiden sich in ihren Nutzenvorstellungen von jeder der beiden zuvor charakterisierten Gruppen. Sie wenden zwar keinen Anteil des geschenkten Betrages von 75,– Euro für den Kauf eines PC-Spiels auf; allerdings lehnen sie dessen Nutzung keineswegs ab. Vielmehr entwickeln sie unterschiedliche Strategien, um ihr Budget von den Kosten eines PC-Spiels zu entlasten.

Wie weiter oben bei der Darstellung der Merkmalsbeschreibung gezeigt wurde, setzt sich diese Teilgruppe zu 63 Prozent aus Mädchen zusammen. Im Hinblick auf die verschiedenen Schulformen fällt auf, dass Gymnasialschülerinnen und Gymnasialschüler, gemessen an ihrem Gesamtanteil, um elf Prozentpunkte überrepräsentiert sind, während die an anderen Schulformen Unterrichteten schwächer vertreten sind, als es ihrem Anteil am Sample entspricht. An Realschulen Lernende sind um fünf Prozentpunkte unterrepräsentiert; Hauptschülerinnen und Hauptschüler um acht Prozentpunkte. Der Anteil derjenigen, die Gesamtschulen besuchen, liegt neun Prozentpunkte unter ihrem Anteil an der Grundgesamtheit.

Im Folgenden werden die mittels des Verfahrens des Offenen Codierens identifizierten Hauptstrategien beschrieben, mit denen der Großteil der 60 zur vorliegenden Teilgruppe Gehörenden versucht, sich den Nutzen eines Computerspiels anzueignen, ohne das Budget mit dafür anfallenden Kosten zu belasten.

32 Mädchen und Jungen geben an, zum gegenwärtigen Zeitpunkt von dem Erwerb eines PC-Spiels abzusehen. Stattdessen verschieben sie das

---

[252] Text 250.

Kaufvorhaben in die Zukunft. Die Entschlossenheit zur Kaufverzögerung ist demnach eine verbindende Option dieser Jugendlichen, die ansonsten deutlich unterscheidbare Nutzenvorstellungen vertreten. Eine weitere Teilgruppe setzt sich aus Schülern und Schülerinnen zusammen, die das Computerspiel von Freunden auszuleihen beabsichtigen, während eine dritte Gruppe die illegale Beschaffung als Strategie wählt.

In der 32 Personen umfassenden Gruppe, die den Kauf eines Computerspiels verschiebt, gewähren nur drei Jugendliche einen genaueren Einblick in ihre Vorstellungen. Innerhalb der Gruppe lassen sich drei Jungen und acht Mädchen ausmachen, bei denen die Kaufverzögerung nicht mit der Erwartung einer Preissenkung verknüpft wird.

Mit fehlender Notwendigkeit argumentiert ein Junge: „Das Computerspiel muss auf später vertagt werden, da es nicht sehr nötig ist."[253] Die Verfasserin von Text 21 lehnt Aktualität als Kauf entscheidendes Kriterium ab, lässt aber die Möglichkeit offen, zu einem späteren Zeitpunkt ein PC-Spiel zu erwerben: „Das aktuelle Computerspiel fände ich jetzt auch nicht so wichtig, weil man meiner Meinung nach nicht immer das Neuste vom Neusten haben muss."[254] Gering ausgeprägtes Interesse ist für die Verfasserin von Text 24, deren Formulierung die Subjektivität ihres Urteils verdeutlicht, der Grund dafür, den Kauf eines PC-Spiels zu verschieben: „Meiner Meinung nach können die Handykarte und das Computerspiel noch warten, weil ich an Computerspielen nicht so viel Interesse habe."[255] Diesen drei Jugendlichen, die mitteilen, weshalb sie den Kauf eines Computerspiels auf einen späteren Zeitpunkt verschieben, stehen sechs Mädchen und zwei Jungen gegenüber, deren Texte keinerlei Hinweise auf ihre Motive enthalten. Beispielhaft hierfür sind die folgenden beiden Äußerungen: Die Verfasserin von Text 52 bemerkt, dass sie sich das Computerspiel „auch später kaufen"[256] könne, während ein Junge knapp formuliert: „Ich würde für den Führerschein, [!] erst sparen un [!] dann später Computerspiele u.s.w. kaufen."[257]

---

[253] Text 25.
[254] Text 21.
[255] Text 24.
[256] Text 52.
[257] Text 318; vgl. auch Texte: 77; 166; 227; 251; 277; 313; 318.

Anders als diese Mädchen und Jungen sieht die im Folgenden vorgestellte Untergruppe den Vorteil geringerer Kosten als Handlung leitend an, wenn der Kauf des PC-Spiels verschoben wird. Alle in der Teilgruppe zusammengefassten Jugendlichen haben die Vorstellung, dass der Preis des Spieles sinkt, wenn es nicht mehr aktuell ist. In ihrem Nutzenkalkül gewichten sie die Kostenreduktion höher als die Einbuße an Aktualität. Die Formulierungen, die die Schüler und Schülerinnen gebrauchen, lassen Abstufungen in Bezug auf das Verständnis der Zusammenhänge erkennen. In dem Satz „Das Computerspiel würde ich noch nicht kaufen, sondern warten das [!] es runtergesetzt worden ist"[258], lässt die Passivkonstruktion die Akteure der Preissenkung im Dunkeln. Im Unterschied dazu äußert sich in der Formulierung „Und außerdem kann ich ja auch noch warten bis es billiger geworden ist. Vielleicht in einem Monat"[259] die Vorstellung von einem automatischen Zusammenhang zwischen Zeitspanne und Preisverfall. Der Verfasser von Text 345 formuliert seine Begründung für die Vertagung des PC-Spiel – Kaufs als allgemeine Regel: „Das neue Computerspiel würde ich erstmal weglassen, weil PC-Spiele nach einem halben Jahr etwa um 50 Prozent billiger sind."[260] Gegenüber dieser selbstgewiss formulierten Sicht des Zusammenhangs von Aktualitätseinbuße und Preissenkung wirkt die Äußerung der Verfasserin von Text 347 wegen des Adverbs „gewiss" eher wie eine Vermutung: „Das Computerspiel kann noch warten, denn wenn es nicht mehr aktuell ist, ist es gewiss nicht mehr so teuer."[261] Die Formulierung von Text 407 lässt erkennen, dass für den Verfasser der Zusammenhang zwischen Aktualitätseinbuße und Preisverfall beim Computerspiel außer Zweifel steht.[262]

Die Kombination zweier Komponenten kennzeichnet das Nutzenkonzept einer weiteren, aus fünf Jungen und zwei Mädchen bestehenden Untergruppe. Die Jugendlichen verbinden das Interesse an einem Computerspiel oder an Computerkomponenten mit der Vorstellung, dass es nützlicher ist, Geld für den künftigen Erwerb anzusparen, als ein Spiel unmittelbar zu

---

[258] Text 260; vgl. auch Text 319.
[259] Text 17; vgl. auch Text 84.
[260] Text 345.
[261] Text 347.
[262] Text 407.

kaufen. Die Angehörigen der Gruppe verwenden unterschiedliche Bezeichnungen für das Horten eines Budgetanteils mit der Option der zukünftigen Nutzung. Das am häufigsten gebrauchte Wort ist „sparen"[263]; daneben sind als weitere Formulierungen zu beobachten: „ tue… auf seite"[264]; „weglegen"[265]; „auf mein Konto tuen[!]"[266].

Neben der Kaufverzögerung bestimmen zwei weitere Handlungsstrategien das Nutzenverhaltens von Teilen der Jugendlichen, die durchaus an einem PC–Spiel interessiert sind, allerdings keinen Budgetanteil dafür aufzuwenden gedenken. Anders als die zuvor beschriebenen Gruppen von Jugendlichen, die den Kauf eines PC-Spiels auf die nähere oder weitere Zukunft vertagen, verdeutlichen die Angehörigen der beiden folgenden Gruppen, dass sie ein PC–Spiel durchaus zum gegenwärtigen Zeitpunkt nutzen möchten, ohne allerdings Budgetanteile dafür aufzuwenden. Stattdessen verfolgen sieben Mädchen und ein Junge den Plan, sich ein PC–Spiel bei Freunden auszuleihen, während eine andere Untergruppe, die sich aus vier Jungen und drei Mädchen zusammensetzt, angibt, sich ein PC–Spiel illegal beschaffen zu wollen.

Sieben Mädchen und ein Junge befinden sich in der Untergruppe, für die das Ausleihen eines PC-Spiels die gegenüber dem Kauf präferierte Nutzenalternative ist. Drei Mädchen schreiben kommentarlos, dass sie sich das PC-Spiel von Freunden ausleihen, wie etwa die Verfasserin von Text 147, die ausführt: „Ich würde mir eine Handykarte kaufen und bei Spielen würde ich Freunde fragen ob sie es mir ausleihen."[267] Der einzige Junge in der Untergruppe verausgabt sein Budget von 75,– Euro vollständig für Kino, Führerschein und Kleidung. Folgerichtig fährt er fort: „Ich würde auf das Computerspiel verzichten…", knüpft jedoch unmittelbar eine alternative Nutzungsvariante an: „…oder es mir von einem Freund [!]…"[268]

In einigen Texten dieser Gruppe deuten verschiedene Signale auf ein Umfeld der finanziellen Beschränkung hin. Vor diesem Hintergrund erweist

[263] Vgl. Texte 192; 345; 358; 446; 461.
[264] Text 53.
[265] Text 14.
[266] Text 461.
[267] Text 147; vgl. auch: Texte 2; 352.
[268] Text 359.

sich das Ausleihen eines PC-Spiels bei Freunden als erfolgreiche Nutzenstrategie. So drückt die Verfasserin von Text 1 gleich durch mehrere Signale aus, dass Geldausgeben ein Problem darstellt: Mit dem Satz „Ich kaufe mir nur das, was ich auch brauche und was wichtig ist"[269] leitet sie ihre Stellungnahme ein. Dass ihre Mutter einen Teil der Kleidungsausgaben übernimmt, schränkt das Mädchen gleich auf zweifache Weise ein: „Wenn ich nichts mehr zum Anziehen hab, bezahlt mir meine Mutter einen Teil davon. (Nur was auch wirklich notwendig ist!)"[270] Der letzte Satz ihres Textes verstärkt den Eindruck einer prekären materiellen Situation: „Ich geh nicht oft ins Kino und erst Recht ich t [!] wenn ich nicht viel Geld habe."[271] Konsequent erscheint vor diesem Hintergrund ihre Aussage „Ich kaufe mir keine Computerspiele"[272]. Überraschenderweise setzt sie ihren Satz fort mit einer Bedingung, die zwar logisch keinen Sinn ergibt, allerdings auf der sprachpragmatischen Ebene die Problemlösefähigkeit der Verfasserin unter Beweis stellt: Sie kauft zwar keine Computerspiele, erwägt aber eine Möglichkeit, ohne Geld auszugeben, ein solches Spiel zu nutzen, indem sie „sich ja mal informieren [könnte] ob das Spiel jemand von meinen Freunden hat."[273]

Ebenfalls Nutzen orientiert lotet eine andere Schülerin ihre Möglichkeiten aus, sich ein Computerspiel zu beschaffen. Auch sie entwirft in ihrem Text durch verschiedene Signale ein Szenarium materieller Enge: „Ich überlege mir genau, ob meine Wünsche wirklich nötig sind"[274], schreibt sie einleitend. Das Sparen für den Führerschein erfüllt für sie offenbar diese Bedingung, während sie den Kleidungskauf nach dem Bedarf ausrichtet. Um ein Computerspiel zu nutzer., erwägt sie zwei Alternativen, die ihr Selbstwirksamkeitspotential bezeugen. Das Ausleihen bei der Freundin stellt für sie die erste Wahl dar. Den Vorteil dieser Alternative sieht die Schreiberin darin, dass ihre Freundin „immer die Neuesten [Spiele]"[275]

---

[269] Text 1.
[270] Ebd.
[271] Ebd.
[272] Ebd.
[273] Ebd.
[274] Text 348.
[275] Ebd.

hat. Die zweite Beschaffungsmöglichkeit greift für sie dann, wenn sich die erste nicht realisieren lässt: „Wenn nicht, kann ich es günstiger bei ebay ersteigern."[276]

Eine weitere, aus vier Jungen und drei Mädchen zusammengesetzte Untergruppe unterscheidet sich von den bisher charakterisierten dadurch, dass als Nutzungsstrategie für ein PC-Spiel die illegale Beschaffung gewählt wird. Die Texte der Jugendlichen, die hier einzuordnen sind, geben keine Hinweise darauf, dass ihre Verfasser und Verfasserinnen in einem materiell eingeschränkten Umfeld leben. Umso auffälliger ist ein verbindendes Merkmal aller Texte aus dieser Untergruppe, nämlich das stark ausgeprägte Motiv, Kosten möglichst zu vermeiden. Diese Absicht wird allerdings nur in einem Fall kausal begründet. In den anderen Texten lässt sie sich daraus entnehmen, wie die Budgetierung der Geldverwendungsziele jeweils präsentiert wird. Am ausführlichsten expliziert der Verfasser von Text 92 sein Nutzenkalkül, indem er sowohl sein Vorgehen kennzeichnet, als auch dessen beabsichtigte Wirkung benennt: „Ich würde mir kein PC spiel kaufen, weil ich es mir runterlade, dann hätte ich schon mal dafür Geld gespart."[277]

Für einen weiteren Schüler ist die illegale Beschaffung des PC-Spiels ein Element seiner Strategie, seine Bedürfnisse zu befriedigen und dennoch den Gesamtbetrag von 75,– Euro für den Führerschein zu sparen. Einleitend stellt er klar: „Handykarte brauch ich nicht."[278] Dann fährt er fort mit der später konkretisierten Information: „Ich spare alles... Ich spare für einen Führerschein."[279] Dazwischen schaltet er den Satz: „Ich hohl [!] mir alles illegal aus dem Internet (Filme, Spiele)"[280]. Abschließend bezieht sich der Verfasser auf das in der Aufgabenstellung an erster Stelle genannte Konsumgut, nämlich auf neue Kleidung, indem er lapidar anmerkt: „Klamotten kauft meine Mudda [!]."[281] Auch der Verfasser von Text 207 bezieht das PC-Spiel nicht in seine Budgetplanung ein. Sein Text verdeutlicht, inwiefern er unterschiedliche Ziele realisieren kann, obwohl er die gesamte Bud-

---

[276] Ebd.
[277] Text 92.
[278] Text 76.
[279] Ebd.
[280] Ebd.
[281] Ebd.

getsumme für Kleidung verwendet: „Ich würde mir nur Kleidung kaufen. Die Computerspiele lade ich es [!] mir [!] runter. Meine Oma zahlt mir den Führerschein."[282]

Ebenfalls als Beispiel für eine Nutzenstrategie, die sich auf ausgeprägtes Kostenbewusstsein stützt, kann der Text eines weiteren Schülers gelesen werden, der ansonsten nicht in der vorliegenden Gruppe eingeordnet ist, weil er den Kauf als Alternative zum Kopieren angibt. Der Junge teilt zunächst mit, dass der Kleidungskauf fremd finanziert wird, also sein Budget von 75,– Euro nicht belastet: „Was neues zum Anziehen kauft mir meine Mutter."[283] Sein strategisches Kalkül, die Konsumentenrente beim Kinobesuch zu nutzen, verdeutlichen gleich zwei logische Signale: „Wenn ich ins Kino will, gehe ich am Dienstag denn da ist es billiger."[284] Im Hinblick auf ein Computerspiel erwägt der Junge alternative Nutzenstrategien, wobei seine Formulierung belegt, dass das Anliegen, Kosten zu reduzieren für ihn Handlung leitend ist: „Das neue Spiel, [!] werde ich mir vielleicht kaufen, wenn es nicht zu teuer ist. Ansonsten werde ich es mir aus der Videothek ausleihen und dann kopieren."[285] In einem abschließenden Satz fasst der Schüler zusammen, dass er plant, den Rest zu sparen und eine Handykarte zu kaufen.[286]

Im Unterschied zu den Texten der männlichen Jugendlichen ist bei den drei Schülerinnen, die zu dieser Untergruppe gehören, eine Strategie der Kostenvermeidung nicht zu erkennen. Sie benennen die illegale Beschaffung kommentarlos, wobei auch hier, wie bereits mehrfach erwähnt, im Hinblick auf die Analyse die Grundannahme gilt, dass aus fehlender Verbalisierung nicht zwangsläufig auf fehlendes Bewusstsein geschlossen werden kann. So nennt die Verfasserin von Text 339 das Führerscheinsparen als erstes Budgetziel, das sie mit 20,– Euro quantifiziert. Daran schließt sie ohne weitere Erklärung die Aussage an: „Das Computerspiel würde ich mir

---

[282] Text 207.
[283] Text 70.
[284] Ebd.
[285] Ebd.
[286] Vgl. a.a.O; vgl. auch Text 209.

brennen lassen."[287] Als weiteres Ausgabenziel erwähnt sie die Handykarte. Kleidung und Kinobesuch kennzeichnet sie als nachrangig.[288]

Verglichen mit den oben dargestellten Nutzenstrategien der männlichen Jugendlichen, bleibt die Verfasserin von Text 91 hinsichtlich mehrerer Aspekte ihrer Budgetverwendung unkonkret. Nachdem sie ihren Text sehr bestimmt, wenn auch ohne Finanzierungshinweis mit dem Satz eingeleitet hat „Kleidung muss auf jeden fall [!] gekauft werden"[289], fährt sie fort mit der Aussage: „Computerspiel – bei Freunden umhören ob sie's haben und dann Brennen [!]"[290] Weitere Budgetziele schließt sie in auffallend unbestimmter Weise an: „Führerschein – etw. kann man weg legen / Handykarte – kaufen (Mama fragen) / Kino – is [!] ja nicht so teuer – ja".[291]

Neben den genannten Hauptstrategien lassen sich vielgestaltige, einzeln auftretende Vorgehensweisen beobachten, mittels derer sich Mädchen und Jungen bemühen, ihr Budget von 75,– Euro möglichst weitgehend von den Kosten eines PC-Spiels zu entlasten. Eine der angesprochenen Möglichkeiten besteht darin, das Computerspiel aus dem regelmäßig eingehenden Taschengeld zu finanzieren.[292] In zwei Fällen wird nach Angaben der Jugendlichen ein PC-Spiel fremd finanziert.[293] Mit Zeitungsaustragen plant eine Schülerin ihren Budgetrahmen zu erweitern, falls „dann das Geld für ein Computerspiel, [!] oder für ein [!] Führerschein nicht mehr reicht..."[294] Ihre Selbstwirksamkeitskompetenz stellt die Verfasserin von Text 80 durch den ins Auge gefassten Verzicht auf ein alternatives Ausgabenziel unter Beweis. Sie verdeutlicht, dass der Verzicht auf den Kinobesuch nicht mit einer Nutzeneinbuße verbunden ist, indem sie anführt, dass die Filme später im Fernsehen gezeigt würden,[295]

---

[287] Text 339.
[288] Vgl. a.a.O.
[289] Text 91.
[290] Ebd.
[291] Ebd; vgl. auch Text 423.
[292] Vgl. Text: 167.
[293] Vgl. Texte 142; 488.
[294] Text 139.
[295] Vgl. Text 80.

4.6 Nutzenorientierung in Zusammenhang mit Konsumausgaben für eine Handykarte auf Vorrat

4.6.1 Gruppenmerkmale

An vierter und fünfter Stelle der Ausgabenziele spricht die Aufgabe den Kauf von Telefonguthaben und den gemeinsamen Kinobesuch mit Freunden an.[296] Die beiden Konsumziele repräsentieren in ihrer Verknüpfung von Kommunikations- und Erlebnisbedürfnissen eine für die Nutzenkonzepte junger Menschen bedeutsame Dimension.[297] Indem die Formulierung „Auch möchtest du [...] schon die ganze Zeit"[298] unterstellt, dass die Wünsche nach dem Kauf einer Handykarte auf Vorrat und dem Kinobesuch mit Freunden bereits über einen längeren Zeitraum bestehen, soll im Hinblick auf das Ziel der Ermittlung der individuellen Nutzenkonzepte der untersuchten Jugendlichen den beiden Geldverwendungszielen Dringlichkeit zugesprochen werden, um ihr Gewicht bei den Budgetierungsentscheidungen der Jugendlichen zu erhöhen.

Das Aufgabenkonstrukt, die Mobilfunknutzung mittels Prepaid-Guthaben anzusprechen, ist methodisch dem Ziel geschuldet, eine Entscheidung über die Verwendung eines einmalig verfügbaren fixen Betrags von 75,– Euro herbei zu führen. Die Vorgabe eines Laufzeitvertrages zur Mobilfunknutzung hätte dieser Intention nicht Rechnung getragen. Als inhaltliches Argument spricht für die Formulierung „Handy-Karte", dass die Abrechnung von Gesprächseinheiten über ein im Voraus bezahltes Guthabenkonto vielen Jugendlichen aufgrund der häufigen Nutzung geläufig ist, weil sich die Ausgaben auf diese Weise leichter kontrollieren lassen als bei der Bezahlung der Mobilfunkrechnung mittels eines Laufzeitvertrages.[299]

Auf die Aufgabenvorgabe „Auch möchtest du dir schon die ganze Zeit eine Handy-Karte auf Vorrat kaufen", beziehen sich 207 Schülerinnen und Schüler. Diesem Anteil von knapp 42 Prozent des Samples steht eine Mehrheit von rund 58 Prozent gegenüber, die eine Handy-Karte in ihren Texten nicht erwähnen. Von den 207 Jugendlichen, die das Handy-Vorratsguthaben

---

[296] Vgl. Anhang: Aufgabentext.
[297] Vgl. Schulze (1992): 445; 545.
[298] Anhang: Text der Aufgabe.
[299] Vgl. u.a. checked 4 you. (2013).

erwähnen, sind es mit 158 Schülerinnen und Schülern 76 Prozent, die die Handy-Vorratskarte in ihren Haushaltsplan aufnehmen. Da die Ablehnungsgründe dafür, Geld für die Handy-Karte aufzuwenden, vielfältig sind und, wie nachfolgend gezeigt wird, häufig keinen Rückschluss auf Nutzenverzicht zulassen, wird bei der quantitativen Darstellung der geschlechts- und Schulform bezogenen Auffälligkeiten, im Interesse größerer Übersichtlichkeit, abweichend von der generell verwendeten Systematik, in Bezug auf die Budgetierung einer Handy-Vorratskarte die Erwähnung anstelle der Budgetierung als Grundlage für die tabellarische Dokumentation gewählt.

Vergleicht man, unter Berücksichtigung dieser darstellungssystematischen Besonderheit, wie sich die beiden Gruppen geschlechtsspezifisch zusammensetzen, die die Handy-Vorratskarte erwähnen, so wird deutlich, dass der Mädchenanteil von circa 60 Prozent um nahezu 21 Prozentpunkten über dem der Jungen liegt, während in der Gruppe derjenigen, die den Erwerb von Handyguthaben nicht ansprechen, der Jungenanteil mit fast 56 Prozent um rund elf Prozentpunkten über dem der Mädchen liegt. In dem Mädchenanteil von 60 Prozent wird eine deutliche Abweichung von der geschlechtsspezifischen Zusammensetzung der Grundgesamtheit sichtbar, insofern dort der Anteil der Schülerinnen mit 51 Prozent den der Jungen lediglich um zwei Prozentpunkte übersteigt

Tabelle 26: Handyguthaben erwähnt / nicht erwähnt. Zusammensetzung nach Geschlecht.

| Guthaben erwähnt | | | | | | Guthaben nicht erwähnt | | | | | |
| alle | | weiblich | | männlich | | alle | | weiblich | | männlich | |
abs.	%	abs.	%	abs.	%	abs.	%	abs.	%	abs.	%
207	100	125	60,4	82	39,6	287	100	127	44,3	160	55,7

Die dargestellte Verteilung könnte als möglicher Hinweis darauf gedeutet werden, dass die Verwendung eines Mobiltelefons für die Nutzenvorstellungen von Mädchen bedeutender ist als für die von Jungen.

Untersucht man, wie stark in den Gruppen derjenigen, die entweder Handyguthaben erwähnen oder diese Aufgabenvorgabe ignorieren, der Anteil der Jugendlichen in den verschiedenen Schulformen ist, so ergibt sich das folgende Bild: Unter den Jugendlichen, die Handyausgaben erwähnen, stellen Schülerinnen und Schüler von Gymnasien 42 Prozent der Gruppenangehörigen. Sie sind damit in der Untergruppe um acht Prozentpunkte stärker vertreten als in der Grundgesamtheit. Den geringsten Anteil an der Teilgruppe derjenigen, die sich in ihren Texten auf ein Prepaid – Guthaben beziehen, haben die Jungen und Mädchen, die Gesamtschulen besuchen. Mit rund elf Prozent bleiben sie um ungefähr zehn Prozentpunkte hinter ihrem Anteil an der Grundgesamtheit zurück. Spiegelbildlich sind sie in der Gruppe der Jungen und Mädchen, die die Aufgabenvorgabe ignorieren, um mehr als sieben Prozentpunkte stärker vertreten, als es ihrem Gewicht im Sample entspricht, während Gymnasiasten und Gymnasiastinnen unter denjenigen, die sich nicht auf das Prepaid – Guthaben beziehen, um etwa sechs Prozentpunkte unterrepräsentiert sind. Der Anteil der Besucherinnen von Haupt- und Realschulen liegt, wie die Tabelle zeigt, in beiden Untergruppen nahe bei ihrem jeweiligen Anteil an der Grundgesamtheit.

Zusammenfassend kann man die Gruppe derjenigen Jugendlichen, die die Aufgabenvorgabe zur Budgetierung von Telefonguthaben aufgreifen, dadurch charakterisieren, dass bezogen auf die geschlechtsspezifische Zusammensetzung Mädchen dominieren, während im Hinblick auf die besuchte Schulform Gymnasialschülerinnen und –schüler die größte Untergruppe stellen.

Tabelle 27: Handyguthaben erwähnt / nicht erwähnt. Zusammensetzung nach Schulformen.

| | Gesamtstudie | | Guthaben erwähnt | | Guthaben nicht erwähnt | |
	abs.	%	abs.	%	abs.	%
Alle	494	100,1[a]	207	99,9[a]	287	100,0
Gesamtschulen	106	21,5	23	11,1	83	28,9
Gymnasien	167	33,8	87	42,0	80	27,9
Hauptschulen	62	12,6	27	13,0	35	12,2
Realschulen	159	32,2	70	33,8	89	31,0

[a]: *Rundungsfehler*

Im Folgenden werden die mit der Vorratshandykarte verbundenen Nutzenvorstellungen der Jugendlichen in zwei Abschnitten vorgestellt. Der erste Abschnitt beschäftigt sich mit den Äußerungen der Mädchen und Jungen, die den Erwerb einer Handy – Vorratskarte ablehnen, während im zweiten Abschnitt vorgestellt wird, welche Vorstellungen die Schüler und Schülerinnen zu erkennen geben, die Budgetanteile für eine Prepaid – Karte verwenden.

4.6.2 Nutzenvorstellungen der Jugendlichen, die den Erwerb einer Handykarte auf Vorrat ablehnen

Quellen für die im Folgenden beschriebenen Nutzenvorstellungen im Zusammenhang mit einem Prepaid Telefonguthaben, in der Aufgabe als Handy-Karte bezeichnet, stellen die Texte derjenigen Schüler und Schülerinnen dar, die sich auf das Telefonguthaben beziehen. Wie wiederholt angemerkt, gilt auch im Hinblick auf den hier fokussierten Geldverwendungszweck, dass die Existenz sprachlich nicht repräsentierter Nutzenkonzepte nicht ausgeschlossen wird, dass diese sich allerdings dem hier angewendeten hermeneutischen Verfahren entziehen.

Sich in ihren Texten auf die Aufgabenvorgabe „Handy-Karte" zu beziehen und tatsächlich einen Teil ihres Budgets für eine Vorrats – Prepaid–Karte zu verwenden, ist für einen Teil der 207 Schülerinnen und Schüler zweierlei. Eine Gruppe von 49 Jugendlichen lehnt den Kauf von Telefonguthaben ab. Für 18 Mädchen und Jungen bedeutet das aber keineswegs, dass sie mit dieser Entscheidung auf das mobile Telefonieren verzichten. Vielmehr verweisen acht von ihnen darauf, dass sie einen Laufzeitvertrag besitzen, wodurch sie belegen, dass sie mit alternativen Modalitäten des mobilen Telefonierens vertraut sind. Eine Schülerin formuliert beispielsweise: „Eine Handykarte brauch ich nicht. Ich habe ein [!] Vertrag."[300] Eine andere Schülerin liefert eine Erklärung ausdrücklich mit: „Ich habe Vertragshandy (mein Guthaben kann nicht leergehen)."[301] Zehn weitere Schüler und Schülerinnen verweisen darauf, dass sie deswegen keinen Budgetanteil für ein Prepaid-Guthaben verwenden, weil ihre Eltern die anfallenden Kosten für das mobile Telefonieren tragen. Ein Mädchen drückt es so aus: „Für die Handy Karte würde ich meine Eltern um Geld bitten die können auch ruhig mal was Geld geben."[302], während eine andere Schülerin knapp formuliert: „... Kino und Handy zahlen die Eltern."[303] Ein Junge ver-

---

[300] Text 9.
[301] Text 175; vgl. auch die Texte: 1; 69; 319; 372; 414; 434.
[302] Text 37.

bindet in seiner Ablehnung von Ausgaben für eine Handykarte Laufzeitvertrag und Finanzierung durch die Eltern: „Ich suche überall das günstigste und hole mir ein Handy mit günstigem Vertrag den meine Eltern unterschreiben."[304]

Während für die angesprochenen Schülerinnen und Schüler die Weigerung, einen Budgetanteil für den Erwerb von Prepaid-Guthaben zu verwenden, keinen Verzicht auf den Nutzen des mobilen Telefonierens beinhaltet, sind die mit der Finanzierungsverweigerung verbundenen Nutzenvorstellungen von weiteren dreißig Jugendlichen deutlich andere. Am größten ist mit 13 Jugendlichen die Untergruppe derjenigen, die sich dagegen aussprechen, Guthaben auf Vorrat zu kaufen. In ihren Texten weisen die zugehörigen Schülerinnen und Schüler die in der Formulierung „eine Handy-Karte auf Vorrat kaufen"[305] enthaltene Vorsorgeintention zurück. Ein Mädchen formuliert mit dem Anspruch auf allgemeine Verbindlichkeit: „Wenn man noch eine Handykarte hat, braucht man keine auf Vorrat."[306] Während das Mädchen auf eine Begründung verzichtet, benennt ein Schüler den Grund seiner Kaufzurückhaltung: „Handykarte kaufe ich nicht auf vorrat [!], die laufen sonst ab."[307] Ein drastisches, wenngleich unbegründetes Urteil formuliert eine andere Schülerin: „Eine Handykarte auf Vorrat kaufen finde ich Quatsch,... "[308]. Die in der Untergruppe am häufigsten zum Ausdruck gebrachte Vorstellung grenzt sich in der Formulierung „brauche nicht" vom Bereich der Notwendigkeit ab, dem ein Telefonguthaben auf Vorrat nicht zugerechnet wird.[309]

Eine weitere Gruppe aus vier Jungen und einem Mädchen lehnt den Kauf einer Handykarte ebenfalls ab, da nach ihren Angaben keine Notwendigkeit für den Erwerb besteht. Im Unterschied zu den gerade vorgestellten Jugendlichen schränken die Fünf ihre Ablehnung nicht auf eine Vorratshandykarte ein, sondern formulieren umfassend. Sie geben kei-

---

[303] Text 473.
[304] Text 5; vgl. auch Texte 45; 54; 91; 166; 194; 253; 387.
[305] Anhang: Aufgabentext.
[306] Text 133.
[307] Text 308.
[308] Text 21.
[309] Vgl. Texte: 2; 346; 349 361; 498.

ne Begründungen; allerdings verwenden drei von ihnen die Formulierung „brauche nicht", womit sie zum Ausdruck bringen, dass sie Handy-Prepaid-Guthaben nicht zu den notwendigen Bedarfsgütern zählen.[310]

Eine Gruppe von drei Schülern und einer Schülerin lehnt es ab, einen Budgetanteil für ein Prepaid-Guthaben zu verwenden, weil sie den Nutzen eines Alternativgutes aus dem fiktiven Güterkorb höher veranschlagen. Der Verfasser von Text 41 bringt durch seinen auch den Verzicht implizierenden Budgetplan eine reflektierte Nutzenvorstellung zum Ausdruck, die sich vorwiegend auf ein gedankliches Umfeld der Notwendigkeit bezieht: „Ich würde mir etwas neues [!] zum Anziehen kaufen weil man so etwas braucht. Dann würde ich mir ein aktuelles computerspiel [!] kaufen weil so etwas auch länger hält als eine Handykarte. zum[!] Schluss würde ich mir noch Geld für den Führerschein zurücklegen da man so etwas später braucht. Auf das andere kann ich gut verzichten."[311] Ein ähnlicher Eindruck von subjektiven Präferenzen als Grundlage der Nutzenabwägung unter der Budgetrestriktion von 75,–Euro entsteht beim Lesen des Textes eines anderen Jungen: „Ich versuche mir das Geld einzuteilen indem ich – keine Markenklamotten kaufe – ich das PC-Spiel kaufe aber dafür erst einmal auf die Handy [!] verzichte weil auf meiner jetzigen noch Geld ist – dan[!]gehe ich noch mit meinen Freunden ins Kino Das restliche Geld lege ich bei seite [!] oder tu es auf mein Konto!"[312]

Acht Jugendliche nennen als Grund dafür, kein Geld für eine Handykarte ausgeben zu wollen, dass sie entweder kein Handy besitzen,[313] oder keinen Nutzen in der Handyverwendung sehen.[314]

---

[310] Vgl. Texte: 13; 75; 76; 106; 142.
[311] Text 41.
[312] Text 121; vgl. auch Texte 11; 389.
[313] Vgl. Texte 83; 94; 189; 284; 457.
[314] Vgl. z.B. Texte 20; 228; 381.

4.6.3 Nutzenvorstellungen der Jugendlichen, die einen Budgetanteil für den Kauf einer Handykarte auf Vorrat verwenden

Unter den 158 Jungen und Mädchen, die angeben, einen Teil des Budgets von 75,– Euro für den Kauf von Prepaid-Guthaben auf Vorrat zu verwenden, lassen sich vier Hauptgruppen unterscheiden: [315]

64 Schülerinnen und Schüler nennen einen konkreten Betrag, den sie aus dem Budget von 75,– Euro für den Kauf einer Guthaben-Karte ausgeben. Für 20 von ihnen stellt die Angabe eines Geldbetrages den einzigen Nachweis dafür dar, dass sie ein Vorratsguthaben für nützlich erachten, während die Texte der übrigen 44 Jungen und Mädchen zusätzliche Kommentare enthalten, die sich allerdings lediglich in 17 Texten direkt auf das Handyguthaben beziehen. In den übrigen Ausführungen werden andere Ausgabenziele kommentiert.

44 Jugendliche bringen die Ausgabe für ein Telefonguthaben ohne Begründung in eine Präferenzordnung, indem sie den Kauf einer Handykarte dem Erwerb anderer Güter vor- oder nachordnen.

25 Schülerinnen und Schüler führen unterschiedliche Begründungen für den Erwerb von Handyguthaben auf Vorrat an, die nachfolgend vorgestellt werden.

In 18 Texten erwähnen die Verfasserinnen und Verfasser den Kauf einer Prepaid–Karte ohne jegliches Reflexionssignal.

46 der 64 Jungen und Mädchen, die ihren Budgetanteil für die Prepaid-Karte quantifizieren, nennen einen Betrag von 15,– Euro und weisen dadurch, dass sie den gebräuchlichsten Tarif benennen,[316] nach, dass sie sich mit den Verfahrensweisen des mobilen Telefonierens auskennen, ebenso wie die Jugendlichen, die den Unterschied zwischen Laufzeitvertrag und Prepaid – Bezahlweise thematisieren. Zehn Schülerinnen und Schüler nennen einen niedrigeren Betrag – mehrheitlich zehn Euro; sechs Mädchen

---

[315] Die folgenden, den Untergruppen zugewiesenen Zahlen addieren sich nicht auf die Gesamtzahl von 158 Jugendlichen, weil einerseits Überschneidungen vorkommen und andererseits wegen der Beschränkung auf vier Hauptgruppen einzelne Aussagen auf Grund ihrer inhaltlichen Uneindeutigkeit als nicht zuordnungsfähig unberücksichtigt bleiben.

[316] Vgl. u.a. O_2 Guthaben aufladen (2013).

und Jungen veranschlagen 20,– und mehr Euro, während zwei Jugendliche jeweils zwei Beträge nennen, ohne sich zwischen diesen zu entscheiden.

20 Jugendliche geben ihre Präferenzen lediglich durch den Ausweis unterschiedlich hoher Beträge für die in der Aufgabe benannten Ausgabenzwecke zu erkennen. Diese Jungen und Mädchen finden sich in allen Schulformen: Ein Junge formuliert: „ Handy: 15 € / Anziehsachen: 30 € / Computerspiel: 20 € / Rest sparen"[317]. Ein anderer Schüler weist lediglich für zwei Ausgabenziele konkrete Beträge aus: „Ich tue mindestens 5 Euro für den Führerschein in die Kasse. Dann neue Kleidung. Dann Computerspiel. Dann ins Kino. Und dann Handykarte für 10 Euro."[318] Die Verfasserin von Text 82 quantifiziert lediglich die Ausgaben für zwei Güter: „Ich würde von dem Geld zuerst Klamotten kaufen. Dann würd [!] ich die Handykarte kaufen. Auf das Computerspiel würde ich verzichten. Klamotten 30–40 € / Handy 15 Euro/ Den rest [!] sparen."[319] Der im Folgenden zitierte Junge bringt in seiner Budgetierung gleichzeitig zum Ausdruck, dass er bei der Verwendung seiner Mittel preisbewusst vorgeht: „ PC spiel kaufen aber ein billiges (20 €) / Billige Handykarte (15 €) / Kino (10 €) / Fertig".[320] Geschlechtsspezifisch betrachtet, sind in dieser Untergruppe die Jungen mit 17,2 Prozent um etwa drei Prozentpunkte stärker vertreten als die Mädchen, deren Anteil bei 14,1 Prozent liegt.

44 der Schülerinnen und Schüler, die einen konkreten Betrag für das in ihrem Budget veranschlagte Prepaid-Guthaben nennen, zeigen in ihren Texten, dass sie über die Zusammensetzung der Güterkorbs nachgedacht haben. Allerdings sind es lediglich 17 Texte, in denen sich die Reflexionssignale auf den Nutzen einer Prepaid-Karte beziehen. Sieben Mädchen begründen die Ausgabe für eine neue Handykarte damit, dass das alte Guthaben aufgebraucht sei.[321]

Eine weitere, aus drei Jungen und zwei Mädchen bestehende Teilgruppe setzt zwar einen konkreten Betrag für den Erwerb von Handyguthaben an,

---

[317] Text 265.
[318] Text 55.
[319] Text 82.
[320] Text 455.
[321] Vgl. Texte 159; 279; 383; 385; 401; 460; 466.

betont aber zugleich dessen Nachrangigkeit, verglichen mit anderen Gütern aus dem Gesamtpaket.[322]

Vier Mädchen und ein Junge führen in ihren Texten aus, welche Funktion das Handy für sie erfüllt, für dessen Betrieb sie einen Betrag ausweisen. „15 € Handykarte: Muss immer erreichbar sein für Eltern und Freunde"[323], schreibt ein Mädchen. Eine andere Schülerin würde sich eine Handykarte für 15,— Euro kaufen, „damit [ich] [Einfügung: Zabanoff] im Notfall genug Geld habe um Hilfe zu holen."[324].

In drei weiteren Texten wird der Nutzen eines quantifizierten Telefonguthabens in der Ermöglichung von Kommunikation gesehen. Während zwei Mädchen dabei das SMS-Schreiben im Blick haben[325], schreibt ein Schüler: „Handykarte: 10-15 € damit ich immer mit meinen Freunden kontaktiert bin"[326].

Im Vergleich zu den Jugendlichen, die in ihren Texten einen Betrag nennen, den sie aus dem Budget von 75,– Euro für den Erwerb einer Prepaid–Karte auf Vorrat aufwenden, haben die 44 Jungen und Mädchen, die im Folgenden vorgestellt werden, einen anderen Weg gewählt, um auszudrücken, welchen Nutzen für sie die Aufwendung für eine Handy-Karte hat. Für 16 von ihnen hat der Kauf von Handy-Guthaben Vorrang vor anderen Konsum- oder Sparzielen, während 28 weitere Schülerinnen und Schüler zwar ebenfalls Geld für den Erwerb einer Handy-Karte ausgeben, dabei aber verdeutlichen, dass sie andere Geldverwendungsziele für wichtiger halten. Gemeinsam ist allen in der vorliegenden Untergruppe zusammengefassten Jugendlichen, dass sie den Nutzen, den das Mobilfunkguthaben für sie bietet, weder inhaltlich konkretisieren, noch unter Verweis auf die Funktion begründen. Stattdessen fällen sie häufig vergleichende Urteile über die Bedeutung der Handy-Karte. In der Untergruppe derjenigen, die den Nutzen von Prepaid-Guthaben als vorrangig betrachten, sind häufig Formulierungen des Bedarfs, der subjektiven Bedeutungszumessung oder – ganz selten – des Vergnügens zu finden, während diejenigen, die den Nutzen an-

---

[322] Vgl. Texte 126; 134; 232; 340; 381.
[323] Text 375.
[324] Text 199.
[325] Vgl. Texte 366; 367.
[326] Text 377.

derer Güter höher gewichten als den von Handy-Guthaben, neben der Verwendung von Formulierungen wie *nicht so wichtig* häufig von einem *Rest* sprechen oder von dem, was an Geld *übrig bleibt*, wenn die dringenderen Bedürfnisse befriedigt sind. Auch wird in dieser nachordnenden Gruppe häufig das Zeitadverb *danach* verwendet.

Die folgenden Beispiele zeigen verschiedene Varianten des Ausdrucks von Vor- und Nachordnung des Handy-Guthabens im Hinblick auf die Nutzenzumessung: Eine Schülerin formuliert: „Ich benutze das Geld für nützliche dinge [!] z.B. anziehsachen [!] kaufen, für den Führerschein sparen, eine Handykarte, Kino."[327]

Dass die Handy-Vorratskarte dem Bereich des notwendigen Bedarfs zugeordnet wird, zeigen die beiden folgenden Formulierungen. Die erste stammt von einem Schüler, die zweite von einer Schülerin: „Man könnte einen Teil des Geldes auf ein Sparkonto überweisen und das restliche Geld für das nötigste ausgeben. Vielleicht für Kleidung oder eine Handykarte."[328] „Erstmal würde ich alles kaufen, was ich dringend brauche. Aber das wichtigste sind CD's und eine Handy-Karte."[329]

Durch die nachgestellte adversative Akzentuierung „aber auch", drückt die im Folgenden zitierte Verfasserin aus, dass die Zuweisung der Handy-Karte zum Vorstellungsraum der Notwendigkeit bewusst erfolgt: „Also ich würde mir ein Computerspiel kaufen und neue Klamotten. Aber auch eine Handykarte. Wenn dann noch was übrig ist zahl ich es auf mein Giro o. Führerscheinkonto ein. So habe ich mir die nötigsten Sachen die ich brauche gekauft und hab später von dem Gesparten noch mehr, weil es ja Zinsen gibt."[330]

Die folgenden Texte bringen zum Ausdruck, dass das Vorratsguthaben für das Handy als bedeutsam eingeschätzt wird, ohne dass die Vorstellung von notwendigem Bedarf erweckt wird: Eine Schülerin schreibt: „Ich hätte mir zuerst das wichtigste gekauft eine Kandykarte [Übertragungsfehler: Zabanoff][331], und dann in s Kino, das Computerspiel könnte ich mir auch

---

[327] Text 291.
[328] Text 130.
[329] Text 179.
[330] Text 213.
[331] Der Vergleich mit dem handschriftlichen Originaltext der Schülerin belegt den Über-

später kaufen, ein bisschen Geld für den Führerschein sparen und die Kleidung kaufen mir meine Eltern"[332]. Durch die Unterscheidung von *das wichtigste* und *den Rest* verdeutlicht eine andere Schülerin ihre Nutzenvorstellung: „Ich würde erst mal das wichtigste kaufen. Also z.B. eine Handykarte. Oder wenn ich wirklich keine Kleidung mehr hab, was zum Anziehen. Den Rest würde ich auf Seite legen, bis ich noch mal was bekomme und wieder genug Geld habe um etwas zu kaufen."[333] Lediglich ein Mädchen bringt das Telefonguthaben durch die verwendete Formulierung in einen gedanklichen Zusammenhang von Vergnügungen: „Ich würde etwas für den Führerschein wegtun. Und dann mal ins Kino gehen und die Handykarte kaufen. Ich würde die Sachen kaufen, die ich am liebsten tun oder haben möchte. Den Rest des Geldes würde ich mir für's nächste mal wegtun."[334]

Anders als die vorgestellte Untergruppe wenden weitere 28 Schülerinnen zwar ebenfalls Geld für Prepaid-Guthaben auf, ordnen diese Ausgabe in ihrem Budgetplan aber anderen Verwendungszwecken unter. Anstelle von Formulierungen, die Vorstellungen von Notwendigkeit und Bedeutsamkeit mit der Handy-Karte verknüpfen, herrschen in der im Folgenden vorzustellenden Gruppe sprachliche Wendungen vor, wie „mit dem restlichen Geld"[335] oder „wenn noch etwas übrig ist"[336] oder „danach"[337]. Dringender Bedarf oder Bedeutsamkeit werden dagegen den Budgetzielen zugesprochen, die die Jugendlichen dem Prepaid-Guthaben vorziehen. Diese Art und Weise der nachrangigen Behandlung des Vorratsguthabens für das Handy wird etwa im folgenden Text einer Schülerin deutlich: „Ich würde erst mir was zum Anziehen kaufen und für mein [!] Führerschein Geld sparen und was übrig bleibt eine Handykarte und Computerspiel kaufen. Zum Schluss ins kino [!] gehen. Wenn ich was übrig hätte. Ich würde ir [!] [Übertragungsfehler] erst die Sachenkaufen [!] die ich gebrauch [!] kann,

---

tragungsfehler, der allerdings von dem verwendeten MAXQDA- Programm perpetuiert wird und sich deshalb auch in der Liste der Texte im Anhang wiederfindet.

[332] Text 52.
[333] Text 3; vgl. auch Texte 110; 288; 289; 320; 421.
[334] Text 15.
[335] Text 180.
[336] Text 214.
[337] Text 44.

dann die sonstigen Sachen"[338] Ein Schüler spricht von Kleidung als etwas Notwendigem. Davon grenzt er das Handyguthaben ordinal ab: „Als erstes kaufe ich mir die Dinge die ich wirklich benötige (etwas Neues zum Anziehen). Dann lege ich das Geld für meinen Führerschein zurück (will ja mit 18 nicht noch zu Fuß gehen!) Dann die Handykarte, dann das Computerspiel."[339] Die Verfasserin von Text 224 kennt nur zwei Ausgabenziele: „Ich würde mir das Computerspiel kaufen und von dem Rest die handykarte [!]"[340] Eine andere Weise, den Nutzen von Prepaid – Guthaben als nachrangig zu markieren, zeigt der Text eines Jungen, der zunächst Ausgabenziele auflistet und anschließend deren Anordnung kommentiert: 1. Anziehen / 2. Geld sparen / 3. Kino / 4. Computer / 5. Handykarte – An 1. Stelle würde ich mir Anziehsachen kaufen, weil ich das am wichtigsten finde. Die anderen Sachen die zum Vergnügen dienen daher dann er's mal [!] anstehen."[341]

Im Folgenden werden die Nutzenvorstellungen der 25 Mädchen und Jungen vorgestellt, die ausdrücklich begründen, weshalb sie einen Teil ihres Budgets für den Kauf von Prepaid–Handyguthaben verwenden. Alle Jugendlichen dieser Untergruppe teilen die Vorstellung, dass ihr Handy betriebsbereit sein sollte. Sieben Mädchen und ein Junge geben als Grund für den Kauf an, dass ihr Prepaid–Guthaben aufgebraucht ist. Fünf von ihnen nennen zusätzlich zu ihrer Begründung jeweils als konkreten Betrag, zehn beziehungsweise 15,–Euro.[342] „Ich kaufe mir eine neue Handykarte, weil die alte leer ist"[343], schreibt ein Schüler. Die Begründung einer Jugendlichen, „weil ich kein Geld mehr auf dem Handy hab"[344] unterscheidet sich von fast allen übrigen Begründungen dadurch, dass das Mädchen durch die Verwendung des Personalpronomens „ich"[345] einen Bezug zwischen ihrer Person und dem fehlenden Guthaben herstellt. In den übrigen Texten wird der Sachverhalt, dass das Handyguthaben aufgebraucht ist, als von dem eigenen Nutzenverhalten unabhängig dargestellt. So formuliert ein Mädchen:

---

[338] Text 131.
[339] Text 343.
[340] Text 224.
[341] Text 309; vgl. auch u.a. Texte 31; 77; 95; 126; 134; 180; 182; 277; 327.
[342] Vgl. Texte 159; 383; 385; 401; 460.
[343] Text 454.
[344] Text 383.
[345] Ebd.

„Dann kaufe ich mir für 15, – Euro eine Handykarte weil mein Handy immer schnell leer wird."[346] Ebenso wenig lässt eine andere Schülerin in ihrer Formulierung ein Akteurbewusstsein erkennen: „Handykarte die ist schneller leer als man gucken kann."[347] Auch die folgende Schülerin lässt das Bewusstsein der Eigenverantwortlichkeit vermissen: „Dann kaufe ich mir für 15,-Euro eine Handykarte weil mein Geld geht schnell aus".[348] Dass das Prepaid – Guthaben aufgebraucht ist, wird in diesen Texten als gegeben vorausgesetzt. Auf die als vorgefunden markierte Situation, die sie sprachlich nicht mit ihrem eigenen Verhalten in Zusammenhang bringen, reagieren die Jugendlichen, indem sie aus ihrem Budget von 75,- Euro neues Guthaben kaufen. Anzeichen, die darauf hindeuten, dass die Schülerinnen und Schüler in dieser Untergruppe das Bewusstsein haben, ihr Telefonguthaben kontrollieren zu können, fehlen.

Vier weitere Schülerinnen sowie ein Schüler begründen die Verwendung von Budgetteilen für Telefonguthaben, indem sie darauf verweisen, dass dieses notwendig sei, ohne inhaltlich darzustellen, worin der Bedarf besteht. Eine Jugendliche, die an erster Stelle Ausgaben in Höhe von 30.Euro für Kleidung nennt, begründet anschließend, weshalb sie weder Computerspiele braucht noch Geld für den Führerschein sparen möchte. Nachdem sie zweimal das Verb *brauchen* in der verneinten Form benutzt hat, indem sowohl ein PC-Spiel als auch der Führerschein als nicht erforderlich zurück gewiesen wurden, bezieht sie sich in Bezug auf die Handykarte positiv auf den Vorstellungsraum der Notwendigkeit: „Die Handykarte für 15 € hole ich mir, weil ich sie brauche. (...)"[349] Eine andere Schülerin unterstellt durch die nachgeschobene Begründung in der verallgemeinernden „man" – Form, dass über den Bedarf von Handyguthaben Konsens besteht. Der Kontext ihrer Äußerung ruft allerdings eher die Vorstellung von Beliebigkeit als von Notwendigkeit hervor: „Eine Handykarte kaufen (brauch [!] man ja immer) / Neue Anziehsachen (kann ja nix schaden) / Vielleicht ins Kino (kommt drauf an was so läuft)"[350] Die Verfasserin von Text 139 begründet

---

[346] Text 460.
[347] Text 336.
[348] Text 159.
[349] Text 279.
[350] Text 168.

ihre Ausgabe für Prepaid-Guthaben mit der rhetorischen Frage „Ich würde dann eine Handykarte kaufen, weil wenn ich ein Handy ohne Handykarte habe wofür ist es dann da.“[351] Der Autor von Text 341 teilt das gesamte Budget auf zwei Güter auf, deren Bedeutung er sprachlich kennzeichnet: „Ich würde mir Kleidung kaufen und eine Handykarte, weil Kleidung ist wichtig und eine Handykarte benötige ich immer.“[352] Mit gesteigerter Notwendigkeit, ausgedrückt durch die Superlativform, begründet eine andere Schülerin ihre Ausgabe für Prepaid-Guthaben. An erster Stelle ihrer Ausführungen nennt sie allerdings das Sparen für den Führerschein mit der Begründung „weil er mir sehr wichtig ist.“[353] Im nächsten Schritt spricht sie den erwarteten Preisverfall als Grund für ihre Kaufzurückhaltung beim Computerspiel an, um dann „Kino, Handykarte und Kleidung“[354] von dem „Rest des Geldes“[355] zu bezahlen, mit der Begründung „weil das die Dinge sind, die ich am nötigsten brauche.“[356]

Die Jugendlichen dieser Untergruppe stellen durch die Verwendung von Formen der Verben „*brauchen*“ und „*benötigen*“ die Verwendung von Budgetteilen für den Kauf von Prepaid-Guthaben in den Bedeutungszusammenhang von dringender Notwendigkeit, ohne dass der unterstellte Bedarf inhaltlich konkretisiert wird.

Sieben Schülerinnen und drei Schüler unterscheiden sich von den vorher beschriebenen hinsichtlich ihrer Begründungen für die Verwendung von Budgetanteilen für eine Handykarte dadurch, dass sie konkreter angeben, weshalb es ihnen wichtig ist, über ein Prepaid-Guthaben zu verfügen. Zwei Schülerinnen legen Wert auf eine Vorrats-Handykarte, weil diese ihren Handlungsspielraum erweitert. Für eine der beiden steht die Handy-Karte ganz am Anfang ihrer Ausgabenliste: „Eine Handykarte, weil ich dann nicht immer warten muss, bis ich wieder geld [!][357] habe.“ Die zweite Schülerin betont ihren Wunsch nach Unabhängigkeit von den Eltern, wenn

---

351 Text 139.
352 Text 341.
353 Text 347.
354 Ebd.
355 Ebd.
356 Ebd.
357 Text 296.

sie formuliert: „Ich würd [!] es auch für mein Handy ausgeben, wenn mal zu schnell mein Guthaben verbraucht ist und meine Eltern meinen, dass sie es nicht direkt auflanden wollen, weil ich nicht so gut damit umgehen kann. Also kaufe ich es mir einfach mich [!] meinem Geld."[358]
Der Nutzen, ständig erreichbar zu sein, wird von einem Jungen und einem Mädchen betont. Die Aussage der Schülerin, die bereits im Zusammenhang mit dem Ausweisen eines konkreten Betrages für das Prepaid–Guthaben angesprochen wurde, ist insofern konkreter, als sie formuliert: „Muss immer erreichbar sein für Eltern und Freunde"[359], während der Schüler zwar den Nutzen der Erreichbarkeit so hoch gewichtet, dass er die Ausgabe für das Handyguthaben an die erste Stelle setzt, allerdings offen lässt, für wen er erreichbar sein will.[360] Die Verfasserin von Text 35 betont durch die Verwendung des Modalverbs „*muss*" die Notwendigkeit, über Prepaid-Guthaben zu verfügen, und gibt die Begründung: „denn ich bin viel unterwegs"[361]. Eine andere Schülerin bezieht sich ausdrücklich auf eine Gefahrensituation, wenn sie begründet, weshalb sie sich eine Handy-Karte kauft: „Danach würde ich mir eine Handykarte kaufen, damit (ich) [Einfügung: Zabanoff] im Notfall genug Geld habe um Hilfe zu holen."[362]
Während der Nutzen, der in wechselseitiger Erreichbarkeit gesehen wird, eher auf dem Wunsch nach Sicherheit aufbaut, resultiert die Nutzenerwägung, durch die Verfügbarkeit eines Mobiltelefons in ständigem Kontakt zu Freunden stehen zu können, aus sozialen Bedürfnissen. Die fünf Jugendlichen, die Kontakte als Zweck angeben, wenn sie ausführen, dass sie Budgetanteile für Prepaid–Guthaben verwenden, nennen mit einer Ausnahme einen konkreten Betrag.[363] Zwei Schülerinnen nennen als Zweck der Handykarte, SMS zu schreiben[364], wobei sie sich weder auf Adressaten, beziehen, an die ihre Mitteilungen sich richten, noch auf die Inhalte der Kurzmitteilungen, so dass die Tätigkeit selbst im Zentrum ihrer Nutzener-

---

[358] Text 123.
[359] Text 375.
[360] Vgl. Text 324.
[361] Text 35.
[362] Text 199.
[363] Vgl. Texte 366; 367; 377; 382.
[364] Vgl. Texte 366; 367.

wägungen zu stehen scheint. Ein Junge in dieser Untergruppe benennt den sozialen Nutzen des Prepaid-Guthabens unpersönlich und allgemein: „Handykarte damit man mit Menschen Kontakt hat."[365] Dagegen beziehen sich ein Mädchen und ein Junge ausdrücklich auf ihre jeweiligen Freunde, wenn sie die durch die Handy-Karte gegebene Kontaktmöglichkeit ansprechen.

18 Schülerinnen und Schüler veranschlagen zwar Ausgaben für ein Prepaid–Guthaben, lassen in ihren Texten allerdings keine anderen Reflexionssignale erkennen, als dass sie Entscheidungen über die Reihenfolge der geplanten Ausgaben treffen, ohne diese jedoch zu kommentieren. Die Positionierung der Anteile für das Prepaid–Guthaben in ihrer Budgetplanung gibt indessen Aufschluss darüber, dass die Handykarte von großer Bedeutung für die Angehörigen dieser Untergruppe ist. Von den zwölf Mädchen und sechs Jungen nennen zehn Jugendliche das Prepaid–Guthaben an erster und fünf an zweiter Stelle. Zwei verweisen dieses Ausgabenziel auf den dritten Platz und nur ein Junge ordnet es an vierter Stelle ein. Als exemplarisch für die zehn Priorisierungen kann die Formulierung einer Schülerin stehen: „Ich kaufe mir eine Handykarte auf Vorrat, gehe mit meinen Freunden ins Kino und den rest [!] des Geldes spar ich für den Führerschein und für neue Anziehsachen."[366] Beispiele für die Zweitplatzierung des Ausgabenziels Handykarte stellen die folgenden knappen Texte dar. Der erste Schüler schreibt: „Für Computerspiel / Handykarte / Kino / Sparen"[367]. Der zweite formuliert: „Ich würde mir ein Computerspiel kaufen und eine Handykarte. Das wars."[368] Ein dritter Schüler, der das Prepaid–Guthaben, an zweiter Stelle der Budgetverwendung erwähnt, formuliert: „Ich gehe mehr mals [!] ins Kino und kaufe mir eine Handykarte!"[369]

Wenn man den Anteil der Jugendlichen in den jeweiligen Schulformen in dieser Untergruppe betrachtet, dann fällt auf, dass hier Real- und Hauptschüler im Vergleich zu ihrem Anteil an allen Jugendlichen, die Geld für ein Prepaid – Handyguthaben ausgeben, überrepräsentiert sind. Die Gruppe setzt sich aus zehn Realschülerinnen, einer Hauptschülerin, vier Haupt-

---

[365] Text 47.
[366] Text 170; vgl. auch Texte 57; 64; 145; 147; 160; 215; 307.
[367] Text 174.
[368] Text 59.
[369] Text 103.

schülern sowie zwei Gymnasiastinnen und einem männlichen Besucher eines Gymnasiums zusammen. Mädchen und Jungen, die eine Gesamtschule besuchen, fehlen völlig. Während in der Gesamtgruppe der Jugendlichen, die Ausgaben für eine Vorrats–Handykarte veranschlagen, der Anteil von Real- und Hauptschülerinnen und –schülern zusammen bei genau 50 Prozent liegt, beträgt er in der Gruppe derjenigen, die ihre Ausgabe in keiner Weise kommentieren oder beziffern, mehr als 83 Prozent. Zieht man in Betracht, dass, wie zuvor gezeigt, die zu dieser Untergruppe gehörenden Mädchen und Jungen durch die vorrangige Positionierung der Prepaid–Ausgabe in der Rangfolge ihrer Budgetvorhaben ein klares Votum über deren subjektiv zugemessene Bedeutsamkeit abgeben, so lässt sich hier ein weiteres Indiz dafür sehen, dass das Fehlen sprachlicher Belege nicht zwangsläufig mit dem Fehlen mentaler Nutzenkonzepte gleich zu setzen ist.

Dass der Anteil ausdrücklicher Begründungen im Zusammenhang mit dem Ausweis von Budgetanteilen für den Kauf von Prepaid-Guthaben in der Gesamtgruppe niedrig ist im Vergleich zu dem Benennen konkreter Beträge sowie der kommentierten oder wie zuletzt gezeigt unkommentierten Positionierung des Ausgabenziels innerhalb einer Präferenzordnung, könnte darauf hindeuten, dass der Handygebrauch, sei es mit Prepaid Konto oder mit Laufzeitvertrag in den Nutzenvorstellungen der meisten Mädchen und Jungen, die sich auf die Aufgabenvorgabe beziehen, einen derart unhinterfragten Platz einnimmt, dass Ursachen- und Zweckbestimmungen entbehrlich erscheinen. Weiterhin könnte die Beobachtung, dass ein Teil der Jungen und Mädchen den Nutzen einer Handykarte mit Formulierungen des dringenden Bedarfs und der subjektiven Bedeutsamkeit belegen, wohingegen sprachliche Markierungen von Vergnügen und Unterhaltung eine Ausnahme darstellen, zu der Vermutung führen, dass zahlreiche Jugendliche die Verfügbarkeit der Dienstleistung Mobilfunknutzung dem Bereich der grundlegenden Bedürfnisse zuweisen.

4.7 Nutzenorientierung im Zusammenhang mit Ausgaben für den Kinobesuch mit Freunden

„Auch möchtest du dir schon die ganze Zeit eine Handy-Karte auf Vorrat kaufen und mal wieder mit deinen Freunden ins Kino gehen."[370] Die letzte Vorgabe der Aufgabe, die durch die Konjunktion „und" syntaktisch eng mit dem Vorhaben verbunden ist, zusätzliches Mobilfunkguthaben zu erwerben, unterstellt den Wunsch nach einem Kinobesuch als einer Gemeinschaftsunternehmung mit Freunden. Die Formulierung „mal wieder" soll durch die Suggestion eines zeitlichen Abstandes zu der letzten Unternehmung die Bedeutung des Anliegens unterstreichen. Die Spezifizierung „mit deinen Freunden" bietet den Jugendlichen die Möglichkeit einen Grund dafür anzugeben, weshalb sie den Kinobesuch als gemeinsames Erlebnis anstreben.

4.7.1 Gruppenmerkmale

Mit 189 Mädchen und Jungen beziehen sich gut 38 Prozent der untersuchten Jugendlichen insofern auf den Aufgabentext, als sie den Kinobesuch erwähnen. Für sie gelten die nachstehenden Angaben über die Gruppenmerkmale, unabhängig davon, ob die Mädchen und Jungen dabei von einem Gemeinschaftserlebnis ausgehen.

Den Jugendlichen, die den Kinobesuch als Vorgabe aufgreifen, steht mit 305 Schülern und Schülerinnen eine Mehrheit von knapp 62 Prozent des Samples gegenüber, in deren Texten der Kinobesuch nicht vorkommt.

Tabelle 28: Geschlechtsspezifische Zusammensetzung in den Teilgruppen „Kinobesuch erwähnt" und „Kinobesuch nicht erwähnt" sowie in der Grundgesamtheit.

	Alle		weiblich		männlich	
	abs.	%	abs.	%	abs.	%
Grundgesamtheit	494	100	252	51,0	242	49,0
Kinobesuch erwähnt	189	100	111	58,7	78	41,3
Kinobesuch nicht erwähnt	305	100	141	46,2	164	53,8

---

[370] Anhang: Aufgabentext.

Im Vergleich zu der Häufigkeit der Erwähnung einer Handykarte auf Vorrat fällt auf, dass der Anteil der Jugendlichen, die sich auf den Aufgabenaspekt *Kinobesuch mit Freunden* beziehen, niedriger liegt, wobei im Hinblick auf beide Ausgabenziele gilt, dass sie von weniger als der Hälfte der Jugendlichen erwähnt werden.

Der Anteil der Mädchen an der Gruppe derer, die sich auf den Kinobesuch beziehen, liegt mit 111 Nennungen bei 58,7 Prozent. Er übersteigt damit den Anteil der Jungen um 17,4 Prozentpunkte. Gegenüber ihrem Anteil an der Grundgesamtheit, der bei 51 Prozent liegt, sind die weiblichen Jugendlichen damit in der Teilgruppe um nahezu acht Prozentpunkte überrepräsentiert.

Tabelle 29: Geschlechtsspezifische Verteilung in den Teilgruppen „Kinobesuch erwähnt" und „Handy-Karte erwähnt".

	weiblich		männlich		alle	
	abs.	%	abs.	%	abs.	%
Kinobesuch	111	58,7	78	41,3	189	100
Handy-Karte	125	60,4	82	39,6	207	100

Vergleicht man, wie hoch in der Gruppe der Jugendlichen, die den Kinobesuch erwähnen, die Anteile sind, die auf die unterschiedlichen Schulformen entfallen, so sieht man, dass die Schülerinnen und Schüler aus Gymnasien ebenso wie bei der Erwähnung des Handy-Guthabens die stärkste Teilgruppe stellen. Ihr Anteil liegt unter denjenigen Jugendlichen, die den Kinobesuch erwähnen, bei 44,4 Prozent und damit um 10,6 Prozentpunkte höher als es ihrem Anteil an der Grundgesamtheit entspricht, während sie unter denen, die sich in ihren Texten nicht auf den Kinobesuch beziehen, um 6,6 Prozentpunkte hinter ihrem Anteil an der Grundgesamtheit zurück bleiben. Gesamtschülerinnen und Gesamtschüler liegen in der Teilgruppe der Jugendlichen, die den Kinobesuch erwähnen, um mehr als acht Prozentpunkte hinter ihrem Anteil an der Grundgesamtheit. Auch der Anteil der Realschüler und Realschülerinnen an der Gruppe derjenigen, die den Kinobesuch erwähnen, unterbietet ihren Anteil an den Gesamtteilnehmern der Studie, allerdings in einem geringeren Maß als der der Gesamtschülerinnen und Gesamtschüler. Die Anteile der an Hauptschulen Unterrichteten liegen in beiden Teilgruppen nahe bei ihrem Anteil am Sample.

Tabelle 30: Anteile der Jugendlichen aus unterschiedlichen Schulformen an den Teilgruppen „Kinobesuch erwähnt" und „Kinobesuch nicht erwähnt" sowie an der Grundgesamtheit.

	Grundgesamtheit		Kinobesuch erwähnt		Kinobesuch nicht erwähnt	
	abs.	%	abs.	%	abs.	%
Alle	494	100,1[a]	189	100,0	305	100,0
Gesamtschulen	106	21,5	25	13,2	81	26,6
Gymnasien	167	33,8	84	44,4	83	27,2
Hauptschulen	62	12,6	26	13,8	36	11,8
Realschulen	159	32,2	54	28,6	105	34,4

[a]: *Rundungsfehler*

Sowohl in ihrem Bezug auf die Aufgabenvorgabe *Kinobesuch,* als auch hinsichtlich der Erwähnung der *Handy-Karte auf Vorrat* sind die Gymnasialschülerinnen und –schüler gegenüber ihrem Anteil an der Grundgesamtheit überrepräsentiert, hinsichtlich des Kinobesuchs um 10,6 Prozentpunkte; bezogen auf das Prepaid–Guthaben um 8,2 Prozentpunkte. Erheblich unterrepräsentiert gegenüber ihrem Anteil an der Gesamtstudie sind in den Teilgruppen *Kinobesuch – Erwähnung* und *Handy-Guthaben – Erwähnung* Gesamtschülerinnen und Gesamtschüler. Die Anteile von Haupt- und Realschulbesuchenden an den beiden Teilgruppen liegen dabei deutlich näher an ihrem jeweiligen Anteil an der Grundgesamtheit. Bei Realschülerinnen und Realschülern unterscheiden sich die Abweichungen zwischen der Erwähnung von Handy-Karte und dem Bezug auf den Kinobesuch insofern, als sie in Bezug auf die Erwähnung der Handy-Karte um 1,6 Prozentpunkte überrepräsentiert sind, während ihr Anteil in der Gruppe derjenigen, die sich auf den Kinobesuch beziehen, um fast vier Prozentpunkte hinter ihrer Repräsentanz im Sample zurückbleibt.

Tabelle 31: Anteile der Jugendlichen in unterschiedlichen Schulformen an den Teilgruppen „Handy-Karte erwähnt" und „Kinobesuch erwähnt" sowie an der Grundgesamtheit.

| | Grundgesamtheit | | Handykarte erwähnt | | Kinobesuch erwähnt | |
	abs.	%	abs.	%	abs.	%
Alle	494	100,1[a]	207	99,9[a]	189	100,0
Gesamtschulen	106	21,5	23	11,1	25	13,2
Gymnasien	167	33,8	87	42,0	84	44,4
Hauptschulen	62	12,6	27	13,0	26	13,8
Realschulen	159	32,2	70	33,8	54	28,6

[a]: *Rundungsfehler*

Nicht alle 189 Jugendlichen, die sich auf die Vorgabe „Kinobesuch" beziehen, geben an, Budgetanteile für dieses Ausgabenziel zu verwenden. Mit 144 Jugendlichen, 62 Jungen und 82 Mädchen, sind es 76,2 Prozent, die den Kinobesuch in das Budget von 75,– Euro einplanen. 18 Schülerinnen und 13 Schüler lehnen es ab, Geld für diesen Zweck zu verwenden. Elf Mädchen und drei Jungen zeigen sich in der Frage, ob sie Budgetanteile für einen Kinobesuch verwenden wollen, unentschieden.

Tabelle 32: Anteile der Jugendlichen in unterschiedlichen Schulformen an den Teilgruppen „Kino erwähnt" und „Budgetanteile für Kinobesuch ausgewiesen" sowie an der Grundgesamtheit.

| | Grundgesamtheit | | Kinobesuch erwähnt | | Budgetanteile für Kinobesuch ausgewiesen | |
	abs.	%	abs.	%	abs.	%
Alle	494	100,1[a]	189	100,0	144	100,0
Gesamtschulen	106	21,5	25	13,2	21	14,6
Gymnasien	167	33,8	84	44,4	67	46,5
Hauptschulen	62	12,6	26	13,8	17	11,8
Realschulen	159	32,2	54	28,6	39	27,1

[a]: *Rundungsfehler*

Unter den Jugendlichen, die Budgetanteile für den Kinobesuch einplanen, stellen die Gymnasiasten die stärkste Teilgruppe. Verglichen mit ihrem Anteil an der Grundgesamtheit sind sie um nahezu 13 Prozentpunkte überrepräsentiert. Deutlich unterrepräsentiert sind dagegen die Schülerinnen und Schüler von Gesamt- und Realschulen.

4.7.2 Nutzenvorstellungen der Jugendlichen, die den Kinobesuch in ihrem Budgetplan berücksichtigen

In der Aufgabe werden die Wünsche „Handykarte auf Vorrat" und der Kinobesuch mit Freunden durch die Konjunktion „und" additiv verbunden und damit auf eine Stufe gestellt. Jeder der beiden fiktiv unterstellten Wünsche ist mit einem Dringlichkeitssignal versehen. Beiden Wünschen ist gemeinsam, dass sie als schon länger bestehend gekennzeichnet sind („schon die ganze Zeit" und „mal wieder")[371]. Damit wird, wie bereits zuvor mit Blick auf die Handykarte vermerkt, angestrebt, auch den Wunsch nach einem Kinobesuch in die nutzengeleitete Budgetierung einzubeziehen. Die untersuchten Jungen und Mädchen behandeln die beiden Ausgabenziele trotz deren Verknüpfung differenziert. Von den 144 Jugendlichen, die einen Budgetanteil für einen Kinobesuch veranschlagen, erwähnen 96 die Handykarte. Von diesen geben 64 zugleich Geld für den Kinobesuch und für die Handykarte aus. Die übrigen 32 Schüler und Schülerinnen lehnen den Kauf von Handyguthaben entweder ab, meist unter Verweis auf die Nutzung eines Laufzeitvertrages, oder sie knüpfen die Prepaid-Ausgabe an Bedingungen.

Mit 45 Jungen und Mädchen greift lediglich ein knappes Drittel der 144 Jugendlichen die Aufgabenvorgabe auf, das Kino gemeinsam mit Freunden zu besuchen. Aus der auf diese Weise entstandenen Teilgruppe bringen neun Mädchen und fünf Jungen den Kinobesuch mit Freunden in einen Zusammenhang von Spaß und Vergnügen. So steht für den Verfasser von Text 268 der Kinobesuch an erster Stelle seines Ausgabenplans: „Ich würde mit meinen Freunden ins Kino gehen zum Spaß."[372] Ein anderer Schüler nennt als erstes Ausgabenziel „Guthaben fürs Handy", an zweiter Stelle eine Bushido – CD, um dann fortzufahren: „Mit Freunden ins Kino, weil ich das cool finde."[373] Ein anderer Junge verknüpft Vergnügen mit subjektiv zugemessener Bedeutsamkeit. Er nennt den Kinobesuch an erster Stelle seines Budgetplanes: „Ich gehe mit Freunden ins Kino, da ich davon viel habe und es Spaß macht."[374] Seine Nutzenvorstellung ist damit auf zweifache Weise

---

[371] Anhang: Text der Aufgabe.
[372] Text 268.
[373] Text 324.

zum Ausdruck gebracht. Die Begründung „da ich davon viel habe..." wird inhaltlich nicht konkretisiert.[375]

Einige Mädchen führen als Motiv für den gemeinsamen Kinobesuch mit Freunden Vergnügen an. Die Verfasserin von Text 367 erwähnt den Kinobesuch an zweiter Stelle ihres Budgetplanes. An erster Stelle steht für sie der Kauf einer Zeitschrift. Sie formuliert: „Außerdem würde ich mit meinen Freunden ins Kino gehen (ca [!] 12 €) macht spaß [!]"[376]. Gemeinsam ins Kino zu gehen, hat für einige Schülerinnen den gleichen Vergnügungswert wie das Shoppen mit Freunden. Für die Verfasserin von Text 388 steht, wie der Gebrauch der kausalen Konjunktion „weil" belegt, das gemeinsame Erlebnis im Zentrum der Nutzenerwägungen. Dabei sind für sie „mit Freunden ins Kino gehen oder shoppen"[377] austauschbare Vergnügungsformen. Die Verfasserin von Text 344 verfolgt sowohl das Ziel, „mit Freunden ins Kino [zu] gehen", als auch, „eine schöne Shoppingtoeur [!]"[378] zu machen. Einleitend hat sie in ihrem Text verdeutlicht, dass sie sich des Unterschiedes zwischen Notwendigem und dem „was eigentlich Unsinn ist"[379], bewusst ist. Indem sie im Anschluss die adversative Konjunktion „aber" verwendet, stellt sie den Kinobesuch mit Freunden und die Shoppingtour in den Kontext dessen, was nicht nötig ist. Allerdings möchte sie sich den damit verbundenen Vergnügungsnutzen trotzdem nicht entgehen lassen, auch wenn sie ihren Plan als lediglich „wahrscheinlich" kennzeichnet.[380]

Von den vorgestellten Texten, in denen der Nutzen des gemeinsamen Kinobesuchs mit Freunden im Vergnügen gesehen wird, unterscheiden sich die Ausführungen zweier Schülerinnen, die den Kinobesuch mit subjektiver Bedeutsamkeit, allerdings nicht mit Vergnügen in Zusammenhang bringen. So schreibt die Verfasserin von Text 460: „Für die restlichen 10 € gehe ich ins Kino weil es mir wichtig ist mit meinen Freunden was zu unternehmen."[381] Die Verfasserin von Text 471 nennt den Kinobesuch an erster

---

[374] Text 376.
[375] Ebd.
[376] Text 367.
[377] Text 388.
[378] Text 344.
[379] Ebd.
[380] Ebd.
[381] Text 460.

Stelle der geplanten Ausgaben. Für sie ist durch das Geldgeschenk von 75,-
Euro eine Situation entstanden, die sich offenbar wohltuend von dem ge-
wohnten Zustand unterscheidet, „nur irgentwo [!] rum zu sitzen wenn man
kein Geld hat."[382]. Das zeigt sowohl ihre Formulierung „weil man dort mal
etwas anders [!] unternimmt"[383], als auch der als Schlussfolgerung formulierte Satz „Also nutze ich es aus."[384] Betrachtet man die Aussagen des
Mädchens im Zusammenhang, so erweckt ihr Plan, „als erstes"[385] mit ihrer „besten Freundin ins Kino"[386] zu gehen, den Eindruck, dass sie ihren
Nutzen eher vor einem Hintergrund finanzieller Einschränkung als im Kontext des Vergnügens bestimmt. Der Verfasser von Text 340 beschränkt sich
auf die drei Ausgabenziele Kleidung, Kino und Handy. Nachdem er diesen jeweils Geldbeträge zugewiesen hat, begründet er seine Budgetierung.
Er verwendet als Schlüsselsignal für subjektive Bedeutsamkeit das Adjektiv *wichtig* in der Superlativform, um das Prinzip seines Nutzen geleiteten
Handelns zu verdeutlichen: „Ich würde die Sachen nehmen, die mir am
wichtigsten sind."[387] Anschließend stellt er einen Nutzenvergleich an: „Der
Computer ist nicht so wichtig wie etwas mit den Freunden zu unternehmen."[388] Ebenso wie der gerade vorgestellte Junge greift ein anderer Schüler die Aufgabenvorgabe mit der ausdrücklichen Begründung subjektiver
Bedeutsamkeit auf: „Ich gehe mit meinen Freunden ins Kino für ca [!] 6 €
weil Freunde mir wichtig sind."[389] Auch der zuletzt zitierte Schüler weist
einen Betrag für den Kinobesuch aus.

Während die Formulierungen in den bisher vorgestellten Texten den
Eindruck erwecken, dass beim gemeinsamen Kinobesuch mit Freunden das
Gemeinschaftserlebnis im Vordergrund des Nutzenkalküls steht, bezieht die
Verfasserin von Text 385 die Qualität des Filmes, der gesehen werden soll,
als gleichrangiges Motiv in ihre Budgetplanung ein. Auch sie weist, wie
die zuvor beschriebenen Jungen, einen konkreten Betrag aus, den sie für

---

[382] Text 471.
[383] Ebd.
[384] Ebd.
[385] Ebd.
[386] Ebd.
[387] Text 340.
[388] Ebd.
[389] Text 374.

den Kinobesuch aufzuwenden beabsichtigt: „5 € Kino: weil ein guter Film läuft und ich was mit Freunden unternehmen will."[390]

Mit 45 Mädchen und Jungen greift damit, wie an den beschriebenen Beispielen gezeigt, ein knappes Drittel der 144 Jugendlichen, die einen Budgetanteil für den Kinobesuch verwenden, die Aufgabenvorgabe auf, in der dieser als gemeinsame Unternehmung mit Freunden konzipiert ist. 99 Jugendliche lassen ihre Nutzenkonzepte erkennen, indem sie dem Kinobesuch aus ihrem Budget einen bestimmten, oftmals unquantifizierten Betrag zuweisen, ohne das damit verbundene Erlebnis mit Freunden zu teilen. Dass diese Jugendlichen dem Kinobesuch einen Nutzen zusprechen, geben sie durch verschiedene Signale zu erkennen, wobei in einem Großteil der in diese Gruppe einzuordnenden Texte mehrere signifikante Merkmale sichtbar werden: 44 Jugendliche weisen einen Betrag für den Kinobesuch aus; 21 Mädchen und Jungen priorisieren ihn vor allen anderen Geldverwendungszwecken. Ein Schüler verwendet sein gesamtes Budget für diese Art der Freizeitgestaltung, die er als vergnüglich charakterisiert: „Ich gehe so oft ins Kino bis das Geld alle ist. Weil mir das Spaß macht."[391] Ein Mädchen drückt sein Nutzenkalkül folgendermaßen aus: „Ich würde etwas für den Führerschein wegtun. Und dann mal ins Kino gehen und die Handykarte kaufen. Ich würde die Sachen kaufen, die ich am liebsten tun oder haben möchte."[392]

Von den Schülern und Schülerinnen, die dem Kinobesuch, meist durch die Verwendung des Adjektivs „wichtig", subjektive Bedeutsamkeit zuweisen, beziehen sich acht ausdrücklich darauf, dass es sich um eine gemeinsame Unternehmung mit Freunden handelt. Drei Mädchen und zwei Jungen formulieren auf eine Weise, dass sie den Eindruck erwecken, das Gemeinschaftserlebnis sei ihnen wichtiger als das Vorhaben, einen Film anzusehen. Ein auffälliges Beispiel stellt der Text einer Schülerin dar, die ihre Präferenz auch durch die Verwendung einer kausalen Konjunktion unmissverständlich bekundet: „Ich würde mir erst das kaufen was mir am wichtigsten ist. Z.B. mit Freunden ins Kino gehen und dann Klamotten kaufen, weil mir die

---

[390] Text 385.
[391] Text 96.
[392] Text 15.

Freund [!] immer noch am wichtigsten sind. 40 € Kino / 35 € Klamottoen [!]"[393]

Eine Schülerin bekundet durch die Verwendung einer explizierten Begründung, dass sie den Wert des in der Aufgabenstellung formulierten Budgetziels „und mal wieder mit deinen Freunden ins Kino gehen" in der gemeinsamen Unternehmung sieht. Denn in der Logik ihrer sprachlichen Formulierung erscheint der Kinobesuch austauschbar: „... Für die restlichen 10 € gehe ich ins Kino weil es mir wichtig ist mit meinen Freunden was zu unternehmen."[394]

In den vorgestellten Texten wird der Besuch des Kinos aus subjektiver Sicht als wichtig gekennzeichnet, weil es sich um eine gemeinsame Unternehmung mit Freunden handelt. Zwei weitere Texte sprechen dem Kinobesuch neben anderen Ausgabenzielen eine eigenständige Bedeutung zu. So schreibt eine Schülerin, die den Kauf von Kleidung priorisiert, den Erwerb des Computerspiels dagegen ebenso verschiebt wie das Sparen für den Führerschein sowie den Kauf von Handyguthaben: „... Ins Kino gehen ist mir auch noch wichtig...".[395] Eine andere Schülerin subsumiert den einmaligen Kinobesuch für fünf Euro mit Kleidungs- und eventuellem CD- und Buch – Kauf unter die Ausgabenziele, die ihr „am wichtigsten" sind.[396]

Fast alle vorgestellten Jugendlichen weisen dem Kinobesuch mit Freunden einen Nutzen zu, wobei sie durch ihre Formulierungen den Eindruck erwecken, dass das Gemeinschaftserlebnis ein bedeutsamer Faktor ist.

Vorstellungsinhalte des dringlichen Bedarfs vor dem Hintergrund einer Mangelsituation tauchen in Bezug auf den Kinobesuch lediglich in negierter Form auf, insofern Geldausgaben für das Ansehen von Filmen zwar in die Budgetplanung aufgenommen, zugleich aber als nicht erforderlich gekennzeichnet werden. So formuliert eine Schülerin: „Erstmal würde ich alles kaufen, was ich dringend brauche. Aber das wichtigste sind CD's und eine Handykarte. Danach würde ich ins Kino gehen und von dem Rest würde ich für den Führerschein sparen."[397]

---

[393] Text 329.
[394] Text 460.
[395] Text 79.
[396] Text 32.
[397] Text 179.

Die Verfasserin von Text 199 schließt die Erläuterung ihrer Geldverwendungsziele Kleidung, Führerscheinsparen und Handyguthaben mit der Aussage ab: „ Zuletzt würde ich Geld für Kino und Computerspiele ausgeben, da diese Dinge nicht unbedingt wichtig sind für überleben [!]"[398] Es fällt auf, dass die anschließend aufgelisteten Beträge für die anfangs benannten Ausgabenziele das Budget von 75,-Euro vollständig ausschöpfen; ohne dass das PC-Spiel oder der Kinobesuch berücksichtigt werden.[399]

Eine andere Jugendliche verdeutlicht durch mehrere Signale zugleich, dass sie den Nutzen, den sie einem Kinobesuch zuspricht, lediglich bedingt zu realisieren gedenkt, dann nämlich wenn sie „was übrig hätte".[400] Im vorangehenden ersten Teil ihres Textes wird bereits eine deutliche Rangfolge der Budgetziele erkennbar: „Ich würde erst mir was zum Anziehen kaufen und für mein Führerschein Geld sparen und was übrig bleibt eine Handykarte und Computerspiel kaufen."[401] Abschließend erklärt sie ihre Budgetverwendung: „Ich würde ir [!] erst die Sachen kaufen die ich gebrauch [!] kann, dann die sonstigen Sachen."[402]

Welche Nutzenvorstellung die Jugendlichen, die einen Budgetanteil für den Kinobesuch verwenden, mit diesem verbinden, wird teilweise auch an der Art sichtbar, in der sie das Kinoerlebnis zu anderen Ausgabenzielen in Beziehung setzen. Ein Mädchen und ein Junge nennen den Kinobesuch an erster Stelle und äußern ihre Absicht, den verbleibenden Teil des Budgets von 75,- Euro zu sparen[403], wobei die Schülerin erklärt, weshalb sie keine weiteren Budgetziele hat.

Ein Junge gibt an, sein gesamtes Budget für mehrmaligen Kinobesuch und den Kauf einer Handykarte zu verwenden.[404] Zwei weitere Schüler nennen den Kinobesuch und ein PC-Spiel an erster Stelle und führen weiter aus, dass sie den übrigen Teil des Budgets sparen: „Ich würde mir nur das PC-Spiel kaufen und ins Kino gehen".[405] Im Unterschied zu den zuvor vor-

---

[398] Text 199.
[399] Vgl. a.a.O.
[400] Text 131.
[401] Ebd.
[402] Ebd.
[403] Vgl. Texte 284; 317.
[404] Text 103.
[405] Text 78; vgl. auch: Text 350.

gestellten Jugendlichen erläutert der zuletzt genannte Schüler seine Entscheidung, indem er mit der Formulierung „die Sachen, die ich im Moment am liebsten haben will"[406] auf seine Präferenzen verweist.

Den Jugendlichen, die den Kinobesuch anderen Budgetzielen vorziehen, steht eine Gruppe von Mädchen und Jungen gegenüber, die abweichende Geldverwendungsziele vorrangig behandeln, während sie den Filmbesuch aus dem verbleibenden Budget finanzieren. Unter den Zielen, die dem Kinobesuch vorgezogen werden, findet sich in sechs von sieben Fällen das Sparen für den Führerschein.[407] In den Fällen, in denen die Ausgaben für den Kinobesuch aus dem verbleibenden Budget finanziert werden, sind sie nicht quantifiziert; das Wort „Rest" oder „restlich" wird in vier der hier einzuordnenden Texte verwendet.[408]

Anders als bei den übrigen Geldverwendungszielen werden Ausgaben für den Kinobesuch, sofern dieser nicht als Unternehmung mit Freunden dargestellt und mit Vergnügen oder subjektiv empfundener Bedeutsamkeit verbunden ist, selten begründet.

22 Mädchen und 20 Jungen weisen für den geplanten Kinobesuch einen konkreten Geldbetrag aus. 20 Jugendliche setzen 10,-Euro als Eintrittskosten an; 16 Jugendliche veranschlagen einen geringeren, sechs Mädchen und Jungen dagegen einen höheren Betrag. Verglichen mit dem von der Filmförderanstalt für 2006 angegebenen durchschnittlichen Kinoeintrittspreis von 5,96 Euro[409] liegt der von einem Großteil der Jugendlichen genannte Preis fast doppelt so hoch. Auf Grund der Aufgabenformulierung ist allerdings die Möglichkeit nicht auszuschließen, dass in dem Betrag von 10,– Euro auch die Kosten für eine Kinokarte für einen Freund enthalten sind.

Abschließend wird im Folgenden eine Untergruppe von 13 Jugendlichen vorgestellt, die mehrere Merkmale erfolgreichen Nutzen orientierten Handelns auf sich vereinigen. Gemeinsam ist ihnen, dass sie sich als selbstwirksam Agierende verstehen, die die Kosten des Kinobesuchs kontrollieren. Sie nutzen ihre Erfahrung mit Funktionsmerkmalen des Kinobetriebes,

---

[406] Text 350.
[407] Vgl. Texte 65; 251; 347; 354; 437; 441.
[408] Vgl. Texte 251; 347; 354; 456.
[409] Vgl. in: Filmförderanstalt: „Besucher-, Umsatz- und Eintrittspreisentwicklung der deutschen Filmtheater 2006–2010".

indem sie einerseits von reduzierten Eintrittspreisen an festgelegten Tagen profitieren und auf der anderen Seite auf Getränke und Popcorn verzichten. Der Verfasser von Text 386 stellt den geringen Budgetanteil von 5,80 Euro, den er für den Kinobesuch veranschlagt, als Ergebnis seiner strategischen Entscheidung dar, die Preisermäßigung an Kinotagen zu nutzen: „...Danach geh ich erstmal mit meinen Freunden ins Kino, Das kostet, weil ich Dienstags oder Donnerstags [!] gehe nur 5,80 €...“[410]

Die Schülerin, die Text 67 verfasst hat, legt ihrem Budgetplan den auf 3,50 Euro reduzierten Kinopreis zu Grunde, den sie durch ihre Entscheidung, „an den Kinotagen ins Kino [zu] gehen“[411] erzielt.

Auch unter denjenigen Jugendlichen, die, wie der Verfasser von Text 70, keinen Betrag für den Kinobesuch ausweisen, gibt es den Entschluss, den an bestimmten Tagen reduzierten Eintrittspreis zu nutzen: „Wenn ich ins Kino will, gehe ich am Dienstag denn da ist es billiger.“[412]

Eine Schülerin gibt in ihrem Text zu verstehen, dass sie Kostenminimierung als bestimmendes Instrument ansieht, um sich auf ihr Sparziel zu konzentrieren, das sich an einem langfristig ausgerichteten Nutzenkonzept orientiert, als Bedingung der Möglichkeit nämlich, sich in der Zukunft „einen größeren Wunsch zu erfüllen“[413] Das Selbstwirksamkeitsbewusstsein des Mädchens lässt sich daran erkennen, dass sie dem priorisierten Sparziel ihre übrigen Ausgabenwünsche unterordnet. Sie reduziert ihre Ausgaben auf den „wichtigsten Wunsch“[414] und die „wichtigsten Klamotten“[415]. Ob sie ihr Handyguthaben aufstockt, macht sie vom Bedarf abhängig, und zur Senkung der Kino–Eintrittspreise nutzt sie Ermäßigungen.[416] Langfristige Orientierung, Klärung der persönlichen Präferenzen, Verzichtbereitschaft und die Nutzung von Kostenvorteilen charakterisieren das Selbstverständnis der Schülerin als Akteurin.

Eine weitere Schülerin teilt den Plan, die Kosten für Kinoeintrittspreise

---

[410] Text 386.
[411] Text 67.
[412] Text 70.
[413] Text 259.
[414] Ebd.
[415] Ebd.
[416] vgl. a.a.O.

durch die Nutzung von Ermäßigungen zu reduzieren, mit dem unmittelbar vorher vorgestellten Mädchen. Ihr Güterkorb ist allerdings völlig anders zusammengesetzt. Das Sparen für den Führerschein ist nachgeordnet („Das was übrig bleibt").[417] Das Ziel, in Bezug auf die Güterzusammensetzung die Kosten zu minimieren, verfolgt das Mädchen mit unterschiedlichen Strategien. Anziehsachen „dort wo es billig ist"[418], zu kaufen, setzt Preisvergleiche voraus. Im Hinblick auf den Erwerb des PC-Spiels nutzt sie Markt – Kenntnisse, indem sie den Preisverfall einkalkuliert.[419]

Fünf Jugendliche geben an, die Ausgaben für ihren Kinobesuch niedrig zu halten, indem sie darauf verzichten, das Angebot an Getränken und Snacks zu nutzen. So schreibt ein Mädchen: „Beim Kino lasse ich aber das Popcorn weg so habe ich dann noch ein bisschen gespart."[420] Eine andere Schülerin sieht die Möglichkeit zur Kostenreduzierung: „...und das Kino ist nicht so teuer. Man kann das Popcorn auch mit Freunden teilen und das zutrinken [!] von zu Hause mitbringen."[421] Die Verfasserin von Text 205 nutzt beide Varianten der Kostenkontrolle: „Ich gehe an einem Kinotag ins Kino und kaufe mir dort auch nichts zu Essen [!]."[422] Ein Schüler sieht eine Einsparmöglichkeit im Verzicht auf Popcorn[423]. Ein weiterer Jugendlicher schließlich, dessen Budgetplan als ganzer von dem Ziel, Kosten einzusparen, geprägt ist, begründet ausdrücklich, weshalb er sich „süsses und Getränke"[424] mitnimmt, indem er ausführt: „...den [!] das im Kino ist zu teuer."[425] Alle in der Untergruppe vorgestellten Schülerinnen und Schüler nutzen ihr Verbraucherwissen, um die Kosten für den Kinobesuch zu senken, was angesichts der gegebenen Budgetlinie ihren Ausgabenspielraum im Hinblick auf die übrigen in der Aufgabe vorgegebenen Spar- und Konsumziele erweitert.

---

[417] Text 319.
[418] Ebd.
[419] Vgl. a.a.O.
[420] Text 431.
[421] Text 2.
[422] Text 205.
[423] Vgl. Text 25.
[424] Text 479.
[425] Ebd.

5 Untersuchungsergebnisse

Die Auswertung der Analysebefunde erfolgt in drei Schritten: Zunächst werden die aus den Budgetierungsentscheidungen für einzelne Geldverwendungsziele ablesbaren impliziten Nutzenvorstellungen unter Berücksichtigung geschlechts- und Schulform bezogener Besonderheiten verglichen, bevor in einem zweiten Schritt die in der reflektierenden Beschäftigung mit den einzelnen Budgetzielen explizierten Nutzenvorstellungen der Schülerinnen und Schüler zusammenfassend dargestellt werden. Anschließend werden Strategien erfolgreichen Nutzenhandelns vorgestellt, wie sie in den untersuchten Texten der Jugendlichen repräsentiert sind.

5.1 Budgetierungsentscheidungen als Ausdruck von Nutzenvorstellungen

Einleitend wird dargelegt, inwiefern bereits der Sachverhalt der Budgetierung als Ausdruck impliziter Entscheidungen zu verstehen ist, bei denen sich die Jugendlichen an ihrem Nutzen orientieren, vorgängig zu den Nutzenvorstellungen, wie sie die Mädchen und Jungen in Zusammenhang mit einzelnen Geldverwendungszielen explizit äußern.

Indem sie in ihren Antworttexten eines der in der Aufgabe in Form von Wünschen angesprochenen potentiellen Budgetziele erwähnen, weisen die Autoren und Autorinnen nach, dass das angesprochene Geldverwendungsziel in ihrem Bewusstsein präsent ist, unabhängig davon, ob sie es in ihrem Budgetplan berücksichtigen. Die bei der Darstellung der Analyseergebnisse in den vorangegangenen Abschnitten getroffene Unterscheidung zwischen Erwähnung und Budgetierung eines Geldverwendungsziels trägt dieser Unterscheidung Rechnung. Die Zahl der Schüler und Schülerinnen, die in ihren Budgetplänen einem Geldverwendungsziel einen Teilbetrag ihres Budgets von 75,– Euro zuordnen, ist kleiner als die Zahl derer, die dieses Ziel lediglich erwähnen. Bei den Jungen und Mädchen, die ein erwähntes Geldverwendungsziel nicht nachfragewirksam werden lassen, kann man von einem zwischengeschalteten Reflexionsvorgang ausgehen, in dessen Verlauf Gründe für die fehlende Zahlungsbereitschaft konstruiert wurden. Fasst man die Priorisierung eines Geldverwendungsziels als Indikator für herausragende Bedeutung im jeweiligen Nutzenkonzept von Jugendlichen ins Auge, sind einige, weiter oben dargestellte, relativierende Aspekte zu berücksichtigen: So kann für die Priorisierung des Budgetziels *Kleidung* die Reihenfolge der in der Aufgabe aufgelisteten Wünsche verantwortlich sein. Weiterhin ist in Betracht zu ziehen, dass für eine Teilmenge von 114 Schülern und Schülerinnen das als einziges erwähnte Geldverwendungsziel zugleich das priorisierte ist, und dass sich schließlich eine zufällige Positionierung im Budgetplan nicht ausschließen lässt.

Trotz dieser Einschränkungen ist anzunehmen, dass die Priorisierung eines von mehreren Budgetzielen für eine Reihe von Mädchen und Jungen Ausdruck einer hervorgehobenen Nutzenzuweisung ist, unabhängig davon, ob diese Einstellung verbalisiert wird. An der Abstufung von *Erwähnung*, *Budgetierung* und *Priorisierung* eines Geldverwendungsziels lässt sich eine Intensivierung von Nutzenvorstellungen ablesen.

5.1.1 Allgemeine Merkmale der Budgetierung

Tabelle 33 gibt einen Überblick darüber, wie viele Mädchen und Jungen jeweils einen Teil des Budgets von 75,– Euro für die einzelnen, in der Aufgabe vorgegebenen Ausgabenwünsche aufwenden.

Tabelle 33: Gruppenstärke bei budgetierten Geldverwendungszielen absolut und in Prozent der Grundgesamtheit.

Gruppen	absolut	In Prozent der Grundgesamtheit
Sparen	372	75,3
Kleidung	208	42,1
PC-Spiel	102	20,6
Handykarte	158	32,0
Kinobesuch	144	29,1
alle	494	100,0

Mit 372 Jungen und Mädchen geben gut 75 Prozent aller an der Untersuchung Teilnehmenden an, Geld zu sparen, entweder für den Führerschein oder für ein anderes Sparziel. 208 Jugendliche, also 42 Prozent der Grundgesamtheit, veranschlagen Teile ihres Budgets für den Kauf von Kleidung. Die drittgrößte Gruppe stellen die 153 Jungen und Mädchen, die Geld für eine zusätzliche Handy-Karte ausgeben. Mit 144 Personen benennen gut 29 Prozent des Samples einen Kinobesuch als Budgetziel. Ausgaben für ein PC-Spiel tätigen 102 Schüler und Schülerinnen.

Die aufgeführten Zahlen belegen die herausragende Bedeutung des Sparens für die untersuchten Jugendlichen. Gut drei Viertel aller Beteiligten zeigen dadurch, dass sie ihre Ausgabenpläne über die augenblickliche Situation hinaus ausdehnen und gegenwärtigen Konsumverzicht im Interesse einer zukünftigen Nutzensteigerung leisten, eine langfristig angelegte Nutzenperspektive. Die Schüler und Schülerinnen verstehen dabei das Sparen als Erweiterung ihrer Handlungsmöglichkeiten in der Zukunft. Die meisten von ihnen haben dabei verbesserte Konsummöglichkeiten im Blick, während einige an Absicherung und Vorsorge denken.

Ein Teil der Mädchen und Jungen folgt der Vorgabe der Aufgabe, indem sie den erwarteten Nutzen des Sparens mit dem Führerschein verbinden, während eine weitere, beachtliche Teilmenge sich auf Sparziele ausrichtet, die sie selbst gewählt haben. Hinsichtlich der Frage, wie wichtig der Führerschein von Schülern und Schülerinnen erachtet wird, lassen sich geschlechtsspezifische Besonderheiten feststellen. Bezogen auf die jeweilige Grundgesamtheit übersteigt der Anteil von Mädchen, die für den Führerschein sparen, den der Jungen um fünf Prozentpunkte. Vergleicht man allerdings die Jugendlichen, die für den Führerschein sparen, daraufhin, welchen Rang dieses Sparziel im Vergleich zu anderen Ausgabenzielen einnimmt, so fällt auf, dass 50 Prozent der Jungen gegenüber 28 Prozent der Mädchen den Führerschein an die erste Stelle ihres Budgetplans stellen.

Der weitaus größte Teil aller untersuchten Jugendlichen verwendet den Sparbegriff im Sinne des Hortens; dagegen haben nur wenige der untersuchten Vierzehnjährigen die Vorzüge einer Geldanlage im Blick.

Mit 40 Jugendlichen verwenden knapp elf Prozent der sparenden Mädchen und Jungen finanztechnische Begriffe. Sachlich sind die mit den verwendeten Begriffen bezeichneten funktionalen Zusammenhänge weitgehend fehlerhaft dargestellt.

Daran, dass gut 42 Prozent der Jugendlichen einen Teil ihres Budgets für Kleidung verwenden, sieht man die große Bedeutung dieses Konsumgutes für Vierzehnjährige. Der Mädchenanteil liegt in dieser Gruppe deutlich höher als der der Jungen. Wie aus den Texten zu entnehmen ist, kann sowohl Mangel der Auslöser der Nachfrage sein, als auch die subjektiv hohe Gewichtung der Bedeutung neuer Kleidung, wobei das soziale Bedürfnis nach Anerkennung ebenso angesprochen wird wie Modebewusstsein und das Vergnügen am Shoppen.

PC-Spiel, Handy-Vorratskarte und Kinobesuch werden, verglichen mit Sparen und Kleidungsausgaben, deutlich weniger nachgefragt. Für ein PC-Spiel gibt rund ein Fünftel der Verfasser und Verfasserinnen Geld aus, wovon die meisten Jungen sind. Eine Handy-Vorratskarte erwirbt ein knappes Drittel aller Schülerinnen und Schüler. Die Zahl derjenigen, die mobil telefonieren, ist allerdings deutlich höher, was daran liegt, dass ein Teil der Jungen und Mädchen einen Laufzeitvertrag besitzt. Knapp unter 30 Prozent der Jugendlichen sprechen den Kinobesuch als Teil ihres Budgetplans an.

Entsprechend der Dreistufigkeit von Erwähnung, Budgetierung und Priorisierung eines Geldverwendungsziels gewährt die Priorisierungsrate in den einzelnen Budgetgruppen einen zusätzlichen Einblick in die Nutzenvorstellungen der untersuchten Jugendlichen.

Tabelle 34: Anteil der Priorisierungen an budgetierten Geldverwendungszielen.

Gruppen	Anzahl von Budgetierungen		Anteil der Priorisierungen	
	abs.	%	abs.	%
Sparen	372	100,0	153	41,1
Kleidung	208	100,0	118	56,7
PC-Spiel	102	100,0	43	42,2
Handykarte	158	100,0	28	17,7
Kinobesuch	144	100,0	27	18,8

Mit einem Anteil von 56,7 Prozent weist die Gruppe derjenigen, die Kleidungsausgaben in ihrem Budgetplan berücksichtigen, die höchste Priorisierungsrate auf, was sich einerseits aus der Position des Wunsches nach neuer Kleidung an der Spitze der Aufgabenliste erklärt. Andererseits ist zu berücksichtigen, dass die mit Kleidung verknüpften Nutzenvorstellungen deren für Jugendliche herausragende Bedeutung sichtbar werden lässt.

Dieser Befund wird zusätzlich gestützt, wenn man Budgetierung und Priorisierung bei den beiden meist gewählten Budgetzielen *Sparen* und *Kleidung* im Zusammenhang sieht: Einerseits wird das Sparen für unterschiedliche Ziele von drei Viertel der Jugendlichen als so wichtig angesehen, dass sie es in ihrem Budget berücksichtigen, wohingegen Ausgaben für Kleidung nur für gut 42 Prozent der Jungen und Mädchen einen Platz in ihrem Haushaltsplan einnehmen. Andererseits ist unter den Schülerinnen und Schülern, die Geld für Kleidung ausgeben, der Anteil der Jugendlichen, für die Kleidung das wichtigste Ausgabenziel darstellt, größer als der Anteil derjenigen, die in der Gruppe der Sparenden dem Sparziel die größte Bedeutung zuweisen.

Dass 75 Prozent der untersuchten Jugendlichen die Erfüllung eines Teils ihrer Konsumwünsche vertagen, ist Ausdruck eines langfristig angelegten Nutzenkonzepts. Auf der anderen Seite steht das Sparen lediglich für gut 40 Prozent derjenigen, die temporären Konsumverzicht leisten, an der Spitze ihres Budgetplanes; die Mehrheit dagegen berücksichtigt vorrangig andere Wünsche.

Wie Tabelle 33 zu entnehmen ist, verwendet etwa ein Fünftel der untersuchten Jugendlichen einen Teil des Geldgeschenkes von 75,– Euro für den Kauf eines PC-Spiels. Dieses Ziel ist für 40 Prozent der zu dieser Gruppe gehörenden Schüler und Schülerinnen so wichtig, dass sie es an die erste Stelle ihres Budgetplanes setzen.

In den beiden Gruppen, zu denen Schüler und Schülerinnen gehören, die einen Teil ihres Budgets für eine zusätzliche Handy-Karte und für einen Kinobesuch nutzen, liegt der Anteil derjenigen, die eines der Ziele an erster Stelle ihres Ausgabenplans nennen, jeweils unter einem Fünftel. In Verbindung damit, dass lediglich jeweils etwa ein Drittel der Grundgesamtheit die beiden in der Aufgabe vorgegebenen Wünsche überhaupt in ihrem Haushaltsplan berücksichtigt, deutet das Budgetierungsverhalten darauf hin, dass die Mädchen und Jungen die relative Bedeutung von Handyguthaben und Kinobesuch in ihrem Nutzenkonzept deutlich niedriger ansetzen als die der zuvor angesprochenen Budgetziele.

Während die gerade beschriebenen Befunde durch einen Vergleich der Budgetierungsraten innerhalb der einzelnen Geldverwendungsgruppen ermittelt wurden, vertieft sich der Eindruck vom Ungleichgewicht zwischen den mit einzelnen Ausgabenzielen verbundenen Nutzenvorstellungen, wenn man zusätzlich die Priorisierungsanteile zur Grundgesamtheit in Beziehung setzt.

Geld zu sparen und Geld für Kleidung auszugeben stellen für die meisten untersuchten Jugendlichen die wichtigsten Ziele dar, die sie mit dem Budget von 75,– Euro anstreben.

Ein jeweils deutlich geringerer Anteil der untersuchten Jungen und Mädchen stellt das PC–Spiel, die Handy-Vorratskarte sowie den Kinobesuch an die erste Stelle ihres Budgetplanes.

Tabelle 35: Budgetposten und Priorisierungsanteile im Verhältnis zur Grundgesamtheit.

Gruppen	Budgetanteile absolut	in Prozent der Grundgesamtheit	Priorisierungsanteile absolut	in Prozent der Grundgesamtheit
Sparen	372	75,3	153	31,0
Kleidung	208	42,1	118	23,9
PC-Spiel	102	20,6	43	8,7
Handykarte	158	32,0	28	5,7
Kinobesuch	144	29,1	27	5,5

Vergleicht man die Budgetpläne aller untersuchten Jugendlichen danach, wieviel der in der Aufgabe angesprochenen Ausgabenziele sie jeweils umfassen, so wird ersichtlich, dass mit 69 lediglich rund 14 Prozent der Mädchen und Jungen alle fünf Wünsche in ihrem Haushaltsplan mit Kaufkraft ausstatten, während 46 Schülerinnen und Schüler keinen der in der Aufgabe angesprochenen Wünsche aufgreifen. Lässt man die zuletzt genannte Untergruppe wegen deren unklaren Aufgabenbezugs unberücksichtigt, so lassen sich hinsichtlich des Umfangs der Budgetpläne zwei zahlenmäßig gleich starke Gruppen unterscheiden: Die Ausgabenpläne von 224 der Untersuchten umfassen drei bis fünf Ziele. Ebenfalls 224 Personen stark ist die Großgruppe, der die Jugendlichen zuzuordnen sind, die für zwei Wünsche Geld aufwenden oder den Gesamtbetrag einem einzigen Ziel widmen. Mit 114 Jugendlichen stellen die Jungen und Mädchen die größte Teilgruppe, die lediglich ein Ausgabenziel budgetieren, gefolgt von 110 Schülerinnen und Schülern, die zwei Ausgabenziele mit Teilbeträgen ausstatten. Demzufolge lösen 224 Mädchen und Jungen das vorgegebene Knappheitsproblem dadurch, dass sie entgegen der mit der Aufgabe verbundenen Intention ihr Güterbündel drastisch verkleinern

5.1.2 Geschlechtsspezifische Besonderheiten

Im folgenden Abschnitt werden geschlechtsspezifische Besonderheiten der Budgetierung dargestellt.

Tabelle 36: Geschlechtsspezifische Anteile an den budgetierten Konsumziel-gruppen.

Gruppen	Alle		Mädchen		Jungen	
	abs.	%	abs.	%	abs.	%
Sparen: Führerschein	155	100,0	85	54,8	70	45,2
Sparen: andere Zwecke	197	100,0	98	49,7	99	50,3
Sparen: Zweck unklar	20		Wurde nicht analysiert.			
Kleidung	208	100,0	137	65,9	71	34,1
PC-Spiel	102	100,0	26	25,5	76	74,5
Handykarte	158	100,0	98	62,0	60	38,0
Kinobesuch	144	100,0	82	56,9	62	43,1
alle	494	100,0	252	51,0	242	49,0

Nimmt man alle Formen zusammen, in denen Jugendliche das Sparen als Teil ihres Budgetplanes benennen,[1] so zeigen mit 372 Jugendlichen 75 Prozent der Grundgesamtheit eine langfristige Nutzenorientierung. Die Zahl der Jugendlichen, die, abweichend von der Aufgabenformulierung, in ihrem Budgetplan jeweils von eigenen Sparzwecken ausgehen, übertrifft

---

[1] In die Gesamtzahl sind die 20 Jugendlichen einbezogen, in deren Texten das Sparen erwähnt wird, ohne dass ein konkreter Zweck erkennbar ist. Diese 20 Jugendlichen werden in der Auswertung nicht berücksichtigt.

mit 197 die Anzahl derjenigen 155 Schülerinnen und Schüler, die in Übereinstimmung mit der Aufgabe für den Führerschein sparen.

Unter den Jugendlichen, die sich selbst einen Sparzweck gewählt haben, sind Jungen und Mädchen fast gleich stark vertreten, sowohl in der Teilgruppe, die das Sparen in ihrem Budgetplan an die erste Stelle setzt, als auch bei denen, die sich in der Planung für ihre Geldverwendung zuerst auf Konsumgüter beziehen.

Zu der Gruppe der Jugendlichen, die als Sparziel den in der Aufgabe an dritter Stelle erwähnten späteren Führerscheinerwerb nennen, gehören 85 Mädchen und 70 Jungen. In deren Texten unterscheiden sich die Positionierungen: Während zwei Drittel der Mädchen Konsumziele vor dem Sparen erwähnen, weist die Hälfte der Jungen dem Führerscheinsparen den ersten Platz bei der Geldverwendung zu. Vergleicht man das Priorisierungsverhalten in den beiden auf Sparziele ausgerichteten Gruppen unter geschlechtsspezifischer Perspektive, so sieht man, dass das Führerscheinsparen in den Nutzenplänen von Jungen ein größeres Gewicht hat als in denen von Mädchen.

Wenn man untersucht, wie sich die Gruppen nach Geschlecht zusammensetzen, die einen Teil ihres Budgets von 75– Euro ausgeben, um ein Kleidungsstück oder ein PC-Spiel zu kaufen oder eine zusätzliche Handykarte oder einen Kinobesuch zu finanzieren, erhält man Hinweise auf geschlechtsspezifische Nutzenschwerpunkte: Unter den Jugendlichen, die Geld für Kleidung ausgeben, beträgt der Mädchenanteil zwei Drittel. Ein Drittel Schülerinnen, aber nur ein Fünftel der Schüler stellt Kleidung an die Spitze des Haushaltsplans. Aus diesen Zahlen lässt sich entnehmen, dass bei den Mädchen im Hinblick auf Nutzen bezogene Konsumausgaben dem Kleidungskauf hervorragende Bedeutung zukommt. Während Mädchen ihre Aufwendungen für Kleidung meist mit Notwendigkeits- und Bedeutsamkeitsgründen motivieren, daneben allerdings auch Vergnügen als Grund für die Geldverwendung anführen, spielt in den Begründungen von Jungen Vergnügen keine Rolle. In sehr viel stärkerem Maße als die beteiligten Mädchen nennen Jungen indessen konkrete Beträge, die sie für den Kleidungskauf ansetzen. Insgesamt verdeutlichen Jungen die Position eines Geldverwendungsziels in ihrem Nutzenplan häufiger als Mädchen durch die Zuweisung eines Geldbetrages, während Mädchen öfter die Motive für ihre Budgetierung darlegen.

Mit 196 Jugendlichen erwähnen 40 Prozent der Grundgesamtheit das in der Aufgabe benannte PC-Spiel. Diese Gruppe setzt sich aus 90 Mädchen sowie 106 Jungen zusammen. Ihr stehen sechzig Prozent aller untersuchten Jugendlichen gegenüber, die die Aufgabenvorgabe ignorieren. Bezogen auf die geschlechtsspezifischen Anteile an der Grundgesamtheit entspricht das Verhältnis von Mädchen und Jungen, die sich auf das PC-Spiel beziehen, 36 zu 44 Prozent.

Von den 196 Jugendlichen, die das PC– Spiel erwähnen, lehnen 34 Personen ausdrücklich ab, dafür einen Budgetanteil zu verwenden. 60 Schüler und Schülerinnen verdeutlichen, dass sie ein PC-Spiel nutzen wollen, ohne Geld dafür auszugeben. 102 Mädchen und Jungen geben an, dass sie einen Budgetanteil für den Kauf eines PC–Spiels verwenden. Diese Gruppe setzt sich aus 76 Jungen gegenüber 26 Mädchen zusammen. Bezieht man diese Zahlen darauf, wie stark Mädchen und Jungen an der Untersuchung beteiligt sind, so wird erkennbar, dass 10 Prozent der Mädchen gegenüber 31 Prozent der Jungen Ausgaben für ein Computerspiel in ihrem Haushaltsplan ausweisen. 16 Prozent der an der Studie teilnehmenden Jungen setzen das Computerspiel an die Spitze ihres Ausgabenplans, wohingegen der Priorisierungsanteil des Computerspiels bei den 252 Mädchen bei 1,6 Prozent liegt.

Die Zahlen verdeutlichen, dass der Nutzen eines PC–Spiels von Jungen und Mädchen unterschiedlich eingeschätzt wird. Von 90 Mädchen, die die Aufgabenvorgabe in ihrem Haushaltsplan erwähnen, sind nur 26 bereit, dafür Geld auszugeben. 64 Schülerinnen dagegen schließen das Computerspiel entweder aus ihrem Haushaltsplan aus oder sie nutzen es, ohne dafür zu zahlen. Anders sieht das Nutzungsverhalten der untersuchten Jungen aus. Von den 106 Jungen, die das PC–Spiel erwähnen, sind 76 bereit, einen Teil ihres Budgets dafür zu verwenden. Mit 30 Jungen, die entweder auf ein Computerspiel verzichten oder es ohne Bezahlung nutzen, ist die Diskrepanz zwischen Erwähnung und Budgetierung deutlich geringer als bei den weiblichen Jugendlichen.

In den Gruppen von Schülern und Schülerinnen, die einen Teil des geschenkten Betrags für den Kauf von Handyguthaben und für den Kinobesuch aufwenden, weichen die Anteile von Mädchen und Jungen nicht so weit voneinander ab wie bei Kleidung und PC-Spiel. In beiden Gruppen liegt das Verhältnis von Mädchen zu Jungen bei etwa 60 zu 40 Prozent. Unter den Jugendlichen, die Geld für einen Kinobesuch ausgeben, ist der Jungenanteil höher als in der Gruppe der Jugendlichen, die Geld für Handyguthaben veranschlagen.

Unter der Annahme, dass die Geldverwendung Ausdruck der Nutzenvorstellungen der Jugendlichen ist, kann man aus diesen Befunden schließen, dass für Mädchen der Konsum von Kleidung sowie die Beanspruchung der Dienstleistungen Telefonieren und Kinobesuch eine bedeutendere Rolle spielen als für Jungen. In deren Vorstellungen nehmen dagegen PC-Spiele und Computerkomponenten einen bei weitem wichtigeren Platz ein als in den Nutzenplänen der im Sample vertretenen Mädchen. Wenn es um den Nutzen von mobilem Telefonieren und Kinobesuch geht, liegen die Ansichten von Schülern und Schülerinnen weniger weit auseinander.

Vergleicht man die Budgetpläne von Mädchen und Jungen daraufhin, wie viele der in der Aufgabe vorgegebenen Geldverwendungsziele sie ausweisen, so fällt auf, dass in der Großgruppe, die die komplexeren Budgetpläne umfasst, der Mädchenanteil bei 59 Prozent liegt. Legt man die jeweilige Anzahl von 252 Mädchen und 242 Jungen im Sample zu Grunde, so bestätigt sich der Befund in seiner Tendenz, insofern 52 Prozent der untersuchten Mädchen gegenüber 38 Prozent der teilnehmenden Jungen Budgetpläne vorlegen, die drei bis fünf Ausgabenposten umfassen.

5.1.3 Schulformbezogene Besonderheiten

Einen Überblick darüber, welches Gewicht Jungen und Mädchen aus unterschiedlichen Schulformen in den verschiedenen Budgetgruppen haben, erhält man, wenn man einen Vergleich mit dem jeweiligen Anteil an der Grundgesamtheit anstellt.

Tabelle 37: Schulform bezogene Anteile an budgetierten Konsumzielgruppen und an der Grundgesamtheit.

Gruppen	alle abs.	%	Gesamt- abs.	%	Gymnasien abs.	%	Hauptschulen abs.	%	Realschulen abs.	%
Sparen: Füh- rerschein	155	100,0	13	8,4	71	45,8	23	14,8	48	31,0
Sparen: ande- re Zwecke	197	100,0	57	28,9	66	33,5	11	5,6	63	32,0
Sparen: Zweck unklar	20	100,0			Wurde nicht analysiert.					
Kleidung	208	100,1[a]	36	17,3	75	36,1	23	11,1	74	35,6
PC-Spiel	102	99,9[a]	25	24,5	40	39,2	13	12,7	24	23,5
Handykarte	158	100,0	18	11,4	63	39,9	19	12,0	58	36,7
Kinobesuch	144	100,0	21	14,6	67	46,5	17	11,8	39	27,1
alle	494	100,1[a]	106	21,5	167	33,8	62	12,6	159	32,2

[a]: *Rundungsfehler*

Unter den Jugendlichen, die für den Führerschein sparen, sind die Gymnasiasten am stärksten vertreten. Ihr Anteil liegt um zwölf Prozentpunkte höher als ihre Beteiligung an der Grundgesamtheit. Schülerinnen und Schüler von Gesamtschulen sind dagegen in dieser Gruppe um 13 Prozentpunkte unterrepräsentiert.

Betrachtet man die Jugendlichen, die für Ziele sparen, die sie selbst festgelegt haben, so sind unter ihnen Gesamtschülerinnen und Gesamtschüler mit rund 29 Prozent um sieben Prozentpunkte überrepräsentiert, während der Anteil der Gymnasial- und Realschülerinnen und -schüler ihrem jeweiligen Anteil an der Grundgesamtheit entspricht. Anders als beim Budgetziel *Führerschein,* bei dem der Anteil von Hauptschülerinnen und Hauptschülern um gut zwei Prozentpunkte über ihrer Beteiligung an der Grundgesamtheit liegt, sind diese Jugendlichen in der Gruppe, die sich selbst Sparziele setzt, deutlich schwächer vertreten als im Sample. Realschülerinnen und Realschüler sind unter den Jungen und Mädchen, die für den Führerschein oder für selbst gewählte Zwecke sparen, etwa genauso stark vertreten wie in der Gesamtgruppe von 494 Jugendlichen.

Gymnasiastinnen und Gymnasiasten finden sich in den vier Budgetgruppen *Kleidung, PC- Spiel, Handykarte* und *Kinobesuch* überrepräsen-

225

tiert. Hauptschüler und Hauptschülerinnen sind in Bezug auf Ausgaben für Kleidung und Kinobesuch leicht unterrepräsentiert, während ihre Beteiligung hinsichtlich Computerspiel- und Handykartenausgaben ihrem Grundgesamtheitsanteil entspricht.

Die Jugendlichen, die an Gesamtschulen unterrichtet werden, sind im Hinblick auf Budgetaufwendungen für ein PC-Spiel um drei Prozentpunkte überrepräsentiert. Dieser Befund erklärt sich vor dem Hintergrund der Präferenz von Jungen für PC-Spiele unter anderem dadurch, dass der Jungenanteil in den untersuchten Gesamtschulen deutlich über dem der Mädchen liegt.[2] Während der Anteil von Hauptschülerinnen und Hauptschülern an der Budgetzielgruppe *Computerspiel* ihrem Anteil an der Grundgesamtheit entspricht, sind an Realschulen Unterrichtete um nahezu neun Prozentpunkte gegenüber ihrem Anteil am Sample unterrepräsentiert. Auch hier kann die geschlechtsspezifische Zusammensetzung der Schülergruppe zur Erklärung herangezogen werden. Denn im Kontrast zur Situation an Gesamtschulen übersteigt an den untersuchten Realschulen der Mädchenanteil den der Jungen um nahezu 16 Prozentpunkte.[3] Die geschlechtsspezifische Zusammensetzung der Schülergruppen ist allerdings nicht tragfähig als Erklärung für den Anteil der Jugendlichen an Gymnasien, die ein Computerspiel budgetieren. Diese sind gegenüber ihrem Anteil an der Grundgesamtheit um mehr als fünf Prozentpunkte überrepräsentiert, obwohl der Mädchenanteil um fünf Prozentpunkte über dem der Jungen liegt.[4] Die Erklärung ist darin zu finden, dass von allen 26 Mädchen, die Ausgaben für ein PC-Spiel in ihrem Budget berücksichtigen, mit 12 Schülerinnen nahezu die Hälfte ein Gymnasium besucht.[5]

Schüler und Schülerinnen von Realschulen- und Gesamtschulen sind bei einzelnen Ausgaben für Konsumgüter und Dienstleistungen in auffälliger Weise über- oder unterrepräsentiert. Im Detail ergibt sich folgendes Bild: Von den Jugendlichen, die einen Budgetanteil für einen Kinobesuch einplanen, besuchen fast 47 Prozent ein Gymnasium. Damit sind die Angehörigen dieser Schulform, bezogen auf ihren Anteil an der Grundgesamt-

---

[2] Vgl. Tabelle 13.
[3] Ebd.
[4] Ebd.
[5] Vgl. Tabellen 23 und 25.

heit, um mehr als zwölf Prozentpunkte überrepräsentiert. Vergleicht man hiermit den Anteil der Gesamtschülerinnen und Gesamtschüler, so fällt auf, dass diese in der Gruppe, die Budgetanteile für den Kinobesuch ausweist, um mehr als sieben Prozentpunkte unterrepräsentiert sind. Um gut fünf Prozentpunkte unterrepräsentiert sind Realschüler und Realschülerinnen. Auch der jeweilige Anteil an der Gruppe, die Budgetanteile für eine Vorratshandykarte aufwendet, weicht bei Gesamtschülerinnen und Gesamtschülern auf der einen und Gymnasiasten und Gymnasiastinnen auf der anderen Seite am stärksten voneinander ab: Die Gymnasiasten sind um mehr als sechs Prozentpunkte überrepräsentiert, die Gesamtschülerinnen und Gesamtschüler um gut zehn Prozentpunkte unterrepräsentiert. Um 4,5 Prozentpunkte sind Realschüler und Realschülerinnen in dieser Gruppe überrepräsentiert.

In der Gruppe der Jugendlichen, die Budgetanteile für den Kauf von Kleidung verwenden, weichen die Anteile bei keiner Schulform um mehr als fünf Prozentpunkte nach oben oder unten von ihrer Beteiligung am Sample ab. Überrepräsentiert sind Jungen und Mädchen, die an Realschulen und Gymnasien unterrichtet werden, was mit dem hohen Mädchenanteil in diesen beiden Schulformen zusammenhängt. Unterrepräsentiert sind dagegen Schülerinnen und Schüler von Hauptschulen und Gesamtschulen. Bei den Begründungen von Ausgaben für Kleidung mit Notwendigkeits-, Bedeutsamkeits- oder Vergnügungsargumenten sind Mädchen in allen Schulformen stärker vertreten, als es ihrem jeweiligen Anteil an der Grundgesamtheit entspricht. Selbst wenn man den unterschiedlichen Anteil von Mädchen und Jungen an den verschiedenen Schulformen herausrechnet, übersteigt der Anteil der Mädchen, die Gründe für die Budgetierung von Kleidungsausgaben angeben, den der Jungen bei Weitem: Fasst man alle Schulformen in den Blick, so liegen die Anteile der begründenden Mädchen zwischen 20 und knapp 39 Prozent; die Anteile der Jungen, die Begründungen für ihre Kleidungsausgaben anbieten, dagegen zwischen knapp drei und 16 Prozent.

Unter den 224 Jugendlichen, deren Haushaltspläne drei bis fünf Budgetziele umfassen, sind Gymnasiasten und Gymnasiastinnen mit einem Anteil von 44 Prozent und Realschulbesuchende mit 30 Prozent vertreten. Der Anteil von Jugendlichen, die die Haupt- oder Gesamtschule besuchen, liegt jeweils bei 13 Prozent. Setzt man die Anteile der Schülerinnen und Schüler an unterschiedlichen Schulformen in Beziehung zum jeweiligen Anteil an der Grundgesamtheit, so ergibt sich folgender Befund: Knapp 60 Prozent der 167 Gymnasialschüler stellen Budgetpläne auf, die drei bis fünf Ausgabenziele umfassen. Von den 62 Schülerinnen und Schülern von Hauptschulen budgetieren rund 45 Prozent drei bis fünf Ausgabenziele. Von den 159 Realschülern und Realschülerinnen sind es 43 Prozent. Auffällig ist demgegenüber der relativ niedrige Anteil bei Gesamtschülern und Gesamtschülerinnen. Von 106 an der Untersuchung teilnehmenden Jugendlichen stellen nur 28 Prozent Budgetpläne mit drei bis fünf Ausgabenzielen auf.

Der Umfang der vorgelegten Haushaltspläne ist in zwei Richtungen aussagekräftig: Angesichts der Budgetrestriktion von 75,– Euro stellen umfassendere Budgetpläne höhere Anforderungen an das Nutzenmanagement als Ausgabenpläne, die lediglich einen Wunsch oder zwei Wünsche aus der Aufgabe aufgreifen. Andererseits führen die Jugendlichen, die in ihren Texten eine Diskrepanz zwischen benannten und budgetierten Ausgabenzielen erkennen lassen, erfolgreiche Varianten von Nutzenstrategien vor, wie sie weiter unten vorgestellt werden, um dem Knappheitsproblem zu begegnen.

Verbindet man die geschlechtsspezifischen mit den Schulform bezogenen Auffälligkeiten in Bezug auf die Gruppen der Jugendlichen, die Geld für Konsumgüter und Dienstleistungen aufwenden, so sieht man, dass in der Gruppe derjenigen, die einen Budgetanteil für Kleidung verwenden, Mädchen und Jungen, die an Gymnasien und Realschulen unterrichtet werden, die stärkste Teilgruppe ausmachen. Der Mädchenanteil liegt in der Budgetgruppe *Kleidung* um 14 Prozentpunkte höher als im Sample, während in der Teilgruppe derjenigen, die Geld für ein PC-Spiel aufwenden, ein Übergewicht von Jungen aus Gymnasien und Gesamtschulen besteht. Die Gruppe derjenigen, die einen Budgetanteil für zusätzliches Handyguthaben verwenden, wird von Gymnasiastinnen und Realschülerinnen beherrscht, während in der Gruppe derjenigen, die einen Kinobesuch aus dem Budget finanzieren, die Jugendlichen dominieren, die an Gymnasien unterrichtet werden, wobei der Mädchenanteil in dieser Teilgruppe um knapp sechs Prozentpunkte höher liegt als deren Beteiligung an der Grundgesamtheit. Komplexe Budgetpläne werden überwiegend von Mädchen und den Besucherinnen und Besuchern von Gymnasien vorgelegt.

5.2 Ressourcen und Potenziale bei explizierten Nutzenvorstellungen

In den vorangegangenen Abschnitten dieses Kapitels wurden die Budgetierungsentscheidungen der untersuchten Jugendlichen in Bezug auf die einzelnen Geldverwendungsziele zusammengefasst. Der vorliegende Abschnitt präsentiert die verschiedenen Felder der Nutzenvorstellungen, wie sie sich aus der Zusammenschau der Detailbefunde ergeben. Als Quellen dienen die durch die Einzelanalyse zu Tage geförderten Erkenntnisse, die mittels der oben vorgestellten, für die *Grounded Theory* charakteristischen induktiven Verfahren des Vergleichens, Codierens und Kategorisierens gewonnen wurden. Diese werden im Folgenden, die unterschiedlichen Geldverwendungsformen übergreifend, nach Kategorien geordnet vorgestellt.

Die Darstellung gliedert sich in drei Abschnitte, wobei der dritte wiederum in drei Teilabschnitte ausdifferenziert wurde. Diese analytische Trennung kann indessen die Verschränkung von Nutzenaspekten in den jeweiligen individuellen Vorstellungen von Jungen und Mädchen nur unzureichend abbilden. Redundanzen in der Beschreibung stellen vor diesem Hintergrund einen Kompromiss dar zwischen dem Bemühen um Verständlichkeit der Darstellung und der Entscheidung für die Erhaltung eines Komplexitätsgrades, der die Individualität der Nutzenvorstellungen abbildet.

Zunächst wird als übergeordnetes Handlungsmotiv das Bemühen um die Steigerung des Nutzens vorgestellt. Der darauf aufbauende Abschnitt beschäftigt sich mit Merkmalen eines als Akteurhaltung bezeichneten Selbstkonzeptes. In einem dritten Abschnitt werden die in der Einzelanalyse ermittelten Ressourcen und Strategien zusammenfassend charakterisiert, mit deren Hilfe die untersuchten Jugendlichen ihren Nutzen zu vergrößern suchen.

5.2.1 Nutzensteigerung als Handlungsmotiv

Ein gemeinsames Merkmal aller untersuchten Jugendlichen ist die Nutzenorientierung, wobei die Vorstellungen der Jungen und Mädchen über die Art und Weise, wie sie ihren Nutzen vergrößern können, differieren. Das Ziel des Nutzenstrebens ist in jedem Fall ein Zugewinn an Autonomie, im Sinne der Erweiterung des eigenen Handlungsspielraums. In welch unterschiedlichen Formen sich die Orientierung am Nutzen in verschiedenen Lebensumfeldern und Lebenssituationen konkretisiert, zeigen die oben analysierten Texte.

Das Ziel, die eigene Lebensqualität zu steigern, wird sowohl in Form des Erwerbs von Konsumgütern als auch in der Nutzung von Dienstleistungen angestrebt. Darüber hinaus lässt ein Teil der Mädchen und Jungen einen Nutzenbegriff erkennen, der soziale Kontakte und Gemeinschaftserlebnisse umfasst. In der Ausrichtung auf die Verbesserung ihrer Lebensumstände dehnen viele Mädchen und Jungen ihre Erwartungen über die gegenwärtige Situation hinaus aus, indem sie Geld für den Führerschein ansparen oder Möglichkeiten erwägen, wie verschiedenartige Wünsche, für die sich augenblicklich keine Realisierungschance abzeichnet, in Zukunft erfüllt werden können. Aus den analysierten Texten lässt sich herauslesen, dass die Jugendlichen ihren Nutzen häufig konkret und funktional bestimmen. So wird beispielsweise der Führerscheinerwerb als notwendig angesehen, um später die Arbeitsstelle erreichen zu können; der Erwerb eines neuen Kleidungsstückes erscheint einigen Jugendlichen erforderlich, um soziale Ausgrenzung zu vermeiden.

Während Schülerinnen und Schüler in vielen Texten die Auffassung erkennen lassen, dass es von ihrem individuellen Urteil abhängt, welche Produkte, Dienstleistungen und immateriellen Güter sie als förderlich für die Verbesserung ihrer Lebensqualität anstreben, gibt es daneben, vor allem bezogen auf Güter, deren Erwerb als notwendig bezeichnet wird, die Vorstellung, dass deren Nutzenbestimmung sich auf einen gesellschaftlichen Konsens stützt.

5.2.2 Akteurhaltung als Fundament erfolgreichen Nutzenverhaltens

Das Bewusstsein von Jungen und Mädchen, dass es in ihrer eigenen Macht steht, ihre Lebenssituation im Hinblick auf den mit einem bestimmten Geldverwendungszweck angestrebten Nutzen zu verbessern, lässt sich in sehr vielen der analysierten Texte, unabhängig von dem jeweils fokussierten Geldverwendungsziel, nachweisen. Zur Kennzeichnung dieser in unterschiedlichen Ausprägungen zu belegenden Nutzenorientierung wurde die Kategorie *Akteurhaltung* auf induktivem Weg nach dem *Grounded Theo-*

ry-Ansatz entwickelt. Sie fasst, wie im Zusammenhang mit der Vorstellung der Forschungsmethode beschrieben wurde, unterschiedlich codierte Textstellen unter einem übergreifenden Konzept zusammen, dessen vielfältige Ausprägungen sich in Äußerungen der untersuchten Jugendlichen nachweisen lassen. Die Wahrnehmung der eigenen Person als wirkungsvoll agierender ist symptomatisch für das Selbstbild von Schülerinnen und Schülern, deren Texte ein Akteurbewusstsein zu erkennen geben. Diese Jungen und Mädchen zeigen sich als Menschen, die bereit sind, geeignete Mittel einzusetzen, um die Lebensumstände, in denen sie sich vorfinden, zu optimieren, unabhängig davon, ob sie die derzeitige Situation als eher komfortabel oder als einschränkend wahrnehmen. Die sprachliche Darstellung ihrer Entscheidungen zeigt das Bewusstsein von der Subjektivität der eigenen Nutzenbewertung. Die Formulierungen führen vor Augen, dass sich die Autoren und Autorinnen auf einem Kontinuum zwischen Fremdbestimmtheit und Autonomie stärker im Bereich der Selbstbestimmung verorten. In ihren Texten äußern diese Jugendlichen das Selbstverständnis, dass die Budgetentscheidungen, die sie treffen, förderlich sind für Zwecke, über deren Nützlichkeit sie selbst entscheiden. Dabei verstehen sie sich als Urheber und Urheberinnen zielführender Handlungsstrategien, zu deren Umsetzung sie auf die im Folgenden zu beschreibenden Ressourcen zurückgreifen.

5.2.3   Nutzenvergleiche

Unabhängig davon, welches Geldverwendungsziel bei der Analyse fokussiert wird, ist zu beobachten, dass die Mädchen und Jungen Vergleiche zwischen konkurrierenden Gütern anstellen, indem sie die in der Aufgabe vorgegebenen Wünsche unter der Bedingung der Budgetrestriktion Nutzen orientiert bewerten und auf dem Wege des Abwägens zu dem den subjektiven Präferenzen am besten entsprechenden individuellen Budgetplan gelangen. Dabei werden Produkte und Dienstleistungen gemäß dem individuellen Nutzenkalkül in eine Rangordnung gebracht.

Zahlreiche Schülerinnen und Schüler verdeutlichen in ihren Formulierungen, dass sie die Hierarchisierung von Geldverwendungszielen nach subjektiven Wert- und Geschmacksurteilen vornehmen. Sich bei seinen Budgetierungsentscheidungen auf das eigene Urteil zu beziehen, ist ein häufig anzutreffendes Merkmal von Akteurbewusstsein. Vor diesem Hintergrund zeichnet sich eine konsistente Budgetplanung dadurch aus, dass als vorrangig gekennzeichnete Geldverwendungszwecke entweder einen vorderen Platz in der Rangfolge der Budgetziele erhalten, oder dass der präferierte Geldverwendungszweck mit einem in Relation zu den anderen Budgetzielen höheren Betrag ausgestattet wird, wobei die Texte belegen, dass die Subjektivität des Nutzenvergleichs den Jugendlichen bewusst ist.

Die Notwendigkeit zur Nutzenabwägung ergibt sich für die Schülerinnen und Schüler aus der Budgetrestriktion von 75,– Euro. In drei Nutzenklassen lassen sich die Geldverwendungsziele der Jugendlichen einordnen, nämlich erstens. als notwendig, zweitens als zwar nicht notwendig, aber aus subjektiver Sicht bedeutsam, und drittens als weder notwendig noch bedeutsam, sondern als vergnüglich.

Die Kategorie der *Nutzenklassen* wurde durch Vergleiche aus den dokumentierten Vorstellungen der Jugendlichen nach dem *Grounded Theory*-Ansatz induktiv entwickelt. Sie ist insofern ein forschungsmethodisches Konstrukt, um die zuvor empirisch ermittelten grundlegenden Unterscheidungen in den Nutzenvorstellungen der Jugendlichen im Nachhinein darzustellen.

Viele Jungen und Mädchen erstellen ihre Pläne, indem sie die einzelnen Güter, die den in der Aufgabe formulierten Wünschen zuzuordnen sind, als notwendig oder bedeutsam oder vergnüglich einstufen. Notwendig sind für sie Produkte und Dienstleistungen, die aus ihrer Sicht einen Bezug zu den Grundbedürfnissen aufweisen. Am häufigsten ist Kleidung dieser Klasse an Ausgabenzielen zuzuweisen. Die in den Texten der Jugendlichen sprachlich als notwendig gekennzeichneten Güter sind mit den Merkmalen dringenden Bedarfs versehen und verweisen auf eine Lebenssituation finanzieller Einschränkung, Auf der anderen Seite sind Kleidungsausgaben dasjenige Konsumziel, bei dem im Vergleich zu anderen Geldverwendungszielen am häufigsten ein allgemeiner Konsens hinsichtlich der Bedeutungszumessung unterstellt wird. Obwohl im Vergleich zu anderen Budgetzwecken die Zuordnung von Kleidung zur Klasse des Notwendigen weniger der subjektiven Beurteilung anheimgestellt zu sein scheint, zeigt sich die Subjektivität in der Festlegung dessen, was als „notwendig" anzusehen ist, darin, dass nicht nur der Erwerb von Kleidung grundsätzlich, sondern auch der Erwerb neuer Kleidung von Teilnehmenden hier eingeordnet wird.

Von der Klasse der als notwendig angesehenen Geldverwendungszwecke hebt sich eine weitere Klasse von Budgetzielen ab, die von den untersuchten Jugendlichen als aus subjektiver Sicht wichtig, aber nicht als notwendig wahrgenommen werden. Dazu gehören für zahlreiche Jungen und Mädchen der Führerschein sowie selbst festgelegte Sparziele. Aber auch jedes andere Gut, das einem der in der Aufgabe formulierten Wünsche zuzuordnen ist, kann in dieser Klasse des subjektiv als bedeutsam Gewerteten auftauchen.

Die Kategorie der *Bedeutsamkeit* von Ausgabenzielen wurde auf der Grundlage entwickelt, dass Jungen und Mädchen Geldverwendungszwecke sprachlich von denen abgrenzen, die sie als „notwendig" wahrnehmen. Die Kennzeichnung einer Ausgabe als bedeutsam wird nach individuellem Urteil vorgenommen, wobei die Jugendlichen die Subjektivität ihrer Zuordnung zumeist kenntlich machen, indem sie Formulierungen, die Bedeutsamkeit ausdrücken, wie z.B. „wichtig", an das Personalpronomen binden. Derartige Formulierungen zeigen, dass aus Sicht der Jungen und Mädchen sie selbst es sind, die sich jeweils auf ihre eigenen Präferenzen beziehen, wenn sie ein Geldverwendungsziel als *notwendig*; ein anderes im Unterschied dazu als *wichtig* einordnen. Bei aller Individualität der Zuordnung lassen sich auch für die Klasse des *Bedeutsamen* häufige Nennungen registrieren. Oft wird aus subjektiver Sicht der Führerschein als *wichtig* benannt; auch das PC-Spiel findet man zur Begründung der Geldausgabe hier eingeordnet. Die Autorinnen und Autoren der betreffenden Texte drücken durch ihre Zuordnung aus, dass sie Führerschein und PC-Spiel nicht dem Bereich der Grundbedürfnisse, also der Klasse des Notwendigen zuordnen, dass sie aber andererseits eine Eingruppierung in die Klasse *Spaß und Vergnügen* als unangemessen betrachten. Die Kategorie *Vergnügen* bündelt die Nutzenvorstellungen, die Schülerinnen und Schüler mit Erlebnis bezogenem Konsum verknüpfen. Shoppen und Kinobesuch sind die Aktivitäten, die aufgrund der am häufigsten mit ihnen verknüpften Nutzenvorstellungen hier einzuordnen sind.

Die Texte der untersuchten Jungen und Mädchen geben Aufschluss darüber, dass der Präferenzordnung, die sie unter dem Zwang der Budgetrestriktion aufstellen, häufig eine Bedeutungsgewichtung entsprechend den vorgestellten Klassen von Notwendigem, Bedeutsamem und Vergnüglichem als Grundlage dient. Indem sie vor dem Hintergrund ihrer gegenwärtigen Lebenssituation die in der Aufgabe vorgestellten Wünsche vergleichen und im Hinblick auf deren subjektiv wahrgenommene Bedeutung bewerten, schaffen sie sich die Voraussetzung für den wirkungsvollen Einsatz von Strategien, mit denen sie ihre Lebensqualität zu steigern beabsichtigen.

Ein von zahlreichen Jugendlichen wahrgenommenes Verfahren, die Komplexität der Anforderung zu reduzieren, fünf Geldverwendungsziele in einem Plan darzustellen, der der Budgetrestriktion Rechnung trägt, besteht darin, von der Aufgabe abweichend, eine geringere Zahl an Gütern zu budgetieren. Allerdings sind es die Jugendlichen, die in ihren Budgetplänen alle fünf Ausgabenzwecke integrieren, die am deutlichsten den Eindruck von Akteuren hervorrufen, die ihre Ausgangssituation wirkungsvoll verbessern. Drei unterschiedliche Nutzenstrategien werden im Folgenden vorgestellt, die alle darauf basieren, dass die Geldverwendungsziele im Hinblick auf ihren Nutzen verglichen und entsprechend ihrer Bedeutung in eine subjektive Rangfolge gebracht werden. Die Texte der Schülerinnen und Schüler zeigen, dass die Strategien des *Verzichtens*, *des Verschieben*s sowie des zielgerichteten Einsatzes von *Verbraucherwissen* nicht alternativ, sondern in variablen Kombinationen eingesetzt werden.

5.3 Ressourcen und Strategien für erfolgreiches Nutzenhandeln

5.3.1 Verzicht

Eine Ausprägung Nutzen orientierten, eigenwirksamen Handelns besteht darin, einen Wunsch oder mehrere Ausgabenziele, deren Bedeutsamkeit als nachrangig eingestuft wird, unter Angabe von Gründen aus dem Budgetplan herauszunehmen. Der begründete Verzicht unterscheidet sich durch die kenntlich gemachte Reflexion von dem Verhalten, Budgetverwendungsziele, die in der Aufgabe durch ihren Bezug zu den entsprechenden Wünschen induziert waren, gar nicht erst anzusprechen. Dieser Unterschied wurde bei der Merkmalsbeschreibung in den vorangegangenen Abschnitten unter den Codes *nicht erwähnt* und *nicht budgetiert* erfasst. Diejenigen

Jugendlichen, die beim Ansprechen eines Geldverwendungsziels verdeutlichen, weshalb sie es nicht in ihren Budgetplan aufnehmen, geben Einblick in ihre Nutzenvorstellungen. Indem der Verzicht von den Verfassern und Verfasserinnen in ihren Texten nicht als aufgezwungenes Schicksal dargestellt wird, sondern als selbst gewählte Nutzenstrategie, zeigen sich die Mädchen und Jungen als wirkungsvoll agierende Personen, die das Instrument der Selbstbeschränkung als strategisch gewählte Nutzenoption einsetzen. Indem sie die unterschiedlichen Geldverwendungsziele hinsichtlich deren Nutzens als notwendig, wichtig oder vergnüglich einstufen, verschieben sie durch den Verzicht auf als unwichtig gekennzeichnete Verwendungen die Budgetlinie zugunsten von Gütern, die in ihrer Präferenzordnung einen höheren Wert besitzen. Nicht zuletzt in einem durch materielle Beschränkung gekennzeichneten Umfeld zeigt sich in der Verzichtbereitschaft auf als unwichtig markierte Konsumziele eine Ausprägung von Akteurbewusstsein, weil durch diesen Verzicht der Spielraum für aus subjektiver Sicht wichtigere Ausgabenziele vergrößert wird.

5.3.2 Verschiebung

Neben dem Verzichten sehen es viele Jugendliche als nützlich an, die Erfüllung ihrer Konsumziele zu verschieben. Sparen verstehen sie als ein wirkungsvolles Steuerungsinstrument, um durch gegenwärtigen Nutzenverzicht eine Nutzensteigerung in der Zukunft zu bewirken. Bei den hier zuzuordnenden Jungen und Mädchen äußert sich das Selbstkonzept wirkungsvollen Handelns darin, dass es Verzögerungen in der Bedürfnisbefriedigung toleriert oder strategisch einsetzt. Das Akteurbewusstsein dieser Jugendlichen zeigt sich in ihrem instrumentellen Sparbegriff: Unabhängig davon, ob sie über hinreichendes Finanzwissen verfügen, um Zinserträge einzuplanen, oder ob sie Sparen als Horten eines Budgetanteils verstehen, stellt ihre Konsumverzögerung eine Alternative zum Verzicht dar.

Dass die langfristig ausgerichtete Nutzenperspektive eine Ausdrucksform von Selbstwirksamkeitsbewusstsein ist, zeigt sich auch daran, dass die Sparphase häufig funktional begrenzt wird. Sie ist für diejenigen, die ihre Sparziele selbst festlegen, zeitlich abgeschlossen, wenn die Mittel zum Konsum in dem gewünschten Umfang zur Verfügung stehen, wobei berücksichtigt wird, dass ein hoher materieller Wert eines Gutes eine lange Ansparphase rechtfertigt. Nicht alltägliche Bedarfsgüter werden als Sparziele angesehen, sondern lang gehegte Wünsche, deren Erfüllung man gegenwärtig nicht finanzieren kann.

Neben dem Sparen für unterschiedliche Ziele steht als in der Aufgabe angesprochenes Sparziel der Führerscheinerwerb. Der damit in den Schülervorstellungen verknüpfte Nutzen ist vorwiegend den Klassen des Notwendigen und des Bedeutsamen zuzuordnen. Die Gründe für diese Zuordnung explizieren eine Reihe von Verfasserinnen und Verfassern, wie in dem Abschnitt über das Sparen gezeigt wird.

Auch Jugendliche, die nicht sparen, können sich durchaus als wirkungsmächtige Agierende zeigen, indem sie Nutzenstrategien anwenden, wie sie im Folgenden vorgestellt werden. Der entscheidende Unterschied zwischen sparenden und nicht sparenden Jugendlichen besteht in der zeitlichen Perspektive, in der sie die Realisierung ihrer Nutzenerwartungen anstreben, also an ihrer langfristigen oder kurzfristigen Orientierung. Neben dem Verzicht auf aus individueller Sicht als nachrangig eingeordnete Geldverwendungsziele und dem Verschieben von Konsumzielen ist die Anwendung von Verbraucherwissen die dritte Strategie, die Mädchen und Jungen einsetzen, um unter Knappheitsbedingungen ihren Nutzen zu vergrößern.

5.3.3   Verbraucherwissen

Während die Bereitschaft zum Verzicht ebenso wie die für das Sparen grundlegende Langzeitperspektive als Strategien erfolgreichen Nutzenverhaltens angesehen werden können, die in Abhängigkeit vom sozialen Umfeld im Verlauf des Lebens erworben wurden, sind die im Folgenden zusammen gefassten Wissens-Ressourcen vor allem durch die Erfahrung der Jugendlichen als Marktteilnehmende zu erklären. Das übergreifende, in den Texten erkennbare Ziel, die Kosten von Gütern und Dienstleistungen zu reduzieren, fußt auf der Vorstellung, durch die Realisierung von Kostenvorteilen mehr Güter erwerben und Dienstleistungen nutzen zu können. Zur Erreichung dieses Ziels nutzen die Schüler und Schülerinnen alternative Verfahren.

Ein Weg besteht darin, Kosten dadurch zu vermeiden, dass einzelne der in der Aufgabe vorgegebenen Wünsche von Eltern oder anderen Verwandten finanziert werden. Auf diese Variante greifen Jugendliche im Hinblick auf fast alle Ausgabenziele zurück. Am häufigsten wird die Möglichkeit der Fremdfinanzierung auf den Führerscheinerwerb und den Kauf von Kleidung bezogen. Die Kosten des mobilen Telefonierens tragen bei einem Teil der Jugendlichen die Eltern. Am seltensten werden der Erwerb eines PC-Spiels und der Kinobesuch fremd finanziert. Im Zusammenhang mit dem PC-Spiel verfolgen mehrere Jugendliche den Plan, ein solches Spiel auszuleihen. Als dritte Möglichkeit, begrenzt auf den Konsumwunsch PC-Spiel, sich den Nutzen eines Gutes zu verschaffen, ohne dafür zu zahlen, sieht eine kleine Gruppe von Jungen und Mädchen das illegale Kopieren an.

Neben der Möglichkeit, für einige Posten im Güterpaket nicht zu zahlen, nutzen zahlreiche Jugendliche Instrumente zur Kostensenkung. Häufig stellen sie, wie besonders im Abschnitt über Kleidung verdeutlicht, Preisvergleiche an, mit dem Ziel, preisgünstig einzukaufen. Das Wort *billig* wird in diesem Zusammenhang ausschließlich mit positiver Konnotation verwendet; der Bedeutungsaspekt minderer Qualität scheint in den Vorstellungen von Mädchen und Jungen keine Rolle zu spielen. Einige Jugendlichen nutzen ihr Wissen um die Konsumentenrente, indem sie, vor allem bezogen auf PC-Spiele, auf den Zusammenhang von Aktualitätseinbuße und Preis-Verfall Bezug nehmen, wobei der niedrigere Preis in ihren Augen den Nachteil der Aktualitätseinbuße aufwiegt. Kostenbewusstes Nutzenverhalten auf der Grundlage von Erfahrung kennzeichnet auch die Vorstellungen einiger Mädchen und Jungen zum Kinobesuch. Sie profitieren von den niedrigeren Eintrittspreisen an Kinotagen und sparen weitere Kosten ein, indem sie auf den Verzehr von Popcorn und im Kino verkauften Getränken verzichten. Dass sie über Marktkenntnisse verfügen, zeigen auch diejenigen unter den Schülerinnen und Schülern, die zur Bezahlung der Handykosten unter Nutzenaspekten die unterschiedlichen Features von Laufzeitvertrag und Prepaid- Karte vergleichen. Kostenersparnisse versprechen sich einige weitere Schüler und Schülerinnen auch vom Internetkauf. Eine kleine Gruppe von Jugendlichen verfügt über Finanzwissen und kalkuliert mit Zinserträgen.

Die Mädchen und Jungen, die das Wissen nutzen, das sie durch ihre

Erfahrung als Marktteilnehmerinnen und Marktteilnehmer erworben haben, um Kosten einzusparen, verdeutlichen in ihren Texten eine weitere Variante erfolgreichen Nutzenverhaltens.

Verzichten, Sparen und Verbraucher-Wissen anwenden sind die übergreifenden Nutzenstrategien, die sich aus den Texten der Jugendlichen analysieren lassen. Sie werden nicht alternativ, sondern in Kombination eingesetzt, wobei dem Nutzenvergleich ein Schlüsselfunktion zukommt. Er liefert den jugendlichen Akteuren und Akteurinnen die Entscheidungsgrundlage, um die jeweils individuell als zielführend betrachtete Kombination von Handlungsstrategien zu realisieren.

6 Schlussfolgerungen aus der Untersuchung

Im Folgenden werden zunächst Schlussfolgerungen aus der Untersuchung im Hinblick auf die Beantwortung der in der Einleitung vorgestellten Untersuchungsfrage präsentiert und in den Kontext unterschiedlicher Konzepte ökonomischer Bildung gestellt. Nachdem in einem nächsten Schritt aus den Grenzen der vorliegenden Untersuchung weitere Forschungsfragen abgeleitet worden sind, stehen anschließend praktische und theoretische Fragen an die Fachdidaktik der ökonomischen Bildung im Mittelpunkt.

6.1 Darstellung ausgewählter Untersuchungsergebnisse vor dem Hintergrund von Konzepten ökonomischer Bildung

An die zusammenfassende Präsentation der Untersuchungsergebnisse im vorhergehenden Kapitel schließt sich im Folgenden die Beantwortung der in der Einleitung formulierten Untersuchungsfrage an, die aus zentralen Resultaten der Erhebung abgeleitet wird.

Vor diesem Hintergrund wird anschließend dargestellt, wie sich die in der Untersuchung ermittelten erfahrungsbasierten Nutzenvorstellungen zu Konzepten ökonomischer Bildung in Beziehung setzen lassen.

6.1.1 Beantwortung der Untersuchungsfrage auf der Grundlage von zentralen Erhebungsresultaten

Die in der Einleitung zur dieser Studie vorgestellte Untersuchungsfrage lautet: „Erwerben Vierzehnjährige durch ihre alltäglichen Konsumerfahrungen wirtschaftliche Kenntnisse und Fähigkeiten, durch deren Anwendung sie ihren Nutzen als Verbraucherinnen und Verbraucher dauerhaft steigern?"

Das Attribut „*wirtschaftlich*" bezieht sich dabei in Übereinstimmung mit der mikroökonomischen Haushaltstheorie auf Entscheidungen, durch die vorhandene Wünsche mit knappen Ressourcen in Übereinstimmung gebracht werden. Die das Design der Untersuchung prägende Aufgabe induziert durch die Vorgabe von fünf Wünschen angesichts einer Budgetrestriktion von 75,– Euro Entscheidungen nach dem Maximalprinzip. Eine grundlegende Annahme der Untersuchung ist, dass Vierzehnjährige zum Zeitpunkt der Datenerhebung nicht über in der Schule erworbenes Verbraucherwissen verfügen.

Obwohl durch die Aufgabe vorgegeben ist, dass angesichts der Budgetrestriktion nicht alle angesprochenen Wünsche erfüllt werden können[1], entwerfen 69 Jugendliche Budgetpläne, die alle fünf Ziele umfassen, während 71 Schüler und Schülerinnen vier Ausgabenziele nennen. Die 140 Personen starke Gruppe mit den umfangreichsten Haushaltsplänen umfasst 84 Mädchen gegenüber 56 Jungen. Bezogen auf die jeweiligen geschlechtsspezifischen Anteile an der Grundgesamtheit wählen 33 Prozent der Mädchen gegenüber 23 Prozent der Jungen vier oder fünf Ausgabenziele. In der Gruppe, die sich auf ein Budgetziel oder auf zwei Ziele beschränkt, befinden sich 41 Prozent der teilnehmenden Mädchen und 50 Prozent der Jungen.[2] Unter den Jugendlichen, die komplexe Budgetpläne durch Nutzenvergleiche und Nutzenstrategien managen, sind demnach Mädchen stärker vertreten als Jungen.

Sparen für den Führerschein wird in der Aufgabe als drittes Ausgabenziel genannt. In den Haushaltsplänen der untersuchten Jugendlichen ist es das Budgetziel, für das 75 Prozent der Mädchen und Jungen Geld aufwenden. Allerdings ist die Zahl der Schüler und Schülerinnen, die für selbst gewählte Ziele sparen, größer als die Zahl derjenigen, die, der Aufgabe folgend, den Führerschein als Sparziel nennen.[3] Der Anteil von drei Viertel der Grundgesamtheit, die sich in der fiktiven Situation für das Sparen entscheiden, ist ähnlich hoch wie der Anteil der in der repräsentativen Studie des Bankenverbands aus dem Jahr 2012 befragten Jugendlichen. Auf ihr

---

[1] Vgl. Anhang: Aufgabentext: „Jetzt überlegst du dir, wie du das Geld verwendest, und erkennst, dass die 75,– Euro nicht ausreichen, um dir alle deine Wünsche zu erfüllen. Schreibe auf, wie du versuchst, mit dem Geld möglichst viel zu erreichen, und begründe deine Entscheidung."

[2] Vgl. Tabelle 1.

[3] Vgl. Tabelle 6.

reales Verhalten angesprochen, antworten dort 53 Prozent der Befragten, dass sie regelmäßig sparen, sowie 34 Prozent, dass sie gelegentlich sparen.[4]

Die untersuchten Jugendlichen verstehen *Sparen* meist in der Bedeutung von *Horten*. Lediglich bei 40 Jungen und Mädchen ist im Hinblick auf die Verwendung finanzsprachlicher Begriffe davon auszugehen, dass sie unterschiedliche Formen von Geldanlagen in ihrem Bewusstsein präsent haben. Die sachlichen Ungenauigkeiten und Fehler in der Begriffsverwendung verweisen allerdings auf Defizite im Hinblick auf Finanzwissen. Dazu passt die in einer Jugendstudie des Bankenverbands aus dem Jahr 2012 ermittelte Zustimmung von 63 Prozent der untersuchten Vierzehn- bis Siebzehnjährigen zu der Aussage, dass die „meisten Geldanlagemöglichkeiten (. . .) heute so komplex (sind), dass ich mich damit nicht auskenne."[5] Für die in der vorliegenden Studie untersuchten Jugendlichen, die das Sparen als Budgetziel ansetzen, ist festzuhalten, dass zum einen die Bereitschaft, auf gegenwärtigen im Interesse zukünftigen Konsums zu verzichten, Bestandteil ihrer Nutzenhaltung ist; dass ihnen allerdings Finanzwissen als eine Voraussetzung erfolgreichen Nutzenhandelns weitgehend fehlt. Kennzeichnend für die Einstellung aller sparenden Vierzehnjährigen ist ihre Langzeitorientierung, eine Haltung, die Näsman und von Gerber in einer Studie über das ökonomische Verständnis von Kindern bereits für Drei – bis Sechsjährige nachweisen konnten, die einen Teil ihres Taschengeldes sparen. Sparen bedeutet für diese Kinder, Geld wegzulegen und es nicht anzurühren, um zu einem späteren Zeitpunkt etwas Teureres zu kaufen.[6]

Mit unterschiedlichen Ausgabenzielen verknüpften sich verschiedenartige Nutzenvorstellungen. So berücksichtigen mit 208 Teilnehmenden 42 Prozent des Samples Kleidungsausgaben in ihrem Haushaltsplan, wobei der Mädchenanteil unter diesen Jugendlichen 66 Prozent beträgt.[7] An den Begründungen der Ausgaben wird durch die alternative Zuweisung zu Nutzenklassen des Notwendigen, des subjektiv Bedeutsamen und des Vergnüglichen deutlich, dass die untersuchten Jugendlichen über eine realistische Einschätzung der Relevanz ihrer sozioökonomischen Lage für ihre Kon-

---

[4]   Vgl. Bundesverband deutscher Banken (2012): 54.
[5]   Bundesverband deutscher Banken (2012): 57.
[6]   Vgl. Näsman/ von Gerber (2002): 157f.; 161.
[7]   Vgl. Tabelle 11.

summöglichkeiten verfügen. Während die aufgabenkonforme Priorisierung von Kleidungsausgaben häufig mit Notwendigkeit begründet wird, tritt subjektive Bedeutungszumessung als Budgetierungsmotiv besonders bei dem Sparen für den Führerschein in den Vordergrund.

Ein Fünftel der Jungen und Mädchen verwendet einen Budgetanteil für das in der Aufgabe an zweiter Stelle genannte Computerspiel. Etwa ein Viertel der Angehörigen dieser Gruppe sind Mädchen.[8] Ungefähr jeweils ein Drittel der teilnehmenden Jugendlichen nimmt Ausgaben für eine zusätzliche Handykarte[9] und für den Kinobesuch[10] in ihre Haushaltsplanung auf. Nicht zuletzt an dem niedrigen Priorisierungsanteil der zuletzt genannten Budgetziele wird sichtbar, dass ihr relativer Nutzen deutlich geringer eingeschätzt wird als der von Sparanteilen und Kleidungsausgaben.[11] Obwohl das Handy, wie in den Begründungen für den Kauf einer zusätzlichen Prepaid – Karte ersichtlich wird, für die Kommunikation von Jugendlichen durchaus eine wichtige Rolle spielt,[12] zeigt die Zuweisung niedriger Budgetanteile eine realistische Sicht im Hinblick auf die Nutzenrelevanz unterschiedlicher Bedürfnisse.

Als Nutzenpotenziale, die den Jugendlichen aufgrund ihrer Sozialisation unter besonderer Gewichtung ihrer Erfahrungen als Konsumenten und Konsumentinnen zu Verfügung stehen, sind im Wesentlichen zu nennen: Selbstwirksamkeitsbewusstsein, langfristige Orientierung, Klärung der persönlichen Präferenzen, Anstellen von Nutzenvergleichen, Verzichtbereitschaft, Nutzung von praktischem Verbraucherwissen.

Im Hinblick auf die Frage, wie realistisch es ist, dass Vierzehnjährige Budgetplanungen vornehmen, ist ein Befund der Jugendstudie des Bankenverbandes aus dem Jahr 2012 interessant: Die Frage lautet: „Wie häufig nehmen Sie sich die Zeit, um sich um Ihre finanziellen Angelegenheiten zu kümmern, wie z.B. Ihre Einnahmen und Ausgaben zu planen oder Sparziele festzulegen?" Von den 14–17 Jahre alten Jugendlichen antworteten 20

---

[8] Vgl. Tabelle 23.
[9] Vgl. hierzu die Ausführungen über die abweichende Bezugsgrundlage, *Erwähnung* statt *Budgetierung* der Handy – Vorratskarte
[10] Vgl. Tabelle 32.
[11] Vgl. Tabelle 3.
[12] Vgl. BITKOM (2014): 27.

Prozent „regelmäßig"; 45 Prozent „ab und zu". „Selten" war die Antwort von 22 Prozent der Jugendlichen, während 13 Prozent die Vorgabe „nie" wählten.[13]

Als geschlechtsspezifische Auffälligkeiten bei den Budgetierungsentscheidungen hat die Untersuchung die Akzentuierung des Nutzens von Kleidung durch Mädchen gegenüber der herausragenden Bedeutungszuweisung an Computerspiele durch Jungen erbracht.

Bei den die Budgetierungsentscheidungen für Kleidung begleitenden Reflexionssignalen überwiegen bei den Schülerinnen Begründungen, die sich auf Notwendigkeits-, Bedeutsamkeits- oder Vergnügungsargumente stützen, wohingegen Jungen ihre Wertschätzung für Kleidung häufig durch die Zuweisung von Geldbeträgen zum Ausdruck bringen.

Dass Computerspiele für Jungen sehr viel wichtiger sind als für Mädchen, zeigen unterschiedliche Studien. Die Bitkom – Studie „Jung und vernetzt" weist die größere Beliebtheit von Online – Spielen bei Jungen nach: 65 Prozent der untersuchten Jungen gegenüber 44 Prozent der Mädchen geben an, ab und zu im Internet zu spielen.[14]

Budde (2008) führt an, dass Jungen „beim Blick auf die Computerkompetenzen und die Computerfähigkeits–Selbsteinschätzungen"[15] ein höheres Interesse und bessere Leistungen aufweisen.

Im Hinblick auf Schulform bezogene Besonderheiten fallen vor allem Merkmale des Budgetierungsverhaltens von den an Gesamtschulen unterrichteten Jugendlichen sowie von Gymnasiastinnen und Gymnasiasten ins Auge: Unter den Jugendlichen, die finanzsprachliche Fachbegriffe verwenden, stellen Schülerinnen und Schüler an Gesamtschulen die stärkste Gruppe. Auffällig ist außerdem, dass für 60 Prozent der sparenden Gesamtschüler und Gesamtschülerinnen dieses Geldverwendungsziel offensichtlich so wichtig ist, dass sie es an die Spitze ihres Ausgabenplans stellen. 70 Prozent der Jugendlichen an Gesamtschulen legen schließlich Budgetpläne vor, die weniger als drei Ausgabenziele umfassen, was bedeutet, dass sie ihre knappen Mittel konzentrieren und im Gegenzug auf die Erfüllung von weiteren, in der Aufgabe vorgegebenen Wünsche verzichten.

---

[13] Bundesverband deutscher Banken (2012): 53.
[14] Vgl. BITKOM (2014): 17; vgl. auch: 36f.
[15] Budde (2008): 26.

Anders als in der Gruppe der Gesamtschüler und Gesamtschülerinnen legen von denen, die ein Gymnasium besuchen, 60 Prozent Budgetpläne vor, die drei bis fünf Ausgabenziele umfassen. Auffällig ist weiterhin, dass Gymnasiastinnen und Gymnasiasten in nahezu allen Budgetgruppen überrepräsentiert sind; am stärksten in Bezug auf das Sparen für den Führerschein und die Budgetierung von PC-Spielen.

Bei den Besucherinnen und Besuchern von Realschulen fällt besonders auf, dass sie mehr als die Hälfte der Gruppe von 27 Jugendlichen ausmachen, die Ausgaben für zusätzliches Handyguthaben an die Spitze ihrer Ausgabenpläne stellen.

Das Budgetierungsverhalten von Hauptschülerinnen und Hauptschülern ist weitgehend unauffällig; ihr Gewicht in den meisten Teilgruppen liegt nahe bei ihrem Anteil an der Grundgesamtheit.

Auf der Grundlage der zusammengefassten Befunde lässt sich die Untersuchungsfrage folgendermaßen beantworten:

Die Jugendlichen zeigen in ihren Haushaltsplänen sowie in den mit der Budgetierung verknüpften Reflexionen Nutzenhaltungen und Nutzenstrategien, die in den Erfahrungen gründen, die sie in ihrer Lebenswelt machen. In der Konsumentenrolle erleben sie Knappheit als ständige Herausforderung, der sie mit praktischem Handlungswissen begegnen. Für eine Ausweitung ihrer Handlungsoptionen als Verbraucherinnen und Verbraucher benötigen sie allerdings wirtschaftliches Struktur- und Funktionswissen, das es ihnen ermöglicht, z.B. aus dem Verständnis von Marktprozessen oder der Kenntnis von Finanzprodukten oder der Nutzung von Produktinformationen Nutzen geleitete Entscheidungen zu treffen, die ihre Lebensqualität verbessern. Das in der Untersuchung ermittelte Akteursbewusstsein sowie eine langfristig ausgerichtete Nutzenperspektive sind dabei ebenso als Potenziale zu verstehen wie das praktische Konsumentenwissen.

6.1.2   Bezüge zwischen ausgewählten Untersuchungsergebnissen und Kompetenzkonzepten

Der Bedeutung der wirtschaftlichen Alltagserfahrung von Jugendlichen wird in Konzepten der ökonomischen Bildung auf unterschiedliche Weise Rechnung getragen.

Die untersuchten Nutzenvorstellungen von Jugendlichen betreffen deren Rollen als Verbraucherinnen und Verbraucher. Die Mädchen und Jungen sehen sich durch die geforderte Budgetentscheidung in eine fiktive Handlungssituation gestellt, die sie „ökonomisch analysieren", wie es der erste von der Deutschen Gesellschaft für ökonomische Bildung vorgelegte Bildungsstandard formuliert.[16] Weber (2014) verweist für die ökonomische Bildung auf den notwendigen Aufbau von „Problemlösekompetenzen (im Hinblick – Einfügung Zabanoff –) auf den Entscheidungs- und Analysebedarf in mikroökonomischen Entscheidungs- und Handlungssituationen"[17].

Indem die Schülerinnen und Schüler angesichts der Budgetrestriktion vor dem Hintergrund ihrer sozialen Situation sowie ihrer Präferenzen Nutzen- und Kostenvergleiche anstellen, zeigen sie Ansätze ökonomischen Rationalverhaltens, das sich aus ihrer lebensweltlichen Erfahrung speist. Es ist davon auszugehen, dass problemlösendes Wissen, das nach Krol durch den Einbezug der ökonomischen Perspektive in die Verbraucherbildung bereit gestellt wird[18], von Jungen und Mädchen im Sinne des Literacy-Konzeptes Jahre später als Entscheidungshilfe genutzt werden kann.[19]

Die in der vorliegenden Untersuchung in den Schüleräußerungen erkennbaren Nutzenvorstellungen lassen sich dem Kompetenzbereich I in dem von Birke/ Seeber 2011 präsentierten Kompetenzmodell zuordnen, der in folgender Weise beschrieben wird: „Menschen treffen ökonomisch begründete Entscheidungen zwischen gegebenen Alternativen und handeln danach gewöhnlich in Verantwortung gegenüber sich selbst: Sie verfolgen ihre eigenen, legitimen Interessen bestmöglich."[20] Als Kompetenzanforderung nach dem Hauptschulabschluss nennen Birke/ Seeber an zweiter Stelle: „Die Schülerinnen und Schüler begründen einfache Konsum- und Anlageentscheidungen auf der Grundlage von Kosten-Nutzen-Kalkülen (Handlungsalternativen bewerten)."[21]

Unter den die Budgetierungsanforderung der vorliegenden Untersu-

---

[16] Vgl. Schlösser (2012b): 586; vgl. auch Weber (2012): 353.
[17] Weber (2014): 218.
[18] Vgl. Krol (2014): 219–225.
[19] Vgl. Macha/ Schuhen (2011): 143; vgl. auch Salemi (2005) [Elektronische Ressource].
[20] Birke/ Seeber (2011): 175.
[21] Ebd.

chung steuernden potentiellen Geldverwendungszielen sind es besonders das Computerspiel und der Kauf einer zusätzlichen Handykarte, bei denen die Jugendlichen die ihnen verfügbaren Informationen über die Marktsituation zu ihrem Nutzen berücksichtigen. Begründungen auf der Grundlage von Kosten – Nutzen – Kalkülen sind insbesondere bei den fiktiven Entscheidungen und den Reflexionen in Bezug auf den Kauf von Kleidung und das Sparen für den Führerschein oder andere zukünftige Ziele zu erkennen.

In den genannten Bereichen, in denen aufgrund der unmittelbaren Konsumentenerfahrung der Jugendlichen unterschiedliche Abstufungen von Verbraucherkompetenzen zu erkennen sind, erscheint ökonomische Bildung für eine nachhaltige, aus dem Verständnis wirtschaftlicher Funktionszusammenhänge fundierte, rationale Entscheidungsfindung unabdingbar.

In dem Kurzbericht über die Pisa – Untersuchung von 2012, in der das besondere Augenmerk auf dem Anwendungsbezug der ermittelten Kenntnisse und Fähigkeiten lag, führen die Verfasser aus, dass neben der Fähigkeit, Gelerntes wiederzugeben, auch untersucht worden sei, wie gut die Jugendlichen „von dem Gelernten extrapolieren und ihr Wissen in ungewohnten Situationen" anwenden können.[22]

Insofern sich der in den PISA – Untersuchungen zu Grunde gelegte Kompetenzbegriff im Verlauf der letzten zehn Jahre auch auf die fachdidaktischen Domänen ausgewirkt hat, die nicht unmittelbar erforscht wurden, erscheint die Betonung der Ausrichtung des Kompetenzbegriffs auf Entwicklungsmöglichkeiten des Individuums interessant, wie sie Jude/ Klime im Zusammenhang mit der PISA – Untersuchung von 2009 vorgenommen haben.[23] In der vorliegenden Untersuchung liegt ein Interessenschwerpunkt auf der Frage, inwiefern Jugendliche Kenntnisse, die sie durch Erfahrungen in informellen Zusammenhängen, insbesondere in Konsumsituationen, erworben haben, für ihre Entwicklung nutzen können. Nach Jude/ Klime greifen die PISA – Untersuchungen „eine breite, pragmatische Konzeption von allgemeiner Grundbildung"[24] auf, die auf die Erschließung der eigenen Lebenswelt ziele.[25] Im Hinblick auf die Fähigkeit zu deren Gestaltung

---

[22] OECD. Pisa 2012: 3.
[23] Jude/ Klieme (2010): 13.
[24] Ebd.; vgl. auch Prenzel u.a. (o.A). Pisa 2006: 3.
[25] Vgl. Jude/ Klieme (2010): 13f.

kommt das in der Untersuchung ermittelte, bei vielen Jugendlichen stark ausgeprägte Bewusstsein von Selbstwirksamkeit in den Blick. In Verbindung mit der ebenfalls in breitem Umfang nachgewiesenen Langzeitorientierung sind diese Haltungen Ressourcen für die Wirksamkeit ökonomischer Bildung, insofern, wie die Pisa – Berichterstatter mit Blick auf die Untersuchung von 2012 betonen, Einsatzbereitschaft, Motivation und Selbstvertrauen von wesentlicher Bedeutung seien, wenn Schüler ihr Potenzial entfalten wollten.[26]

Ob man in den Nutzenvorstellungen der untersuchten Jugendlichen Hinweise auf das Vorhandensein von Verbraucherkompetenz erkennt, hängt nicht zuletzt von dem zu Grunde gelegten Kompetenzbegriff ab. In keinem Fall erlauben die Ergebnisse der vorliegenden Untersuchung eine Zuordnung der Jungen und Mädchen zu unterschiedlichen Kompetenzstufen innerhalb von Teildimensionen.[27]

6.1.2.1 Kompetenzhinweise in Schülertexten unter haushaltstheoretischen Aspekten

Auch wenn es in der vorliegenden Untersuchung im Wesentlichen um aus den Antworttexten ermittelte Vorstellungen der Jugendlichen geht, die mit der fiktiven Verwendung von Budgetanteilen für in der Aufgabe vorgegebene Spar- und Konsumziele verbunden sind, lassen sich unter der Vorannahme, dass sich die geäußerten Vorstellungen zumindest teilweise im alltäglichen Handeln der Mädchen und Jungen konkretisieren, vor dem Hintergrund der Haushaltstheorie einige Hinweise auf praktische ökonomische Handlungskompetenz identifizieren.

Der hier verwendete Kompetenzbegriff orientiert sich an dem auf die autonome Lebensgestaltung des Individuums und auf dessen gesellschaftliche Teilhabe zielenden Kompetenz-Verständnis, das in den Vorstellungen zur finanziellen Bildung sowie zur Verbraucherbildung zu erkennen ist, wie sie Schlösser und andere sowie Seeber in jüngeren Veröffentlichungen dargelegt haben.[28]

---

[26] Vgl. OECD. (o.A.). PISA 2012: 21.
[27] Vgl. Schlösser (2012 b): 586.
[28] Vgl. Schlösser u.a. (2011): 22; Seeber (2012): 262.

In dem Kontext der ökonomischen Theorie des Haushalts wird in der vorliegenden Untersuchung als übergeordnetes Kompetenzsignal rationales Verbraucherverhalten angesehen, das dann als gegeben angenommen wird, wenn die jugendlichen Konsumenten Kauf- und Sparziele unter dem Aspekt auswählen, „die Befriedigung zu maximieren, die sie mit dem ihnen zur Verfügung stehenden begrenzten Budget erzielen können.“[29]

Nach der mikroökonomischen Haushaltstheorie maximieren die Jugendlichen ihre Befriedigung dann, wenn ihre Kombination von Gütern einem Punkt auf der höchsten Indifferenzkurve entspricht, die die Budgetgerade berührt, auf der alle Kombinationen von Ausgaben für Kleidung, Computerspiel, Kino und Führerscheinsparen liegen, die das Gesamtbudget von 75.- Euro nicht übersteigen. Unter kompetentem Verbraucherverhalten wird folglich verstanden, dass die Jugendlichen auf der Grundlage ihrer Präferenzen den zur Verfügung stehenden Geldbetrag so aufteilen, dass ihnen daraus ein größtmöglicher Nutzen entsteht. Als ein Indikator, um die in den Texten vorliegenden Schülerlösungen ordinal nach unterschiedlichen Ausprägungen ökonomischer Kompetenz abzustufen, kann angesehen werden, dass Jugendliche ihr Wissen über Regelmäßigkeiten der Preisbildung dazu nutzen, um eine ursprünglich oberhalb der Budgetgeraden liegende Güterkombination so zu modifizieren, dass sie ihr Budget ausschöpfen, ohne sich zu verschulden.

Übereinstimmend mit dem von Michael Schuhen u.a. auf Kinder bezogenen Verständnis von „Kaufkompetenz“[30] wird *rationales Verbraucherverhalten* in der vorliegenden Arbeit in verhaltenstheoretisch erweiterter Bedeutung verstanden. Dabei gilt als grundlegend, „dass menschliches Verhalten dadurch motiviert ist, einen individuellen Vorteil zu erlangen, was die Entscheidung zwischen Alternativen voraussetzt.“[31] Das Motiv des absichtsvollen Handelns zur Verbesserung der eigenen Situation zieht sich leitmotivisch durch die analysierten Texte der Jugendlichen.[32] Vor allem in den Texten der Jungen und Mädchen, die die Förderung freundschaftlicher Beziehungen als entscheidungsmotivierend benennen, zeigt sich, dass in ih-

---

[29] Pindyck / Rubinfeld (2005): 127.
[30] Schuhen u.a. (2014): 235.
[31] Schuhen u.a. (2014): 237.
[32] Vgl. Schuhen u.a. (2014): 237.

rem Verständnis die Nutzenmaximierung „nicht auf Geld und Einkommen beschränkt"[33] ist. In der Beschreibung ihrer Auswahlentscheidungen und verstärkt in den begründenden Kommentaren geben die untersuchten Schülerinnen und Schüler zu erkennen, dass es ihnen darum geht, ihren Nutzen zu vergrößern. Signale dafür, dass Jugendliche sich als selbstwirksam begreifen, indem sie sich als diejenigen darstellen, die ihre Entscheidungen zur Budgetverwendung steuern, können insofern als Kompetenzsymptome gewertet werden, als das entgegen gesetzte Bewusstsein der Fremdbestimmtheit nach der ökonomischen Theorie häufig zusammengeht mit einem Zustand der Unsicherheit hinsichtlich eigener Präferenzen, der sowohl durch äußere Einflüsse als auch durch wechselnde Stimmungen hervorgerufen sein kann, und als dem Rationalprinzip widersprechend zu deuten ist.[34]

Krol (2014) betont in Abgrenzung von Positionen, für die die „wirtschaftlichen Aspekte bei der Anbahnung erwünschter Konsumkompetenzen in schulischen Lernprozessen zureichend von anderen Disziplinen oder gar durch Primär- und Sekundärerfahrungen eingebracht werden können"[35], den „Stellenwert einer ökonomischen Bildung, die die ‚Gesetzmäßigkeiten' wirtschaftlicher Abläufe angemessen einbezieht und in Kompetenzanbahnungen für Bürger verfügbar macht."[36] Er distanziert sich von einem Verständnis von Konsumentenkompetenzen wie es seiner Ansicht nach u.a. in neueren bildungspolitischen Stellungnahmen vorzufinden ist, das ohne die ökonomische Perspektive auskommt.[37] Als zentrale Aspekte der ökonomischen Perspektive nennt Krol sowohl die bestmögliche Verwendung knapper Mittel als auch die Schaffung eines Bewusstseins, das die mit „Mittelverwendungen verbundenen Opportunitätskosten"[38] berücksichtigt. Im Hinblick auf beide Aspekte lassen sich in den Reflexionen der untersuchten Jugendlichen vielfältige Bezüge finden. So bringt ein beträchtlicher Teil der Mädchen und Jungen beim Erstellen ihrer jeweiligen Präferenzordnung

---

[33] Schuhen u.a. (2014): 237.
[34] Vgl. Pindyck / Rubinfeld (2005): 104.
[35] Krol (2014): 220.
[36] Ebd.
[37] Vgl. Krol (2014): 222.
[38] Krol (2014): 223.

zum Ausdruck, dass sie bei ihren Spar- und Konsumentscheidungen Opportunitätskosten berücksichtigen. Auch die oben an einem Beispiel gezeigte Anwendung des ökonomischen Gesetzes des abnehmenden Grenznutzens kann als Symptom praktischer Verbraucherkompetenz angesehen werden. Krols Verständnis von der Anbahnung erwünschter Konsumkompetenzen folgend, ließe sich in der ökonomischen Bildung nach Ansicht der Verfasserin an solchen Primärerfahrungen der Jungen und Mädchen anknüpfen, um mittels der ökonomischen Perspektive strukturelle Bedingtheiten transparent zu machen.

6.2 Aus der Untersuchung abgeleitete Forschungsfragen

In Anbetracht des in der vorliegenden Studie nicht berücksichtigten Verschuldungsproblems im Leben von Jugendlichen erscheint die Erforschung der Frage interessant, ob die in den Konzepten der Jugendlichen zum Ausdruck kommenden Nutzenhaltungen und Nutzenstrategien, die darauf abzielen, angesichts knapper Ressourcen die Ausgabenziele nach Nutzenabwägung zu reduzieren, auch in der Realität die Antwort auf Knappheit sind, oder ob z.B. Marketingmaßnahmen der Unternehmen, mediale Vorbilder sowie eine 0–Zins–Politik das wirkliche Konsumverhalten der Jugendlichen stärker beeinflussen als es deren eigenem Selbstkonzept entspricht. Zur Ermittlung der Einstellungen und Verhaltensweisen von Jugendlichen zur Verschuldungsthematik erscheinen qualitative Untersuchungen, die die Jugendlichen selbst zum Sprechen bringen, eine größere Chance zu bieten, die nutzenorientierte Sicht von jungen Leuten authentisch abzubilden, als dies mit Fragestellungen möglich ist, die den lebensweltlichen Erfahrungen von Erwachsenen entstammen.

Die Betrachtung des häufig über ihrem Anteil an der Grundgesamtheit liegenden hohen Budgetierungsanteils von Gymnasialschülerinnen und Gymnasialschülern, verbunden mit deren hoher Beteiligung an komplexen Budgetplänen, gibt Anlass, zu untersuchen, inwieweit die Befunde, die die PISA – Konsortien in Bezug auf die Erfolge in Mathematik konstatieren, auch bezogen auf ökonomische Kompetenz gültig sind. Nach den Erkenntnissen der PISA – Studien geht der Besuch eines Gymnasiums meistens mit dem Erreichen höherer Kompetenzstufen einher. Die Berichterstatter weisen in diesem Zusammenhang darauf hin, dass beim Zugang zum Gymnasium untere Soziallagen benachteiligt sind.[39] Allerdings gibt der Bericht über die PISA – Erhebung von 2005 gegenüber der Situation von 2003 Hinweise auf einen tendenziellen „Rückgang in den sozialen Unterschieden in der Gymnasialbeteiligung"[40] Dieser Eindruck festigt sich nach Ehmke/ Jude durch die Befunde der PISA – Untersuchung von 2009 im Vergleich zum Jahr 2006. Während die Gymnasialbeteiligung insgesamt von 28 auf 33 Prozent der Gesamtstichprobe angestiegen ist, erhöhte sich der schichtspezifische Anteil am stärksten für die unteren Sozialschichten.[41] Dennoch bestehen weiter relativ große Unterschiede an der Gymnasialbeteiligung zwischen den sozialen Schichten.[42] So besucht aus den Familien der oberen Mittelschicht jeder zweite ein Gymnasium.[43] Insofern die Befunde der hier durchgeführten Untersuchung nicht mit schulischem Unterricht im Fach Wirtschaft erklärt werden können, ist zu untersuchen, ob die stärkere Präsenz von Gymnasialschülerinnen und Gymnasialschülern in nahezu allen Budgetierungsgruppen sowie bei komplexen Budgetplänen auf eine im Vergleich zu an anderen Schulformen unterrichteten Schülerinnen und Schüler generell höhere Leistungsfähigkeit zurück zu führen ist. Eine alternative Erklärungshypothese für auffällige Befunde unter den Jugendlichen an Gymnasien nimmt stärker auf die durch die Ergebnisse der PISA – Studien dokumentierte Überrepräsentanz von Angehörigen sozioökonomisch besser gestellter Bevölkerungsschichten an der Schulform Bezug. Möglicherweise sind leistungsförderliche Sozialisationsbedingungen unter den Schülerinnen und Schülern an Gymnasien in größerem Umfang gegeben. In diese Richtung weisen die Ergebnisse der PISA – Studien in Bezug auf Kompetenzen in Lesen, Mathematik, Naturwissenschaften und

---

[39] Prenzel u.a. (o.A.). PISA 2003: 5; vgl auch. Prenzel u.a. (o.A.). PISA 2006: 18.

[40] Prenzel u.a. (o.A.). PISA 2006: 18; vgl. auch Ständige Konferenz der Kultusminister der Länder in der Bundesrepublik Deutschland (KMK) (o.A.) über den Zusammenhang zwischen sozialer Herkunft und Kompetenzerwerb „in den meisten Ländern der Bundesrepublik".

[41] Vgl. Ehmke/ Jude (2010): 248.

[42] Vgl. ebd.

[43] Vgl. Ehmke/ Jude (2010): 250.

allgemeinem Problemlösen[44], die sich auf den Zusammenhang zwischen sozioökonomischen Bedingungen und schulischen Leistungen beziehen. Die Studie hat, besonders deutlich im Kontext der Budgetierung von Kleidungsausgaben, ein geschlechtsspezifisches Ungleichgewicht hinsichtlich argumentativer Begründungen ermittelt. Aus fehlender Verbalisierung von Reflexionssignalen kann nach Ansicht der Verfasserin nicht geschlossen werden, dass keine Reflexionen existieren. Unter anderem können sowohl motivationale Hinderungsgründe als auch sprachliche Defizite für die Nicht–Verbalisierung verantwortlich sein. Im Hinblick darauf, dass Jungen in weit stärkerem Ausmaß als Mädchen ihre Nutzenentscheidung durch die Zuweisung von Teilbeträgen des Budgets zum Ausdruck bringen, wäre zu erforschen, ob eine generelle Affinität von Jungen zu mathematischen Darstellungen und Modellen einer stärkeren Nutzung der sprachlichen Ausdrucksfähigkeit bei Mädchen gegenüber steht. Diesbezügliche Forschungsergebnisse würden vermutlich Hinweise liefern zur Beantwortung der Frage, ob geschlechtsspezifische Akzentuierungen in Curricula ökonomischer Bildung und in der Unterrichtspraxis den Ertrag an Kenntnissen und Fähigkeiten steigern könnten.

Die durch die Verbindung von Grounded – Theory –Ansatz und objektiver Hermeneutik ermittelten Nutzenhaltungen wie z.B. Selbstwirksamkeit, Langzeitorientierung werden in der vorliegenden Untersuchung nicht quantifiziert. Ihr Stellenwert im Rahmen der vorliegenden Studie besteht darin, das Spektrum der vorhandenen Nutzenvorstellungen darzustellen und zu zeigen, wie die Nutzenhaltungen der Jugendlichen mit ihrem Budgetierungsverhalten in Verbindung stehen. Um den Verbreitungsumfang der unterschiedlichen Vorstellungen geschlechtsspezifisch und auf Schulformen bezogen zu erkunden, sind repräsentative Erhebungen erforderlich.

---

[44]   Vgl. Prenzel u.a. (o.A.). PISA 2003: 5; Prenzel u.a. (o.A.). PISA 2006: 18; vgl. auch Ehmke/ Jude (2010): 248; 250; vgl. auch Ständige Konferenz der Kultusminister der Länder in der Bundesrepublik Deutschland (KMK). (o.A.) (Hrsg.) Stellungnahme der Kultusministerkonferenz zu den Ergebnissen des Ländervergleichs von PISA 2003; vgl. auch OECD (2010). PISA 2009: 10f.; vgl. zur Erfassung von Kontextmerkmalen als Merkmalen „der sozioökonomischen und kulturellen Herkunft, Wahrnehmungen von Schule und Unterricht sowie Gewohnheiten und Einstellungen, die sich auf die Schule und das Lernen" beziehen: Jude/ Klieme (2010): 14f.; vgl. auch OECD (o.A.) PISA 2012: 12f.

Im Verlauf der Untersuchung stellten sich wiederholt Vermutungen ein, dass Auffälligkeiten insbesondere im Budgetierungsverhalten und in den Nutzenvorstellungen von Gesamtschülerinnen und Gesamtschülern mit einem hohen Anteil von Jugendlichen mit Migrationshintergrund an dieser Schulform zusammenhängen könnten. Da allerdings der Anteil von Migrantinnen und Migranten nicht erhoben wurde, bleibt die Klärung dieser Fragen weiterer Forschung vorbehalten.[45]

Ein weiteres Forschungsfeld stellen nach Ansicht der Verfasserin Bedingungen einer Finanziellen Allgemeinbildung dar. Retzmann (2011) leitet die Einführung in die von ihm herausgegebene Publikation „Finanzielle Bildung in der Schule" ein, indem der konstatiert: „Um die finanzielle Allgemeinbildung ist es in der deutschen Bevölkerung schlecht bestellt – zu diesem Resultat kommen alle empirischen Studien nahezu einmütig"[46] Konkret fasst er den Aspekt der privaten Altersvorsorge in den Blick. Aufgrund des aus der vorliegenden Untersuchung erhobenen Befundes, dass Sparen nur von einer kleinen Gruppe der Jugendlichen als Geldanlage verstanden wird, wohingegen es die Mehrheit mit temporärem Konsumverzicht im Sinne des Hortens assoziiert, stellt sich die Frage, inwieweit Untersuchungen über das Verbraucherverhalten der Bevölkerung bei ihren Erhebungen stärker die Unterschiede in den Lebenssituationen berücksichtigen sollten, um im Hinblick auf die Zielbestimmung der mündigen Verbraucherin und des mündigen Verbrauchers zu aussagekräftigen Ergebnissen zu gelangen. Die Gelegenheiten für Schülerinnen und Schüler, in ihrem Alltag mit Fragen der privaten Altersvorsorge in Kontakt zu kommen oder – weitergehend – mit diesen Fragen in einer Weise konfrontiert zu werden, die das Thema für sie relevant werden lässt, sind wahrscheinlich andere als die von berufstätigen Erwachsenen. Im Unterschied dazu ist die Erfahrung des Kaufens von der Kindheit an für alle Altersgruppen gegenwärtig. Auch die Thematik der Verschuldung, in deren Prävention eine Aufgabe von Ver-

---

[45] Vgl. OECD (2010) PISA 2009: 11: „Im OECD-Durchschnitt erzielen Schülerinnen und Schüler der ersten Generation – d.h. diejenigen, die in einem anderen Land als dem Erhebungsland geboren sind und auch im Ausland geborene Eltern haben – 52 Punkte weniger als Schülerinnen und Schüler ohne Migrationshintergrund."

[46] Retzmann (2011): 5.

braucherbildung gesehen wird, stellt sich u. a. nach Art, Umfang und Dauer unterschiedlich dar.

Eine weitere Frage, die sich aus Sicht der Verfasserin zu untersuchen lohnt, richtet sich darauf, ob alle Menschen, um ihre ökonomisch geprägten Lebenssituationen selbstbestimmt zu gestalten, die gleichen Kompetenzen benutzen. So ist anzunehmen, dass Preisvergleiche in den Nutzenstrategien von Menschen mit niedrigem Einkommen eine bedeutendere Rolle spielen als der Vergleich unterschiedlicher Anlageformen. In diesem Zusammenhang erscheint eine Aussage in Kraffts Argumentation, mit der er sein Urteil, dass die Sozialisationsinstanz Schule „ihre Aufgabe zur Vorbereitung auf das Leben in der arbeitsteiligen Gesellschaft bislang völlig unzureichend erfüllt"[47] habe, von Interesse. Er fordert, dass sich die „Kenntnis ökonomischer Grundzusammenhänge" nicht „auf einen elitären Kreis von Fachleuten beschränken"[48] darf. Die Verfasserin stimmt Kraffts Forderung nach tragfähiger ökonomischer Grundbildung als Allgemeinbildung ausdrücklich zu, bezweifelt allerdings die Allgemeingültigkeit seiner Argumentation im Hinblick auf die Verbesserung der Einkommenssituation.

„Wenn das Einkommen gerade ausreicht, um die Miete zu zahlen sowie Milch und Kartoffeln zu kaufen, brauche ich nur eine geringe Schulung in meiner Rolle als Verbraucher. Wenn aber die ganze Palette des modernen Dienstleistungs- und Warenangebotes einschließlich der Geldanlagemöglichkeiten zur Debatte stehen, wachsen die Anforderungen für alle, die wählen, entscheiden und sich mit Marktpartnern und Konkurrenten auseinandersetzen müssen."[49]

In allen skizzierten Bereichen wäre es aus Sicht der Verfasserin zielführend, die Sicht derjenigen zu erforschen, deren Selbstbestimmung als mündige Bürgerinnen und Bürger ein Grundanliegen ökonomischer Bildung ist.[50]

---

[47] Krafft (2010): 237f.
[48] Ebd.
[49] A.a.O: 238f.
[50] Vgl. Deutsche Gesellschaft für ökonomische Bildung (2004): 3. „Somit trägt die ökonomische Bildung zur Selbstverwirklichung und zur Persönlichkeitsentwicklung bei. Sie ist damit ein unverzichtbarer Bestandteil der Allgemeinbildung."

6.3 Folgerungen für die Fachdidaktik der ökonomischen Bildung

6.3.1 Die Reflexion von Lebenssituationen als Ressource ökonomischer Bildung

Im Rahmen der ökonomischen Bildung bieten sich unabhängig von der gewählten Unterrichtsform zahlreiche Anknüpfungspunkte, um Schülerinnen und Schüler darin zu unterstützen, ihre Nutzen fördernden Potenziale zu entwickeln. Als Nutzen fördernd wird in der vorliegenden Studie angesehen, was die Lebensqualität der Jugendlichen nach deren eigenem Urteil steigert.

Die analysierten Texte zeigen, dass viele Jugendliche ihre Lebensumstände und ihr soziales Umfeld als prägende Einflussgrößen wahrnehmen, angesichts derer sie ihre Spar- und Konsumentscheidungen treffen. Innerhalb der vorgegebenen Rahmenbedingungen stellen die untersuchten Vierzehnjährigen Nutzenvergleiche zwischen Gütern an, auf die sich ihre Wünsche richten. Davon, ob die Mädchen und Jungen kurz- oder langfristig orientiert sind, ob sie sich als wirkungsmächtig oder als einflusslos wahrnehmen, wird die Wahl ihrer Handlungsstrategien beeinflusst. Der Förderung einer Akteurhaltung bei Jugendlichen kommt dabei nach Ansicht der Verfasserin ebenso wie der Unterstützung beim Erwerb einer langfristig ausgerichteten Nutzenperspektive und der Klärung von Präferenzen herausragende Bedeutung zu. Die Ergebnisse der Untersuchung legen es nahe, dass die in den Nutzenvorstellungen der Jugendlichen erkennbaren Potenziale weiterentwickelt werden.

Wenn Peter Büchner fordert, dass die außerschulische Lebenspraxis im schulischen Bildungsangebot berücksichtigt werden soll, so bezieht er sich auf die Familie als Bildungsort. Sein Urteil, dass in öffentlichen Bildungsinstitutionen formale und informelle Bildungsnormen „propagiert"[51] würden, „die der außerschulischen Lebenspraxis der Schüler nicht wirklich entsprechen"[52], gilt nach der hier vertretenen Sicht auch für die Lebensumwelt jugendlicher Verbraucherinnen und Verbraucher.

Gerd Schäfers Charakterisierung frühkindlichen Wissens bietet auch Beschreibungskategorien für Nutzenvorstellungen, die von jugendlichen

---

[51] Büchner (2008): 192.
[52] Ebd.

Sparern und Konsumenten entwickelt werden. Das „Alltags- und Hintergrundwissen" als „Erfahrungswissen", das „weitgehend durch das Handeln der Kinder in der ihnen gegebenen Umwelt"[53] entsteht, „wird in der Regel nicht intentional durch Erwachsene vermittelt."[54] Dieses Wissen, „das den eigenen Erfahrungen entspringt"[55], stellt Schäfer einem Wissen gegenüber, „das von anderen – bereits vorstrukturiert – übernommen wird."[56] Wenn solches übernommene Wissen „einen individuellen Sinn bekommen"[57] soll, muss es mit „vergleichbaren Erfahrungen verknüpft werden"[58].

Aus Sicht der Verfasserin stellt die Verbindung beider Wissensformen eine Möglichkeit zum Aufbau komplexen Wissens dar, das nach Schäfer aus einer Verknüpfung von „sachlichen Kompetenzen sowie individuellen und sozialen Handlungsmustern"[59] besteht. Nach diesem Verständnis kann sich das Wissen um die Diskrepanz zwischen Bedürfnissen und Ressourcen bei Jugendlichen verbinden mit einer langfristig orientierten Bereitschaft zum temporären Konsumverzicht, als einem Handlungsmuster, das zu einem späteren Zeitpunkt die Erfüllung von Konsumwünschen bei begrenztem Budget ermöglicht. Der von Schäfer verwendete Wissensbegriff vereinigt zudem „domänenspezifische und domänenübergreifende Anteile"[60]. Als Beispiel kann hier das den Bereich der Mikroökonomie übersteigende Konzept der Opportunitätskosten genannt werden.

In Schäfers „dynamisch–konstruktive[m] Wissensmodell"[61] „entsteht Wissen in einem Handeln, das auf eine Situation bezogen ist."[62] Insofern der Autor von einem dynamischen Wissensbegriff ausgeht, erscheint dessen Erklärungswert für die Herausbildung von Nutzenvorstellungen im Spar- und Konsumverhalten von Jugendlichen beachtlich: Wissen wird

---

[53] Schäfer (2008): 131.
[54] Ebd.
[55] Ebd.
[56] Ebd.
[57] Ebd.
[58] Ebd.
[59] Schäfer (2008): 132.
[60] Ebd.
[61] Schäfer (2008): 131.
[62] Schäfer (2008): 132.

nicht „als in einem Speicher vorhanden"[63] gedacht. Vielmehr geht der Autor davon aus, dass es in der aktuellen Situation mit Hilfe des Gedächtnisses hervor gebracht wird, indem Teile von Erinnerung „durch die aktuelle Situation wachgerufen und – bezogen auf diese – neu organisiert oder entsprechend den augenblicklichen Notwendigkeiten ergänzt und/ oder variiert"[64] werden.

Insofern davon auszugehen ist, dass in Erinnerungen früheres Erfahrungswissen mit Wissen verschmilzt, das in formellen, strukturierten Bildungsprozessen erworben wurde, sind beide Wissensformen als sachlogisch verknüpft anzusehen. Bezogen auf das vorliegende Untersuchungsfeld der mit dem Spar- und Konsumverhalten verknüpften Nutzenvorstellungen von Jugendlichen würde es nach diesem Verständnis die Wirksamkeit ökonomischer Bildung erhöhen, wenn die sachlogisch existierende Verknüpfung der beiden Wissensformen im Unterricht didaktisch umgesetzt würde.

Die Untersuchungsbefunde zeigen, dass viele Jugendliche davon ausgehen, die Möglichkeit zu besitzen, durch ihre Spar- und Konsumentscheidungen ihre Lebensqualität zu steigern. Die Einschätzung, dass das Selbstwirksamkeitsbewusstsein von Jugendlichen eine ihrer bedeutenden Ressourcen darstellt, legt es aus Sicht der Verfasserin nahe, mit Bodo Steinmann an die ökonomische Bildung die Erwartung heranzutragen, „aus dem Erkenntnisbereich der Ökonomie"[65] „grundlegende Befähigungen zur selbstbestimmten und verantwortungsbewussten Gestaltung des Lebens in der Gesellschaft zu bewirken".[66]

Die vorliegende Studie untersucht, modelliert an dem fiktiven Betrag von 75,– Euro, die Nutzenvorstellungen von Mädchen und Jungen in Verbindung mit der Verwendung dieses Einkommens. In ihren Aufgabenlösungen beziehen sich die Jugendlichen zwar auf eine fiktive Situation; die dabei getroffenen Entscheidungen und explizierten Reflexionen machen allerdings ihre Nutzenvorstellungen offenkundig. Diese Nutzenvorstellungen sind einerseits durch heterogene Sozialisationsbedingungen geprägt. Allen

[63] Ebd.
[64] Ebd.
[65] Steinmann (2008): 209.
[66] Ebd.

vierzehnjährigen Jugendlichen gemeinsam ist auf der anderen Seite, dass die Verwendung ihres Einkommens Bestandteil alltäglichen Erlebens ist. Sie befinden sich ständig in Situationen, in denen, wie Steinmann formuliert, „ökonomische Sachverhalte"[67] bedeutsam sind. Um „ein sachgerechtes und zielbezogenes Verhalten zur Befriedigung von Bedürfnissen"[68] zu ermöglichen, hält der Verfasser die Entwicklung von Qualifikationen für notwendig, die sich an dem Leitbild der Mündigkeit orientieren. Der Qualifikationsbegriff, den Steinmann anwendet, geht über die Dimension der „individuellen Entfaltung und Eigenverantwortung"[69] hinaus. Er umfasst sowohl den Bereich „Kooperation und Solidarität als auch Mitwirkung an der Verbesserung gesellschaftlicher Strukturen"[70].

Die an dieser Stelle in Reflexion der ermittelten empirischen Befunde vorgetragenen Überlegungen sehen sich als mit unterschiedlichen fachdidaktischen Konzepten vereinbar an. So werden die Wissensbestände der Wirtschaftswissenschaften von verschiedenen Autoren als wesentliche Quelle zur Bewältigung von Lebenssituationen angesehen. Die von Kruber genannte „Entscheidungskompetenz"[71] als Leitziel der „Wirtschaftslehre"[72] findet einen Ansatzpunkt in der erforschten Akteurhaltung von Jugendlichen.

Hedtke (2011) verweist darauf, dass das „Verstehen der Marktwirtschaft sowie der makroökonomischen und wirtschaftspolitischen Zusammenhänge"[73] zu dem gehört, was Jugendliche für ihre Rolle als mündige Bürger und Bürgerinnen zu lernen haben. Der Aussage, dass „Multiperspektivität und Kontroversität in Wissenschaft, Wirtschaft, Gesellschaft, Politik und Lebenswelten"[74] für eine Demokratie konstitutiv sind, ist zuzustimmen, insofern sich dieses Selbstverständnis aus der Akzeptanz von Wert- und Interessenpluralismus ableitet.

---

[67] Ebd.
[68] Ebd.
[69] Steinmann (2008): 210.
[70] Ebd.
[71] Kruber (1994a): 46.
[72] Ebd.
[73] Hedtke (2011): 20.
[74] Hedtke (2011): 76.

Dass Jugendliche zunehmend fähig werden, das Verhältnis von selbst definiertem Nutzen und materiellen und immateriellen Kosten zu reflektieren und mit ihren gegebenen oder als erweiterbar wahrgenommenen Ressourcen auf eine Weise auszubalancieren, dass sie sich auf die eigene Lebenssituation abgestimmte Nutzen versprechende Handlungsoptionen erschließen, wird in der vorliegenden Studie als Erfolgsnachweis schulischer Verbraucherbildung angesehen. Für Unterricht, durch den Schule die Jugendlichen bei diesem Lernprozess begleitet, erscheint die Konzeption des Situationsansatzes in besonderem Maße Erfolg versprechend zu sein.

Nicht die schulische Beschäftigung mit beliebigen, die Schülerinnen und Schüler interessierenden Themen kennzeichnet diesen Ansatz. Vielmehr kommt es darauf an, Situationen zu identifizieren, die von Jugendlichen als bedeutsam erfahren werden, weil sie mit Unsicherheiten, Problemen, Befürchtungen und Hoffnungen verknüpft sind. Unterricht, der die Vorstellungen und Emotionen der jungen Menschen aufgreift, hat die Möglichkeit, sie in die Lage zu setzen, im Licht erworbener wirtschaftlicher Kenntnisse ihre bisher konstruierten Konzepte zu reflektieren und sie auf diesem Weg zu erweitern, auszudifferenzieren und Alternativen in den Blick zu fassen. Lehrer und Lehrerinnen können Ereignisse und Handlungen, also – in der Terminologie des Situationsansatz-Konzeptes – *Situationsanlässe*, mit denen sich Jugendliche in der Verbraucherrolle auseinander setzen, daraufhin analysieren, welche Konflikte und Bedürfnisse Jugendlicher im Erleben dieser Ereignisse sichtbar werden. Diese innerpsychischen Zustände, die als *Situation* der Jugendlichen bezeichnet werden[75], sollten aufgegriffen werden, um zu deren Bewältigung Kompetenzen aufzubauen oder vorhandene Kompetenzen auszudifferenzieren.

Bezogen auf die Rolle der Jugendlichen als Marktteilnehmende bietet der Situationsansatz aus Sicht der Verfasserin für die Verbraucherbildung die Chance, die vielfältigen Herausforderungen, die sich jungen Menschen stellen, zum Gegenstand von Lernprozessen zu machen. Wenn bedeutsame Lebenssituationen als Schlüsselsituationen für die Arbeit im sozialwissenschaftlichen Unterricht identifiziert werden, dann sind auch die gesellschaftlichen Rahmenbedingungen für die Lebensumstände der Jugendli-

---

[75] Vgl. Stoll (1995): 21–24.

chen zu berücksichtigen.[76] Für eine derartige, an den Grundsätzen des Situationsansatzes orientierte schulische Verbraucherbildung können die in der vorliegenden Untersuchung vorgestellten Konzepte von vierzehnjährigen Mädchen und Jungen zum Sparen und Konsumieren hilfreich sein.

Die Erfahrung der Kinder als Grundlage zu sehen, um ökonomisches Lernen voranzubringen, ist die Forderung, die Näsman und von Gerber an die Erzieherinnen und Erzieher von Vorschulkinder herantragen. Sie gehen davon aus, dass sich Kinder in ihren Interaktionen durch gegenseitiges Erklären und Korrigieren eine kindliche Kultur konstruieren, zu der ökonomische Inhalte selbstverständlich gehören.[77]

6.3.2 Die Bedeutung unterrichtlicher Verankerung von Verbraucherbildung als Teilbereich ökonomischer Bildung

Der im politischen Raum bestehende Wunsch, Verbraucherbildung stärker im Unterricht zu verankern[78], hat im demokratischen Selbstverständnis neben anderen Zielen schwerpunktmäßig die Erweiterung der Fähigkeiten von Jugendlichen im Blick, ihr Leben möglichst selbstbestimmt, sinnvoll und befriedigend zu gestalten. Die Kultusministerkonferenz betont im allgemeinen Teil ihrer Veröffentlichung aus dem Jahr 2008, dass „praxisorientiertes, anschauliches und realitätsnahes Lernen" es in besonderer Weise ermögliche, „bei Schülerinnen und Schülern nicht nur nachhaltig Verständnis für wirtschaftliche Zusammenhänge und ökonomisches Handeln zu wecken, sondern sie darüber hinaus zu selbständigen (!) und verantwortungsbewusstem Handeln anzuleiten."[79]

In diesem Zusammenhang ist die im Folgenden aufgeführte Antwort des Ministeriums für Kultus, Jugend und Sport im Landtag von Baden-Württemberg auf die Frage von CDU – Abgeordneten interessant. Die Frage richtete sich darauf, „weshalb *Wirtschaft, Berufs- und Studienorientierung* als eigenständiges Fach an den baden-württembergischen Schulen eta-

---

[76] Vgl. Lipp-Peetz (2000): 44.

[77] Vgl. Näsman/ von Gerber (2002): 172.

[78] Vgl. Löhrmann (2014); vgl. auch Hecke (2014); vgl. auch Sekretariat der Ständigen Konferenz der Kultusminister der Länder in der Bundesrepublik Deutschland (2008): 7.

[79] Sekretariat der Ständigen Konferenz der Kultusminister der Länder in der Bundesrepublik Deutschland (2008): 7.

bliert werden soll"[80]. Darauf erläutert das Ministerium in seiner Stellungnahme sein Verständnis von der Aufgabe des Faches wie folgt:

„Zentrale Aufgabe im Fach Wirtschaft, Berufs- und Studienorientierung ist es, die Schülerinnen und Schüler zu befähigen, ihre Interessen in wirtschaftlichen und gesellschaftlichen Bereichen selbstbestimmt und bewusst zu vertreten, sowie sich stets ändernde ökonomisch geprägte Lebenssituationen bewältigen und gestalten zu können. Durch den Unterricht in diesem Fach werden sie in die Lage versetzt, neben den eigenen auch die Interessen anderer bewusst zu berücksichtigen und für sich und andere Verantwortung zu übernehmen. Das Fach Wirtschaft, Berufs- und Studienorientierung setzt sich mit individuellen und gesellschaftlichen Zielsetzungen auseinander."[81]

Als Begründung für die Einrichtung eines eigenständigen Faches verweist die Stellungnahme auf empirische Befunde dazu, „dass die ökonomische Perspektive von den Lehrkräften weitgehend außen vor gelassen wird, wenn sie curricular in bestehende Fächer integriert ist."[82]

Zu den Aufgaben von Verbraucherbildung als Teilbereich der ökonomischen Bildung gehört es nach Ansicht der Verfasserin, Bedingungen zu schaffen, in denen die Schüler und Schülerinnen das Wissen, die Urteilsfähigkeit und das Vertrauen in die Wirksamkeit des eigenen Handelns entwickeln und ausbauen können, das zur Gestaltung des Verhältnisses von Wünschen und Ressourcen erforderlich ist. Damit dieses Anliegen Wirklichkeit werden kann, erscheint es sinnvoll, wenn die Jugendlichen Lösungen für das Dilemma erproben, das sich aus dem Missverhältnis von begrenzten Ressourcen und prinzipiell unbegrenzten Wünschen ergibt. Auch dürfte es sinnvoll sein, Marketingstrategien daraufhin analysieren zu können, mit welchen psychologischen Verfahren Jungen und Mädchen in ihrer Konsumentenrolle angesprochen werden. Zu verstehen, dass die Suggestion, psychische Bedürfnisse, wie die nach Zugehörigkeit und Anerkennung, könnten durch den Kauf von Produkten gestillt werden, vor allem der Absatzsteigerung von Unternehmen dient, kann Jugendliche möglicherweise dazu anregen, alternative Befriedigungswege ausfindig zu machen und zu

---

[80] Landtag von Baden-Württemberg (2014): 1.
[81] Landtag von Baden-Württemberg (2014): 5.
[82] Ebd.

erproben. Nach Ansicht des Politikwissenschaftlers Benjamin R. Barber sind jugendliche Konsumentinnen und Konsumenten eine wichtige Zielgruppe in globalisierten postmodernen Marktwirtschaften, in denen es aus Unternehmersicht nie genug Käufer geben kann.[83] Barber verweist darauf, dass US – Jugendliche im Alter von 12 bis 19 Jahren 2004 wöchentlich pro Kopf durchschnittlich 91 Dollar ausgegeben haben, und kommt zu dem Schluss, dass sie, bevor sie über ein bescheidenes selbstverdientes Einkommen verfügen, bereits eine äußerst wichtige Rolle als Konsumenten spielen.[84] Die ungeheuren Geldmittel, die dafür ausgegeben werden, Kinder und Jugendliche als Käufer zu gewinnen, erklären sich nach Barber dadurch, dass die wesentlichen Bedürfnisse von Menschen in westlichen Ländern bereits erfüllt sind, so dass der „consumerist capitalism" nur dann Gewinne verzeichnen kann, wenn es gelingt, die Käufergruppe der Kinder und Jugendlichen anzusprechen.[85] In der Folge würden kindliche Lebensräume kommerzialisiert und Schülerinnen und Schüler würden nicht als selbständig Lernende betrachtet, sondern als noch nicht auf eine Marke festgelegte Käuferinnen und Käufer.[86]

„In higher education and elsewhere, the commercializing ethos of infantilization encourages and is encouraged by a political ideology of privatization that delegitimizes adult public goods such as critical thinking and public citizenship (once the primary objectives of higher education) in favour of self-involved private choice and personal gain."[87]

Vor diesem Hintergrund kann auch der Verzicht auf Güter, deren Nutzen in einer gegebenen Situation als gering eingestuft wird, zur Erweiterung der ökonomischen Handlungsfähigkeit beitragen. Grundlage der Entscheidung ist häufig ein Nutzen – Kosten – Vergleich, wie ihn Kruber anspricht.[88] Dass auch immaterielle Faktoren in einen solchen Vergleich eingehen, zeigen die Aussagen der Jugendlichen besonders deutlich, die den Kinobesuch oder die Verwendung eines Handys mit dem Ziel begründen, mit ihren Freunden

---

[83] Vgl. Barber (2007): 5.
[84] Vgl. Barber (2007): 8.
[85] Vgl. Barber (2007): 9.
[86] Vgl. Barber (2007): 15.
[87] Barber (2007): 15.
[88] Vgl Kruber (1994a): 48f.

verbunden zu sein. Mit der Bereitschaft, die subjektive Bedeutsamkeit der angestrebten Güter zu hinterfragen, sowie mit einer langfristig ausgerichteten Orientierung weist ein großer Teil der untersuchten Jugendlichen nach, dass sie über wirkungsvolle Nutzenstrategien verfügen.

Erfolgreicher können Jungen und Mädchen nach Ansicht der Verfasserin handeln, wenn ihnen nicht nur die in der Praxis erworbenen Erfahrungen als Ressourcen zur Verfügung stehen, sondern wenn es ihnen ermöglicht wird, systematisches Wissen über strukturelle Zusammenhänge zu erwerben, das sie befähigt, die Funktionsweise von Märkten ebenso zu durchschauen wie die in ihrer aktuellen Lebenssituation gegebenen Entwicklungschancen. Fasst man zum Beispiel die weit verbreitete Sparneigung von Schülerinnen und Schülern in den Blick, die bezeugt, dass ein großer Teil der Jugendlichen bereit ist, auf die unmittelbare Erfüllung aktueller Kaufwünsche zu verzichten, indem sie die Konsumverzögerung als wirksames Instrument zur Nutzensteigerung identifizieren, so ist das Optimierungspotential, das in der Verfügbarkeit von Finanzwissen steckt, kaum zu überschätzen. Wenn sie wissen, wie man durch Geldanlegen sein Budget zu erweitern in der Lage ist, und wenn sie in ihrer jeweils individuellen Situation Vorzüge und Risiken unterschiedlicher Anlageformen vergleichen und subjektiv bewerten können, dürfte die Wahl eines passenden Finanzproduktes kaum größere Probleme verursachen als die Entscheidung zwischen einem Laufzeit- und einem Prepaid–Vertrag. Der Einschätzung von Schlösser u.a. sowie Seeber ist in diesem Zusammenhang zuzustimmen, wenn sie darauf hinweisen, dass die Verfügbarkeit von Finanzwissen die Belastbarkeit von Verbraucherentscheidungen erhöht[89]. Auch wenn in der vorliegenden Untersuchung das Thema Verschuldung ausgeblendet ist, erscheinen die Ergebnisse von Studien beachtenswert, die darauf hindeuten, dass Finanzwissen vor Verschuldung schützen und beim Abbau von Schulden helfen kann.[90]

Didaktisch scheint der Situationsansatz gut geeignet, alltägliches Erfahrungswissen durch Fakten- und Strukturwissen zu fundieren: Wenn Situa-

---

[89] Vgl. Schlösser u.a. (2011): 21, 24.
  Vgl. Seeber (2012): 261.
[90] Vgl. Seeber (2012): 257.
  Vgl. Schlösser u.a. (2011): 22.

tionen, die jugendliche Konsumentinnen und Konsumenten in ihrem Alltag als problematisch erleben, als Entscheidungsfeld betrachtet werden, in dem das vorhandene Wissen, die gegebenen Einstellungen und verfügbaren Strategien der Jugendlichen das aktuell vorhandene Potenzial darstellen, geht es darum, dass Lehrerinnen und Lehrer im Verlauf des Lösungsprozesses unter ökonomischer Perspektive erweiterndes und vertiefendes Fachwissen induzieren. Indem die Jugendlichen die Modifikationen reflektieren, die sich dadurch für ihr Problemverständnis und ihre Handlungsoptionen ergeben, schaffen sie die Voraussetzung dafür, das Erlernte in vergleichbaren Situationen erneut zu nutzen. Ein Unterschied zu didaktischen Ansätzen, in denen Alltagserfahrungen zur Veranschaulichung wirtschaftlicher Struktur- und Funktionszusammenhänge genutzt werden, besteht vor allem in der Zielrichtung: Die Unterstützung jugendlicher Konsumentinnen und Konsumenten in ihren Nutzen orientierten Entscheidungen wird als Kernanliegen ökonomischer Bildung betrachtet.[91]

Konstitutiv für das von der Verfasserin vertretene Verständnis qualifizierter Verbraucherbildung im Rahmen ökonomischer Bildung ist die Verknüpfung von Erfahrungswissen aus der Lebensumwelt der Schülerinnen und Schüler mit domänenspezifischem Wissen. Dabei erscheint die Notwendigkeit der Verbindung der ökonomischen mit anderen gesellschaftlichen Perspektiven evident.

Die Anforderungen an die fachliche Qualifikation der Lehrer und Lehrerinnen sind bei dieser Form des situationsgebundenen Unterrichtens deshalb besonders hoch, weil umfassende wirtschaftswissenschaftliche Kenntnisse der Unterrichtenden die Voraussetzung dafür darstellen, dass Jugendliche im Verlauf der Reflexion ihrer individuellen wirtschaftlichen Probleme situationsübergreifendes Verständnis ökonomischer Zusammenhänge aufbauen können.

6.3.3 Anregungen für die Praxis der ökonomischen Bildung

Lehrpersonen, die zusätzliches ökonomisches Wissen verfügbar machen, helfen den Schülerinnen und Schülern dabei, ihren Nutzen als Konsumentinnen und Konsumenten zu steigern. In einer Veröffentlichung aus dem

---

[91] Vgl. Schlösser u.a. (2011): 24. Vgl. Seeber (2012): 262.

Jahr 2014 thematisiert Krol diesen Zusammenhang, ohne sich in seinen Ausführungen über die ökonomische Bildung auf die untersuchte Altersgruppe zu beziehen.[92] Die Formulierungen, mit denen er seine Sicht auf den „Beitrag der ökonomischen Bildung zur Verbraucherbildung"[93] beschreibt, lassen erkennen, dass er den Jugendlichen eine aktive Rolle beim Erwerb ökonomischer Kompetenz zuspricht. Als „hilfreiche Strategien" sieht er „Bedarfs-, Budget- und Einkommensverwendungs-, Finanzierungs- und Vorsorgeplanungen"[94] an. „Gesetzmäßigkeiten‹ wirtschaftlicher Abläufe" sollen „in Kompetenzanbahnungen für Bürger verfügbar"[95] gemacht werden. Ziel ist es den Heranwachsenden in wirtschaftlich geprägten Lebenssituationen Orientierung zu geben.[96]

Voraussetzung für die Neustrukturierung gegebener Vorstellungen durch zusätzliches Wissen ist, dass Schülerinnen und Schüler bereit sind, sich die Informationen über wirtschaftliche Zusammenhänge anzueignen, was dann wahrscheinlich ist, wenn sie als Lösungshilfen wahr genommen werden. Auch für Jung (2007) hat die ökonomische Bildung unterstützende Funktion. Seine Forderung, dass „aus der Perspektive von Schülerinnen und Schülern allgemein bildender Schulen"[97] zu beurteilen ist, welche ökonomische Bildung benötigt wird, begründet er mit den erforderlichen Kompetenzen, die diese Jugendlichen brauchen, „um die vielfältigen Herausforderungen ihrer ökonomisch geprägten Lebenswelt positiv bewältigen zu können."[98]

In dem skizzierten Sinne sähe es ökonomische Bildung als ihre Aufgabe an, Jugendliche dabei zu unterstützen, grundlegendes ökonomisches Wissen in ihre Nutzenvorstellungen zu integrieren und dort so zu verankern, dass es nicht nur gegenwärtig, sondern Jahre später dabei helfen kann, sich in ökonomisch geprägten Anforderungssituationen zu entscheiden.[99] Salemi (2005) betont unter Bezugnahme auf Robinsohn die Alltagsrelevanz die-

---

[92] Vgl. Krol (2014): 219–225.
[93] Krol (2014): 219,
[94] Krol (2014): 225.
[95] Krol (2014): 220.
[96] Vgl. Krol (2014): 233.
[97] Jung (2007): 53.
[98] Ebd.
[99] Vgl. Macha/ Schuhen (2011): 143.

ses ökonomischen Grundlagenwissens durch die Abgrenzung „in situations relevant to their lives and different from those encountered in the classroom."[100] Als Beispiel für „basic economic concepts" führt er den ersten Standard des National Council on Economic Education an, der *Knappheit* zum Thema macht.[101]

Für den Einstieg in das universitäre Ökonomiestudium schlägt Salemi eine Beschränkung auf wenige grundlegende Konzepte vor, die nach Ansicht der Verfasserin auch für die schulische ökonomische Bildung sinnvoll erscheinen, da deren Kenntnis Jugendliche in den Situationen qualifizieren würde, mit denen sie alltäglich konfrontiert sind. Nach Salemi sind es die ökonomischen Kategorien *Knappheit, Opportunitätskosten, Grenzkosten, Grenznutzen, Nachfrage, Angebot* sowie *Marktpreis*, die von den Studierenden durch ständige Anwendung in fiktiven, realitätsnahen Entscheidungssituationen zu internalisieren sind: „In a short-list course, students apply concepts to decisions like those they will make at home and at work".[102]

Insofern anzunehmen ist, dass Jugendliche ökonomisches Wissen dann in ihre Konstrukte integrieren, wenn sie dessen Relevanz für die Optimierung ihrer Nutzenentscheidungen begreifen, kommen grundlegende Inhalte der mikroökonomischen Haushaltstheorie und der ökonomischen Verhaltenstheorie in den Blick. *Knappheit, Präferenzen, Nutzenvergleiche, Restriktionen* und *Opportunitätskosten* spielen in den analysierten Begründungen der Jugendlichen in Bezug auf ihre Ausgabe-Entscheidungen eine wichtige Rolle[103]. Wie die Untersuchung zeigt, agieren die Mädchen und Jungen im Bewusstsein ihrer Budgetrestriktion. Diese als Variable zu verstehen, kann die Grundlage bilden, nicht nur für Sparentscheidungen. Ebenso bietet das Durchschauen des Zusammenhangs von Qualifikation und Einkommen die Möglichkeit, dass sich die Akzeptanz langer und anstrengender Ausbildungswege erhöht. Makroökonomische Faktoren, die auf die Einkommenshöhe einwirken, kommen, vorzugsweise bei älteren Jugend-

---

[100] Salemi (2005) [Elektronische Ressource].

[101] Ebd; vgl auch National Assessment Governing Board (2006): 15. „Standard 1. Choices and costs: Productive resources are limited. Therefore, people cannot have all the goods and services they want; as a result, they must choose some things and give up others."

[102] Salemi (2005). [Elektronische Ressource].

[103] Vgl. Krol (2014): 223; 225.

lichen, in den Blick. Hier sind Wettbewerbsverzerrungen in Abweichung von dem Ideal der Konsumentensouveränität[104] sowie ordnungspolitische Gegenmaßnahmen zu beleuchten. Informationen über den Einfluss von Gewerkschaften und Arbeitgeberverbänden führen ebenso zur Erweiterung und Vertiefung von Verbraucherkompetenz wie Kenntnisse über finanzpolitische Entscheidungen im nationalen und internationalen Rahmen sowie über Ziele und Auswirkungen internationaler Abkommen aus unterschiedlichen Perspektiven.

In welcher Weise solche, beispielhaft genannten Kenntnisse Jugendliche veranlassen, ihre bisherigen Vorstellungen zu verändern und zu erweitern, hängt nach Ansicht der Verfasserin wesentlich davon ab, inwieweit die Mädchen und Jungen die Überzeugung gewinnen, dass die angebotenen Informationen ihr Potenzial erweitern, um ihr Leben nach ihren eigenen Vorstellungen zu gestalten.

Daraus, dass die durch eigene Konsumentenerfahrung konstruierten Nutzenvorstellungen der Jugendlichen auf dem Weg zu einem umfassenden Verständnis ökonomischer Zusammenhänge der Erweiterung und Vertiefung durch ökonomische Bildung bedürfen, leitet sich die Aufgabe, geeignete Vermittlungswege zu erforschen, als ständige Herausforderung für die Fachdidaktik ab.[105]

6.4 Fazit

Der in der vorliegenden Untersuchung gewählte Ansatz ermöglicht es den Leserinnen und Lesern Konsum bezogene Nutzenvorstellungen vierzehnjähriger Jugendlicher aus deren Binnensicht kennen zu lernen.

Die Studie vermittelt Einblicke in das Potenzial, über das Mädchen und Jungen verfügen, um Verbraucherentscheidungen zu treffen, von denen sie eine Verbesserung ihrer gegebenen Situation erwarten. In Kenntnis ihrer finanziellen Rahmenbedingungen stellen die Jugendlichen Nutzenvergleiche an. Als wichtige Ressource dient ihnen alltägliches Verbraucherwissen, das sie sich beim Konsumieren fortlaufend aneignen. Haltungen, die ihnen dabei helfen, ihre Wünsche mit knappen Mitteln zum Ausgleich zu bringen,

---

[104] Vgl. Birke/ Seeber (2014): 178
[105] Vgl. Berti & Bombi (1988): 216f.

sind die Bereitschaft zum Verzicht und zur Verschiebung der Bedürfnisbefriedigung.

Wirtschaftlich akzentuierte Verbraucherbildung kann die Voraussetzungen für Schülerinnen und Schüler verbessern, ihre finanziellen Angelegenheiten selbst zu regeln. Durch die Aneignung ökonomischen Wissens wird das bei zahlreichen Jugendlichen ermittelte Selbstwirksamkeitsbewusstsein zunehmend sachlich fundiert.

Lernen nach dem Situationsansatz kann das ökonomische Verständnis jugendlicher Konsumenten und Konsumentinnen vertiefen, indem die Schülerinnen und Schüler in der Reflexion der Tragfähigkeit ihrer individuellen Nutzenvorstellungen für die von ihnen geforderten Entscheidungen wirtschaftswissenschaftliche Erklärungen als Lösungsbeitrag wahrnehmen.

Der Erfolg ökonomischer Bildung, die Lebenssituationen als Lernanlässe nutzt, wird beeinflusst von der fachlichen Souveränität der Lehrerinnen und Lehrer sowie von deren Offenheit für individualisierende Unterrichtsformen.

Indem die vorliegende Untersuchung einen Einblick in Konsum bezogene Nutzenvorstellungen Vierzehnjähriger ermöglicht, kann sie zur Stärkung des Praxisbezugs in der ökonomischen Bildung genutzt werden, mit dem Ziel, deren Wirksamkeit zu erhöhen.

Literaturverzeichnis

Aebli, Hans (1983). *Zwölf Grundformen des Lehrens.* (13. Auflage 2006). Stuttgart: Klett-Kotta.

Aeppli, Jürg; Gasser, Luciano; Gutzwiller, Eveline & Tettenborn Annette (2011). *Empirisches wissenschaftliches Arbeiten. Ein Studienbuch für die Bildungswissenschaften* (2. Aufl.). Bad Heilbrunn: Verlag Julius Klinkhardt.

Ahava, Anna-Maija & Palojoki, Päivi (2004). Adolescent consumers: reaching them, border crossings and pedagogical challenges [Electronic version]. *International Journal of Consumer Studies,* 28 (4), 371–378.

Ajello, Anna Maria. (2002). Economy and knowledge acquisition: Obstacles and facilitation. In M. Hutchings, M. Fülöp & A.-M. Van den dries (Eds.), *Young People's Understanding of Economic Issues in Europe.* (pp. 57–77). Stoke on Trent: Trentham books.

Autorengruppe Bildungsberichterstattung (2008). *Bildung in Deutschland 2008. Ein indikatorengestützter Bericht mit einer Analyse zu Übergängen im Anschluss an den Sekundarbereich.* Bielefeld: Bertelsmann Verlag.

Bandura, Albert (1997). *Self-Efficacy. The Exercise of Control.* New York: W. H. Freeman and Company.

Barber, Benjamin. R. (2007). *Consumed. How markets corrupt Children, infantilize adults and swallow citizens whole.* New York: W.W. Norton & Company, Inc.

Baßeler, Ulrich; Heinrich, Jürgen & Utecht, Burkhard (2002). *Grundlagen und Probleme der Volkswirtschaft.* (17., überarbeitete Auflage). Stuttgart: Schäffer – Poeschel.

Beck, Klaus (2000). Wirtschaftskundliches Wissen und Denken – Zur Bestimmung und Erfassung ökonomischer Kompetenz. In D. Euler, H-C. Jongebloed, P. F. E. Sloane (Hrsg.), *Sozialökonomische Theorie – sozialökonomisches Handeln. Konturen und Perspektiven der Wirtschafts- und Sozialpädagogik.* (S. 211–229). Kiel: Bajosch – Hein.

Beck, Klaus & Wuttke, Eveline (2005) Ökonomische Kompetenz. In D. Frey; L. von Rosenstiel & C. Graf Hoyos (Hrsg.), *Wirtschaftspsychologie.* (S. 279–283). Weinheim, Basel: Beltz.

Becker, Gary S.& Nashat Becker, Guity (1998). *Die Ökonomik des Alltags. Von Baseball über Gleichstellung zur Einwanderung: Was unser Leben wirklich bestimmt.* Tübingen: J.C.B. Mohr (Paul Siebeck).

Becker, Gary S. & Posner, Richard A. (2009). *Uncommon Sense. Economic insights from marriage to terrorism.* Chicago: The University of Chicago Press.

Becker, Gary. S. (1998). *Accounting for Tastes (*Second Edition). Cambridge, Massachusetts: Harvard University Press.

Berti, Anna Emilia & Bombi, Anna Silvia (1988). *The child's construction of economics*. Cambridge: Cambridge University Press.

Birke, Franziska & Seeber, Günther (2011). Kompetenzerwartungen an den Konsumenten in der Marktwirtschaft. In Th. Retzmann (Hrsg.), *Finanzielle Bildung in der Schule*. (S. 171–184). Schwalbach: Wochenschau Verlag.

BITKOM (Hrsg.) (2014). Jung und vernetzt. Kinder und Jugendliche in der digitalen Gesellschaft. Studienbericht zur Untersuchung. http://www.bitkom-research.de/WebRoot/Store19/Shops/63742557/MediaGallery/Press/2015/01_Januar/BITKOM_Studie_Jung_und_vernetzt_2014.pdf (abgerufen am 26.01.2015).

Bofinger, Peter (2003). *Grundzüge der Volkswirtschaftslehre*. München: Pearson Studium.

Böhm, Dietmar und Regine (2007). Der Situationsansatz. In: *Kindergarten heute spezial: Pädagogische Handlungskonzepte von Fröbel bis zum Situationsansatz*. (2. Auflage). Freiburg im Breisgau: Herder-Verlag.

Bombi, Anna Silvia (2002). The representations of wealth and poverty: individual and social factors. In M. Hutchings; M. Fülöp & A.-M. Van den dries (Eds.), *Young People's Understanding of Economic Issues in Europe*. (pp. 105–127). Stoke on Trent: Trentham books.

Bourdieu, Pierre (1987). *Die feinen Unterschiede. Kritik der gesellschaftlichen Urteilskraft*. Frankfurt: Suhrkamp Verlag.

Büchner, Peter (2008). Der Zugang zu hochwertiger Bildung unter Bedingungen sozialer, kultureller und individueller Heterogenität. Über die Bedeutung des Bildungsorts Familie. In W. Thole; H-G. Rossbach; M. Fölling-Albers & R. Tippelt (Hrsg.), *Bildung und Kindheit. Pädagogik der Frühen Kindheit in Wissenschaft und Lehre*. (S. 183–194). Opladen & Farmington Hills: Verlag Barbara Budrich.

Budde, Jürgen (2008). Bildungs(miss)erfolge von Jungen und Berufswahlverhalten bei Jungen/ männlichen Jugendlichen. Bildungsministerium für Bildung und Forschung. Referat Chancengerechtigkeit in Bildung und Forschung. Berlin.

Bundesverband deutscher Banken (Hrsg.) (2010). *Fit for Money. Über den Umgang mit Konten, Anlagen und Krediten*. Köln: Bank-Verlag Medien GmbH.

Bundesverband deutscher Banken (Hrsg.) (2012). *Jugendstudie 2012. Wirtschaftsverständnis und Finanzkultur*. Berlin. https://www.bankenverband.de/media/files/Jugendstudie-lang.pdf (abgerufen am 28.01.2015).

Charmaz, Kathy (2008). Reconstructing Grounded Theory. In P. Alasuutari, L. Bickmann & J. Brannen (Eds.), *The SAGE Handbook of Social Research Methods* (pp. 461–478). London: SAGE Publications Ltd.

Checked 4 you. Das Online – Jugendmagazin der Verbraucherzentrale Nordrhein–Westfalen. *Kostenkontrolle. Spartipps fürs Handy.* http://www.checked4you.de /handyspartipps (abgerufen am 07.11.2013).

Corbin, Juliet & Strauss, Anselm (1990). Grounded Theory research: Procedures, canons and evaluative criteria. *Zeitschrift für Soziologie 19 (6),* 418–427.

Deutsche Gesellschaft für ökonomische Bildung (2004). *Kompetenzen der ökonomischen Bildung für allgemein bildende Schulen und Bildungsstandards für den mittleren Schulabschluss.* http://degoeb.de/uploads/degoeb/04_DEG OEB_Sekundarstufe-I.pdf (abgerufen am 03.02.2015).

Dewey, John (1935). Lehrer und ihre Welt. In H. Schreier (Hrsg.) (1986), *J. Dewey, Erziehung durch und für Erfahrung (S. 255–267).* Stuttgart: Klett-Cotta.

Dewey, John (1985). The Middle Works 1899–1924. J. A. Boydston (Ed.), *Democracy and Education 1916* (Vol. 9). Carbondale: Southern Illinois University Press.

Downes, Paul (2011). *Community Based Lifelong Learning Centres: Developing a European Strategy Informed by International Evidence and Research.* Research Paper for NESET (June 2011). https://www.spd. dcu.ie/site/edc/documents/WebversionCommunityBasedLifelongLearning CentresDevelopingaEuropeanStrategyPaulDownesNESET201 (abgerufen am 06.02.2015).

Duden – *Das große Wörterbuch der deutschen Sprache in 10 Bänden.* Bibliographisches Institut F. A. Brockhaus AG (Hrsg.) Mannheim: Dudenverlag. https://13489.lip.e-content.duden-business.com/lip-suche/-/lip_article/fel ix/187875 (abgerufen am 02.04.12).

Duden – *Synonymenwörterbuch.* Munzinger. http://www.munzinger.de (abgerufen am 14.08.13).

Duden (2006) – *Das Herkunftswörterbuch* . Bibliographisches Institut & F.A. Brockhaus AG. (Hrsg.) (4. Auflage). Mannheim: Dudenverlag. https://13489.li p.e-content.duden-business.com/lip-suche/ (abgerufen am 14.08.2013).

Ehmke, Timo & Jude, Nina (2010). Soziale Herkunft und Kompetenzerwerb. In E. Klieme; C. Artelt; J. Hartig; N. Jude; O. Köller; M. Prenzel; W. Schneider & P. Stanat (Hrsg.), *PISA 2009. Bilanz nach einem Jahrzehnt.* (S. 231–254). Münster/ New York/ München/ Berlin: Waxmann.

Elvstrand, Helene (2002). Children's reflections on income and savings. In M. Hutchings; M. Fülöp & A.-M. Van den dries (Eds.), *Young People's Understanding of Economic Issues in Europe.* (pp. 175–192). Stoke on Trent: Trentham books.

Engartner, Tim (2010) *Didaktik des Ökonomie- und Politikunterrichts.* Paderborn: Verlag Ferdinand Schöningh.

Engels, Gerd (2010). Ab wann dürfen Kinder arbeiten – und was. In Staatsinsti-

tut für Frühpädagogik (Hrsg.), *Das Familienhandbuch*. http://www.familienha
ndbuch.de/cmain/f_Fachbeitrag/a_Rechtsfragen/s_982.html. – (abgerufen am
20.08.10).

e-plus⁺. *Tarif & Vertrag*. http://www.eplus.de/Kontakt-und-Hilfe/Kontakt-und
-Hilfe.asp?main=917&modus=faq&rubrik=1201{#}faq1194 (abgerufen am
26.11.2013).

Filmförderungsanstalt Berlin, http://www.ffa.de. (abgerufen am 11.01.2014).

Fischer, Andreas (2006). Welche wirtschaftsberufliche Bildung wollen wir? In: A.
Fischer, *Ökonomische Bildung – Quo vadis?* (S. 5–27). Bielefeld: W. Bertelsmann Verlag.

Frambach, Hans (2008). *Crash-Kurs Mikroökonomik. (*2.durchgesehene Auflage).
Konstanz: UVK Verlagsgesellschaft.

Früh, Werner (2004). *Inhaltsanalyse. Theorie und Praxis. (*unveränderter Nachdruck der 5. Auflage von 2001). Konstanz: UVK Verlagsgesellschaft.

Furnham, Adrian. (2002). Young people, socialisation and money. In M. Hutchings; M. Fülöp & A.-M. Van den dries (Eds.), *Young People's Understanding
of Economic Issues in Europe.* (pp. 31–56). Stoke on Trent: Trentham books.

Geißler, Rainer (2011). *Die Sozialstruktur Deutschlands. Zur gesellschaftlichen
Entwicklung mit einer Bilanz zur Vereinigung.* Mit einem Beitrag von Thomas
Meyer. (6. Auflage). Wiesbaden: VS Verlag für Sozialwissenschaften.

Glaser, Barney G. (1978). *Theoretical sensivity. Advances in the Methodology of
Grounded Theory.* San Francisco: Sociology Press.

Glaser, Barney G. (1992). *Basics of Grounded Theory analysis.* Mill Valley: Sociology Press.

Glaser, Barney G. & Strauss, Anselm L. (1967). *The Discovery of Grounded Theory. Strategies for Qualitative Research.* Chicago: Aldine Publishing Company.

Gruschka, Andreas (2006). Bildungsstandards oder das Versprechen, Bildungstheorie in empirischer Bildungsforschung aufzuheben. In U. Frost (Hrsg.),
*Unternehmen Bildung. Die Frankfurter Einsprüche und kontroverse Positio-
nen zur aktuellen Bildungsreform.* Sonderheft Vierteljahresschrift für wissenschaftliche Pädagogik, 2006, (S. 140–158). Paderborn: Verlag Ferdinand Schöningh.

Gruschka, Andreas; Herrmann, Ulrich; Radtke, Frank-Olaf; Rauin, Udo; Rühloff,
Jörg; Rumpf, Horst & Winkler, Michael (2005).Das Bildungswesen ist kein
Wirtschafts-Betrieb! Fünf Einsprüche gegen die technokratische Umsteuerung
des Bildungswesens. In U. Frost (Hrsg.), *Unternehmen Bildung. Die Frankfurter Einsprüche und kontroverse Positionen zur aktuellen Bildungsreform.* Sonderheft Vierteljahresschrift für wissenschaftliche Pädagogik, 2006. (S. 12–15).
Paderborn: Verlag Ferdinand Schöningh.

Harring, Marius (2007). Informelle Bildung – Bildungsprozesse im Kontext von Peerbeziehungen im Jugendalter. In M. Harring; C. Rohlfs & Ch. Palentien (Hrsg.), *Perspektiven der Bildung. Kinder und Jugendliche in formellen, nicht-formellen und informellen Bildungsprozessen.* (S. 237–258). Wiesbaden: VS Verlag für Sozialwissenschaften.

Hartig, Johannes & Klieme, Eckhard (2006). Kompetenz und Kompetenzdiagnostik. In K. Schweizer (Hrsg.), *Leistung und Leistungsdiagnostik.* (S. 127–143). Heidelberg: Springer Medizin Verlag.

Hecke, Ludwig (2014) *Realschulen in Nordrhein-Westfalen können ein neues Wahlpflichtfach Politik/Ökonomische Grundbildung anbieten.* Ministerium für Schule und Weiterbildung des Landes Nordrhein-Westfalen (Hrsg.). Düsseldorf. http://www.schulministerium.nrw.de/docs/bp/Ministerium/Schulverwaltung/Schulmail/Archiv-2014/140519z/index.html. (abgerufen am 25.01.2015).

Hedtke, Reinhold (2006). Sozialwissenschaftliche ökonomische Bildung. In A. Fischer (Hrsg.), *Ökonomische Bildung – Quo vadis?* (S. 95–119). Bielefeld: W. Bertelsmann Verlag.

Hedtke, Reinhold (2008). Sozialwissenschaftliche Bildung. In R. Hedtke & B. Weber (Hrsg.), *Wörterbuch Ökonomische Bildung.* (S. 296–298). Schwalbach/Ts.: Wochenschau Verlag.

Hedtke, Reinhold (2011). *Konzepte ökonomischer Bildung.* Schwalbach/Ts.: Wochenschau Verlag.

Herdzina, Klaus & Seiter, Stephan (2009). *Einführung in die Mikroökonomik.* (11. und erweiterte Auflage). München: Verlag Franz Vahlen.

Herkunftswörterbuch. Duden Wörterbücher. http://www.munzinger.de/search/hitlist?key=C1PFIxk1&template=/publikationen/hitlist-directhits.jsp (abgerufen am: 20.08.13).

Hildenbrand, Bruno (2010). Anselm Strauss. In U. Flick; E. von Kardorff & I. Steinke (Hrsg.), *Qualitative Forschung. Ein Handbuch.* (8. Auflage). (S. 32–42). Reinbek bei Hamburg: Rowohlt Taschenbuch Verlag.

Hug, Theo & Poscheschnik, Gerald (2010). *Empirisch forschen. Die Planung und Umsetzung von Projekten im Studium.* Wien: Huter & Roth.

Hurrelmann, Klaus (2010). Die Wirtschaftskompetenz der Jugendlichen stärken. Pädagogische Folgerugen aus der MetallRente Studie. In K. Hurrelmann; H. Karch (Hrsg.), *Jugend, Vorsorge, Finanzen. Herausforderung oder Überforderung.* (S. 319–347). Frankfurt, New York: Campus Verlag.

Hurrelmann, Klaus; Karch, Heribert & Gensicke, Thomas (2010). Jugend, Vorsorge, Finanzen – Idee und Profil der MetallRente Studie. In K. Hurrelmann; H. Karch (Hrsg.), *Jugend, Vorsorge, Finanzen. Herausforderung oder Überforderung?* (S. 9–23). Frankfurt/ New York: Campus.

Hutchings, Merryn (2002). How children construct ideas about work. In M. Hutching; M. Fülöp & A-M Van den dries (Eds.). *Young People's Understanding of Economic Issues in Europe.* (pp. 79–104). Stoke on Trent: Trentham books.

Hutchings, Merryn; Fülöp, Márta & Van den dries, Anne-Marie. (2002). Introduction: young people's understanding of economic issues in Europe. In M. Hutchings, M. Fülöp and A.-M. Van den dries (Eds.), *Young People's Understanding of Economic Issues in Europe.* (pp. 1–15). Stoke on Trent: Trentham Books.

Internationale Akademie (INA) gGmH (2008). *Wir über uns. Das ist die INA.* http://www.ina.fu-berlin.de/wir/index.html (abgerufen am 16.08.2010).

James, Henry (1930). *Charles W. Eliot, President of Harvard University 1869–1909.* Volume One. Boston: Houghton Mifflin Company.

Jude, Nina & Klieme, Eckhard (2010). Das Programme for International Student Assessment (PISA). In E. Klieme; C. Artelt; J. Hartig; N. Jude; O. Köller; M. Prenzel; W. Schneider & P. Stanat (Hrsg.), *PISA 2009. Bilanz nach einem Jahrzehnt.* (S. 11–21). Münster/ New York/ München/ Berlin: Waxmann.

Jung, Eberhard (2007).Welche ökonomische Bildung benötigen wir? *Unterricht Wirtschaft*, 8 (29), 47–55.

Justegard, Helén (2002). Earning money of your own: paid work among teenagers in Sweden. In M. Hutchings; M. Fülöp & A.-M. Van den dries (Eds.), *Young People's Understanding of Economic Issues in Europe.* (pp. 193–210). Stoke on Trent: Trentham books.

Kahsnitz, Dietmar (2008). Sozioökonomische Bildung. In: R. Hedtke & B. Weber (Hrsg.), *Wörterbuch Ökonomische Bildung* (S. 299–301). Schwalbach/Ts.: Wochenschau Verlag.

Karpe, Jan (2008). Institutionenökonomische Bildung. In R. Hedtke & B. Weber (Hrsg.), *Wörterbuch Ökonomische Bildung* (S. 174–176). Schwalbach/Ts.: Wochenschau Verlag.

Klieme, Eckhard; Avenarius, Hermann; Blum, Werner; Döbrich, Peter; Gruber, Hans; Prenzel, Manfred; Reiss, Kristina; Riquarts, Kurt; Rost, Jürgen; Tenorth, Heinz-Elmar &Vollmer, Helmut J. (2003). *Zur Entwicklung nationaler Bildungsstandards. Eine Expertise* (3. Auflage). Berlin: Bundesministerium für Bildung und Forschung.

Klieme, Eckhard & Hartig, Johannes (2007). Kompetenzkonzepte in den Sozialwissenschaften und im erziehungswissenschaftlichen Diskurs. In M. Prenzel; I. Gogolin & H.-H. Krüger (Hrsg.), *Kompetenzdiagnostik.* Zeitschrift für Erziehungswissenschaft, Sonderheft 8 (2007), 11–29.

Krafft, Dietmar. (2010), Retten Pisa und Bologna die ökonomische Bildung in der Bundesrepublik Deutschland? In Yvonne Boenke (Hrsg.), *„Lieber einen Knick* *in der Biographie als einen im Rückgrat". Festschrift zum 70. Geburtstag von Horst Herrmann.* (S. 226–240). Münster: Telos Verlag.

Krol, Gerd – Jan (1994). Ökonomische Verhaltenstheorie, Verbraucher und Umwelt. In K.-P. Kruber (Hrsg.), *Didaktik der ökonomischen Bildung.* (S. 70–80). Baltmannsweiler: Schneider Verlag Hohengehren.

Krol, Gerd – Jan (2014). Der Beitrag der ökonomischen Bildung zur Verbraucherbildung. In Ch. Müller; H.J. Schlösser; M. Schuhen; A. Liening (Hrsg.), *Bildung zur Sozialen Marktwirtschaft.* (S. 219–234). Stuttgart: Lucius & Lucius.

Kruber, Klaus-Peter (1994 a). Didaktische Kategorien der Wirtschaftslehre. In K.-P. Kruber (Hrsg.), *Didaktik der ökonomischen Bildung.* (S. 44–57). Baltmannsweiler: Schneider Verlag Hohengehren.

Kruber, Klaus-Peter (1994 b). Theorie- und Praxisfelder der ökonomischen Bildung. Einführung. In K.-P. Kruber (Hrsg.), *Didaktik der ökonomischen Bildung.* (S. 58–61). Baltmannsweiler: Schneider Verlag Hohengehren.

Lancaster, Kelvin (1991). *Moderne Mikroökonomie.* (4. Auflage). Frankfurt/ Main: Campus Verlag.

Landtag von Baden-Württemberg (Hrsg.) (2014). *Antrag der Abg. Georg Wacker u.a. CDU und Stellungnahme des Ministeriums für Kultus, Jugend und Sport. Einführung des neuen Schulfachs „Wirtschaft, Berufs- und Studienorientierung".* Drucksache 15/5629 vom 14.08.2014. http://www2.landtag-bw.de/W P15/Drucksachen/5000/15_5629_d.pdf. (abgerufen am 02.02.2015).

Lange, Elmar (2004). *Jugendkonsum im 21. Jahrhundert. Eine Untersuchung der Einkommens-, Konsum- und Verschuldungsmuster der Jugendlichen in Deutschland. Unter Mitarbeit von Sunjong Choi.* Wiesbaden: VS Verlag für Sozialwissenschaften.

Lange, Elmar; Fries, Karin R. (2006). *Jugend und Geld 2005. Eine empirische Untersuchung über den Umgang von 10-17-jährigen Kindern und Jugendlichen mit Geld.* München; Münster. https://www.schufamachtschule.de/media/tea mwebservices/downloads/studie_jugend_und_geld_2005.pdf. (abgerufen am 07.02.2015).

Leutner, Detlev; Funke, Joachim; Klieme, Eckhard & Wirth, Joachim (2005). Problemlösefähigkeit als fächerübergreifende Kompetenz. In E. Klieme; D. Leuthner & J. Wirth (Hrsg.), *Problemlösekompetenz von Schülerinnen und Schülern. Diagnostische Ansätze, theoretische Grundlagen und empirische Befunde der deutschen PISA – 2000-Studie* (S. 11–19). Wiesbaden: VS Verlag für Sozialwissenschaften.

Lipp-Peetz, Christine (2000). Was ist eine Schlüsselsituation? In M. Dittmann (Hrsg.), *Werkstatt Situationsansatz. Ein Arbeitsbuch mit vielen Berichten aus der Praxis* (S. 42–47). Weinheim: Beltz Verlag.

Löhrmann, Sylvia (2014). *Geschichte erleben statt nur pauken. NRW – Schulministerin Sylvia Löhrmann (Grüne) über Stolpersteine, Besuche von Schülern in Synagogen und wie sie als Gymnasiastin den Unterricht erlebte.* Westfälische Rundschau Nr. 28: Montag, 3. Februar 2014, RPL2.

Macha, Klaas & Schuhen, Michael (2011). Financial Literacy von angehenden Lehrerinnen und Lehrern. In Th. Retzmann (Hrsg.), *Finanzielle Bildung in der Schule. Mündige Verbraucher durch Konsumentenbildung.* (S. 143–158). Schwalbach / Taunus: Wochenschau Verlag.

Meetoo, Danny (2007). *Interview with Juliet M Corbin.* University of Salford, Manchester, UK. 29 April 2007.

Mey, Günter & Mruck, Katja (2011). Grounded-Theory-Methodologie: Entwicklung, Stand, Perspektiven. In G. Mey & K. Mruck (Hrsg.), *Grounded Theory Reader* (2., aktualisierte und erweiterte Auflage). [Elektronische Version]. (S. 11-48). Wiesbaden: VS-Verlag.

Ministerium für Schule und Weiterbildung des Landes Nordrhein-Westfalen Referat 514: Realschule, Europaschule (Hrsg.) (2014), *„Wirtschaft an Realschulen". Abschlussbericht zum Modellversuch 2010–2014.* Düsseldorf.

Ministerium für Schule und Weiterbildung des Landes Nordrhein-Westfalen (Hrsg.). (2007), *Kernlehrplan für das Gymnasium – Sekundarstufe I (G8) in Nordrhein-Westfalen. Politik/ Wirtschaft.* Düsseldorf: Ritterbach Verlag.

Näsman, Elisabeth & von Gerber, Christina. (2002). Pocket money, spending and sharing: young children's economic understanding in their everyday lives. In M. Hutchings; M. Fülöp & A.-M. Van den dries (Eds.), *Young People's Understanding of Economic Issues in Europe.* (pp. 153–175). Stoke on Trent: Trentham Books.

National Assessment Governing Board (Ed.) (2006). *Economics Framework for the 2006 National Assessment of Educational Progress.* Washington. http://www.nagb.org/frameworks/economics_06.pdf. (abgerufen am 07.02.2015).

National Endowment for Financial Education. *What we do.* http://www.nefe.org/what-we-do.aspx. (abgerufen am 06.02.2015).

O_2. *Guthaben aufladen.* http://www.o2-freikarte.de/sem/popup_guthaben_auflade n.html (abgerufen am 26.11.2013).

Oberliesen, Rolf & Schulz, Heinz-Dieter (2007). Jugendliche im Spannungsfeld von veränderter Arbeitswelt und Lebensplanung – eine problematisierende Einführung. In R. Oberliesen & H.-D. Schulz (Hrsg.), *Kompetenzen für eine zukunftsfähige arbeitsorientierte Allgemeinbildung* (S. 1–40). Baltmannsweiler: Schneider Verlag Hohengehren.

Oberliesen, Rolf & Zöllner, Hermann (2007). Kerncurriculum „Beruf-Haushalt-Technik-Wirtschaft / Arbeitslehre", ein interdisziplinäres curriculares Reformprojekt – Leitideen, Entwicklung, Konzeption. In R. Oberliesen & H.-D. Schulz (Hrsg.), *Kompetenzen für eine zukunftsfähige arbeitsorientierte Allgemeinbildung* (S. 168–204). Baltmannsweiler: Schneider Verlag Hohengehren.

Ochs, Dietmar & Steinmann, Bodo (1994). Der Beitrag der Ökonomie zu einem sozialwissenschaftlichen Curriculum. In K.-P. Kruber (Hrsg.), *Didaktik der ökonomischen Bildung*. (S. 36–43). Baltmannsweiler: Schneider Verlag Hohengehren.

OECD (2010). *PISA 2009 Ergebnisse: Zusammenfassung*. http://www.oecd.org/p isa/pisaproducts/46619755.pdf. (abgerufen am 30.01.2015).

OECD (o.A.). *Pisa 2012. Ergebnisse im Fokus. Was 15-Jährige wissen und wie sie dieses Wissen einsetzen können*. http://www.oecd.org/berlin/themen/PISA-20 12-Zusammenfassung.pdf. (abgerufen am 30.01.2015).

Oelkers, Jürgen (2009). *John Dewey und die Pädagogik*. Weinheim: Beltz Verlag.

Oevermann Ulrich; Allert, Tilman; Konau, Elisabeth & Krambeck, Jürgen (1979). Die Methodologie einer „objektiven Hermeneutik" und ihre allgemeine forschungslogische Bedeutung in den Sozialwissenschaften. In H.-G. Soeffner (Hrsg), *Interpretative Verfahren in den Sozial- und Textwissenschaften*. (S. 352–434). Stuttgart: Metzlersche Verlagsbuchhandlung.

Paschke, Dennis (2008). *Mikroökonomie anschaulich dargestellt. (*3. überarbeitete und erweiterte Auflage). Heidenau: PD – Verlag.

Pätzold, Günter & Stein, Bernadette (2007). Das Konstrukt der Selbstwirksamkeit in seiner Bedeutung für selbstgesteuerte Lernprozesse. *bwp@ 13 (2007)*. http://www.bwpat.de/ausgabe13/paetzold_stein_bwpat13.pdf (abgerufen am 24.09.11).

Pettersson, Anette; Olsson, Ulf & Fjellström, Christina. (2004). Family life in grocery stores – a study of interaction between adults and children [Electronic version]. *International Journal of Consumer Studies,* 28 (4), 317–328.

Pindyck, Robert S. & Rubinfeld, Daniel L. (2005). *Mikroökonomie (*6. Aufl.). München: Pearson Studium.

Prenzel, Manfred; Baumert, Jürgen; Blum, Werner; Lehmann, Rainer; Leutner, Detlev; Neubrand, Michael; Pekrun, Reinhard; Rolff, Hans-Günter; Rost Jürgen & Schiefele, Ulrich (Hrsg.), (o.A.), *PISA 2003: Kurzfassung der Ergebnisse*. Kiel. http://www.kmk.org/fileadmin/pdf/PresseUndAktuelles/2004/Zus ammenfassung_PISA_5.pdf. (abgerufen am 28.01.2015).

Prenzel, Manfred; Artelt, Cordula; Baumert, Jürgen; Blum, Werner; Hammann, Marcus, Klieme, Eckhard & Pekrun, Reihhard (Hrsg.) PISA – Konsortium Deutschland. (o.A.), *PISA 2006. Die Ergebnisse der dritten internationalen Vergleichsstudie. Zusammenfassung*. http://www.tresselt.de/download/pisa200 6.pdf. (abgerufen am 28.01.2015).

Reichertz, Jo (2010). Objektive Hermeneutik und hermeneutische Wissenssoziologie. In U. Flick, E. v. Kardorff & I. Steinke (Hrsg.), *Qualitative Forschung. Ein Handbuch.* (S. 514–524). Reinbek bei Hamburg: Rowohlt.

Retzmann, Thomas (2011). Einführung in die Thematik: Finanzielle Allgemeinbildung im Defizit – Eine Herausforderung für die ökonomische Bildung! In Th. Retzmann (Hrsg.*), Finanzielle Bildung in der Schule. Mündige Verbraucher durch Konsumentenbildung.* (S. 5–7). Schwalbach/ Taunus: Wochenschau Verlag.

Retzmann, Thomas & Grammes, Tilman (Hrsg.). (2014). *Wirtschafts- und Unternehmensethik. 15 Unterrichtsbausteine für die ökonomische und gesellschaftspolitische Bildung.* Schwalbach/ Ts.: Wochenschau Verlag.

Roland-Lévy, Christine. (2002). Economic socialisation: how does one develop an understanding of the economic world? In M. Hutchings, M. Fülöp & A.-M. Van den dries (Eds.), *Young Peoples's Understanding of Economic Issues in Europe.* (pp. 17–30). Stoke on Trent: Trentham Books.

Rosendorfer, Tatjana (2000). *Kinder und Geld. Gelderziehung in der Familie.* Frankfurt/ New York: Campus.

Salemi, Michael K. (2005). Teaching Economic Literacy: Why, What and How [Electronic version]. *International Review of Economics Education,* volume 4, issue 2 (2005), pp. 46–57. http://www.economicsnetwork.ac.uk/iree/v4n2/s alemi.htm#fn1 (abgerufen: 02.02.2015).

Schäfer, Gerd E. (2002): Bildung beginnt vor der Schule. In *Fachpolitischer Diskurs.* Köln, Maternushaus. http://www.uni-koeln.de/ew-fak/paedagogik/frueh ekindheit/texte/fata_schae.pdf (abgerufen am 12.08.2010).

Schäfer, Gerd (2008). Bildung in der frühen Kindheit. In W. Thole; H-G. Rossbach; M. Fölling-Albers & R. Tippelt (Hrsg.), *Bildung und Kindheit. Pädagogik der Frühen Kindheit in Wissenschaft und Lehre.* (S. 125–139). Opladen & Farmington Hills: Verlag Barbara Budrich.

Schlösser, Hans Jürgen (2008). Das Konzept des Ankerfaches für Wirtschaft und Möglichkeiten seiner Realisierung. In H. Kaminski & G.-J. Krol (Hrsg.), *Ökonomische Bildung: Legitimiert, Etabliert, Zukunftsfähig. Stand und Perspektiven.* (S. 167–176). Bad Heilbrunn: Verlag Julius Klinkhardt.

Schlösser, Hans Jürgen (2012 a). Homo oeconomicus. In H. May & C. Wiepcke (Hrsg.), *Lexikon der ökonomischen Bildung.* (8., völlig überarbeitete und erweiterte Auflage). (S. 310– 312). München: Oldenbourg Verlag.

Schlösser, Hans Jürgen (2012 b). Standards der ökonomischen Bildung. In H. May & C. Wiepcke*, Lexikon der ökonomischen Bildung.* (8., völlig überarbeitete und erweiterte Auflage). (S. 586–588). München: Oldenbourg Verlag.

Schlösser, Hans Jürgen; Neubauer Maria & Tzanova, Polia (2011). *Finanzielle Bildung*. Aus Politik und Zeitgeschichte, 12 (2011), 21-27.

Schlösser, Hans Jürgen & Schuhen Michael (2011). Ökonomische Grundbildung. In H. J. Schlösser; M. Schuhen (Hrsg.,) *Siegener Beiträge zur Ökonomischen Bildung* [Electronic Version]. (4/ 2011).

Schuhen, M.; Mau, G.; Schramm-Klein, H. & Schürkmann, S. (2014). Kaufkompetenz von Kindern messbar machen. In Ch. Müller; H.J. Schlösser; M. Schuhen; A. Liening (Hrsg.), *Bildung zur Sozialen Marktwirtschaft*. (S. 235–252). Stuttgart: Lucius & Lucius.

Schulze, Gerhard (1992). *Die Erlebnisgesellschaft. Kultursoziologie der Gegenwart*. Frankfurt am Main / New York: Campus Verlag.

Schumann, Jochen; Meyer, Ulrich & Ströbele, Wolfgang (2007). *Grundzüge der mikroökonomischen Theorie* (8. Auflage). Berlin: Springer – Verlag.

Seeber, Günther (2012). Zwischen Adaption und mündiger Partizipation: Die Ziele finanzieller Bildung in einer Marktwirtschaft. In M. Schuhen; M. Wohlgemut &Lucius Ch. Müller (Hrsg.), *Ökonomische Bildung und Wirtschaftsordnung*. (S. 253–264). Stuttgart: Lucius & Lucius.

Sekretariat der Ständigen Konferenz der Kultusminister der Länder in der Bundesrepublik Deutschland (Hrsg.) (2008). *Wirtschaftliche Bildung an allgemein bildenden Schulen. Bericht der Kultusministerkonferenz vom 19.10.2001 i.d.F. vom 27.06.2008*. Berlin. http://www.kmk.org/fileadmin/veroeffentlichun gen_beschluesse/2001/2001_10_19_Wirtschaftl_Bildung.pdf. (abgerufen am 02.02.2015).

Sekretariat der Ständigen Konferenz der Kultusminister der Länder in der Bundesrepublik Deutschland II A (Hrsg.) (2013), *Verbraucherbildung an Schulen. (Beschluss der Kultusministerkonferenz vom 12.09.2013)*. http://www.kmk.org/fileadmin/veroeffentlichungen_beschluesse/2013/2013 _09_12-Verbraucherbildung.pdf. (abgerufen am 04.02.2015).

Siebert, Horst (2000). *Einführung in die Volkswirtschaftslehre. (*13.Auflage). Stuttgart: Verlag W. Kohlhammer.

Smolka, Adelheid & Rupp, Marina (2007). Die Familie als Ort der Vermittlung von Alltags- und Daseinskompetenzen. In M. Harring; C. Rohlfs & Ch. Palentien (Hrsg.), *Perspektiven der Bildung. Kinder und Jugendliche in formellen, nichtformellen und informellen Bildungsprozessen*. (S. 219–236). Wiesbaden: VS Verlag für Sozialwissenschaften.

Ständige Konferenz der Kultusminister der Länder in der Bundesrepublik Deutschland (KMK). (o.A.). *Stellungnahme der Kultusministerkonferenz zu den Ergebnissen des Ländervergleichs von PISA 2003*. http://www.kmk.org/ no_cache/presse-und-aktuelles/pm2005/ergebnisse-des-laendervergleichs-vo n-pisa-2003.html?sword_list%5B0%5D=pisa&sword_list%5B1%5D=200. (abgerufen am 28.01.2015).

Steinmann, Bodo (2008). Lebenssituationsorientierte ökonomische Bildung. In R. Hedtke & B. Weber (Hrsg.), *Wörterbuch Ökonomische Bildung. (S. 209–212).* Schwalbach/Ts.: Wochenschau Verlag.

Stoll, Siegfried (1995). *Der Situationsansatz im Kindergarten. Möglichkeiten seiner Verwirklichung.* Berlin: FIPP Verlag.

Strauss, Anselm & Corbin, Juliet (1996). *Grounded Theory: Grundlagen qualitativer Sozialforschung.* Weinheim: Beltz, Psychologie Verlags Union.

Strobel-Eisele, Gabriele & Wacker, Albrecht (2009). Einleitung. In G. Strobel-Eisele & A. Wacker (Hrsg.), *Konzepte des Lernens in der Erziehungswissenschaft. Phänomene, Reflexionen, Konstruktionen. (S. 6–16).* Bad Heilbrunn: Verlag Julius Klinkhardt.

Taylor, Edward W.; Tisdell, Elizabeth J. & Sprow Forté, Karin (2012). Teaching financial literacy: a survey of community-based educators [Electronic version]. *International Journal of Consumer Studies,* 36 (2012), 531–538.

Verbraucherzentrale Nordrhein-Westfalen (2014). Stellungnahme der Verbraucherzentrale NRW zum Modellprojekt „Das Fach Wirtschaft an Realschulen". In Ministerium für Schule und Weiterbildung des Landes Nordrhein-Westfalen Referat 514: Realschule, Europaschule (Hrsg.), *„Wirtschaft an Realschulen". Abschlussbericht zum Modellversuch 2010–2014.* Düsseldorf.

Vogt, Gustav (2009). *Faszinierende Mikroökonomie. Erlebnisorientierte Einführung.* (3. Auflage). München: Oldenbourg Wissenschaftsverlag.

Volle Kostenkontrolle: Prepaid – CallYa.Vodafone Prepaid – mobil telefonieren ohne langfristige Vertragsbindung. http://www.vodafone.de/prepaid/ (abgerufen am 26.11.2013).

Walter, Oliver (2005). *Kompetenzmessung in den PISA – Studien. Simulationen zur Schätzung von Verteilungsparametern und Reliabilitäten.* Lengerich: Pabst Science Publishers.

Wampfler; Philippe (2014). *Generation ›Social Media‹. Wie digitale Kommunikation Leben, Beziehungen und Lernen Jugendlicher verändert.* Göttingen: Vandenhoeck & Ruprecht.

Weber, Birgit (2012).Kompetenzen der ökonomischen Bildung. In H. May & C. Wiepcke (Hrsg.), *Lexikon der ökonomischen Bildung.* (8., völlig überarbeitete und erweiterte Auflage). (S. 351–354). München: Oldenbourg Verlag.

Weber, Birgit (2014). Integration der ökonomischen und politischen Fachperspektive in der Kompetenzorientierung der Didaktik der Sozialwissenschaften. In A. Bresges; B. Dilger; Th. Hennemann; J. König; H. Lindner; A. Rohde & D. Schmeinck (Hrsg.), *Kompetenzen diskursiv. Terminologische, exemplarische und strukturelle Klärungen in der LehrerInnenbildung.* (S. 216–222). Münster / New York: Waxmann.

Zabanoff, Erika (2010). Kompetent durch Konsumieren? Empirische Befunde zum Verbraucherverhalten jugendlicher Konsumenten. In M. Appel & H.W. Heymann (Hrsg.), *Siegener Studien. Lehr-Lern-Forschung in und für Schule (S. 105–131).* Siegen: GFL – Gesellschaft zur Förderung der Lehrerbildung in Siegen – Wittgenstein e.V.

Zentrum für internationale Bildungsvergleichsstudien (ZIB) e.V. (2014). PISA 2012: *Die Schülerinnen und Schüler in Deutschland überzeugen auch im Problemlöse-Test.* Pressemitteilung des Zentrums für Internationale Bildungsvergleichsstudien zur Veröffentlichung der Ergebnise aus dem Kompetenzbereich Problemlösen in PISA 2012. http://www.pisa.tum.de/fileadmin/w00bgi/www/Berichtband_und_Zusam menfassung_2012/PM_ZIB_PISA_Problemloesen_final.pdf (abgerufen am 05.04.2014).

Zimmer, Jürgen (2010). *Das halb beherrschte Chaos. Rede beim Festakt zur Verleihung des Bundesverdienstordens am Bande.* Berlin, 25. Mai 2010. http://www.ina.fu-berlin.de/news/JZ_-_Rede_z__Verleihung__25_5_10.pdf (abgerufen am 16.08.2010).

Zimmer, Jürgen (2013). Der Situationsansatz wird erwachsen. Vom Kindergarten bis zur Hochschuldidaktik (Plenarbeitrag). *Internationale Konferenz 3. und 4. Oktober2013 „Zukunft gestalten". Zwischen Eigeninitiative, gesellschaftlichem Wandel und staatlicher Verantwortung – 40 Jahre Situationsansatz.* Veranstaltet von der Internationalen Akademie (INA) gGmbH und dem Fachbereich Erziehungswissenschaft und Psychologie der Freien Universität Berlin. /http://www.ina-fu.org/sites/default/files/ina/1310_Vortrag_Zimme r.pdf. (abgerufen am 02.02.2015).

Software

MAXQDA. Software für Qualitative Daten Analyse. Berlin 2001: VERBI Software. Consult. Sozialforschung GmbH.

Tabellenverzeichnis

Tabellenverzeichnis

Anhang

Text der Aufgabe

„Zum Abschluss[1] bitte ich dich, dich in die folgende Situation zu versetzen: Du hast vor kurzem 75,– Euro zum Geburtstag geschenkt bekommen. Dieses zusätzliche Geld kommt dir gerade recht, denn du hast sehr viele Wünsche: Auf jeden Fall hättest du gerne etwas Neues zum Anziehen. Dann möchtest du dir unbedingt ein aktuelles Computerspiel kaufen. Außerdem hast du vor, für deinen Führerschein etwas Geld zu sparen, denn deine Eltern wollen ihn dir nicht vollständig bezahlen. Auch möchtest du dir schon die ganze Zeit eine Handy-Karte auf Vorrat kaufen und mal wieder mit deinen Freunden ins Kino gehen. Jetzt überlegst du dir, wie du das Geld verwendest, und erkennst, dass die 75,– Euro nicht ausreichen, um dir alle deine Wünsche zu erfüllen. Schreibe auf, wie du versuchst, mit dem Geld möglichst viel zu erreichen, und begründe deine Entscheidung."

---

[1] Die Formulierung erklärt sich daraus, dass die Aufgabe zu lösen war, nachdem die Schülerinnen und Schüler zuvor einen Fragebogen ausgefüllt hatten.

Anhang

Liste der von den teilnehmenden Jugendlichen verfassten Texte[2]

1   Ich kaufe mir nur das, was ich auch brauche und was wichtig ist. Wenn ich nichts mehr zum Anziehen hab, bezahlt mir meine Mutter einen Teil davon. (Nur was auch wirklich notwendig ist!)
Ich kaufe mir keine Computerspiele, falls doch könnte ich mich sonst ja mal informieren ob das Spiel jemand von meinen Freunden hat. Für den Führerschein kann man sich ja einen Teil zurücklegen. Ich brauche keine Handykarte, ich hab Vertrag. Ich geh nicht oft ins Kino und erst Recht ich t wenn ich nicht viel Geld habe.

2   Wenn ich unbedingt was zum Anziehen brauche hol ich es mir, das PC Spiel kann man sich ausleihen, einen kleinen Teil kann man sparen, die Handykarte auf Vorrat brauche ich nicht und das Kino ist nicht so teuer. Man kann das Popcorn auch mit Freunden teilen und das zutrinken von zu Hause mitbringen.

3   Ich würde erst mal das wichtigste kaufen. Also z.B. eine Handykarte. Oder wenn ich wirklich keine Kleidung mehr hab, was zum Anziehen. Den Rest würde ich auf Seite legen, bis ich noch mal was bekomme und wieder genug Geld habe um etwas zu kaufen.

4   Ich teile mir das Geld ein. Einen teil habe ich für Klamotten aus. (Da geht nicht sehr viel weg, weil ich mir meistens günstige Sachen kaufe). Ein bisschen gebe ich für's Kino aus, aber nicht sehr viel, weil ich nicht so häufig ins Kino gehe. Dann kauf ich mir noch ein Computerspiel. Meistens bleibt dann noch, was übrig das spare ich dann. Wenn ich dann noch mal etwas haben möchte nehm ich mir einfach etwas.

5   Ich suche überall das günstigste und hole mir ein Handy mit günstigem Vertrag den meine Eltern unterschreiben. Meinen Führerschein bezahle ich von meinem Komunionsgeld das ich zu einem guten Zinssatz auf einem Sparbuch angelegt habe.

---

[2]   Die Nummerierung ist insofern nicht kontinuierlich, als die Erhebung an zwei Schulen etwas später durchgeführt wurde. Dabei wurde mit einer neuen Zählung begonnen. Deswegen fehlen die Nummern 390–399
Die formalsprachliche Gestaltung der Texte wurde bei der Transkription nicht verändert.

6   Ich gebe für jede Sache nur ein bisschen aus, weil ich dann auch mit dem Geld klar komme.

7   Ich würde einen Teil auf die Bank bringen, um später Zinsen zu bekommen und würde mit dem restlichen Geld den wichtigsten und dringensten Wunsch erfüllen, der dann wahrscheinlich das Computerspiel wäre.

8   Ich würde einen Teil sparen, und einen anderen Teil würde ich für Anziehsachen und Bücher ausgeben.
     Grund: Sparen mach ich nur manchmal für Sachen wie Autoführerschein & teure Sachen (Anziehsachen usw.). Bei Bücher und Anziehsachen bin ich eher spontan! Wenn mir was gefällt kauf ich mir das meistens. Ich bin aber keine daver-shoppering!. Ich kaufmir eigenlich nur das wo ich denke das es mir wichtig ist.

9   Ich versuche schon von anfangan etwas Geld zu sparen, damit ich auch mal zwischen durch eine Zeitung oder andere Kleinigkeiten kaufen kann. Ich versuche z.B: das PC- Spiel bei e-bay zu ersteigern oder frage Bekannte ob sie mir es günstig verkaufen. Um neue Kleidung zu kaufen gehe ich meistens in mehrere Geschäfte und kaufe dann das günstigste. Meistens gehe ich nur ins Kino wenn ich ein Gutschein hab. Eine Handykarte brauch ich nicht. Ich habe ein Vertrag.

10   Ich gebe 20 Euro für „was neues zum Anziehen" und „mit freunden ins Kino gehen" aus. Den Rest spar ich.

11   Ich würde auf die Handykarte verzichten und mit dem Geld ins Kino gehen, da ich ja sowieso den nächsten Monat wieder Taschengeld bekomme und sie mir dann kaufen.

12   Das Computerspiel würde ich nicht kaufen, da ich kaum Computer spiele. Anziehsachen bezahlen meine Eltern und das Geld für den Führerschein verdiene ich mir mit Zeitungsaustragen (siehe 36 Euro pro Monat). Ins Kino gehen würde ich machen und mir eine Handykarte kaufen. Den Rest des Geldes würde ich wahrscheinlich auf meinem Sparkassenkonto für den Führerschein anlegen. Oder mir eventuell noch eine CD kaufen oder vielleicht auch noch ein oder mehrere Bücher.

13 Ich würde mir das Computerspiel für z.B. 15 Euro kaufen. Ich würde mir
30 Euro für den Führerschein sparen. Dann würde ich 15 Euro würde ich
für neue Kleidung ausgeben. Mit den restlichen 5 Euro würde ich mit
meinen Freunden ins Kino gehen. Eine neue Handykarte würde ich mir
nicht holen.

14 Ich würde 50 Euro weglegen, damit ich, wenn ich dann z.b. eine Handykarte oder ein Computerspiel brauche mir diese kaufen kann. Die 25
Euro würde ich behalten, weil ich es besser finde, wenn man immer ein
bisschen Geld da hat. Von diesen 25 Euro würde ich ins Kino gehen und
den Rest so behalten.

15 Ich würde etwas für den Führerschein wegtun. Und dann mal ins Kino
gehen und die Handykarte kaufen. Ich würde die Sachen kaufen, die ich
am aller liebsten tun oder haben möchte. Den Rest des Geldes würde ich
mir für's nächste mal wegtun.

16 Ich denke ich würde an irgeneinem Tag mit meinen Freunden in die Stadt
und würde mit ihnen ins Kino gehen und hinterher (falls es nicht zu teuer
ist) würde ich noch ein T-Shirt, Pullover oder ein anderes Kleidungsstück
kaufen. Von dem brig gebliebenen Geld würde ich mir 5 oder falls noch
sehr viel übrig ist 10 Euro in meinen Geldbeutel legen und den Rest in die
Spardose für den Führerschein.

17 Als 1. überlege ich gründlich wo ich als erstes und am meisten Geld investieren sollte. Der Führerschein wäre mir am wichtigsten. Dafür würde
ich ungefähr 30 Euro zur Seite leben. Mit 20 Euro des restlichen Geldes
würde ich zusammen mit meinen Freunden erst in der Stadt shoppen, und
dann ins Kino gehen. Denn ein Computerspiel wäre mir nie wichtiger als
Freunde. Und außerdem kann ich ja auch noch warten bis es billiger geworden ist. Vielleicht in einem Monat. Mit den letzten 25 Euro würde ich
mir noch die Handykarte (kostet 15 Euro) kaufen. Dann wäre aber schluss
und die restlichen 10 Euro kämen ins Portmonnie.

18   Ich würde als erstes eine bestimmte Menge Geld von den 75 Euro, auf mein Konto tung. So ca. 30 – 40 Euro. Mit dem restlichen Geld würde ich mir das kaufen, was ich am liebsten will. Und was am dringesten ist. Ich würde wahrscheinlich mit meinen Freunden ins Kino gehen. Und falls noch Geld übrig bleibt kauf ich mir eine Handykarte. Ich würde aber nicht sofort mein ganzes Geld sofort verschreiben um die neue Karte einzuleben. Ich würde mir kein Computerspiel kaufen, denn so Spiele kann man sich auch leihen.

19   Die 75 Euro gebe ich aus wenn ich etwas unbedingt brauche. Meist kaufe ich Kleidung. Aber auch wenn ich es brauch (manchmal). Ich spare einen Teil damit ich noch was habe, wenn ich was unbedingt brauch. Oder ich kaufe Geburtstagsgeschenke damit ich meine Freunde / Eltern Freude bereite.

20   Ich würde etwas von dem Geld für Klamotten ausgeben. Computerspiele finde ich nicht so wichtig. Und für meine Handykarte würde ich es wahrscheinlich auch nicht ausgeben, da ich nicht sehr viel simse, um mir dafür eine neue Handykarte zu kaufen. Den Rest von dem Geld würde ich für meinen Führerschein auf ein Konto tun und es sparen.

21   Ich überlege, was von den Wünschen am Wichtigsten ist. Wenn ich z.B. den Kleiderschrank prall gefüllt habe, kaufe ich mir dann nichts sehr teures zum Anziehen, sondern meine Freunde gehen dann vor und ich gehe mit ihnen ins Kino. Das aktuelle Computerspiel fände ich jetzt auch nicht so wichtig, weil man meiner Meinung nach nicht immer das Neuste vom Neusten haben muss. Eine Handykarte auf Vorrat kaufen finde ich Quatsch, daher lege ich das restliche Geld zurück und spare für einen Führerschein.

22   Allsoo,... ich würde mir erst neue Sachen zum Anziehen kaufen, aber davor würde ich überall (in den Läden, wo ich immer einkaufe) nachsehen wo das billigste (da ich nur 75 Euro habe) aber auch schönste für mich ist. Dann hätte ich logischerweise, nicht mehr viel Geld übrig, also hätte ich das nicht für Kino oder sonstiges ausgegeben sondern gespart.

23 Als Erstes würde ich überlegen, was ich unbedingt brauche. Am nächsten Tag würde ich in de Stadt fahren und ungefähr 30 Euro mitnehmen um zu shoppen /in s Kino zu gehen. In der Stadt würde ich mir dann was Neues zum Anziehen kaufen (evtl. ein Oberteil, oder neue Schminke / Ohrringe). Das restliche Geld würde ich beiseite legen und sparen (für den Führerschein). Somit habe ich einen Tag mit einer Freundin in der Stadt verbracht und noch mit den restlichen 45 Euro angefangen für den Führerschein zu sparen.

24 Ich würde von den 75 Euro 35 Euro weg legen um für meinen Führerschein zu sparen und die restlichen 40 Euro würde ich für neue Hose oder einen Pulli ausgeben. Meiner Meinung nach können die Handykarte und das Computerspiel noch warten, weil ich an Computerspielen nicht so viel Interesse habe.

25 Ich würde das Geld s verteilen das bei jedem Bereich etwas kleines herausspringt. Der Kleidung muss dann erst mal ein T-Shirt reichen. Das Computerspiel muss auf später vertagt werden, da es nicht sehr nötig ist und für den Führerschein wird nur ein kleiner Betrag weggelegt so das, das Geld noch für das Kino (allerdings ohne Popcorn) und die Handykarte reichen würde. Außerdem wird das Computerspiel nie gekauft da sie teuer sind und unnötig.

26 Ich werde warten müssen, bis ich das nächste Taschengeld bekomme! Außerdem frage ich meine Eltern, ob ich i-was im Haushalt/Garten machen kann wofpr ich Geld bekomme. Und ich werde mindestens 5 Euro sparen, damit ich mich nicht völlig blank kaufe... Allerdings ist das auch schon vorgekommen, aber ich versuche, dass das nich mehr eintrifft!

27 Ich würde mit den 75 Euro für 10 Euro ins Kino gehen, mir für 15 Euro eine neuen Handykarte hohlen und den Rest (50 Euro) würde ich für den Führerschein behalten und weglegen, weil es für mich wichtiger ist, später Geld für den Führerschein, die Wohnung und sonstiges zu haben als jetzt ein neues Computerspiel.

28   Als erstes würde ich überlegen, was ich am meisten brauche. Zum Bei-
      spiel Anziehsachen. Nach ein paar Monaten ist ein Computerspiel meis-
      tens heruntergesetzt, wenn ich das dann immer noch kaufen möchte, dann
      kauf ich es mir. Für meinen Führerschein würde ich auf jeden Fall ein
      paar Euro sparen, denn ich will mit 18 Jahren nicht mehr auf meine El-
      tern angewiesen sein, wenn ich irgendwo hin möchte. Ich würde mit der
      Handykarte warten, bis ich wirklich kein Geld mehr habe. Aber auf jeden
      Fall würde ich Geld für's Kino sparen.

29   Also wenn ich auf jeden Fall etwas neues zum Anziehen haben möch-
      te dann würde ich mir das schon kaufen. Aber nicht die teuersten Mar-
      kenklamotten! Auf jedenfall würde ich auch Geld sparen für den Füh-
      rerschein. Denn das lege ich ja dadurch für die Zukunft an. Wenn ich
      dann noch genügend Geld hätte würde ich mir auch noch das Compu-
      terspiel kaufen. Ansonsten denke ich reich eine Handykarte. Wenn kein
      Geld mehr darauf ist kann man immer noch einen neue kaufen. Auch ins
      Kino kann man gehen wenn man wieder mehr Geld hat.

30   Ich kaufe mir das Produkt das mir am wichtigsten ist, wenn ich jetzt z.B.
      unbedingt eine tolle Hose haben möchte kaufe ich sie und spare den Rest.
      Denn dann kann ich mir irgendwann alle Wünsche erfüllen. Eine Hose
      kann man irgendwann auch nicht mehr anziehen, weil sie z.B. zu klein
      geworden ist, aber den Führerschein brauche man sein ganzes leben lang.

31   Als erstes denk ich nach was ich am liebsten hätte. Neue Klamotten und
      Führerschein können warten. Hat ja noch Zeit bis zum Führerschein. Und
      neue Klamotten können die Eltern ja bezahlen. Ich denke ma ich würde
      mir davon ein neues Game Cube (nich Comuper) spiel kaufen (so für 30
      Euro). Dann würde ich so für 10 Euro ins Kino gehen. Dann eine neue
      Karte fürs Handy und den Rest würd ich dann doch für den Führerschein
      weglegen oder für was anderes z.B. neues Handy!

32   Ich würde mir was zum Anziehen kaufen (25 Euro) vielleicht eine CD
      und ein Buch (25 Euro) und ich würde einmal ins Kino gehen (5 Euro).
      Den Rest würde ich teilweise für den Führerschein sparen (15 Euro).
      Begründung: Weil das die Sachen sind, die mir am wichtigsten sind und
      so auch noch etwas übrig bleibt.

33   Als erstes fahre ich zu H&M und kaufe mir ein T-Shirt für 10 Euro, anschließend kommt dann das PC- Spiel nicht das aktuellste da es billiger ist für 30 Euro. Die Handy Karte für 15 Euro und für den Kinobesuch plane ich 10 Euro ein. So bleiben dann noch 10 Euro übrig die ich für den Führerschein sparen. kann.

34   Ich spare mein Geld jeden Monat und lege die 75 € zusammen.

35   Ich würde das Geld für Anziehsachen ausgeben und für mein Handy, wenn dann noch das Geld reicht würde ich mir das neueste Computerspiel kaufen.
Die Entscheidung ist ganz leicht, ich kaufe gerne Anziehsachen ein, weil das für mich wichtig ist und Geld auf dem Handy muss auch da sein, denn ich bin viel unterwegs. Und ich spiele auch gern Computer also könnte es mal ein neues Spiel geben.

36   Ich würde mir nur das kaufen was ich von den sachen am liebsten haben wollte. Und falls ich alles haben will, dann muss ich halt noch ein paar Tage, Wochen oder Monate länger sparen bis ich die ungefähre Summe für die ganzen Dinge habe.

37   Ich würde das sparen für den Führerschein lassen, weil das hat ja noch zeit. Das Computerspiel leih ich mir von meinen freunden, dann brauch ich es nicht mehr kaufen. Für die Handy Karte würde ich meine Eltern um Geld bitten die können auch ruhig mal was Geld geben. Und für die restlichen Sachen hätte ich dann noch die 75,–

38   Was zum anziehen kaufe ich da wo es reduziert worden ist. Dann das Computer spiel das kaufe ich in einem an und verkauf also 2. hand. Das führerscheingeld habe ich schon weg getan, die handy Karte kaufe ich bei einem Kolegen, ins Kino gehe ich schon lange nicht mehr und meine freunde auch nicht ich habe zuhause einen biemer und eine leinwand und einen Computer mit internet anschluss, also denke ich mal das sie wissen was ich damit sagen will.

39   Ich wünsche mir als erstes etwas schönes zu anziehen.
Dafür das restliche Geld würde ich mir für mein Haustiere, Führerschein
und Handy sparen, weil ich meistens keine Computer spiele kaufe.
Auf das Kino kann ich meistens verzichten. Ich sehe die Filme von Freun-
den oder Vater. Andere Sachen brauch ich meistens nicht.
Denn Rest lasse ich in meiner Spardose

40   Ich würde mir als erstes etwas neues zum anziehen kaufen. Danach eine
Handykarte und wenn ich noch Geld habe würde ich es für mein Führerschein sparen und wenn ich nächsten Monat meinen Taschengeld bekomme dann würde ich damit mir das aktuelle Computerspiel kaufen und ins
Kino gehen.

41   Ich würde mir etwas neues zum Anziehen kaufen weil man so etwas
braucht.
Dann würde ich mir ein aktuelles computerspiel kaufen weil so etwas
auch länger hält als eine Handykarte.
zum Schluss würde ich mir dann noch Geld für den Führerschein zurücklegen da man so etwas später braucht.
Auf das andere kann ich gut verzichten.

42   Antwort:
Ich würde 50€ zum Führerschein legen, dann noch was zum Anziehen
und wenn das geld noch das Computerspiel.
Begründung:
Ich würde es so tun wie oben, weil man den Führerschein brauch, wenn
man im leben was erreicht haben will, den die anzieh sachen sind meist
nach 2 Monaten kaputt und das PC spiel wird nach einer zeit sowiso langweilig

43   Also ich würde nicht alles auf einmal machen. Z.B. beim 1. tag würde
ich mit meinen freunden – freundinnen ins Kino gehen danoch würde ich
kucken wenn ich noch geld habe die anderen Dinge machen. Also net
alles auf einmal.

44   Ich würde mir erst mal Kleidung kaufen. Danach würde ich mein Handy
aufladen. Und dann würde ich mir Sonstiges kaufen.
Ein klein wenig Geld würde ich den Armen spenden. Und wenn ich noch
etwas übrig habe würde ich ins Kino gehen.

45 Ich würde mir Kleidung besorgen und das Geld nicht sparen, denn ich bin 13 und jetzt schon für mein Führerschein zu sparen finde ich blöd.
Und meine Handykarte besorgen eigentlich immer meine Eltern.
Für Computerspiele interessiere ich mich nicht.
Und wenn ich ins Kino gehen will nehme ich mir erst aus der 75 € was raus bevor ich Shoppen gehe. Oder meine Eltern geben mir und ich habe ya auch noch Taschengeld

46 Ich würde die unwichtigen Sachen weglassen und für den Führerschein sparen, weil der fürerschein viel, sehr viel wichtiger für mich ist als die anderen Dinge.

47 Ich würde es für Klamotten, Führerschein und wenn das Geld reicht eine Handykarte. Die Klamotten sind etwas was im Leben Gebraucht wird deshalb dies. Führerschein weil das auch gebraucht wird. Handykarte damit man mit Menschen Kontakt hat.

48 Ich würde mein Geld sparren. Z.B. für mein Führerschein oder etwas besserem.

49 Ich würde mir Anziehsachen kaufen. Ich würde kein Computerspiel kaufen. Dann würde ich Guthaben kaufen.

50 Ich würd auf billige Sachen kaufen und würde kein Computerspiele kaufen.

51 Ich würde auf alle billigen Sachen achten und kein Computerspiel kaufen.

52 Ich hätte mir zuerst das wichtigste gekauft eine Kandykarte, und dann in s Kino, das Computerspiel könnte ich mir auch später kaufen, ein bisschen Geld für das Führerschein sparen und die Kleidung kaufen mir meine Eltern.

53 Ich tue mindestens 3 Euro auf seite um mir irgendwan ein Neues Computerspiel zu kaufen oder auch für Anziehsachen.

54   Ich würde mir net so eine teure holen ein etwas billigere, die zur 15 Euro kostet und net 20 Euro. Dann hätte ich noch 60 Euro und mit dem Geld würde ich mir das Computerspiel holen die Handykarte würde mir mein Vater holen ich sag mal dann hätte ich noch 40 Euro dann würde ich 10 Euro in Kino ausgeben und die 30 Euro würde ich auf Seine tun für meine Führerschein.

55   Ich tue mindestens 5 Euro für den Führerschein in die Kasse. Dann neue Kleidung. Dann Computerspiel. Dann ins Kino. Und dann Handykarte für 10 Euro.

56   Ich sparr einfach weiter bis ich das Geld hab, dannach kaufe ich mir alles zusammen dann bin ich zufrieden.

57   Ich kaufe mir eine Handykarte, und ich kaufe mir ein Preisgünstiges Computerspiel.

58   Ich spare das Geld wenn ich ales kaufen kann kauf ich es dann.

59   Ich würde mir ein Computerspiel kaufen und eine Handykarte. Das wars.

60   Ich würde mir überlegen was ich am meisten haben möchte. Ich würde auch scheuen wo es am billigsten ist.

61   Ich würde mir gute Kleidung kaufen aber nicht zu teuer so 60 Euro und wenn ich ins Kino will verzichte ich auf eine Sache.

62   Ich würde auf Angebote achten bei Anziesachen. Ich würde versuchen so billig wie möglich zu kaufen von Citygalerie. Ich würde kein Computerspiel kaufen. Das wird schon klappen.

63   Ich kaufe damit nur das was ich wirklich brauche. Und wenn was übrig bleibt kaufe ich mir ein paar Klamoten.

64   Ich würde mir eine Handykarte kaufen und mit meinem Freund ins Kino den rest spar ich.

65 Ich würde mir eine Handykarte von 10 Euro kaufen, 5 Euro spar ich für den Führerschein und mit dem Rest kann ich das Computerspiel und dann auch noch ins Kino gehen.

66 Ich würde die Sachen nehmen die ich am meinsten brauch.

67 Ich würde an den Kinotagen ins Kino gehen. Das kostet ca. 3,50. Ich gebe 25 € zu den Klamotten, wenn es mehr wird muss ich teile zurücklegen die nicht wichtig sind. Das Kinospiel darf nicht mehr als 30 € kosten, sonst kauf ich mir es nicht. Das restliche geld: 19,50€ könnte ich für den Führerschein nehmen.

68 Ich bitte meine Eltern mir zusätzlich X€ für neue Kleidung zu geben und steuere dann noch 20 € dazu. Ins Kino gehe ich Dienstags (oder Donnerstags) dann ist es billiger (ca. 3,50). Dann kaufe ich mir noch eine Handy-karte für 15 € und vergleiche die Preise der Pc-Spiele, für die ich ca. 25 € den Rest spare ich für meine Führerschein.
Kleidung X+20€
Kino 3,50€
Pc-Spiel 25€
Handykarte 15 €
Führerschein 11,50€

69 Die neuen Klamotten brauch ich nicht unbedingt, deswegen verzichte ich drauf. Zu not kauft meine Mutter mir die Klamotten. Ich kauf mir dann ein etwas billigeres Spiel für ca. 30 – 40 €. Dannach geh ich noch mit Freunden ins Kino. Den Rest spare ich für den Führerschein. Eine neue Handykarte brauch ich nicht, da ich einen Vertrag habe.

70 Was neues zum Anziehen kauft mir meine Mutter. Wenn ich ins Kino will, gehe ich am Dienstag denn da ist es billiger. Das neue Spiel, werde ich mir vielleicht kaufen, wenn es nicht zu teuer ist. Ansonsten werde ich es mir aus der Videothek ausleihen und dann kopieren. Den Rest werde ich sparen und noch eine Handykarte kaufen.

71 Ich würde mir nur Computerspiele kaufen und würde den Rest für neue Computerspiele sparen.

72   Nur Computerspiele: die anderen Sachen sind mir nicht sehr wichtig, dass restliche Geld spare ich.

73   Nur Computerspiele, denn Rest spare ich für meine nächsten Computerspiele.

74   Ich spare meistens mein Geld zuhause in der Spardose und wenn ich dann so zwischen 50 und 100€ zusammen habe tuhe ich es auf mein Sparbuch oder kaufe mir etwas größeres davon, wenn ich es nicht von irgendjemanden geschenkt bekomme. Ich tue ich aufs Sparkonto, weil es dort sicher ist und man auch Zinsen bekommt. Außerdem gibt man von dem Geld nicht so viel aus wenn es auf dem Sparbuch ist als wenn alles in der Spardose ist.

75   Mein Opa bezahlt mir meinen Führerschein. Ich brauche keine neue Handykarte. Ins Kino gehen ist billig. Ich spare das Geld und kaufe mir nur Computerspiele.

76   Handykarte brauch ich nicht.
Ich spare alles.
Ich hohl mir alles illegal aus dem Internet (Filme, Spiele)
Ich spare für einen Führerschein
Klamotten kauft meine Mudda.

77   Ich würde als erstes die Klamotten verwenden. Als nächstes das Kino denn da kann ich Zeit mir Freunden verbringen. Handy muss nicht sein kann aber. Führerschein kann noch warten und das PC Spiel sowieso.

78   Ich würde mir nur das PC-spiel kaufen und ins Kino gehen den Rest leg ich auf die seite.

79   Ich würde mir erst die neuen Klamotten kaufen. Das ist am wichtigsten. Computerspiel kann noch warten. Ich nicht so wichtig. Führerschein hat noch Zeit. Da kann ich immer noch sparen. Ins Kino gehen ist mir auch noch wichtig und die Handykarte, kann noch warten aber das kann man sich ja einteilen.

80　Ich würde auf das Computerspiel verzichten und mir es dann bei der nächsten Gelegenheit kaufen. Wenn das Geld dann immer noch nicht reicht, würde ich auf das Kino verzichten, denn irgendwann kommen die Filme auch im Fernsehen.

81　Klamotten
Handykarte 15 €
Zeitschriften

82　Ich würde von dem Geld zuerst Klamotten kaufen. Dann würd ich die Handykarte kaufen. Auf das Computerspiel würde ich verzichten.
Klamotten 30 – 40 €
Handy 15 €
Den rest sparen.

83　Ich würde mir etwas Neues zum anziehen kaufen und ich würde auch etwas Geld für meinen Führerschein sparen. Ich würde mir aber kein Computerspiel kaufen, weil ich nicht oft Computer spiele und eine Handykarte brauch ich nicht, weil ich kein Handy besitze. Ins Kino gehe ich auch nicht so oft.

84　Ich würde auf das PC-spiel auf jedenfall schon mal verzichten denn man kann das ja auch kaufen wenn es später billiger wird. Wahrscheinlich würde ich auch aufs Kino verzichten denn die Filme kommen ja auch später irgendwann mal im Fernsehen.

85　Kino für ca. 10€
Handykarte 15 €
Etwas neues zum Anziehen ca. 20€
10€ für Führerschein
10€ sparen für Computerspiel

86　neue Jeans für ca 20€
Handykarte für 15€
Kino ca. 10€
Rest für den Führerschein, da es wichtiger ist später einen Führerschein zu besitzen als ein neues Computerspiel

87   Computerspiel höchstens: 25 €
       Kino: 6€
       Anziehsachen: 10€
       Handy: 10€
       Führerschein: 24€

88   Ich notiere mir die Kosten der einzelnen dinge und was ich liebsten hätte
       und worauf ich verziechten kann. Also kaufe ich mir die die am meisten
       gehabten sachen. Bleibt ein Restbetrag übrig spar ich es.

89   Ich gehe ins Kino und kaufe mir ein paar Klamotten. Den Rest spare ich
       für das, was ich mir in nächster Zeit kaufen möchte und für den Führer-
       schein.

90   Ich würde mir Geld für den Führerschein weglegen, weil ich es wichti-
       ger finde den Führerschein zu machen als ein Computerspiel oder neue
       Klamotten zu kaufen.

91   Kleidung muss auf jeden fall gekauft werden
        – Computerspiel – bei Freunden umhören ob sie's haben und dann Bren-
       nen
        – Führerschein – etw. kann man weg legen
        – Handykarte – kaufen (Mama fragen)
       Kino – is ja nicht so teuer- ja

92   Ich würde mir kein PC spiel kaufen. weil ich es mir runterlade, dann hätte
       ich schon mal dafür Geld gespart. Dann würde ich mir für 50 Euro eine
       Hose kaufen dann für 15 Euro eine Handykarte kaufen, dann hätte ich ja
       noch 10 Euro fürs Kino.

93   Meine Anziehsachen kaufen mir meine Eltern!
       Ich benötige keine PC sele!
       Meine Eltern zahlen mir den Führferschein!
       Ich bekomme extra geld fürs Kino!

94   Ich kaufe mir das spiel und spare für Führerschein den ich habe kein Hän-
       dy und gehe nicht ins Kino und die anzihsachen kauft meine mutter.

95   Mit den 75,-€ gehe ich mit freunde ins Kino und den rest gebe ich das für mein Handy Karte.

96   Ich gehe so oft ins Kino bis das Geld alle ist. Weil mir das Spaß macht.

97   20 € Anziehsachen
     0 € Führerschein
     40 € Computerspiel
     15€ Handykarte

98   Ich kaufe mich billige aber schicke Sachen. Geh(b)e mit Freunden ins kino und

99   5 € Führerschein
     40 € PC
     0 € Handy
     0 € Kino
     30 € Sparen

100 ich kauf es mir nur wen es nötig ist

101 Ich kaufe mir das was ich will nachher wenn es billiger wird.

102 20 € computerspiel
     15 € Handykarte
     20 € was kaufen (Privat)
     Rest für Führerschein

103 Ich gehe mehr mals ins Kino und kaufe mir eine Handykarte!

104 Ich würde mein Geld für das ausgeben was ich im moment sehr dringend brauche. Wenn meine Mutter kein Geld hatt (zunächst noch ein „e", dann durchgestrichen) dann würde ich das Geld meiner Mutter geben... Das ist zwar nicht so aber wenn es so wäre dann würde ich es machen, weil ich lieber was zu Essen im Schrank haben will als mir neue Sachen zu kaufen. (Wort wie Unterschrift, nicht lesbar)

105 Mit den 75 Euro würde ich andere Sachen kaufen.

106 Ich kauf mir keine klammoten oder keine Handykarte ich spare auch nicht
für den Führerschein. Ich gehe ins kino und kauf mir ein Computerspiel

107 Ich spare es für den Führerschein!
Weil die anderen Dinge würde mir mein Dad bezahlen!
Und für den Führerschein zu sparen ist immer gut!

108 Ich uternehme nehme was mit meinen Freunden am Wochenende (Kino,
Party).

109 Ich hätte mir für 15 € was zum anziehen gekauft. Ich wäre rumgegangen
und ein billiges Spiel gekauft 10 €. Für den Führerschein 30 € zurseite
gelegt. Für 10 € eine Handykarte gekauft und mit den anderen 10 € wäre
ich zum Kino gegangen.

110 Ich kaufe mir erst die wichtigsten Sachen wie Handykarte und von Führerschein dan habe ich hochstens roch geld übrig um mir anziehsachen
zu kaufen dan habe ich das ganz wichtigste schon mal hinter mir.

111 Ich tu zuerst das Führerscheingeld (30 €), dann kaufe ich mir ein paar
Klamotten (20€), ich verzichte auf das Computerspiel, dann kaufe ich
mir eine Handykarte (15 €), und von dem Rest Geld gehe ich mit ein
paar Freunden ins Kino!

112 Ich spare noch oder frage meine Freunde ob sie mir Geld leihen.!

113 Ich lege ungefähr 1/3 des Geldes bei Seite und kauf mir dann das was ich
haben wollte, wenn ich genug gespart habe. Denn ich kriege pro Monat
25-30€ dazu. Das Anziehen wäre bei mir an der ersten Stelle und dann
die anderen Sachen.

114 Ich spare es für mein Führerschein, weil er so teuer ist und meine Eltern
in mir nicht ganz bezahlen.

115 Also ich würde mir was zum Anziehen kaufen und den Räst sparen damit
ich mir den Rest nach und nach kaufen kann.

116 Ich wurde mir erstmal neue Kleidung weil ich sie mehr brauche als computerspiele. Ich wurde ca 20 € für den Fuhrerschein sparen den werde ich später brauchen. Und ich wurde mit meinen Freunden ins Kino gehen.

117 Ich rufe meinen Vater an jeden Monat. und spare solag bis es aus reicht.

118 Ich würde mein Geld für einen Führerschein Sparen, weil ich den später noch brauche!

119 Ich hole mir nur das notwendigere und fürs Kino ist der Nächste Monat noch da
weil ich hole nur das was ich dan auch brauche

120 Ja ich leg mir etwas Geld für den Führerschein weg! Und von dem Rest geh ich ins Kino oder unternehme was anderes mit meinen Freunden.

121 Ich versuche mir das Geld einzuteilen indem
-ich keine Markenklamotten kaufe
-ich das PC-Spiel kaufe aber dafür erst einmal auf die Handy verzichte weil auf meiner jetztigen noch Geld ist
-dan gehe ich noch mit meinen Freunden ins Kino
Das restliche Geld lege ich bei seite oder tu es auf mein Konto!

122 Ich würde eher kleine Einkäufe machen, wie z.B. Eis essen, ein Top kaufen, vielleicht ins Kino gehen! Denn mit kleinen und weniger Einkäufen hat man mehr von d.h. das die meisten großen Wünsche zu teuer sind und man sie nicht alle erfüllen kann.

123 Ich würde sie mehr für Kleidung ausgeben als für Süßigkeiten für Süßigkeiten kann ich mir das Geld jederzeit von meinen Eltern holen oder es von meinem Taschengeld bezahlen. Ich würd es auch für mein Handy ausgeben, wenn mal zu schnell mein Guthaben verbraucht ist und meine Eltern, meinen, dass sie es nicht direkt aufladen wollen, weil ich nicht so gut damit umgehen kann. Also kaufe ich es mir einfach mich meinem Geld.

124 Sie hätte sich ein paar Sachen zum Geburtstag wünschen können und die 75,- Euro hätte sie dann für den Führerschein sparen können.

125 Ich hätte mir etwas zum Anziehen gekauft und mit den Freunden ins Kino gegangen. Und von das Geld was übrig bleibt spar ich für mein Führerschein.
Begründung: Computerspiele brauch ich nicht unbedingt, ich kauf mir viel lieber Anziehsachen und geh mit meinen Freunden ins Kino.

126 Ich würde mit dem Geld als erstes Kleidung bis 50 € kaufen. Danach würde ich vom übrigen Geld 10 € für den Führerschein sparen. Mit den restlichen 15 € würde ich mir eine Handykarte kaufen. Ich würde mit dem Geld so vorgehen, weil das wichtigste die Kleidung ist. Ins Kino gehen braucht man ja nicht so oft. Und man kann ja jeden Monat etwas für den Führerschein sparen.

127 Ich gebe das Geld erstmal für die wesentlichen (wichtigen) Sachen aus
1. Führerschein geld sparen
2. etwas neues zum Anziehen
Das restliche Geld gebe ich für die unnützlichen Sachen aus.

128 Ich kaufe mir erst ma das, was ich am meisten möchte. Weil mir das denn einfach am wichtigsten ist.

129 Mit dem Geld was ich bekommen hätte, hätte ich auf keinem Fall ein aktuelles Computerspiel gekauft, Den so ein Spiel ist immer Teuer. Lieber hatte ich es in Klamotten, Kino und Fuhrerschein stecken.

130 Man könnte einen Teil des Geldes auf ein Sparkonto überweisen und das restliche Geld für das nötigste auszugeben. Vielleicht für Kleidung oder eine Handykarte.

131 Ich würde erst mir was zum Anziehen kaufen und für mein Führerschein Geld sparen und was übrig bleibt eine Handykarte und Computerspiel kaufen. Zum Schluss ins kino gehen. Wenn ich was übrig hätte. Ich würde ir erst die Sachenkaufen die ich gebrauch kann, dann die sonstigen Sachen.

132 Ich würde mir für 60 € Sachen kaufen. Dann würde ich 10 € für meinen Führerschein auf Konto legen. 2 € für Spiel Videotek ausleihen, 3 € in Kino gehen
Ich würde mit unserem Haustelefon telefonieren.

133 Ich würde die 75 € sparen (z.B. für den Führerschein), denn wenn man noch genug Kleidung hat, braucht man sich nicht unbedingt Neue zu kaufen. Man muss nicht immer das beste Computerspiel haben und ins Kino gehen ist auch nicht so wichtig. Wenn man noch eine Handykarte hat, braucht man keine auf Vorrat.

134 Ich würde
10 € Kino
20 € Anziehsachen
15 € Handykarte
20 € Führerschein
10 € Computerspiel
Das meiste Geld würde ich für Anziehsachen und den Führerschein ausgeben, da man davon am längsten hat. Der Rest ist nicht so wichtig.

135 Ich spare 25 € für den Führerschein und für den Rest hole ich mir was neues zum Anziehen.

136 Ich versuche mir das Geld einzuteilen: höchstens 20 € für Klamotten, 5 € fürs Kino usw. damit ich sehr viele Wünsche erfüllen kann.

137 Ich würde mir Kleidung kaufen weil man sie auch braucht. Außerdem würde ich mindestens die hälfte des Geldes sparen, da der Führerschein sehr wichtig ist. Vielleicht würde ich mir noch ein Handy Karte kaufen, wenn ich noch genug geld habe von dem das ich Ausgeben durfte.

138 Ich würde für 15 € mit meinen freunden ins kino gehen. Denn da habe ich eine Menge spaß und den rest für den Führerschein sparen. Sicher ist sicher den irgendwann muss ich sowieso sparen.

139 Ich kaufe mir zuerst etwas zum Anziehen aber nicht so teuer, weil ich schon denke das Kleidungen wichtiger als ein Computerspiele sind. Ich würde dann eine Handykarte kaufen, weil wenn ich ein Handy ohne Handykarte habe wofür ist es dann da. Wenn dann das Geld für ein Computerspiel, oder für ein Führerschein nicht mehr reicht, dann würde ich arbeiten. Ich würde Zeitungen austeilen oder...

140 Ich würde mir für 20 Euro was zum anziehen kaufen. Für 20 € ein Computerspiel kaufen und 10 € sparen. Für 15 eine Handykarte kaufen und für 10 € in Kino gehen.

141 Ich gebe 15 € für Kleidung aus.
Dan gebe ich 40 € für den Führerschein
20 € für das Computer
Wen ich mich Freunden ins Kino gehe frage ich mama ob sie mir 10 € leihen kann.

142 Die 75,- teile ich auf der größere Teil wird für den Führerschein gespart und der kleinere für Anziehsachen ausgegeben, weil ich keine Handykarte brauche, Computerspiele und Kino besuche von meinen Eltern finanziert werden.

143 Zuerst würde ich meine Wünsche vergessen und mal sparen. Erst dannach würde ich mein Geld ausgeben, weil ich finde so mit sparen kommt man immer weiter, also man kann mehrere Sachen kaufen.

144 Ich würde mir etwas zum Anziehen, ein Computerspiel, eine Handykarte kaufen und ins Kino gehen, weil ich dadurch viele Wünsche erfüllt habe.

145 Ich würde eine Handykarte kaufen und für mein Führerschein etwas sparen, aber meine Mutter sagt immer, dass sie das bezahlen wird, aber vielleicht hat sie kein Geld dafür, oder auch will ich sehr gern Gittare kaufen, und ein Kurs bezahlen, damit ich sehr gut Gittare spielen kann. Aber mein größter wunsch, ist Tanzen, damit kann ich auch ei Tagzen AG bezahlen.

146 Ich höre mich um oder bezahle z.b. den Computer mit meine Bruder. 10-15 € sind da weg. Kino geh ich mit Freunden 10 €. 25 € spare ich wenn ich das nächste mal Geld bekomme kauf ich mir dan die Klamotten. Wenn ich ab und zu Geld bekomme spare ich dieses Geld um mir dann später Anziehsachen zu kaufen. Manchmal (sehr selten) bezahlt meine Mutter Anziehsachen.

147 Ich würde mir eine Handykarte kaufen und bei den Spielen würde ich Freunde fragen ob sie es mir ausleihen. Das restliche Geld wäre für den Führerschein oder sonstiges.

143 Ich würd mir ertmal das kaufen, was mir zur Zeit am wichtigsten ist... dann würd ich mit meinen lFreunden saufen gehen und das Rest vom Geld würde ich von ganz alleine auflösen. Falls nicht, würd ich zu xxxx... gehen und mir was zu buffen (kiffen) besorgen...!

149 Ich würde mir nur das was mir am besten gefällt kaufen. Z.B. Rey Mysteio T-shirts oder Wretling CD/DVD's!

150 Ich bekomme regelrecht Taschengeld und dieses Geld (15 €) reichen mir aus um mir was zu kaufen. Diese 75 € würde ich sparen.

151 Etwas spare ich für Computer componenten (25 €)/ oder sonstiges. Ich kaufe mir was süsen (5€). Lade mein Handy auf (15 €). Kaufe ein Computerspiel (10-30).

152 1. Führerschein – zu wenig!
2. Anziehsachen
3. Handykarte

153 Bauchpirsing

154 Ich würde mir nur Kleidung von dem Geld kaufen, weil man immer gute Kleidung braucht.

155 Ich spare das Geld. So kann mir meine Wünsche erfüllen.

156 Mal gucken ich müsste mir erst mal alles angucken und wenn es nicht reichen würde, würde ich weiter sparen.

157 Ich würde mir etwas neues Anziehen kaufen weil ich nicht wie ein Zigeuner rumlaufen will.

153 Ich kaufe mir etwas ca. 40 € wert. Dann spare ich und kaufe noch etwas und so weiter.

159 Ich würde 15 € sparen lassen. Für meine Führerschein. Dann wurde 10 € aufs händy legen, weil mein Geld geht schnell aus. Und Für 50 € wurde ich mir ein MP3-CD player kaufen, weil es mir manchmal langweilig ist.

160 Ich kaufe mir Handykarten und lege etwas Geld für meinen Führerschein zurück weil ich mir das gerne selber bezahlen möchte.

161 Ich kaufe mir keine Klamotten, weil meine Eltern mir die Anziehsachen holen. Ich hätte mir kein Computerspiel geholt, weil ich noch viele habe, die ich noch nicht durchgespielt habe. Ich kaufe mir eine Handykarte für 15 €, und ich nehme 20 € fürs Kino gehen bzw. Döner essen etc. Den Rest spare ich.

162 Ich würde mir auf jedenfall ne Hose und ein neues PC Game, weil ich auf so was viel wert lege!

163 Ich seh nach wo man am billigsten über die Runden kommt.

164 Ich kaufe Kleidung für 50 € und den Rest für sonstiges z.B. spiele, Döner

165 Das was ich am liebsten mache, dan nur computersp. kaufen.

166 Ich würde mein zur hälfte sparen und zur anderen Sachen kaufen die wichtig sind z.B. Klamotten, Bücher, CD usw. Oder ich geh mit meinen Freunden ins Kino Computer spiele kann ich mir das nächste mal holen! Ich brauche dein Geld fürs Handy ich bekomme es von meinen Eltern ich habe eh eine Karte die immer aufgeladen wird (automatisch).

167 Ich verdiene mir Geld zum Babysitten Haushalt und so weiter. Oder ich geh mit meinen Freunden ein ander mal ins Kino und kaufe mir kein Computer spiel das kann ich mr von meinem Taschengeld holen.

168 Eine Handykarte kaufen (brauch man ja immer)
– Neue Anziehsachen (kann ja nix schaden)
Vielleicht ins Kino (kommt drauf an was so läuft)

169 Ich würde mit dem Geld einkaufen gehen. Und mir noch gar keine Gedanken über den Führerschein machen.

170 Ich kaufe mir eine Handykarte auf Vorrat, gehe mit meinen Freunden ins Kino und den rest des Geldes spar ich für den Führerschein und für neue Anziehsachen.

171 ich würde das Geld weglegen und sparen (Taschengeld, was dazu verdienen)
   – alles nacheinander kaufen (siehe oben)
   – oder nur das wichtigste kaufen
   Das wars!

172 Die Handykarte kann warten da es Handykarten im Überfluss gibt. Den Führerschein hätte ich auch noch nicht gemacht. Ich hätte dann 25 € für ein Computerspiel, 25 € für Klamotten und 5 € fürs Kino. Die restlichen 20 € hätte ich gespart.

173 Ich würde mir ein Mofa Führerschein kaufen.

174 Für
   – Computerspiel
   – Handykarte
   – Kino
   – Sparen

175 Ich spare immer 10 € für meinen Führerschein. Ich schaue im Internet nach wenn ich Spiele für meine Konsolen brauch es gibt sie dort billiger. Ich habe Vertragshandy (mein Guthaben kann nicht leergehen). Ins kino brauch ich nicht da meine Freundinnen die neuen Filme meistens schon haben. So hab ich jeden vergnügen und für den Rest des Monats 35 €.

176 Ich spare für mein Handy 30 €. Und auf 45 € kaufe ich mir neue Klamotten.

177 leer

178 für Anziehsachen Schmuck oder Schuhe
   weil ich gerne neue Sachen habe. Es kommt drauf an was ich gerade brauche.

179 Erstmal würde ich alles kaufen, was ich dringend brauche. Aber das wichtigste sind CD's und eine Handy Karte. Danach würde ich ins Kino gehen und von dem Rest würde ich für den Führerschein sparen.

180 Wenn ich 75,– Euro hätte dann würde ich mir erst das kaufen was ich am dringensten bräuchte, danach das Geld für den Führerschein zurücklegen. Mit dem restlichen Geld würde ich mir dann eine Handykarte kaufen. So hätte ich genügend Geld für alles was ich brauche. Auf PC-Spiele... würde ich gerne verzichten weil es bessere Freizeitbschäftigungen gibt.

181 Ich würde mir von den 75 € nur das kaufen was ich am wichtigsten empfinde, oder was ich am liebsten hätte.

182 Ich versuche zu sparen. Wenn aber mir was fehlt kaufe ich es. Für Schulsachen geht manchmal auch was drauf. Die Handykarte wird kaum aufgeladen.

183 Ich kaufe nur das aller nötigste und den Rest spar ich.

184 Ich kaufe nur das, was ich unbedingt brauche, den rest spare ich für später! Ich hab ja auch noch „Träume"!

185 Ich spar oder kaufe mir was zum anziehen oder Schuhe.

186 Ich würde ins Kino gehn und vielleicht eine Handykartekaufen für den Führerschein würde in diesem Alter noch nix zurück tun.

187 Ich würde kein Geld für Klamotten ausgeben da ich noch genug habe und wenn ich welche brauche bezahlen meine Eltern sie.
Ich würde 20 € für das Computerspiel ausgeben 15 € für die Handykarte. 5 € für das Kino und den Rest für den Führerschein.

188 Von den 75 € würde ich mir eine jeans kaufen für 20 €. Mit 55 € würde ich mir 15 € auf heben für mein Handy. Ich würde mir noch ein Parfüm kaufen für 10 von Bruno Banani und ein Pulli wenn ich eins finde für 10 €. Den restlichen 20 € würde ich in die Spardose rein werfen. Und jeden Monatsende von den übriggebliebenen Taschengeld würde ich auch in die Spardose tun. So kann ich sparen.

189 Ich hätte das Computerspiel kann nicht gekauft. Keine Handykarte weil ich keine Handy haben will. Ich hätte mir Fussballsachen gekauft. 25 € für Führerschein gespart. Dann wäre ich mit meinem besten Freunde nach MovieWorld gefahren. Weil ich das immer schon machen wollte. Mit dem rest Geld hätte ich mir ein billiges Zelt gekauft oder viele Grusel Krimi Bücher. Klamotten habe ich ganz viele das brauche ich keine zu kaufen. Außerdem kauft mein Vater die Klamotten.

190 Also ich würde mir Guthaben holen für 15 €. Also ich meine HandyGuthaben. Dann noch shoppen z.b. Hosen, Oberteile, Schuhe, u.s.w. . . . dann ist das Geld weg.

191 Also ich würde schauen ob ich überhaupt Kleidung brauche. Sollte ich nicht genügend Kleidung haben kaufe ich mir. Oder ich würde gucken ob ich was für meinen Zimmer brauche aus IKEA. Dan holl ich mir was, wenn nicht dan holl ich mir Handyguthaben danach tuhe ich das Restgeld auf meinem Girokonto.

192 Ich spare mein Geld damit Ich meinen PC aufrüsten kann.

193 Ich spare mein Geld für den Führerschein.

194 Ich würde ins Kino gehen und mir Klamotten kaufen weil ich das Computerspiel nicht brauche, und ich kriege mein Führerschein bezahlt. Sparen brauche ich nicht, denn wenn ich Geld brauch kriege ich es von meinen Eltern. Mein Handy hab ich mit Vertrag die meine Eltern auch bezahlen.

195 ich würde ins Kino gehen und Klamotten kaufen, weil ich das Computerspiel nicht unbedingt brauche für den führerschein hab ich noch Zeit und meine Tante wird ihn bezahlen ich kann auch von meinen Eltern sims schreiben und vom Haustelefon anrufen ich brauche nicht unbedingt eine Handykarte.

196 Ich würde das Geld komplett für ein Teil ausgeben. Wenn ich mal so fiel Geld habe möchte ich mir dafür auch was kaufen.

197 Puma Schuhe weil sie gut aussehen für 70 und für die 5 € würde ich ein dönner essen gehen und die 1,50 € die übrig bleiben spare ich.

198 Wenn ich 75 hätte würde ich davon 60 € für den Führerschein sparen. 15 davon für ne neue Handykarte.

199 Ich würde als aller erstes anziehsachen kaufen, da ich gern mal meine Kreativität testen will. Allerdings würde ich nicht zu viel Geld ausgeben, da das meiste Geld für meinen Führerschein gespart werden soll. Danach würde ich mir eine Handykarte kaufen, damit im Notfall genug Geld habe um Hilfe zu holen. Zuletzt würde ich Geld für Kino und Computerspiele ausgeben, da diese Dinge nicht unbedingt wichtig sind für überleben.
Kleidung = 10 €
Führerschein = 50 €
Handy = 15 €

200 Ich kaufe mir für 60€ Kleidung und 15€ für die Handykarte. Auf das restliche verzichte ich.

201 Ich spare das Geld und warte bis ich genug habe um mir all das zu kaufen.

202 Ich würde as Geld sparen, und wenn ich es dann mal brauche (z.B. Kino) nehme ich mir ein bisschen.

203 Ich versuche vielleicht bei manchen Geschäften zu handeln oder . . . .?????
Bei manchen Geschäften habe ich auch vergünstigungen und schaue halt wo ich was ganz billig bekomme. Ode ich behalte das Geld und spare.

204 Ich würde das Geld für Anziehsachen ausgeben, da das erst mal wichtiger ist als Computerspiele. Kleidung ist dringender. Das Computerspiel kann man immer noch kaufen, wenn man mal wieder Geld hat. Also falls man sich für Computerspiele interessiert.

205 Ich kaufe mir zuerst ein paar Anziehsachen und frage meine Eltern, ob sie mir etwas dazugeben. Ich gehe an einem Kinotag ins Kino und kaufe mir dort auch nichts zu Essen. Dann schaue ich, ob man noch genug Geld für das PC-Spiel hat und spart ansonsten bis zum nächsten Monat (is eh net wichtig!!!)

206 Ich habe ja noch viele andere Geburtstage da krieg ich auch noch Geld. Dann spar ich die 75€.

207 Ich würde mir nur Kleidung kaufen. Die Computerspiele lade ich es mir runter. Meine Oma zahlt mir den Führerschein.

208 50 € für PC Hardware.
25€ spar ich.

209 Für 75 € kauf ich mir ein PC Game Hardware Abo, dabei ist nämlich ein Headset im Wert von 80€. Filme, Spiele und Programme lade ich mir aus anonymen Quellen.

210 Ich spiele Oddset (mein Vater). Probiere die 75 € zu verzehnfachen und kauf mir dann die Wünsche.

211 Immoment würde ich mir bei ebay eine neue Tastatur und eine neue Maus kaufen (ca. 70 €).

212 Also, das PC Spiel hole ich mir bei e-bay für die Hälfte vom Preis, den Film load ich mir illegal. Und die Handykarte kauf ich mir für 10 €. Dann bleiben noch 50 € über, die überweise ich auf mein Konto und spare für den Führerschein.

213 Also ich würde mir ein Computerspiel kaufen und neue Klamotten. Aber auch eine Handykarte. Wenn dann noch was übrig ist zahl ich es auf mein Giro o. Führerscheinkonto ein. So habe ich mir die nötigsten Sachen die ich brauche gekauft und hab später von dem Gesparten noch mehr, weil es ja Zinsen gibt.

214 Als erstes würde ich mir neue Anziehsachenkaufen, dann ins Kino gehen und wenn noch etwas übrig ist, würde ich mir eine Handykarte kaufen. Für meinen Führerschein kann ich auch noch von dem Geld, was ich zu Weihnachten oder Ostern bekomme spare.

215 Ich würde mir eine Handykarte kaufen. Den Rest würde ich sparen.

216 Vielleicht kauf ich z.B. von allem etwas und am meisten würd ich ausgeben für Klamotten und Handykarten. Meine Eltern bezahlen mir aber auch was. Ein bischen würd ich aber auch versuchen zu sparen. Für später oder für Notfälle. Und ein bischen was direkt aufs Sparbuch bringen damit man keine Möglichkeit hat es direkt auszugeben.

217 Die hälfte spar ich für ein neues Handy.Dann kaufe ich mir eine Handy-karte und Kaugummis. Den Rest spare ich für eine Carmed-Staffel, was aber nicht klappt, weil ich das Geld anderweitig ausgebe für Schminke und sonstiges!

218 Ich spare 5 € und dann hab ich 80 € kauf mir 2 Carmed-Staffeln.

219 Ich kaufe mir das Computerspiel und noch Zeitschriften und den Rest will ich mir für den Führerschein aufheben. Mit den Zeitschriften bleib ich auf dem neusten Stand und mit dem Computerspiel kann man sich lange beschäftigen. Außerdem ist mir der Führerschein wichtig.

220 Ich würde mir Bücher, CD's kaufen. Bücher, um mir die Zeit zu vertreiben und CD's zur entspannung. Dann würde ich mir noch Zeitschriften kaufen, um auf den neusten Stand zu sein. Und den Rest würde ich sparen.

221 Ich spare, weil man es später noch gebrauchen kann.

222 Ich würde alles sparen.

223 Ich würde für meinen Führerschein sparen und mit meinen Freunden ins Kino gehen. Den Rest würde ich sparen weil man weiß ja nie ob man es noch braucht.

224 Ich würde mir das Computerspielkaufen und von dem Rest die handykar-te.

225 10 € Führerschein
10 € Kino
25 € Klamotten, wenn es was gutes gibt!
10 € Zeitschriften (Sucht (etwas übertrieben!!!))
Die restlichen 20 € sparen!

226 Als erstes würde ich ins Kino gehen mit meinem Freunden aus spaß. Ich würde mir ein PS2 Spiel kaufen, weil es Spaß macht. Ich würde mir sa-chen von Replay kaufen, weil es gute Klamotten sind und ich würde den rest zurücklegen, weil man immer mal geld braucht.

227 Ich würde mir ein nicht so teures T-Shirt, Hose oder anderes kaufen. So für 10-15 €. Danach würde ich ins Kino gehen aba nur am Do oder Di gehen (5-8 €). Dann würde ich warten bis nächstes Jahr und würde dann das Computerspiel kaufen. Dann hätte ich noch genug Geld für eine Handykarte und den Rest würde ich sparen.

228 Ich würde 5 – 10 € auf mein Führerschein-Sparkonto einzahlen den das ist wichtig für später. Danach würde ich mir ein Computerspiel kaufen, weil man lange damit spielen kann. Dann würde ich vielleicht noch mit meinen Freunden ins Kino (wenn das Geld noch reicht) und die Handykarte muss noch warten denn: 1. Würde ich sie ja nur auf Vorrat kaufen und 2. Verbringe ich sowieso wenig Zeit mit meinem Handy.

229 Meine Anziehsachen bekomme ich von meinen Eltern bezahlt. Ich würde auf jeden Fall mit meinen Freunden ins Kino gehen und mir eine Handykarte kaufen. Wenn dann noch Geld übrig wäre, würde ich es sparen.

230 Ich würde 30 € sparen für 15 € würde ich mir ein PC Spiel kaufen. Für 15 € eine Handykarte für 10 € ins Kino gehen und für 5 € würde ich Süßigkeiten kaufen.

231 Ich kaufe mir ein Compuerspiel und den Rest lege ich auf mein Sparbuch, weil ich den Führerschein mitbezahlen muss und das Computerspiel ist nur zum Vergnügen. Der Rest ist egal. Computerspiel: 40 € Führerschein: 35 €

232 Ich würde mit 75 Euro erst mal das Computer Spiel weglassen, ist viel zu teuer. Anschließend kaufe ich mir für 20 Euro bei H&M was zu anziehen. Dann gehe ich für etwas 5 Euro ins Kino. So nun kaufe ich mir noch eine 15 Euro Handykarte. Den Rest spare ich dann für den Führerschein.

233 Ich lege mir 25 Euro für den Führerschein zurück, dann kaufe ich mir noch ein Konsolenspiel.

234 Ich würde 30 € ausgeben, eventuell für ein Playstation- Spiel oder ein Gitarrenlehrbuch. Den Rest würde ich sparen, entweder für den Führerschein oder für Gitarrenequipment oder ne Gitarre.

235 Ich würde mir für ca 40 € ein Computerspiel kaufen. Dann würde ich das Geld sparen oder für ca. 10 – 20 € ein T-Shirt meiner wahl.

236 Ich nehme ein wenig Geld und spare es für den Führerschein. Das andere Geld bezahl ich für das was ich am nötigsten brauche.

237 Ich kaufe mir nur was ich am nötigsten an Kleidung brauche, weil ich dass sonst für Verschwendung halte. Dann gehe ich in mehrere Geschäfte und suche das neuste und billigste Computerspiel. Manchmal bekommt man auch etwas bei Ebay. Ich beschließe diesen Monat nichts zu sparen dafür nächsten Monat. Ich kaufe mir keine Handykarte auf Vorrat, da ich noch Geld auf meinem Handy habe. Ich versuche so viel wie möglich zu sparen.

238 Ich kaufe mir nichts von denen ich würd einen Saufen gehen und mir kippen kaufen den rest würde ich in meine Handy Rechnung stecken.

239 Ich kaufe mir keine, na ja selten Computerspiele, deswegen fällt das schon mal weg. Anziehsachen kaufe ich mir von den 30 € Kleidergeld im Monat, also fällt das auch weg. Ins Kino geh ich kaum. Das Geld würde ich wahrscheinlich für was zu „Trinken", Zigaretten und Eintritt im Vortex, LÜZ oder ähnliche Veranstaltungsorte ausgeben.

240 Ich geh zu meinem Opa, denn der hat das geilste Zeig in tha Hood.

241 Ich kaufe mir das, was ich am meisten will. Auf den Rest verzichte ich dann.

242 Ich hau dad Geld planlos auf den Kopf.

243 Ich geb das Geld einfach aus und wat ich nicht mehr kaufen kann kauf ich mir ein anders ma. Weil dat auch warten kann.

244 Ich gehe einen Nebenjob suchen oder ich spare das Geld und kauf mir den Rest das nächste Mal.

245 Zeitungsaustragen, es ist einfach und geht schnell, und ich bekomme viel Geld.

246 Ich teile es auf: 15 € zum Anziehen, 10 € Kino, 50 € Führerschein. Ich darf keine Zeitungen austragen und mach den ganzen Tag den Haushalt weil meine Eltern arbeiten. Ich habe also keine Zeit.

247 Ich versuche, erst mal die 75 € durch die Anzahl teilen, wenn ich dann zu wenig für z.b. Kino habe muss ich eben mehr nehmen. Ich versuche meine Wünsche zu verwirklichen, wenn es nicht klappt frage ich meine Eltern.

248 Ich kaufe mir erst das teuerste, billige sachen kann man später kaufen.

249 Ich spare immer ein bisschen aber gebe sonst fast alles aus.

250 Ich gebe 20 Euro für Kleidung aus und 20 € für eine Handykarte. 0€ für Computerspiele, den ich habe genug. 10 € für Kino, mehr brauch ich nicht. 15 € für Führerschein, von meinem Taschengeld gehen monatlich 5 € auf mein Führerscheinsparbuch.

251 Ich würde mir ein nicht so teures Kleidungsstück z.B. ein T-Shirt für 17 € kaufen. Ich würde kein Computerspiel kaufen. (warten) Ich würde 35 € für den Führerschein zurücklegen 10 € für ne Handykarte und en Rest fürs Kino.

252 Ich lege das Geld in Fonds an und wenn ich genug Geld habe, kaufe ich mir die Sachen.

253 Ich versuche, das Geld nur für das nötigste auszugeben. Sollte ich dringen neue Klamotten benötigen kaufe ich mir lieber die, anstatt das neue Computerspiel und bitte meine Eltern/ Verwante mein Handy aufzuladen. Für meinen Führerschein spare ich dann lieber auch etwas mehr. Auf's Kino verzichte ich notfalls auch.

254 Ich kaufe mir nur die wichtigsten Dinge und wenn das Geld weg ist pump ich was von meinen Freunden und gebe es ihnen in den Monaten danach zurück.

255 Ich würde nichts von all dem „shit" kaufen und mein Geld weiter sparen, bis ich mir alles kaufen könnte, oder etwas wirklich cooles.

256 Meistens gehe ich mit Freundinner in die Stadt. Auch ins Kino gehe ich
gerne aber das ist für mich kostenlos, weil ich bei einem Medienkritiker-
projekt tätig bin. Ich gebe monatlich nie mehr als 25 € aus. Ausserdem
kaufe ich noch Sachen für meine Haustiere.

257 Ich kaufe mir was zum anziehen und treffe mich mit meinen Freunden im
Kino, dann noch die Handykarte, das pc spiel z.B. ist nicht so wichtig, der
Führerschein muss noch warten oder vielleicht bleibt ja was übrig!

258 Klamotten: 33 €
Computerspiel: 0 €
Führerschein: 20 €
Handykarte: 15 €
Kino: 7 €
Klamotten sind wichtig!
Ich spiele keine spiele am pc!
Führerschein ist wichtig!
Handykarte ist wichtig
Kino muss sein!

259 Ich spare um mir einen größeren Wunsch zu erfüllen.
Den wichtigsten Wunsch
Nur die wichtigsten Klamotten
Handy-Karte kommt drauf wie viel Geld ich noch drauf habe
Kino-Karte (Dienstag, Donnerstag) billig

260 Das Computerspiel würde ich noch nicht kaufen, sondern warten das es
runtergesetzt worden ist. Bei den Klamotten würde ich auf Sonderpreise
warten oder auf neue Anziehsachen verzichten, gucken wie ich die alten kombinieren/ umstylen kann. Die Handykarte würde ich mit meinem
Taschengeld bezahlen.

261 Ich kaufe mir dass Computerspiel für 50 € weil ich davon etwas habe
(längere Zeit). Ich gehe ins Kino 10 € weil ich gerne etwas im Kino sehe.
Die restlichen 15 € spare ich.

262 Ich kaufe mir nur die Klamotten, die ich auch wirklich gerne anziehe, kein Computerspiel, bis zu Führerschein dauerts noch, Handykarte
kommt drauf an wie vie noch auf meinem Handy ist. Kino muss nich
sein!

263 Ich würde nur nur etwas zu anziehen kaufen. Und den Rest aufheben.
Vielleicht fürs Kino oder so kommt drauf an was meine Freunde wollen.

264 Ich würde erst mir die wichtigsten Sachen holen, dann für die anderen
Sachen noch sparen und dann kaufen!

265 Handy: 15 €
Anziehsachen: 30 €
Computerspiel: 20 €
Rest sparen

266 Ich würde mir für 30 € Anziehsachen kaufen
Eine Handykarte über 15 €
Den rest spare ich für irgend etwas hinter her

267 Ich spare alles für den Führerschein damit ich überall hinkomme.

268 Ich würde mit meinen Freunden ins Kino gehen zum Spaß. Und Compuerspiel kaufen, etwas Geld zurücklegen, und etwas zum Anziehn.

269 (Leer; nicht mitgezählt)

270 Ich kauf mir eine Handykarte dan Bleiben mir 50 € dan geh ich damit ins
Kino bleiben 40 € davon kauf ich mir anziehsachen spare etwas und leih
mir noch was wen es nicht reicht.

271 Ich gehe für 20 € Kino kaufe für 50 € ein Computerspiel denn rest geben
mir meine Eltern.

272 Wenn es nicht ganz reicht frage ich meine Eltern, die geben immer was
dazu.

273 Ich würde mit meinen Freunden ins Kino gehen. Aus Spaß. Ich würde mir
neue Computerspiele kaufen. Damit ich etwas zu tun habe.

274 Ich spare das Geld um mir später einen größeren Wunsch zu erfüllen.

275 Ich würde mir von den 75 € neue Kleidung und lege etwas Geld zurück und spare es.

276 Ich kaufe mir Klamoten und den rest lege ich auf mein Führerscheinsparbuch.

277 Ich gucke nach Anziehsachen, man kann in Geschäften ja auch nach Sonderartikeln schaun!
Das Pc-Spiel bleibt erstmal ausen vor Handykarte kann man das billigste Produkt nehmen.
Für Kino reicht es dann auch und Führerschein kann warten.

278 Ich versuche ein bissl zu sparen und vielleich 1-3 Sachen wegzulassen und von meinem Taschengeld zu kaufen! Denn es ist ja nett alles Möglich!

279 Ich hole mir für ca. 30 € neue Anziehsachen. Und Computerspiele brauche ich nicht, denn ich beschäftig mich nur mit dem Internet. Führerschein brauche ich nicht, denn ich bin noch zu jung. Die Handykarte für 15 € hole ich mir, weil ich sie brauche. Für das übrige Geld gehe ich mit meinen Freunden weg.

280 Ich teile mir das Geld ein und schaue was wichtig ist. Dann kann ich schauen was noch wichtig ist wenn noch Geld übrig ist.

281 Ich überlege was mir am wichtigsten ist und kaufe es für den Rest spare ich am Sparbuch.

282 Ich würde alles auf Sparbuch tun, weil mir der Führerschein wichtig ist.

283 Ich würde mir das Geld sparen, falls ich mal eine Handy-Karte oder Klamotten benötige kauf ich es, aber nur wenn es notwendig ist. Weil wenn man Geld braucht, hat man dann hat man ja das Gesparte Geld.

284 Ich würde ins Kino gehen. Eine Handykarte brauche ich nicht, weil ich kein Handy habe. Kleidung kriege ich von meinen Eltern gekauft. Wenn ich welche brauche. Das restliche Geld würde ich sparen.

285 Eine Handykarte, sonst spar ich für teure Sachen die ich mir später mal kaufen möchte z.b.: Leptop.

286 Ich würde das Geld sparen bis ich mir alles kaufen kann. Aber niemals Geld für eine Handykarte oder ein Kinobesuch wenn ich gerade knapp bei Kasse bin. Ich würde alles für mein Führerschein zurück legen.

287 Ich würde niemals Geld für Computerspiele ausgeben. Aber ich kaufe mir Klamotten wenn ich zum Geburtstag Geld bekommen, natürlich wenn ich nach dem Einkauf von Klamotten fertig bin spare ich den Rest. Wenn mir was gefällt kaufe ich es mir mit meinen gesparten Geld, denn meine Eltern geben mir nicht immer Geld wenn ich sie frage, sie sagen: „ Spar und kauf es dir".

288 Ich kaufe mir erst das wichtigste, z.b. eine Handykarte, Musik, Klamotten und ich spare für CD's und Klamotten.

289 Ich kaufe mir als erstes immer nur das wichtigste z.b. Handykarte, Musik (CD) Klamotten und ich spare für meinen Führerschein. Jeden monat 15 € für den Führerschein.

290 Ich hole mir das was ich brauche und spare für die Sachen die ich mir noch nicht kaufen kann. Manchmal gebe ich auch alles für Schuhe oder Klamotten oder Schminke aus.

29_ Ich benutze das Geld für nützliche dinge z.b. anziehsachen kaufen, für den Führerschein sparen, eine Handykarte, Kino. Ich kaufe mir eine Hose/ Oberteil, und lege so die hälfte weg und wenn ich noch etwas Geld habe gehe ich ins Kino.

292 Ich würde mein Geld folgend ausgeben: 50 € würde ich sparen und 15 € für eine Handykarte ausgeben. Weil ich Klamotten und die anderen Sachen von meinen Eltern bekomme.

293 Ich würde mir wirklich nur das nötigste kaufen und etwas sparen weil meine Mutter mir meine Klamotten zum größten Teil kauft!

294 ich lege 10 davon auf mein Girokonto und kauf mir einen Judoanzug für 55 € den Rest gebe ich für Freizeitaktivitäten aus.

295 Ich würde mit den 75 € mir neue Fußballschuhe kaufen. Der Rest der übrig bleibt würde ich sparen oder für Freizeitaktivitäten ausgeben.

296 Eine Handykarte, weil ich dann nicht immer warten muss, bis ich wieder geld habe.
Kino, weil ich unbedingt einen Film sehen möchte.
Etwas neues zum Anziehen, damit ich nicht immer in den ältesten Sachen rumlaufe.
Den Rest spare ich für den Führerschein.

297 Ich kaufe mir erst mal genügend Klamotten wenn ich dann noch etwas cooles sehe und genug Geld habe kaufe ich mir diese Sache auch noch! Wenn ich nichts mehr sehe lege ich das Geld gut an für den Führerschein oder so.

298 Ich kaufe mir dann nicht die teuersten, sondern geb mich mit etwas billigem zufrieden.

299 Ich kaufe mir dann etwas was billig ist und kaufe mir nichts teures!!

300 Ich nutze es für mein Hobby Sportklettern. Dort fahren 1-2 mal die Woche nach Köln wo der Fahrer immer 5 Spritgeld kriegt. Manchmal kostet der Eintritt noch mal 5 € extra. Dieses Geld kriege ich von meine Eltern, es sei denn ich habe Geld dann muss ich es selbst bezahlen. Dafür und für Zubehör zum Sportklettern werde ich das Geld opfern.

301 Ich kaufe mir einfach ein aktuelles Spiel was billig ist. Meine Kleidung kauf ich mir nicht selber die kaufen meine Eltern.

302 Ich würde einen Teil bei Habib (Wasserpfeife) aus und den Rest würde ich sparen, weil ich ab und zu zum Krafttraining gehe.

303 Ich würde das Geld aufs Konto legen, weil ich dann Zinsen bekomme. Oder ich würde mir eine Sache leisten und den Rest aufs Konto legen.

304 Ich kaufe im Aldi und Kaufland, Wall-Markt Kleidung für 2 € ein. Kaufe ein spiel wie „Sven das Schaff". Ich gehe nicht ins Kino weil ich keine Freunde habe. Kleidung bekomme ich von Kinder die es zur Altkleidersammlung. Ich bezahle für mein Handy pro Handy 80 € pro Monat.

305 Ich würde es für den Führerschein sparen.

306 Ich würde mir als erstes Anziehsachen kaufen für die Hälfte und für den Rest Schuhe weil Schulsachen kaufe ich nicht von meinem Geld schminke kaufe ich mir ab und zu (die ist ja nicht so schnell leer). Und ich habe 2 extra Kontos neben meinem Girokonto (Taschengeldkonto) und da spare ich einfach so und auf einen für den Führerschein. Oder ich kaufe mir noch mit den Anziehsachen neue Bauchnabelpircings.

307 Ich würde erst mal eine Handykarte holen, bisschen Geld für Kino, dann würde ich Einkaufen gehen. Ich würde das Geld nur für Sachen ausgeben, die ich auch wirklich will oder Spaß habe. Was soll man denn sonst mit dem gesparten Geld machen???

308 Fürs Kino benutze ich meinen Gutschein, für das Computerspiel gehe ich in Saturn es kostet ca. 20 € (19,99). Kleidung kaufe ich mit meiner Mutter. Handykarte kaufe ich nicht auf vorrat, die laufen sonst ab. Für den Führerschein habe ich ein Konto bei Oma.

309 1. Anziehen 2. Geld sparen 3. Kino 4. Computer 5. Handykarte An 1. Stelle würde ich mir Anziehsachen kaufen, weil ich das am wichtigsten finde. Die anderen Sachen die zum Vergnügen dienen daher dann er's mal anstehen.

310 Von den 75 € nehme ich 15 € um mein Handy aufzuladen 2 € um die Bravo Girl zu kaufen. Und den Rest tue ich auf mein Sparbuch. Begründung: Wenn ich Geld spare habe was in der Zukunft davon. Aber ab und zu kann ich mir ja auch was schöneres kaufen.

311 Da ich jede Woche Taschengeld kriege, warte ich einfach auf die nächste Woche und besorg mir damit das Ganze.

312 Ich spare das Geld, bis es für die Meisten Sachen reicht, auserdem wenn man wartet, wird es auch billiger.
Begründung: Wenn ich das Geld spare sann habe ich nachher mehr! Ich bin auch sehr dickköpfig und das bedeutet wenn ich etwas wirklcih will dann schaffe ich auch bis dahin zu sparen!

313 Ich würde mir als erstes Klamotten kaufen. Das Videospiel kann auch noch bis zum nächsten Monat warten.

314 ich hebe mir die ganzen wünsche auf und hol mir irgendwas anderes wo ich gerad lust zu gab des mach ich immer gab geld 10000 wünsche das geld reicht net und denn kauf ich mir wad völlig anderes als geplant manchmal denke ich dran mit meiner Freundin zu spenden weil wir kein bock ham uns wie so bonzen zu führen uns so viel geld zu ham aber dan geben wir's doch für ungesunde sachen aus

315 Ich spare mein Geld so lange bis ich mir neue Fußballsachen kaufen kann.

316 Ich würde das Geld zur Bank bringen und anlegen, weil ich dann Zinsen bekomme und dadurch mehr Geld bekomme, und dann kann ich nach und nach etwas davon kaufen.

317 Ich würde ins Kino gehen und den Rest würde ich sparen.

318 Ich würde für den Führer schein, erst sparen un dann später Computerspiele u.s.w. kaufen

319 Ich würde es so machen:
Anziehsachen. Würde ich dort wo es billig ist kaufen
Computerspiel: warten bis es runtergesetzt wird
Führerschein: Das was übrig bleibt
Handykarte: Brauch ich nicht, habe ein Vertrag-handy
Kino: An billigen Tagen

320 Also würde nur das kaufen, was mir total wichtig ist, denn ich kaufe mir nie Sachen, die ich nicht brauche, dazu fehlt mir das Geld!
Ich würde:
Kino (wegen meinen Freunden die mir wichtig sind),Klamotten und Handykarte kaufen.

321 Nur Klamotten kaufen

322 Klamotten! Weil ich süchtig danach bin.

323 Ich bringe das Geld auf mein Sparbuch, weil dort bekomme ich Zinsen.

324 Ich würde mir als aller erstes Guthaben fürs Handy kaufen damit ich immer erreichbar bin. Dann eine CD von Bushido, weil ich FAN von ihm bin. Mit Freunden ins Kino, weil ich das cool finde. Wenn ich dannoch Geld habe spare ich ein bischen für etwas schönes was mir gefällt.

325 Ich würde einen Teil aufs Sparbuch tun den anderen Teil für Kino, CD's und Klamotten. Dann hat man von allem ein wenig und es bleibt einem noch was übrig zum sparen für Führerschein, dann z.B. Und shoppen natürlich mit der besten Freundin!

326 Ich würde, dass meiste auf mein Girokonto zahlen lassen so 50 € Von den restlichen 25 würde ich mir Klamotten kaufen, weil ich endlich was neues brauche, denn meine Mutter hat fast nie Zeit, darum kaufe ich mir Klamotten mit meiner besten Freundin zusammen. Das macht viel mehr Spaß.

327 5 € für das Handy nicht so wichtig
50 € für den Führerschein sehr wichtig
20 € für das Computerspiel toll

328 Ich würde 75 € spenden, weil ich auch immer 20 € von meinem Taschengeld spende weil ich:
1. Angst habe das ich arrogant werde wenn ich soviel Geld besitze
2. Weil arme Länder/Kinder das Geld dringender brauchen als ich
3. Weil ich das Geld sowieso nur wieder für unsinn ausgeben würde
4. Ich verlange am nächsten Geb. mehr Geld damit ich mir alles leisten kann.
(Aber ich würde niemals mein Geld für Computerspiele ausgeben)
Das ist die Wahrheit!

329 Ich würde mir erst das kaufen was mir am wichtigsten ist. Z.B. mit Freunden ins Kino gehen und dann Klamotten kaufen, weil mir die Freund immer noch am wichtigsten sind.
40 € Kino
35 € Klamottoen

330 15 € Handykarte
10 € Computerspiel
30 € Kleidung man wächst aus der Kleidung raus und des der Rest für den Führerschein halb nicht so viel kaufen.

331 Ich würde für ein paar Kleidungsteile Geld ausgeben, weil man das ja braucht. Und ich würde den Rest für den Führerschein sparen, weil er mir wichtig ist. Der Rest ist unnützlich, ich finde Geld verschwendung.

332 Ich tuhe es aufs Konto!!!

333 Führerschein das ist wichtig ich will nämlich ein Auto haben wenn ich groß bin

334 Ich spare sie für den Führerschein, denn es ist mir wichtig ein eigenes Auto zu haben.

335 Ich würde ca. 20 € sparen, Und von dem Restgeld würde ich mir vielleicht mal neue Sachen kaufen.

336 Ich würde mir Sachen zum Anziehen kaufen, weil ich öfters mal neue Sachen brauche. Handykarte die ist schneller leer als man gucken kann.
Kino: macht spaß
Sparen: für den Führerschein

337 Ich würde mir erst die wichtigsten Sachen kaufen, und für den rest noch etwas sparen.

338 Ich spare das ganze Geld und die Eltern besorgen mir das meiste. Wenn nicht kaufe ich es mir selbst.

339 Als erstes würde ich Geld für den Führerschein ansparen (ca. 20 €). Das Computerspiel würde ich mir brennen lassen. Handykarte holen und den Rest für Anziehsachen. Kino vielleicht.

340 50 € Anziehsachen
10 € Kino
15 € Handy
Ich würde die Sachen nehmen die mir am Wichtigsten sind. Der Computer ist nicht so wichtig wie etwas mit den Freunden zu unternehmen.

341 Ich würde mir Kleidung kaufen und eine Handykarte, weil Kleidung ist wichtig und eine Handykarte benötige ich immer.

342 Mit dem Geld kaufe ich mir die Dinge die ich mir schon länger gewünscht habe, und der Rest der übrig bleibt spare ich. So habe ich vielleicht später auch noch was davon.

343 Als erstes kaufe ich mir die Dinge die ich wirklich benötige (etwas Neues zum Anziehen). Dann lege ich das Geld für meinen Führerschein zurück (will ja mit 18 nicht noch zu Fuß gehen!) Dann die Handykarte, dann das Computerspiel.

344 Ich schaue was ich wircklich brauche und was eigentlich Unsinn ist. Aber ich werde warscheinlich mit Freunden ins Kino gehen und eine schöne Shoppingtoeur machen. Natürlich würde ich, dass was übrig bleibt, sparen!

345 Das neue Computerspiel würde ich erstmal weglassen, weil PC-Spiele nach einem halben Jahr etwa um 50 Prozent billiger sind. Anziehsachen habe ich jetzt genug, außerdem zahlen meine Eltern. Für den Führerschein in meinem Alter Geld zu sparen finde ich dumm, weil ich noch viel Zeit habe. Die Handykarten wurde ich mir für rund 30 Euro kaufen, weil ich von meinen Eltern alle zwei Monate 15 € fürs Handykriegen. Von den restlichen Geld würde ich 20 Euro fürs Kino ausgeben, die restlichen 25 Euro würde ich z.B. für ein PC-Spiel sparen.

346 Ich würde ein bisschen Geld für den Führerschein weglegen und jeden Monat was dazu, weil das sich ja summiert. Dann würde ich ins Kino gehen und mir nur eine Handykarte kaufen, wenn ich sie brauche. Ein Computerspiel ist ja nicht so notwendig.

347 Ich würde auf jeden Fall ein bisschen für den Führerschein sparen, weil er mir sehr wichtig ist. Das Computerspiel kann noch warten, denn wenn es nicht mehr aktuell ist, ist es gewiss nicht mehr so teuer. Den Rest des Geldes benutze ich für Kino, Handykarte und Kleidung, weil das die Dinge sind, die ich am nötigsten brauche.

348 Ich überlege mir genau, ob meine Wünsche wirklich nötig sind. Für den Führerschein werde ich auf jeden Fall Geld zurücklegen. Bei den Klamotten überlege ich genau was ich noch habe. Das Computerspiel kann ich mir bei meiner Freundin leihen. Die hat immer die Neuesten. Wenn nicht, kann ich es günstiger bei ebay ersteigern. Auf den Rest kann ich auch verzichten. Vielleicht kaufe ich mir von dem Geld noch eine Handykarte. Den Rest spare ich für meinen Führerschein.

349 Ich überlege mir was wirklich wichtig ist, und was man braucht. Den Führerschein würde ich vorziehen und die Anziehsachen. Bei dem Computerspiel würde ich es mir noch mal überlegen. Und solange noch Geld am Handy ist, brauch man noch keine neue Karte. Mit Kino überleg ich es mir auch nochmal.

350 Ich würde mir die Sachen, die ich im Moment am liebsten haben will (in diesem Fall das Computerspiel und ins Kino gehen) kaufen und, wenn dann noch Geld übrig ist, würde ich es sparen. Die Handykarte würde ich mir vom nächsten Monatstaschengeld kaufen.

351 Da das Geld sowieso nicht reicht, teile ich mir es auf. Z.B. für Kleinkram (z.B. CD)
Vielleicht, wenn ich Klamotten kaufe, zahlt meine Mutter etwas dazu, sonst nicht. (ca. 40 €)
Für meine Handykarte zahlte ich 15 €
Und der Rest geht ins Kino

352 Ich teile mir die Kosten etwas auf:
Kleidung: meine Mutter bezahlt die Hälfte, dafür darf ich mir aber nicht
viel auswählen (ca. 40 € von 80)
Computerspiel: Ich leihe es von Freunden
Handykarte: 20 €
Kino: 10 €
70 €
5 € spare ich für den Führerschein

353 Ich würde 1/4 des Geldes auf die Bank tuen, so dass ich immer ein gewis-
ses Geldpensum auf dem Konto habe. Dies würde ich dann später vielleicht für eine Großinvestition verwenden. Für 30 € würde ich Klamotten
kaufen, den Rest für Computerspiele.

354 Ich würde 50 € für den Führerschein sparen. Der Führerschein nützt auch
auf langfristige Sicht etwas. Die restlichen 25 würde ich für die Handykarte und den Kinobesuch ausgeben. Das Computerspiel wäre mir eher
unwichtig.

355 Als erstes bezahle ich mir mein Computerspiel und gehe dann ins Kino.
Danach kauf ich mir noch eine Handykarte und damit ist mein Geld verbraucht.

356 Keine Ahnung, dass was mir am wichtigsten ist, oder was mir am Sinn-
vollsten erscheint. Ich lasse mir manche Sachen von meinen Eltern bezahlen, also gehe ich ins Kino oder tue andere Sachen.

357 Erstmal kaufe ich mir was zum Anziehen, ein Computerspiel kauf ich mir
nicht, dann geh ich ins Kino und kaufe mir eine Handykarte den Rest
spare ich

358 Da ich ein besonderes Konto, wo jeden Monat 5 € aufgebuch wird (das
Geld geht vom Taschengeld ab)
Musik las ich aus dem i-net runter.
Für Handykarte, Kino, Klamotten und Computerspiel reicht das Geld eher
knapp. Deswegen spar ich noch ein bisschen.

359 5€ Kino
30€ Führerschein
40€ Anziehen
Ich würde auf das Computerspiel verzichten oder es mir von einem Freund und das andere Geld spare ich für den Führerschein, weil ich da später noch etwas von habe.

360 Ich würde 75 € für den Führerschein sparen, da das andere unnötig ist und ich nicht lange etwas davon habe, aber den Führerschein brauch ich mein ganzes Leben.

361 50 € Führerschein
20 € Computerspiel
5 € Kino
Der Führerschein beansprucht viel Geld, und ist wichtig.
Ins Kino gehen muss sein (manchmal).
Ich will ein vernünftiges Computerspiel.
Ich brauche keine Vorrats-Handykarte.

362 Ich kauf mir eine Sache die ich mir gewünscht habe und spar den Rest (z.B. für den Führerschein, ein Auto oder größere Sachen)

363 Ich gucke erst einmal wo es Sonderangebote gibt und was mir davon gefällt und kaufe entweder das, das mir am meisten gefällt oder schaue, wenn mir gar nichts gefällt im Internet nach. Begründung: So kann ich immer viele gute Sachen für wenig Geld bekommen.

364 Ich würde zum Schwazmarkt gehen, weil ich dort die Sachen für weniger Geld kaufen könnte. Ich würde auch im Internet nachschauen denn ich kaufe auch gebrauchte Sachen.

365 Ich würde mir mein Handy mit 15 € aufladen. Vielleicht würde ich mir noch 10 € für andere Sachen weglegen! Ich würd mir Klamotten für 25 € kaufen undnoch 15 Euro Reitsachen und 10 € fürs Kino mit Freunden. Eine Handykarte braucht man immer mal. Klamotten kaufen ist auch immer cool! Für mein Pferd kaufe ich auch immer gerne was und das Kino mit meinen Freunden ist auch immer spaßig.

366 Handykarte 15 € für SMS schreiben
Kleinigkeiten z.b. Zeitschriften, Schnuk (ca. 5 €)
Mit Freunden ins Kino (ca. 12 €)
Eine CD für 7 € um sich neue Musik anzuhören
Den Rest spare ich für eine E-Gitarre wofür ich schon seit längerem spare,
weil ich im Moment eine normale Gitarre hab und gerne eine hätte.

367 Ich würde mir eine Zeitschrift für ca. 2 € kaufen. (lesen)
– Außerdem würde ich mit meinen Freunden ins Kino gehen (ca. 12 €)
macht spaß
– Wenn meine Handykarte leer ist, dann natürlich auch eine Handykarte
(15 €) SMS schreiben
Und den Rest würd ich sparen. Denn unnötig Geld auszugeben ist scheiße.

368 Ich würde mir das kaufen, was mir gerade sehr wichtig ist, weil ich mir
das schon lange gewünscht habe und lieber das haben will als ein Computerspiel das mir nicht so wichtig ist.

369 Ich würde 50 € oder 55 € sparen und höchstens 25 € oder 20 € ausgeben, da 20€/25€ für mich schon ziehmlich viel sind.
Mit den 20€/25€ würde ich mir alltägliche Dinge kaufen z.B. Anziehsachen (max. 10 – 15 € wurde ich dafür ausgeben)
Mit dem restlichen Geld würde ich mir Sachen kaufen, die ich mir wünsche. Natürlich muss ich dann auch auf den Preis achten. Wenn es für
mich zu teuer ist, warte ich ab, bis ich eine gute Note hab, oder so, und
dann wünsch ich mir das von meiner Mutter. (so als Belohnung!)

370 – Ich würde mir auf jeden Fall neue Kleidung kaufen (bis ca. 30 €), weil
ich neue Kleidung mag, und ich gerne gucke was es so für neue Mode
gibt
– Dann würde ich ins Kino gehen (ca. 10 €), weil ich Kino mag, und
gerne was mit Freunden unternehme
– Und den Rest würde ich sparen.

371   15 € Handykarte
20 € Kleidung
30 € Reitsachen
10 € Sparen
Eine Handykarte kann man immer gebrauchen. Neue Kleidung ist immer toll. Weil ich Reiten mag rauche ich immer etwas neues. Ich freu mich immer wenn viel Geld auf meinem Konto ist.

372   Klamotten: 25 €
Kino: Zahl ich nichts
Computersp. 40 €
Handykarte: brauch ich nicht. Hab vertrag

373   Ich würde nach dem Spiel gucken wie viel es kostet wenn es nicht über 50 € kosten würde, würde ich es kaufen und das restliche Geld für etwas größeres sparen.

374   Ich kaufe mir erstmal neue Anziehsachen für ca 50 € weil ich auch Anziehsachen brauche! Ich gehe mit meinen Freunden ins Kino für ca 6 € weil Freunde mir wichtig sind. Den Rest spare ich, oder gebe ihn für Sonstiges aus.

375   15 € Handykarte: Muss immer erreichbar sein für Eltern und Freunde
25 € Führerschein: Irgendwann will ich das Geld zusammen haben
5 € Sonstiges (z.B. Zeitschrift): kommt drauf an was ich noch so brauche
20 € Klamotten: im Moment wachs ich sehr schnell

376   Ich gehe mit Freunden ins Kino, da ich davon viel habe und es Spaß macht. Ich kaufe mir eine neue Handykarte und vom Rest vielleicht ein gutes Computerspiel.

377   Handykarte: 10 – 15 € damit ich immer mit meinen Freunden kontaktiert bin
Freizeit: 10 – 15 € Essengehen (Eis) oder sonstiges
Klamotten: 45 €

378   Ich würde in eine Videothek, mir ein PS2- spiel für höchstens 30 € kaufen. Den Rest würde ich sparen.

379 Ich kaufe mir eine Handykarte für 15 €. Dann kaufe ich mir ein Video-spiel für 30 €. Den Rest spare ich.

380 Ich spare das Geld und bringe es auf mein Girokonto, denn ich bekomme Zinsen auf das Geld. Auf mein Girokonto habe ich jederzeit Zugriff.

381 Ich schreibe mir genau auf was ich kaufen möchte und wie viel es kostet. Wenn ich erkenne das ich zu wenig Geld besitze versuche ich nach langem überlegen das zu streichen was ich nicht für besonders nötig halte. Wenn ich z.B.
Suche / 40 €
Handykarte/ 15 €
Kino/ 10 €
Pulli/ 25 €
Zeitschrift/ 5 €
95 €
Es fehlen mir 20 €
Die Handykarte und die Zeitschrift sind nicht allzu wichtig also streiche ich sie und komme mit den 75 € hin.

382 50 € Klamotten weil ich gerne Klamotten kaufe
25 € Handy damit ich mit meinen Freunden in Kontakt bin

383 50 € Klamotten (weil ich neue Klamotten haben möchte)
15 € Handygeld (weil ich kein Geld mehr auf dem Handy hab)10 € an-dere Sachen

384 0 € Kino, ich lade mir die Filme einfach runter
50€ Klamotten
25€ ansparen fürs Game

385 15 € Kleidung: weil ich shoppen gehen will und es macht spaß
5€ Kino: weil ein guter Film läuft und ich was mit Freunden unternehmen will10 Handy: weil das Geld langsam alle ist. Rest lege ich zurück, weil ich für andere Sachen sparen will.

386 Also, ich kaufe mir erst eine Handykarte für 15 €. Danach geh ich erstmal mit meinen Freunden ins Kino. Das kostet, weil ich Dienstags oder Donnerstags gehe nur 5, 80 €. Dann kaufe ich mir noch Kleidung für ca. 34,20€. Dann bleiben noch 20 € für den Führerschein.

387 Ich spare das Geld an, Klamotten bekomme ich ja bezahlt. Und mein Handy nutz ich so wieso nicht so oft, sodass 15 € sehr lange reichen. Mein Handy laden mir meine Eltern auf. Vielleicht nutz ich ein Teil des Geldes um mal wieder mit Freunden ins Kino zu gehen.

388 Ich würde von den 75 €, 50 € sparen und mit den anderen 25 € mit Freunden ins Kino gehen oder shoppen, weil zusammen alles viel mehr spaß macht. Für Computerspiele und so interessiere ich mich nicht so.

389[3] Ich würde mir auf jeden Fall erstmal neue Kleidung kaufen und für den Führerschein das Geld sparen. Denn das ist mir wichtig. Auch mit meinen Freunden würde ich in s Kino gehen. Da ich es mag mit ihnen spaß zu haben und mit ihnen was zu unternehmen. Aber das Computerspiel und die Handykarte würde ich immer verschieben, denn das ist für mich nicht so wichtig und man kann sich das ja immer noch später kaufen.

400 Ja hallo Frau Hillemann. Ich versuche mit den Geld gut klar zu kommen. Ich würde das Geld auf mein Sparbuch bringen und nach 2 jahren würde ich es wider raus holen und ich hätte Zinsen bekommen.
Tschüss
Bye

401 Ich hätte mir Anziehsachen gekauft für 40 €. Ich bin Klamotten süchtig. Für Führerschein würde ich nicht sparen, weil meine Eltern für mich sparen. Handykarte kaufe ich ich 10,-, weil das in einem Monat fertig ist. Kino gehe ich im Monat 2 mal das macht 70 € denn ich gehe meistens mit meinen Freunde aus. Und das 5 € würde ich Schmuck und so kaufen.

402 Ich werde die 75 € auf mein Sparkonto legen und sparen für diese Sache.

403 Ich würde mir die 75 ein PC spiel für 50 € kaufen, den rest aufs konto tun. Ja Frau Miriam Hillemann das wahr meine Geschichte.

404 Ich hätte mir mit mein Geld erst anziehsachen gekauf für 35 – 40 €, dann ins Kino bis ca. 5 €, und den Rest behalte ich den ich will sehr viel sparen.

405 Ich hätte Anzieh sachen gekauft, weil ich Anzieh sachen möge. 30 € – 40 – 45 €. Ich hätte 40 – 45 € ausgegeben.

406 Ich würde mit dem Geld Anzieh sachen kaufen. 30 € bis 40 € ungefähr weil ich neue Anzieh sachen mag. Und weil ich nicht immer die gleichen Sachen anziehen will.

407 Ich gehe mit meinen Freunden ins ins weil es mir wichtig ist. Ich versuche mir bei meinen Eltern zu Arbeiten um was zu verdienen. Ich rede mit meinen Eltern über die Anziehsachen ob sie es bezahlen. Ich warte bis das Spiel nicht mehr so teuer ist. Ich kaufe eine bilige handy Karte. Und lege das restliche gelt zurück.

408 Ich lad mir mein Handy auf, geh mit ma friends ins kino und kauf mir Klamotten.

409 Dann geh ich zu meiner Oma sie gibt mir immer Geld. Oder spaar mir Geld und kaufe mir dann das Produkt.

410 Wenn ich Wünsche habe und das Geld nicht reicht spaare ich bis das Geld reicht um mir das Produkt zu kaufen.

411 Ich überlege mir was ich mit dem Geld mache. Als erstes würde ich, was mit meinen Freunden machen. Dann noch ein Pulli kaufen. Das rest Geld lege ich mir erst ma zurück. Vielleicht brauch ich ja noch mal was.

412 Ich würde zunächst auf die nicht ganz so wichtigen dinge verzichten. Und mir nur dinge anschaffe dich notwenig sind. Und nicht davon abzusehen sind.

413 Ich überlege mir was ich wirklich möchte und dann auch immer benutzen werden (regel mäsig) benutze (benutzen werde). Weil ich manchmal was kaufe was ich dann kaum benutze oder gar nicht mehr nach ca. 1 Woche.

414 Als erste gehe ich ins Kino und versuche möglichst wenig geld auszugeben. Den Rest überweise ich auf mein Girokonto um immermal Geld zu
haben. An Klamotten kaufe ich dann eher nichts solange ich noch genug
habe. Eine Handykarte brauch ich nicht. Ich habe vertrag.

415 Ich kaufe mir nicht alles was ich haben will sondern kaufe nur das nötigste.

416 Ich kaufe mir nicht alles was ich haben will ich lege mir immer 20 €
zurück für anfang des Monats ich würde mir erst eine CD kaufen dann
eine Handy karte und dannach würde ich mirt meinen freunden an einem
wochenende weg gehen.

417 Ich würde noch weiter sparen und nichts kaufen weil ich mich nicht entscheiden kann.

418 Bei Ebay, weil man da die Sachen billig kriegen. Man kann ganz gemüt-
lich von zu Hause bestellen kann.

419 Wenn ich mir etwas größeres besorgen will, bekomme ich es bei eBay.

420 Bei ebay, weil man da fast als günstig krigt.

421 Ich suche mir die wichtigsten Sachen aus und das Restgeld spar ich für
die Sachen. Für mich sind die wichtigsten 3 Dinge
Führerschein 30 €
Handykarte 15 €
Computerspiel 20 €
Der Rest wird gespart.

422 Ich würde für 10 € eine schwarze Hose im Walmartkaufen. Dann in einer
Computer- Zeitschrift- (Computer – Bild- Spiele, Bravo screen fun) möglichst eine Strategie-/ Rollenspiel- CD. Kaufen (45 €). Dann für 15 € eine Handykarte kaufen und für 5 € mit ein paar Kumpels ins Kino. Später
würde ich 41 € zur Sparkasse auf mein Konto gutschreiben lassen.

423 Ich würde mir das PC spiel von nem kumpel prennen lassen. Vom konto
Geld abheben und mich vn meinen Freundenins kino einladen lassen. Und
dann have a fun.

424 Ich würde mir das geld so aufteilen. 20 Euro für Klamotten oder halt das geld für meinen Führerschein im Konto lassen. Und noch meine Freunde darauf hinweisen das ich das geld aufteilen muss dann erinnern sie mich daran.

425 Ich würde mir ein spiel für 50 € kaufen oder auf konto Bitte Frau Hillemann[4]

426 Ich würde mir das Geld sparen bis ich es mir kaufen kann.

427 Ich spare noch Geld dazu um mir möglichst alles von meinen wünschen kaufen zu können.

428 Ich spare das Geld, wenn ich eine bestimmte Sache gefunden habe kaufe ich sie mir.

429 Erst mal würde ich das Geld in meine Spardose tun. Nd dann würd ich mir zusammen mit meiner Familie überlegen wofür ich das Geld ausgeben will oder ob ich das sparen will. Auf jeden fall ist es ein gute Gefühl wenn man viel Geld besitzt und ohne Druck es irgendwann ausgeben kann.

430 Ich würde versuchen meine Wünsche zu beschränken und sie nach ihrer Wichtigkeit zu ordnen. Dan würde ich das Geld möglichst sinnvoll ausgeben.

431 Ich lasse das Computerspiel weg weil die Anziehsachen sind am wichtigsten. Für den Führerschein lege ich mir 30 Euro zurück. Dann kann ich mir etwas schönes zum Anziehen kaufen und mit meinen Freunden ins Kino gehen. Beim Kino lasse ich aber das Popcorn weg so habe ich dann noch ein bisschen gespart.

432 Ich würde erst einmal schauen wie teuer was ist. Ich würde mir was zum Anziehen kaufen aber drauf achten, dass ich genug für Computerspiel oder Kino übrig habe. Aber in erster Linie spare ich Geld für später und kaufe es mir eventuell später.

433   Ich würde 35 auf die Bank tuhen und von den restlichen Geld Anziehs-achenkaufen. Weil ich dan auf der Bank noch sparen kann aber trotsdem was kaufen kann.

434   Ich kauf mir ein billiges Computerspiel dann guck ich bei ebay nach ei-ner neuen Jeans. Dann betel ich meine mudda an wir was für den Füh-rerschein zu leihen. Dann hol ich mir ein Handy mit vertrag wo ich keine Handykarte brauche. Und fürs Kino hab ich bestimmt genug.

435   Ich würde mir PC Spiele holen und Kleidung, weil ich das andere nicht brauch.

436   Ich spare sehr lange Geld um mir irgendtwann etwas was sehr teures zu kaufen weil der spaß damit meist sehr lange anhält und ich mir nicht so oft etwas neues kaufen muss.

437   Ich versuch 15 € für meinen Führerschein.
Dann kaufe ich mir eine Handykarte 15 €.
Dann kaufe ich Anziesachen für 2C €.
Dann kaufe ich mir eine Computerspiel was in angebot für 15 € ist und dann gehen ich mit 10 € ins Kino. Ja, weilmüss nicht das teuerte kaufen sonderen man kann auch was biligers kaufen.

438   Ich würde weiter sparen um mir möglichst viele Wünsche zu erfüllen.

439   Ich würde meine Mutter fragen ob sie mir die hälfte dazu gibt und den rest ich.

440   Ich gebe das Geld für das Computerspiel aus und den Rest spare ich. Weil mir das Computerspiel am wichtigsten ist.

441   Ich würde auf jeden fall für den Führerschein sparen so 30 €. Und dann noch ein PC spiel für ca. 15€ und den rest fürs Kino.
Begründung: Ich finde den Führerschein wichtig, weil du dann z.B. zur arbeit fahren musst. Und denn rest für privat sachen z.B. PC spiel oder Kino.

442   Ich streiche ein paar sachen oder wenn er nicht reicht das ist aber ganz selten dan leih ich mir was von meinen Eltern.

443 Ich würde sparen um mir dan die Sachen zu leisten. Auf mein Konto.

444 Ich würde das geld aufs konto tuhn.

445 Ich kaufe mir ein neues Play Station 2 Spiel, und den rest spare ich. Begründug: Weil die Spiele gut sind und ich sie einfach spielen will.

446 Ich spare es für einen Computer mit athlon FX +4000MHz 2048 DDR4 Sansu Fx toure G-force 8900 Silent 512 MB G-force Board 939 mit N-force chip 260 GB Festplatte Soundkarte Netswerkkarte und weihdeskarte.

447 Ich kauf mir Handschuhe von Trogan und den rest sba ich.

448 Ich würde erst mal ein bischen Geld auf mein Konto tun und von den rest würde ich mir eine CD oder ein Computerspiel kaufen.

450 Ich würde was zum Anzien kaufen weil das am Nutzlichsten ist. Wenn ich dann noch gerd übrig hab kauf ich mir noch ein Playstationspiel kaufen.

451 Ich würde das Geld anlegen an der Bank und so sparen. Durch zinsen (nicht viel) bekomme ich etwas mehr Geld. Wenn ich das Geld brauche hebe ich es ab. (nur für das nötigst Klamotten, CD's...)

452 Ich würde 25 € behalten damit ich Geld für eine Sache habe und 50 € aufs Konto tun den man bekomt zinsen und ihrgendwann kauf ich ein Führerschein.

453 Ich würde 10 € behalten und den 65 € auf Sparbuch tun. Mit den 10 € kann ich mit Freunden was essen gehen. Ich spar das viele Geld, weil wenn ich am ende viel gespart habe, kann ich mir was großes kaufen.

454 Ich gehe mit meinen Freunden ins Kino, weil ich mal wieder was mit ihnen machen will. Ich kaufe mir eine neue Handykarte, weil die alte leer ist. Ich kaufe mir ein Computerspiel, weil ich die alten alle durch habe.

455 PC spiel kaufen aber ein billiges (20 €)
Billige Handykarte (15 €)
Kino (10 €)
Fertig

456 Ich kaufe mir das Spiel und für den Rest geh ich ins Kino und dann spare ich mir noch einmal Geld für den Rest

457 Ins Kino geh ich net. (Warte bis der Film auf DVD kommt) Handy hab ich net. Ja und für den rest kauf ich mir PC- Spiel und den Führerschein und Gitarren zeug

458 Ich würde das Geld sparen, wenn ich genug zusammen habe, kaufe ich mir Becken und Sticks weil ich schon seit 2 Jahren Schlagzeug spiele und eigentlich gut bin.

459 Ich kaufe mir keine Anzieh sachen, weil die meine Mutter kauft. Ich kaufe mir keine Computerspiele, weil ich mit dem Geld dann z.B. ins Kino kann.

460 Erst gehe ich für ca. 30 € shoppen weil es mir wichtig ist viele Klamotten zu haben. Dann kaufe ich mir für 15 € eine Handykarte weil mein Handy immer schnell leer wird. Für 20 € kaufe ich mir vielleicht ein Computerspiel weil man mein Computerspiel immer fortsetzen muss. Für die restlichen 10 € gehe ich ins Kino weil es mir wichtig ist mit meinen Freunden was zu unternehmen.

461 Ich würde wenn ich 75 € hätte es auf mein Konto tuen und ein paar monate warten bis noch mehr Taschengeld dabei ist und zinsen dann würde ich für das halbe geld eine shoping tur machen und einen teil wieder sparen. Und vielleicht noch ein Gameboyspiel kaufen.

462 Ich gehe für 35 € shoppen
für 10 € ins Kinoff
für 30 € kaufe ich mir neue CD's
Den Führerschein bezahlen meine Eltern.

463 Ich würde einen Nebenjob annehmen z.B. Zeitungsausträger usw. Mit dem Geld das ich dabei bekomme würde ich mir den Führerschein bezahlen. Die 75 € nutze ich für neue Kleidung und ein PC Spiel. Die Handykarte muss warten. Und den Kinobesuch muss man w ohl verschieben. Und die CD gibt es auch noch wenn ich wieder Geld hab.

464 Als erstes würde ich für ca. 30 € shoppen gehen. Danach eine neue Handykarte kaufen. Und das übrig gebliebene Geld sparen, oder mit der nächsten Einnahmequelle aufgeben. Vielleicht mit Freunden ins Kino, Schwimmen oder andere schöne Dinge tun.

465 Mit diesen 75 € würde ich mir einige spannende Bücher kaufen aber auch Mangas, da ich gerne lese. So circa 25 – 30 € würde ich auf mein Sparbuch überweisen, damit ich, wenn ich etwas teureres kaufen will darauf zurück kommen kann. Dann würde ich noch mit Freunden ins Kino gehen und den rest würde ich dann im Portmoneh lassen für spontanere sachen!

466 Wenn ich 75 € hätte würde ich mir eine neue Handykarte für 75 € holen, denn mein Handygeld ist immer innerhalb von 2 Tagen leer. Oder wenn es geht würde ich mir ein Hamster kaufen, weil mein Bruder unbedingt einen haben.

467 Ich gebe das Geld nicht aus sondern gebe es auf mein Konto! Und wenn ich dann Geld brauche und meine Eltern mir nichts geben gehe ich zur Bank.

468 Ich kaufe mir ein Computerspiel weil ich spass haben will und es lange höllt und den Rest spar ich für den Führerschein ich weil meine Wünsche kann ich mir auch noch später erfüllen.

469 Wenn ich z.b. neue Klamotten kaufen würde dann würde ich nicht gleich die teuersten nehmen. Und vielleicht ein bischen was übrig lassen wenn man z.b. irgendwann andere sachen zwischendurch besorgen will.

470 Ich würde mir erstmal ne Hoe kaufen da so was zum Tag und allgemeinheit gebraucht wird. Dann würd ich mir auf jedenfall Zigaretten kaufen da ich leider rauche! Und den rest müsste ich schauen ist immer anders.

471 Als erstes würde ich mit meiner besten Freundin ins Kino, weil man dort mal etwas anders unternimmt als nur irgentwo rum zu sitzen wenn man kein Geld hat. Also nutze ich es aus. Danach würde ich etwas eigenes für mich kaufen wie z.B. etwas zum Anziehen weil als erstes tue ich etwas für andere und etwas ist für mich. Und das was übrig bleibt geht aufs Konto.

472 Ich würde mir von meinen wünschen die sachen aussuchen die ich am schnellsten breuche also z.b. neue schuhe weil di esachen die man brauch würde ich mir dann holen für das Geld.

473 Ich spare mir 15 €. Klamotten, Kino und Handy zahlen die Eltern. Mit dem Rest geh ich shoppen und was übrig bleibt kommt in die Spardose.

474 Ich tue die Hälfte auf mein Konto, denn dann habe ich sachen was Geld für den Führerschein. Den rest investiere ich in etwas woran ich was habe (wie z.b. in ein handy oder für Klamotten).

475 Ich würde mir Schuhe kaufen, da ich generellen Schuh mangel habe. Außerdem CD's weil ich gerne Musik höre, Haarpflege sachen weil ich mit meinen Haaren pingelig bin. Und wenn dann noch Geld übrig wäre würde ich mir noch Kleidung kaufen.

476 Ich würd es mir einteilen 25 € auf die Bank und der Rest erst mal in mein Geldversteck wenn meine Freundinnen spontan shoppen gehen dann gehe ich mit.

477 Ich tuhe etwas auf mein Girokonto und spare es, tuhe mir etwa 30 € für Klamotten kaufen und tuhe den Rest für sonstige Sachen kaufen (mit meinen Freunden)

478 Ich würde die 75 € auf mein Konto tun und für den Führerschein sparen, wenn ich was sehe, was ich mir unbedingt kaufen will sehe hole ich mir ein bisschen.

479 Meine Kleidung kauft mir meine Mutter meistens also gebe ich dafür kein Geld aus. Ich suche mir im Internet (bei eBay) ein aktuelles PC-Spiel und kauf ein billiges. Ich lege vom Taschengeld genug weg und nehme das Geld nicht dafür. Ich kaufe mir noch 20 € Handykarte und ins Kino nehme ich mir süsses und Getränke mit den das im Kino ist zu teuer. Dann tuhe ich noch 10 € ins Portmonne und der Rest geht zum Führerschein ersparniss.

480 Ich kaufe ir erstmal neue Klamotten. Den rest tu ich auf mein Girokonto. Je nach dem was übrig bleibt kaufe ich mir noch eine CD.

481 – 50 € Anziehsachen
Begründung: Weil ich im Trend bleiben will und nicht mit abgetragenen Sachen rumlaufen.
25 € Giro Konto
Begründung: Weil ich dort immer an das Geld rankann und dort Zinsen bekomme.

482 Ich kaufe mir
Kleidung
Computerspiele
Kino gehen
Schminke
Zeitschriften
Sonstiges
alles notwendige
Möbel

483 Ich tu mein Geld auf's Girokonto. Dann erfüll ich mir meine Wünsche nach und nach, erstens würd ich aber die Klamotten kaufen. Danach die anderen Wünsche und wenn das Geld nicht reicht kommen meine Eltern und bezahlen den Rest der Fehlt.

484 Ich kaufe mir Anziehsachen mit Freunden in die Stadt gehen usw.

485 Ich würde mir die 75 € anlegen und würde für einen Roller sparen oder für ein Handy oder so in der art.

486 Ich würde mein Geld alles aufs Sparbuch tuhen weil ich fast alles von meinen Eltern bezahlt kriege und das Geld dann sicher ist.

487 Erst kaufe ich mir ein Computerspiel und wenn dann noch was von der Kohle da ist Lase ich mein Handy auf. Dann bin ich pleite.

488 ich kaufe bei H&M ein und den Rest spare ich. Ich gehe nicht gerne ins Kino und die Computerspiele bekomme ich bezahlt.

489 Ich würde von den 75 € mir erst mal etwas kaufen was ich sehr dringend brauche wie etwas Kleidung. Wenn ich dann etwas noch von dem Geld übrig habe würde ich es entweder sparen oder mir ein PS 2 spiel kaufen.

490 Ich gehe ins Kino und den rest spare ich für mein Führerschein.

491 Ich würde mir Mangas kaufen.
Begründung: Ich lese gerne!!!
Und ich würde mir die neuste CD voön Dir en grey hollen Begründung: Dir en grey ist meine Lieblings Band.

492 Wenn ich zum Geburtstag 75 € bekomme spare ich das Geld und wenn ich genug gesparrt hab kann ich mir mehr und größere Sachen kaufen. Oder manchmal gibt auch die 75 € sofort aus aber dann suche ich mir günstige Produkte.

493 Ich persönlich würde ein Teil für den Führerschein sparen bzw. ausgeben da ir die sehr sinnvoll erscheint, aber von dern Computerspiel wäre ich zuvor auch begeistert aber ich würde nur darin investieren wenn es günstig ist die anderen Sachen sind mir eher unwichtig und und würde sie nun kaufen wenn ich sie wirklich benötige, aber das kommt auch ganz auf die Situation an, da ich bestimmte Dinge nicht immer benötige oder sie zu teuer sind und mir Schwachsinnig erscheinen.

494 Ich würde es für ein Führerschein sparen un mir ein bischen Geld aufheben um mir Spiele dafür zu kaufen.

495 Ich würde für 15 € ins Kino gehen. Für 30 € würde ich mir ein paar Computerspiele kaufen und die Restlichen 10 € würde ich sparen. Ich begründe es so das ich von den Computerspielen etwas mehr und länger habe als von den anderen sachen.

496 Ich spare mir die 75 € und kaufe mir nur was wenn ich es unbedingt brauche und es auch sinnvoll ist.

497 Ich spare das geld und wenn ich genug habe dan fahre ich nach Kölen und hole mir da Kleidung oder andere sachen.

498 Ich würde mir das kaufen was ich dringend brauch. Was zum Anziehen und die Handykarte als Vorrat würde ich nicht kaufen, da ich das ja nicht unbedingt brauche. Den Rest vom Geld würde ich sparen.

499 Ich spare das für sinnvolle, da ich im moment alles habe was ich brauche.

500 Ich brauche kein Geld! Ich geb es Leuten die mehr damit anfangen können.

501 Mal angenommen ich hätte 75 € zur Verfügung. Dann würde ich mir erstmal auf jeden fall irgendwo gute, dunkle Jeans holen. Vielleicht, je nach Preis auch 2 Paar. Dann würde ich das Restgeld in eine neue Handykarte stecken, da sie immer sehr schnell leer werden. Dann mit dem daraus ergebenen Restgeld kaufe ich mir ein Zugticket um mit meinen Freunden nach Köln fahren können. Dieser Ausflug kostet dann auch wcie Geld z.B. Essen Eintritt in die Stathalle. So das wars, die 75 € sind einfah futsch. Was solls.

502 Ich würde mir wahrscheinlich Software oder Hardware für meinen PC kaufen, damit mein PC immer auf dem neusten stand ist. Wenn nicht, würde ich es wahrscheinlich für Freizeitliche sachen ausgeben wie z.B. Kino.

503 Ich würde mir die 75 € für mein Führerschein sparen obwohl meine Eltern es bezahlen würden.

504 Ich würde das Geld auf mein Konto tun und es da lassen bis ich etwas brauche z.b. Klamotten, Handykarte, Schminke oder sonst was.

505 Ich würde das Geld sparen damit ich mir später was sehr teures kaufen kann oder mehrere Sachen dich ich will.

506 Da ich einen Kampfsport mache würde ich mir eine eigene Uniform besorgen und eigene Boxhandschuhe.

---

3   Die Nummern 390 – 399 fehlen
4   Name einer Studentin, die Daten in den Schulen erhoben hat.